Barbara Brandl | Stephan Schleissing [Hrsg.]

Biopatente

Saatgut als Ware und als öffentliches Gut

Nomos

GEFÖRDERT VOM

Bundesministerium
für Bildung
und Forschung

Die Deutsche Nationalbibliothek verzeichnet diese Publikation in der Deutschen Nationalbibliografie; detaillierte bibliografische Daten sind im Internet über http://dnb.d-nb.de abrufbar.

ISBN 978-3-8487-3154-1 (Print)

ISBN 978-3-8452-7524-6 (ePDF)

1. Auflage 2016

Inhaltsverzeichnis

Zur Einführung

Barbara Brandl und Stephan Schleissing

Für das Überleben der Menschheit spielt die Kultivierung von Saatgut seit jeher eine zentrale Rolle. Als »Keim unserer Zivilisation«[1] sind Pflanzensamen die wichtigsten Nahrungsmittel und die Grundlage ganzer Wirtschaftszweige. So wäre die in der Neuzeit einsetzende Wohlfahrtsentwicklung ohne die Fortschritte auf den Gebieten der Pflanzenzüchtung nicht möglich gewesen. Eine ihrer Begleitfolgen ist das rasante globale Anwachsen der Bevölkerung in den letzten 200 Jahren. Entsprechend steigt der Bedarf an ertragreichen Ernten kontinuierlich. Gleichzeitig findet eine Konkurrenz um die Nutzung landwirtschaftlicher Flächen statt, die gegenwärtig vor allem durch biotechnologische Innovationen vorangetrieben wird. Sie forcieren den Trend hin zu einer bio-basierten Wirtschaft. Doch diese sieht sich mit massiven Herausforderungen bei den Themen von Nachhaltigkeit und Gerechtigkeit konfrontiert. Bei den ökologischen und sozialen Anfragen an eine bio-basierte Wirtschaft haben wir es also mit Folgeproblemen einer Modernisierung zu tun, deren vor allem ökonomische Verfassung gegenwärtig höchst umstritten ist.

In der aktuellen Debatte um die Rolle von Patenten auf Saatgut werden diese Folgeprobleme einer modernen Landwirtschaft und einer auf Innovation hin ausgerichteten Bioökonomie kontrovers diskutiert. Symbolisch verdichten sich in dem Begriff »Biopatente« sowohl Hoffnungen eines bioökonomisch getriebenen Fortschritts als auch Szenarien eines globalen Enteignungsprozesses lokaler Landwirte zugunsten international agierender Saatgutkonzerne. Während insbesondere zivilgesellschaftliche, aber auch kirchliche Umweltorganisationen und Eine-Welt-Gruppen in der Losung *»no patents on seed«* ihr Heil suchen,[2] propagieren die Verbände der Bioindustrie das geistige Eigentumsrecht als Promoter nicht nur öko-

---

1 Thompson 2012.

2 Vgl. die Positionen der Initiative »*no patents on seed*« unter https://no-patents-on-seeds.org/de.

nomischer, sondern auch sozialer Wertschöpfung.[3] Der Kern der Kontroverse berührt dabei die Frage, inwiefern der gesellschaftliche Nutzen, der einer modernen Rechtfertigung des Patentregimes zugrunde liegt, durch ihre eigene Praxis dementiert wird. Ist es richtig, dass Biopatente als Hauptanreize für eine Fehlsteuerung bei der Kommerzialisierung des Saatgutsektors fungieren? Immerhin profitieren vor allem Saatgutkonzerne von Schutzrechten auf geistiges Eigentum. Aktuell haben die zehn größten Saatgutkonzerne 75 Prozent Marktanteil beim Verkauf von Saatgut. Wirken Patente also faktisch als Instrumente der Marktkonzentration, die sich auf die gesamte Produktionskette der Landwirtschaft – vom Saatgut bis zum Lebensmittel – auswirken? Patente sind zunächst einmal ein marktwirtschaftliches Instrument der Innovationssteuerung. Als solche sollen sie Wettbewerb stimulieren, dessen soziale und ökonomische Folgen allerdings nicht einfach zu mehr Gleichheit auf der Anbieterseite von Saatgut führen. In dieser Situation stellt sich die auch für die Ethik relevante Grundsatzfrage, in welcher Weise eine marktwirtschaftliche Kultur des Wettbewerbs in der Lage ist, desintegrierende Folgen moderner Bioökonomie zu vermeiden bzw. zu kompensieren.

Die hier veröffentlichten Beiträge setzen sich mit dieser grundsätzlichen Frage auseinander. Am Beispiel von Patenten auf Saatgut diskutieren sie ökonomische, ökologische und soziale Auswirkungen eines Rechtsinstruments, das für die Ordnung einer modernen Wissensgesellschaft von zentraler Bedeutung ist. Erstmals vorgetragen wurden die Beiträge auf einer BMBF-geförderten Klausurwoche für Nachwuchswissenschaftlerinnen und Nachwuchswissenschaftler, zu der das Institut Technik-Theologie-Naturwissenschaften (TTN) an der Ludwig-Maximilians-Universität München vom 29.09. bis 02.10.2014 in das Studienhaus Gut Schönwag eingeladen hatte.[4] Zentrale Thesen wurden sodann auf einer öffentlichen Tagung vom 02. bis 03. März 2015 diskutiert, die das Institut TTN in Kooperation mit der Evangelischen Akademie Tutzing veranstaltete. Auf beiden Foren standen nicht zuletzt auch Thesen zur Diskussion, die die Kammer für nachhaltige Entwicklung der Evangelischen Kirche in

---

3 Vgl.: EuropaBIO, 2015.

4 Eine filmische Dokumentation der Klausurwoche findet sich auf der Homepage des Instituts TTN unter http://www.ttn-institut.de/film-biopatente.

Deutschland in einer Studie aufgestellt hatte, die im Juli 2012 zum Zusammenhang von Biopatenten und Ernährungssicherung publiziert worden war.[5]

In der EKD-Studie finden vor allem die problematischen Effekte der Biopatentierung Erwähnung. Biopatenten wird sowohl der Rückgang an Agrobiodiversität als auch die Behinderung landwirtschaftlicher Forschung angelastet. Traditionelles Wissen indigener Kulturen werde durch Biopiraterie privaten Nutzungsinteressen unterworfen und so die globale Ernährungssicherheit nicht gefördert, sondern noch stärker gefährdet und eingeschränkt. In ihren Schlussfolgerungen und Empfehlungen votiert die EKD-Studie dabei durchaus uneinheitlich. Während die eine Position zum Ergebnis kommt, dass »aus christlicher Sicht [...] der freiwillige und dankbare Verzicht auf die Patentierung biotechnischer Erfindungen und die Frei-Gabe von Innovation im Bereich der Biologie als Gemeinbesitz« zu empfehlen wäre,[6] räumt eine andere Position ein, dass diese Perspektive nicht von allen geteilt wird. Einig sind sich die Verfasser der Studie allerdings bei der Formulierung des Problemstands: »Biopatente sind [...] das Musterbeispiel für einen Funktionswandel des Patentwesens weg von einer Institution, die technische Innovationen stimuliert, die später durch den Ablauf der Patente zu intellektuellem Gemeingut werden sollen, und hin zu einer Sicherung möglichst hoher *returns of investments* für Patentinhaber. Aus der Perspektive von Nutzenmaximierern ist es rational, das Patentwesen in diesem Sinne auszunutzen und, wenn möglich, durch politischen Lobbyismus auf die entsprechende Ausgestaltung des Patentrechts hinzuwirken. Aus der Perspektive von Gemeinwohlbelangen muss hingegen entweder a) das Patentwesen vor diesem Funktionswandel bewahrt oder, falls dies nicht möglich ist, müssen b) andere rechtliche Institutionen gestärkt werden.«[7]

Die These eines »Funktionswandels« unterschätzt die wechselseitige Angewiesenheit von unternehmerischer Gewinnorientierung und technischer Innovation als Bedingung auch für eine breite gesellschaftliche Wohlstandsmehrung. »Nutzenmaximierung« und Gemeinwohl stellen in

---

5 Kirchenamt der EKD 2012.
6 Ebd., 92.
7 Ebd., 97.

einer Marktwirtschaft insofern keine absoluten Gegensätze dar. Gleichwohl ist der EKD-Studie zuzustimmen, dass die verschiedenen Anbieter und Nutzer von Saatgut – Konzerne, regionale Saatguthersteller, landwirtschaftliche Großbetriebe oder Kleinbauern – auf dem Markt durchaus unterschiedliche Chancen erhalten. Inwieweit hier von einem Marktversagen die Rede sein kann, das einseitig auf das Rechtsinstitut der Patentierung zurückzuführen ist, wird in den folgenden Beiträgen kontrovers diskutiert. Ebenso werden Konzepte erörtert, die Herstellung und Distribution von Saatgut über alternative Rechtsformen wie *Commons* bzw. Gemeinschaftsgüter zu regulieren. In den Diskussionen auf der Klausurwoche, die sich auch in den hier abgedruckten Beiträgen niederschlagen, stand diesbezüglich immer wieder die Frage im Mittelpunkt, ob die behaupteten unerwünschten bzw. negativen Effekte einer intensiven Landwirtschaft – Biodiversitätsverluste, Verarmung von Kleinbauern, Biopiraterie – als direkte Folgen des Patentierungsregimes anzusehen sind oder aber andere strukturelle und (landwirtschafts)politische Ursachen haben. Auch die Frage, ob die Kompensation dieser Folgen und die Etablierung von Schutzansprüchen für die bedrohten Güter bzw. Stakeholder über eine Änderung des Patentrechts herbeizuführen ist, war umstritten. Dessen inhärenter Anspruch, Gemeinwohlinteressen via Wohlfahrtsgewinne mit einer temporären Monopolisierung der Nutzung von Saatgut zu vereinbaren, könnte ja auch durch flankierende Maßnahmen auf sozial- oder entwicklungspolitischem Wege realisiert werden. Hier sind natürlich vor allem die Industrieländer in der Pflicht, für einen angemessenen Vorteilsausgleich im Sinne derjenigen Landwirte zu sorgen, die nach wie vor ihr Auskommen mit traditioneller Pflanzenzüchtung suchen.

Am Beginn des Sammelbandes stehen Beiträge, die ausgewählte *juristische Aspekte* zum Thema der Biopatentierung erörtern. *Christine Godt* befasst sich mit dem Konnex von Geistigem Eigentum und den Zielen der Konvention über den Schutz der Biologischen Vielfalt (CBD) sowie den Bestimmungen des Internationalen Saatgutvertrags (ITPGR-FA). Im Mittelpunkt steht die Frage, inwieweit die beiden Verträge geeignet sind, dem Verlust von Biodiversität und dem Entstehen ungerechter Strukturen bei der globalen Nutzung biologischer und genetischer Ressourcen entgegenzuwirken. Diesbezüglich hebt Godt vor allem das Instrument des Vorteilsausgleichs (ABS-Teilhabeanspruch) hervor, das zwar noch nicht als normativer Standard etabliert ist, gleichwohl aber das Potenzial hat, marktkompatibel umweltschutzfördernde Anreize im Prozess von Austausch und Nutzung biologischer Ressourcen zu implementieren. *Viola Prifti* widmet sich dem unbestimmten Rechtsbegriff des »öffentlichen Interesses« in der europäischen Diskussion um Pflanzenpatente. Diesen Begriff definiert sie als Auftrag an den Gesetzgeber, einen Mechanismus zur Balance der widerstreitenden Interessen herzustellen, wie sie den unterschiedlichen Positionen z.B. von Verbrauchern oder Züchtern zugrunde liegen. Angesichts des Hiatus zwischen der patentrechtlichen Anreizsetzung für Innovation und den sowohl ökonomischen als auch sozialen Kosten, die durch den restringierten Zugang entstehen, plädiert Prifti für eine Neujustierung der Balance zugunsten eines offeneren Zugangs zu genetischen Ressourcen. Auch *Hélène Louise Berlincourt* beschäftigt sich mit rechtlichen Aspekten des Interessenausgleichs, wie sie durch die Biopatentierung transgenen Saatguts hervorgerufen werden. In ihrem Beitrag diskutiert sie haftungsrechtliche Fragen der Auskreuzung patentierter Pflanzentechnik und ihre Auswirkungen auf ein funktionierendes Koexistenzregime von unterschiedlichen – gentechnisch bzw. konventionell oder ökologisch ausgerichteten – Anbausystemen.

Den Reigen *kulturwissenschaftlicher und philosophischer Zugänge* zum Thema des Sammelbands eröffnet *Hansjörg Küster* mit einem Seitenblick auf die Kulturpflanzengeschichte. In einem Parforceritt zeichnete er zentrale Wegmarken des Ackerbaus der letzten 10.000 Jahre nach, die ihren Niederschlag alle in einer bewussten Auslese bzw. Züchtung von Kulturpflanzen fanden. Gleichwohl zeigt er sich im Hinblick auf die Patentierung von Lebewesen skeptisch. Denn im Unterschied zu technischen Werkstücken sind die Entwicklungen von Pflanzenpopulationen nie abgeschlossen, sondern dem Wandel sich stets verändernder Individuen unterworfen. Der ökologische und soziale Nutzen der Agrobiodiversität steht im Beitrag von *Cristian Timmermann und Zoe Robaey* im Mittelpunkt. Deren Hochschätzung wird gemeinhin instrumentell im Rekurs auf verschiedene Ökosystemleistungen begründet, die eine biologische Vielfalt voraussetzen. Dagegen plädieren die Autoren für eine Revitalisierung des »Gemeinschaftserbe-Prinzips der Menschheit«, das den Wert von Agrobiodiversität nicht nur aus Gründen der Nahrungsmittelsicherheit, sondern als gemeinsames kulturelles Erbe fordert. In einer ausdrücklich ethischen Perspektive widmet sich *Katrin Reuter* der Frage, wie sich das Instrument der Patentierung mit einem Verständnis starker Nachhaltigkeit vereinbaren lässt, das Biodiversität als Voraussetzung »guten menschlichen Lebens« versteht. Reuter argumentiert vor dem Hintergrund der theoretischen Konzeption des Versorgungssystemansatzes, die Natur nicht in ökonomischen Kategorien misst, sondern in den praktischen Wechselbeziehungen mit Menschen und ihren Lebensbedingungen zum Thema macht. Indem sie diesen systemischen Ansatz nun handlungspraktisch auf Fragen des guten Lebens bezieht, werden Biopatente vor allem als Störungen einer möglichst umfassend zu erhaltenden Biodiversität zum Thema. Auch in dem Beitrag von *Axel Siegemund* wird deutlich, wie das Verständnis moderner Technologie in kulturell überlieferten Naturvorstellungen eingebettet ist. In Indien herrscht ein »Glaubenskrieg« um den Anbau gentechnisch veränderter Organismen. Nach Siegemund ist dieser jedoch nicht Ergebnis einer prinzipiellen Kritik am technischen Fortschritt, sondern Ausdruck einer mangelnden Einbettung in die bestehenden identitätsstiftenden Entwicklungspfade. Agrarbiotechnologien und ihre Patentierung seien sehr wohl mit dem für Indien typischen pragmatischen Materialismus vereinbar, wenn sie auf dem Wege einer »traditionellen Modernisierung« eingeführt würden. Der Beitrag von *Rafael Häcki* befasst sich schließlich in systematischer Absicht mit der Frage, inwiefern die klassischen Patentrechtstheorien auf das Problem der Verteilungsgerechtigkeit Bezug nehmen, das gegenwärtig als Hauptargument gegen die Zuteilung eines privaten Ausschließlichkeitsrechts bei der Nutzung von biologischen Ressourcen ins Feld geführt wird. Er kommt zu dem Ergebnis, dass lediglich die heute verbreitet abgelehnte Arbeitstheorie die Aspekte von Knappheit und Interessensausgleich berücksichtigt, weil sie im Rekurs auf die Lock'sche *sufficiency-provisio* eine ausdrückliche Schranke der Aneignung von Gemein- zu Privateigentum beinhaltet. Angesichts der gegenwärtig zu beobachtenden Vorverlagerung des Patentschutzes in den Bereich der Entdeckung, stellt sich die Frage, ob mit Hilfe dieses Lock'schen Theorems die gegenwärtige Praxis der Erteilung von Biopatenten begrenzt werden könne.

Sozioökonomische Aspekte stehen im Zentrum der Untersuchungen des folgenden Themenblocks, der mit Überlegungen von *Michael Stephan* zur Wirkung von Biopatenten auf Innovationsprozesse in der biotechnologischen Pflanzenzüchtung eröffnet wird. Stephan sieht einen unbestrittenen Vorteil von Patenten zunächst in der durch sie hervorgebrachten Informationstransparenz. Insbesondere in einer kurzfristigen Perspektive hat dieser innovationsoffene Ansatz zur Folge, dass positive wirtschaftliche Einkommenseffekte nicht nur für Saatgutkonzerne, sondern auch für Verbraucher und Landwirte festzustellen sind. Der Blick auf langfristige

Auswirkungen von Pflanzenpatenten fällt dagegen nach Stephan eher ambivalent aus. Die Analyse der dynamischen Effizienz zeige zwar eine positive Wirkung auf die Innovationstätigkeit von Unternehmen, wie sie für die Refinanzierungserfordernisse von Start-ups in der grünen Biotechnologie dokumentiert sind. Insbesondere in kumulativ und sequenziell verlaufenden Innovationsprozessen können Patente aber auch Folgeinnovationen behindern, wenn ihr Schutzumfang zu breit angelegt ist. Nach dem Urteil von *Birger P. Priddat* werden gemeinwohlfördernde Effekte nicht dadurch evoziiert, dass man Saatgut einfach zum »öffentlichen Gut« erklärt. Priddat nähert sich dieser Frage, indem er den Gedanken durchspielt, welche Effekte es haben könnte, wenn man gentechnisch verändertes Saatgut in Deutschland entsprechend einstufen würde. Er kommt zu dem Schluss, dass die möglicherweise unerwünschten ökologischen Folgen dadurch in keiner Weise entschärft werden. Global gesehen würde dies nichts anderes bedeuten, als so genannte »Clubgüter« zu etablieren, die andere Länder ausschließen. Bei der Frage nach der Kompensation problematischer Externalitäten des Saatgutgeschäfts setzt Priddat deshalb vor allem auf Diversitätspolitik, die alternative Züchtungs- und Anbaupraktiken im Wettbewerb attraktiver macht. Mit dem Zusammenhang von Innovation und Eigentumsrecht befasst sich auch *Maria K. Gerullis*. In Auseinandersetzung mit der Ökonomischen Theorie der Eigentumsrechte von Harold Demsetz untersucht sie die Entwicklung der Produktivität des Saatgutsektors in den USA und Deutschland seit Anfang des 19. Jahrhunderts. Dabei fällt auf, dass in den USA der öffentliche Sektor vor allem bei Weizen sehr viel früher und intensiver in die Saatgutzüchtung eingegriffen hatte als dies in Deutschland der Fall war, wo die Weizensaat vor allem durch Initiativen aus dem privaten Sektor vorangetrieben wurde. Auch *Barbara Brandl* widmet sich den Dynamiken im Saatgutsektor in den USA, die sie einer politökonomischen Analyse unterzieht. Sie kommt zu dem Schluss, dass Patente auf Erfindungen in der Pflanzenbiotechnologie zwar nicht unmittelbar zur Marktkonzentration führen, diese aber gleichwohl unterstützen. Die seit den späten 1970er Jahren stattfindende Stärkung und globale Vereinheitlichung des Immaterialgüterrechts werde ihren Einfluss auch auf das stärker regional geprägte Normengefüge in der europäischen Landwirtschaft ausüben. Profitieren werden davon, vergleichbar den USA, vor allem große Saatgutkonzerne, die auf vorwiegend explizite Innovationen setzen und sich die hohen Bürokratie- und F & E-Kosten leisten können.

Welche Auswirkungen *Patente in der Praxis* der Pflanzenforschung haben, untersuchen zwei weitere Beiträge dieses Bandes. *Sebastian Pfeilmeier* illustriert diese Frage am Beispiel der Grundlagenforschung am Sainsbury Laboratory in Norwich, UK. Dort befasst man sich mit der Entwicklung einer Kartoffelsorte, die durch Übertragung von Resistenzgenen gegen die Kraut- und Knollenseuche geschützt werden soll. Die Anmeldung eines Patentschutzes bringt nun für die Forschung vielfache Vorteile: Für die akademische Forschungseinrichtung fungiert sie als Gütesigel erfolgreicher Forschungsarbeit und als potentielle Einnahmequelle durch Lizenzvergabe. Dabei kooperieren Universitäten zunehmend mit externen Dienstleistungsunternehmen für das Management geistiger Eigentumsrechte. Besonderes Augenmerk legt Pfeilmeier dabei auf die Zusammenarbeit mit Unternehmen, aber auch gemeinnützigen Stiftungen, die im Rahmen von *Public-Private-Partnership* sowohl den Zugang als auch die Neuentwicklung patentierbarer Technologien vermitteln. Die Bedeutung von Biodiversität für die praktische Pflanzenzüchtung ist Thema des Beitrags von *Bettina Müller*. Sie macht sowohl dessen hohen Stellenwert für die Züchtungspraxis deutlich, als auch die Probleme beim Zugang zu patentiertem Saatgut. Dabei vertritt sie die These, dass die Nichtberücksichtigung des Züchtungsprivilegs im *Nagoya Protokoll* vergleichbare Wirkungen zeitige wie das Patentsystem. Der dabei eigentlich intendierte Schutz der Biodiversität werde durch eine überregulierte Dokumentationspraxis in sein Gegenteil verkehrt.

Rechtliche, ethische und sozioökonomische Aspekte der Biopatentierung von Saatgut treten nicht nur als empirische Fragen auf, die auf deskriptivem Wege zu klären wären. Insbesondere im öffentlichen Dialog sind sie hoch politisiert, was nicht zuletzt auch auf *konkurrierende Interessen bei der Herstellung und dem Anbau von Saatgut* zurückzuführen sind. Ihren normativen Charakter erhalten sie dadurch, dass bei der Frage eines gerechten Interessensausgleichs auf ökonomischem, ökologischem und sozialem Gebiet die dabei tangierten Werte und Güter unterschiedlich abgewogen werden. Die abschließenden drei Beiträge dieses Bandes dokumentieren in exemplarischer Weise diese unterschiedliche Güterabwägung. Zunächst argumentiert *Eva Gelinsky* aus der Sicht einer ökologisch orientierten Saatgutarbeit. Die wachsende Bedeutung des Patentschutzes auf gentechnisch veränderte, aber auch konventionell gezüchtete Pflanzen in Europa wird in dieser Perspektive kritisch gesehen. Bestehende Rechtsunsicherheiten bergen für Züchter die Gefahr, Patentansprüche zu übersehen und mit einer Verletzungsklage rechnen zu müssen. Aber auch die Unübersichtlichkeit des »Patentdickichts« kann zu einer Blockierung der weiteren Züchtungsentwicklung führen. Gelinsky erblickt in der Technisierung der Züchtung einen Teufelskreis, in deren Folge die steigenden Kosten bei der Bereitstellung von Saatgut zuletzt nur mehr durch große Konzerne aufgebracht werden können. Die so genannte kapitalistische Durchdringung des landwirtschaftlichen Sektors ist auch der Ansatzpunkt der Kritik am Geistigen Eigentum in dem Beitrag von *Gregor Kaiser*. Auch er wendet sich gegen die Konzentrationsprozesse im Saatgutmarkt, die einen negativen Einfluss auf die Innovation und die Ernährungssicherheit mit sich brächten. Kaiser favorisiert stattdessen das Konzept der *Commons,* das vor Monopolisierung bewahre und die Pflanzenzüchtung möglichst marktunabhängig mache. Werden Sorten als *Commons* verstanden, so sind sowohl der Züchtungsvorgang als auch die Züchtungsverfahren offenzulegen, was allererst eine partizipative Pflanzenzüchtung zugunsten des Erhalts der Biodiversität möglich mache. Auch Andreas Popp erblickt in der Herstellung von Transparenz bei der Entwicklung einer neuen Pflanze eine zentrale Herausforderung. Im Unterschied zu Kaiser sieht er diese allerdings durch das bestehende Patentrechtsregime in ausreichendem Maße gewährleistet. Popp macht aus der Sicht des Europäischen Verbands für Biotechnologie deutlich, warum eine Änderung der Biopatentrichtlinie in Europa nicht notwendig ist, um einen ausreichenden Zugang von Züchtern zu Erfindungen zu ermöglichen, die im Zusammenhang mit Pflanzen stehen. Vor allem aber sieht er in der Neuverhandlung dieser Richtlinie die Gefahr negativer Auswirkungen auf die Rechtssicherheit für Investoren wie Unternehmen. Der Tendenz nach befördere eine Reduktion von Product-by-Process-Patenten eine Entwicklung, bei der immer mehr Innovationen als Geschäftsgeheimnisse behandelt werden, wodurch der Sozialvertrag, auf den sich das Patentsystem stützt, unterminiert werde. Stattdessen favorisiert er den Aufbau von multilateralen Lizensierungsplattformen, um Pflanzenzüchtern, Unternehmen und öffentlichen Forschungsinstituten einen fairen, vernünftigen und diskriminierungsfreien Zugang zu den wichtigsten mit Pflanzen in Zusammenhang stehenden Erfindungen zu ermöglichen.

Die Herausgeber dieses Bandes sind allen Beiträgern für die ausgesprochenen konstruktiven und engagierten Diskussionen auf der TTN-Klausurwoche und auf der Tagung in der Evangelischen Akademie Tutzing in großer Dankbarkeit verbunden. Zugleich hat die zügige Überarbeitung der Manuskripte durch die Autoren eine zeitnahe Veröffentlichung ermöglicht. Für die souveräne Redaktion der Beiträge sind wir in besonderer Weise Herrn Mag. Christian Dürnberger und Frau Dipl.-Biol. Birgit Dessauer dankbar. Ebenso möchten wir die ausgezeichnete administrative Betreuung des BMBF-Projekts durch den Projektträger Deutsches Zentrum für Luft- und Raumfahrt e. V. (DLR) hervorheben, bei dem wir insbesondere von Frau Dr. Marina Schindel und Frau Nancy Frohberg in unkomplizierter Weise unterstützt wurden. Für die Drucklegung dieses Tagungsbands im Nomos-Verlag sind wir insbesondere Herrn Volker Daiber verbunden.

Literaturverzeichnis

EuropaBio (2015): Biotechnology Industry 2014 – 2019 Manifesto.

Kirchenamt der EKD (Hrsg.) (2015): »Die Erde ist des Herrn und was darinnen ist«. Biopatente und Ernährungssicherung aus christlicher Perspektive (EKD-Texte 115).

Thompson, Peter (2012): Der Keim unserer Zivilisation: Vom ersten Ackerbau bis zur Gentechnik.

Geistiges Eigentumsrecht als Instrument zum Erhalt biologischer Vielfalt? Saatgut als Sonderfall

Christine Godt

1. Einleitung

Geistige Eigentumsrechte an Pflanzen (Sortenschutz, Patente) und Biologische Vielfalt stehen in einem spannungsreichen Wechselverhältnis. Für Saatgut gilt dies in besonderem Maße. Lange waren die Interessengegensätze um Saatgut in die agrarpolitische Doppelinstitution von Sortenschutz und Verkehrsgenehmigung rechtlich eingebettet. Sie brachten einerseits die gegenläufigen Interessen von Züchtern und Landwirten und andererseits das öffentliche Interesse an einer verlässlichen Lebensmittelversorgung zum Ausgleich. Seit Mitte der 70er Jahren aber steht der Sortenschutz in Verdacht, als Motor der Grünen Revolution die Verengung des Genpools, das Ausräumen der Landschaft und die Chemikalisierung der Agrarwirtschaft mit zu verantworten. Seither ist neben die internen Agrarkonflikte der Umweltkonflikt getreten. Beide Konfliktherde haben sich durch den Einsatz von Biotechnologie und die damit einhergehende Verschiebung des gewerblichen Rechtsschutzes vom Sortenschutz hin zum Patentschutz verschärft (»Biopatente«). Zudem ist eine weitere Diskussion über »Biopiraterie« entbrannt, die eine ungerechte Rohstoffordnung zu Lasten des globalen Südens anprangert. Dem Verlust von Biodiversität und ungerechten Strukturen der globalen Nutzung biologischer und genetischer Ressourcen setzt seit 1992 die Konvention über den Schutz der Biologischen Vielfalt (CBD)[1] ein Gegenkonzept entgegen. Dieses internationale Abkommen wurde 2001 durch den Internationalen Saatgutvertrag (ITPGRFA[2]) ergänzt. Seither steht Saatgut rechtlich in einem

1 *Convention on Biological Diversity* (CBD), Abkommenstext zum Download: http://www.cbd.int/convention/text/.

2 *International Treaty on Plant Genetic Resources for Food and Agriculture* (ITPGRFA), Abkommenstext zum Download: http://www.planttreaty.org/.

Dreieck von gewerblichem Schutzrecht (Sortenschutz, Patente), der behörd-lichen Verkehrsgenehmigung und den Anforderungen von CBD und ITPGRFA.

Die hier interessierende Frage ist, ob diese Struktur geeignet ist, die modernen Konflikte um Saatgut auszugleichen und den Erhalt der biologischen Vielfalt zu sichern. Eine zentrale Idee der CBD ist, Verfügungsansprüche instrumentell in den Dienst der Biodiversität zu stellen und diese den Ansprüchen aus gewerblichem Rechtsschutz entgegenzuhalten. Damit soll der gewerbliche Rechtsschutz zugleich als Ursache für den Verlust biologischer Vielfalt eingehegt werden *und* als Finanzinstrument in den Dienst des Nord-Süd-Ausgleichs gestellt werden. Der folgende Beitrag setzt sich mit dieser Konstruktion auseinander. Die alte Frage nach dem (rechtlichen) Vorrang der Rahmenwerke wird nicht aufgegriffen.[3] Das Interesse dieses Beitrags liegt allein auf dem Konnex von Geistigem Eigentum und den Zielen der CBD-Ordnung, inklusive des Internationalen Saatgutvertrags. In aller Kürze wird zunächst der gewerbliche Rechtsschutz von Saatgut (Sorten und Patente) und dessen Wirkung auf die Biodiversität skizziert (2.). Es folgt eine Darstellung der Teilhabeansprüche zum Schutz von Biodiversität, wie sie in der CBD und im Internationalen Saatgutvertrag konstruiert sind (3.). Das Ergebnis dieser Analyse wird unter der Frage weiterentwickelt, wie das neuartige Instrument »Zugang und Vorteilsausgleich« (*access and benefit sharing*, ABS) überhaupt für die Industriesektoren aussehen könnte, die Produkte aus weiterent-wickeltem CBD-Material herstellen. Dazu wird das Vertragswerk CBD/ITPGR-FA neu beschrieben, seine Prinzipien reformuliert und konkrete Regelungsbausteine abgeleitet (4.) Eine Schlussbemerkung rundet den Beitrag ab (5.).

2. Geistiges Eigentum und der Verlust von Biodiversität

Gewerbliche Schutzrechte wie Sorten- und Patentschutz (»Geistiges Eigentum«) setzen einen Anreiz zu Forschung und Weiterentwicklung u.a.

3 Dazu Godt 2003a, zur Begrenztheit dieser Argumentationsform und zugunsten einer komplementären Auslegung vgl. am Bspiel CBD und UNCLOS von Kries/Winter (2015).

von Pflanzen. In rechtstechnischer Hinsicht machen sie »öffentliche Güter«[4], u.a. Saatgut, zu einem proprietären Gut, von dessen Nachzucht und Vertrieb der Eigentümer der Rechte alle anderen Wettbewerber ausschließen und dadurch für begrenzte Zeit einen Monopolpreis erwirtschaften kann. Die Sorten- und Patentrechte sind international weitreichend harmonisiert durch die Verträge TRIPS[5] und UPOV[6] und innerhalb Europas durch Regeln auf der Ebene der Europäischen Union (EU) und den Mitgliedstaaten umgesetzt.[7] Früher unterschieden sich die beiden Systeme deutlich in Bezug auf das Innovationsmodell und den Schutzumfang. Dem Patentschutz wurde ein »lineares«, dem Sortenschutz ein »kumulatives« Innovationsmodell zugeschrieben. Im Schutzumfang unterscheidet sich der Sortenschutz im Grundsatz durch die fehlende Abhängigkeit der Innovationen untereinander, rechtlich zum Ausdruck gebracht durch die sog. Züchter- und Bauernprivilegien. D.h. die Rechteinhaber schulden untereinander und die Bauern den Züchtern keine Lizenzgebühren. Die Unterschiede beider Systeme sind aber unscharf geworden: Der Sortenschutz hat sich dem Patentrecht stark angenähert[8] (»im wesentlichen abgeleitete Sorten« nach UPOV 1991, Nachbaugebühren[9]) und das Patentrecht hat sortenschutzspezifische Ausnahmen durch die Bi-

---

4 Als »Öffentliche Güter« bezeichnet die ökonomische Theorie Güter, von deren Nutzung Dritte nicht ausgeschlossen werden können und die durch Nutzung nicht »weniger«, sondern »mehr« werden. Das Standardbeispiel sind Informationen (technische Lehren, Werke der Kunst), aber auch Saatgut gehört dazu, da es sich durch Aussaat selbst vermehrt.

5 TRIPS = *Agreement on Trade-Related Aspects of Intellectual Property Rights* (deutsch: Übereinkommen über handelsbezogene Aspekte der Rechte des geistigen Eigentums), Abkommenstext Download: https://www.wto.org/english/docs_e/legal_e/27-trips_01_e.htm.

6 UPOV = *Union internationale pour la protection des obtentions végétales* (deutsch: Internationaler Verband zum Schutz von Pflanzenzüchtungen), Abkommenstext Download: http://www.upov.int/upovlex/de/upov_convention.html.

7 Die verbleibenden Spielräume sind Gegenstand vieler Diskussionen. Die sog. »TRIPS«-Flexibilitäten sind Gegenstand weiterer Harmonisierung durch sog. »*Bilaterals*«, dazu Grosse Ruhe-Khan, 2011.

8 Metzger 2014, 95 spricht davon, dass das Innovationsmodell »nicht mehr klar« sei.

9 Wobei aktuell die Durchsetzung der Züchteransprüche auf Nachbaugebühren gegenüber den Landwirten an prozessualen Hürden scheitert.

opatentrichtlinie übernommen (§ 11 Nr. 2a[10] und 9 Patentgesetzt [PatG]). Der Patentschutz erfasst sowohl Sorten, sofern die Erfindung nicht sortenspezifisch ist,[11] als auch Züchtungsverfahren (*crossing & breeding*), sofern sie wenigstens *einen* relevanten technischen Schritt beinhalten.[12] Auch wenn bestimmte Verfahren (»im wesentlichen biologisch«, Art. 53 b EPÜ) von der Patentierbarkeit ausgeschlossen sind, sind Patentansprüche auf Erzeugnisse zulässig.[13] Bislang hat die Gegenbewegung zu dieser Schutzrechtsausweitung, nämlich die Forderung nach der freien Nutzung von *traits* (genetisch bedingten Anlagen, die von Natur aus vorkommen), nur geringen Widerhall gefunden.[14]

Die Innovationen im Pflanzenbereich, die durch die Schutzrechte befördert werden, sind bei Patenten die biotechnischen Veränderungen, bei Sortenschutz die züchterische Verbesserung. Schutzrechte setzen einen Anreiz zur Nutzung genetischer Ressourcen, der zugleich neue genetische Varianten hervorbringt und die Nutzung von Genmaterial als solchem sichert. Allerdings verengen beide Schutzsysteme auch den Pool der genetischen Ressourcen auf je spezifische Art und Weise. Dabei ist der Sortenschutz mit Blick auf seine Folgen für die Biodiversität nicht »das geringere Übel«, sondern er hat nur andere Mechanismen.

Sortenschutz beschränkt den Anreiz auf die Nutzung von homogenen Sorten, die kommerziell erfolgreich und zuvorderst »Generalisten« sind (das heißt, dass eine Sorte auf vielen Standorten gedeiht und hohe Leistung bringt). Durch diesen Mechanismus verengt Sortenschutz den ge-

---

10 Es besteht nur ein Privileg für die Züchtung, nicht zur Verwendung als neue Sorte. Insoweit wird der Züchter auf die Regeln der Zwangslizenz (!) verwiesen, § 24 Abs. 3 PatG; kritisch dazu Metzger 2014, 97.

11 Also »mehr als eine Sorte umfasst«, vgl. die Leitentscheidung der Großen Beschwerdekammer der EPO vom 20.12.1999, ABl EPA 2000, 111-141 – *Novartis*, ausführlich dazu Godt 2007, 67.

12 Leitentscheidung Große Beschwerdekammer EPA vom 9. Dezember 2010, *Tomate I & Brokkoli*, in deutsches Recht umgesetzt in der Neufassung von § 2a Abs. 1 Nr. 1 dt. PatG (BGBl. v. 23.10.2013, 3830).

13 Große Beschwerdekammer des Europäischen Patentamts, Entscheidung vom 25. 3. 2015, Az. G 2/13 zur Zulässigkeit von sog. »*Product-by-Process-Claims*« (Erzeugnisansprüche, die durch Verfahren beschrieben werden), Download: http://www.epo.org/service-support/updates/2015/20150407_de.html. Zur Diskussion der Problematik dieser Fälle: Godt 2007, 68; Walter 2010.

14 Trojan 2012 analysiert den hierzu vorgelegten niederländischen Gesetzesentwurf.

nutzten Genpool. Zwar bleibt der Wettbewerb unter den Züchtern erhalten und der Sekundärmarkt »unbeschränkt«. Dadurch kann sich prinzipiell eine Vielzahl von Unternehmen am Markt beteiligen, wodurch eine Diversität an proprietären Sorten entsteht. Sortenschutz setzt aber keinen Anreiz für die Verbesserung (standort-)spezialisierter Sorten. Zudem geht von der Eigenrationalität der Agrarzüchtung ein Uniformitätsdruck aus: Je größer die Fläche und je homogener die Ausgangssorte, umso eher fällt eine günstige Eigenschaft in einem Individuum auf, mit dem »weitergezüchtet« werden kann.

Sortenschutz kam erst jüngst durch zwei Fälle als Ursache für den Verlust an Biodiversität in die Schlagzeilen der Tagespresse, *Linda* und *Kokopelli*. Wenngleich die Berichterstattung unpräzise und verallgemeinernd von »Sorten« sprach, betrafen beide Fälle rechtstechnisch nicht den Sortenschutz, sondern die Saatgut-Verkehrsgenehmigung. Während die Tatbestandsvoraussetzungen beider Systeme nahezu gleich sind,[15] sind Laufzeiten[16] und Rechtswirkungen unterschiedlich. Während durch Sortenschutz Dritte von der Nutzung ausgeschlossen werden können, begüngstigt die Verkehrsgenehmigung nicht nur den Inhaber der Vermarktungsgenehmigung, sondern auch alle anderen. Sortenschutz und Verkehrsgenehmigung werden aber in der Praxis parallel beantragt.[17] Die beiden Fälle zeigen exemplarisch, wie die Doppelinstitution von Sortenschutz und Verkehrsgenehmigung den ökologischen Landbau behindert.

Der Fall *Linda* betraf eine Kartoffelsorte gleichen Namens, die in Deutschland vor allem im Bioanbau beliebt ist. Im Jahr 2004 lief die Verkehrsgenehmigung aus. Der Sorteninhaber hatte aber das Interesse am Anbau der Sorte verloren. Erst aufgrund des hohen Interesses vielfältiger Interessensgruppen (Biohändler, Biobauer, Spitzenköche) wurde die Ver-

---

15 Die Kernvoraussetzungen sind: unterscheidbar, beständig und homogen. Sortenschutz und Verkehrsgenehmigung werden in der Regel parallel beantragt und erteilt. Eine zusätzliche Erteilungsvoraussetzung bei der Verkehrsgenehmigung ist der »landeskulturelle Wert«.

16 Sortenschutz läuft 25 Jahre, für Hopfen, Kartoffeln, Reben und Baumarten 30 Jahre (§ 13 Sortenschauztgesetz [SortenG]), die Verkehrsgenehmigung läuft 10 Jahre, aber für Wein und Obst 20 Jahre (§ 36 SaatgutverkehrsG).

17 Das komplementär sich verstärkende Verhältnis von Verkehrsgenehmigung und Geistigem Eigentum beschäftigt seit einiger Zeit die Wissenschaft, speziell zum Sortenrecht: Gill/Brandl/ Böschen/Schneider 2011.

kehrsgenehmigung auf Umwegen beantragt.[18] Rechtspolitisch war die Wiederzulassung umstritten, aber in der Öffentlichkeit begrüßt. Der Fall *Linda* ist exemplarisch geworden für die Behinderung von ökologischem Landbau durch geltendes Recht. Im Gegensatz zum *Linda*-Fall lagen Sortenschutz resp. Verkehrsgenehmigung im *Kokopelli*-Fall, der dem Europäischen Gerichtshof zur Entscheidung vorlag,[19] nie vor, da es sich um eine »alte Sorte« handelte (in Deutschland: »Erhaltungssorte«). In dem Fall ging es um alte Gemüsesorten. Der Europäische Gerichtshof (EuGH) urteilte (für die einschlägige RL 2002/55/EG), entgegen den Schlussanträgen der Generalanwältin Kokott,[20] dass auch alte Sorten (so genannte Erhaltungs- und Hobbysorten) nur dann verkauft werden dürfen, wenn Identität und Qualität geprüft wurden. Dafür gäbe es ein – erleichtertes – Zulassungsverfahren nach Richtlinie 2009/145/EG (umgesetzt in der deutschen Erhaltungssortenverordnung).[21] Auch dieser Fall steht exemplarisch dafür, dass Rechtsinstitutionen den ökologischen Landbau eher belasten als entlasten und Agro-Biodiversität eher beschränken als fördern.

Im Vergleich dazu wirkt Patentschutz auf die Biodiversität anders und schärfer. Zum einen ermutigt Patentschutz unterschiedslos den Einsatz aller, somit auch ökologisch umstrittener Techniken; in Bezug auf die biologische Vielfalt sind hier vor allem Patente auf die Veränderung des Pflanzengenoms zu sog. »BT-Pflanzen«[22] und auf die Terminatortechnologie umstritten. Zum anderen ist der ökonomische Anreiz beim Patentschutz stärker ausgelegt als beim Sortenschutz.[23] Es ist für das

18 Zu den Eigenwilligkeiten des Falls und zur Chronologie siehe Ellenberg 2014.

19 C-59/11, Urt. v. 12.7.2012, Amtl.Slg. 2012 I,447.

20 Vgl. die Schlussanträge v. 19.1.2012, a.a.O. Nach der Beurteilung der Generalanwältin verletzte die Genehmigungsvoraussetzung den Grundsatz der Verhältnismäßigkeit, die unternehmerische Freiheit nach Art. 16 GrundrechteCharta, die Warenverkehrsfreiheit (Art. 34 AEUV) und den Grundsatz der Gleichbehandlung (Art. 20 GrundrechteCharta).

21 Dem entgegnete Gill/Brandl 2014. Sie plädieren für eine Abschaffung der Verkehrsgenehmigung für alte Sorten, sofern Zertifikate erteilt werden.

22 BT = *Bacillus Thuringiensis*; als BT-Pflanzen werden Pflanzen bezeichnet, deren Genom in dem Umfang das BT-Genom implantiert wurde, dass sie gegen Pflanzenschutzmittel gegen den Erreger BT resistent sind. Vor allem mit BT-Maislinien wurde experimentiert, vgl. Saeglitz 2004.

23 Vgl. den Text von Stephan in diesem Band: Wie wirken Pflanzenpatente? Blockade oder Anreiz für Innovation und Diversität?

lineare Modell kennzeichnend, dass das Ausschlussrecht[24] durch die Innovationskette durchgreift (rechtliche »Abhängigkeit« der Nachfolgeinnovationen vom Vorläufer) und dadurch eine umfassende Kontrolle der Produktionskette ermöglicht. In der Pflanzenproduktion ist dies die Kontrolle der Züchter und Bauern. Züchter werden im Prinzip bei jeder kommerziellen Nutzung durch Einkreuzung lizenzpflichtig. Bauern ist es generell versagt, Erntegut für die Neuaussaat aufzuheben. Hinzu kommt, dass gentechnisch veränderte Pflanzen oft nur mit dem Herbizid/Pestizid des Patentinhabers zu behandeln sind, was Kopplungsgeschäfte zur Folge hat. Häufig gehen damit Pflichten zum Abverkauf der gesamten Ernte und Ablieferpflichten einher.

Neben der Kritik an der Förderung umstrittener Gentechnik geht es bei Biopatenten um den Vorwurf der »Biopiraterie«.[25] Dieser Begriff mobilisiert die organisierte Zivilgesellschaft von Umweltgruppen[26] über kirchlich-ethisch orientierte Gruppen[27] bis zu Eine-Welt-Organisationen[28]. Im Zentrum der Diskussion steht die unrechtmäßige Aneignung von Ressourcen, vor allem aus den ressourcenreichen Staaten des Südens. In Rede steht die Zerstörung eines Wertesystems, das Pflanzen als kollektives Gut versteht, zu dem der Zugang frei ist und bei dem die Weiterentwicklung durch Austausch erfolgt. Während die CBD ein eigenes System gegen die

---

24 Das zudem in der Rationalität des Eigentumsschutzes unterliegt. Rechtlich, weil es Ansprüche kennt (Eigentum), aber die Ausschlusswirkung weiter reicht: beim Verfahrenspatent (Art. 64 EPÜ) bei Patenten auf Leben erstreckt sich die technische Lehre auf die Pflanzen oder traits (Regel 23 c EPÜ-AO) auf alle nachfolgenden Generationen (§ 9a dt. PatG; Art. 8 RL 98/44/EG) – auch bei Kreuzungen und der patentgeschützte Trait enthalten ist (sofern sich die Pflanze noch vermehren kann; C-428/08, EuGH Urt.v. 6.7.2010, Amtl. Slg. 2010 I-6765 – *Cefetra*) beim »absoluten Produktschutz« (alle Zwecke) durch die Äquivalenzlehre.

25 Ein »Kampfbegriff«, vgl. Godt 2007, 267.

26 Z.B. Greenpeace und BuKo, siehe: https://www.greenpeace.de/themen/ landwirtschaft/biopiraterie-raub-der-vielfalt-patent-auf-mais-fuer-die-firma-dupont und http://www.biopiraterie.de/.

27 EKD (2012); Katholische Landvolkbewegung (KLB); Internationaler Ländlicher Entwicklungsdienst (ILD) 2011; im EKD-Papier (2012) heißt es: »Patentansprüche begründen im Kern monopolartige Rechte, sie begünstigen die Bildung von marktbeherrschenden Stellungen und wirken sich daher abschreckend auf in kommerzieller Hinsicht konkurrierende Forschungs- und Entwicklungsprozesse aus.« (95)

28 U.a. Erklärung von Bern (EvB) 2010.

Biopiraterie aufgestellt hat (*infra* 3), ging die Auseinandersetzung im Rechtsdiskurs, mit ganz wenigen Ausnahmen (u.a. Basmati; Neem; Kurkuma; Hustenmittel)[29] in der rechtstechnischen Fachdiskussion um die Begriffe »Entdeckung«, »Neuheit«, »Erfindungshöhe«, den »Vorrang des Sortenschutzes«[30] und »im wesentlichen biologisch«[31], auf.[32]

Im Ergebnis befeuern beide Rechtsinstitutionen (Patent- und Sortenschutz) eine Industrialisierung der Landwirtschaft, die mit Druck auf die Fläche, Biodiversitätsverlusten und Freiheitsbeschränkungen von Züchtern und Bauern einhergeht. Damit sind Patente und Sorten zwar nicht naturwissenschaftlich kausal für den Verlust von Biodiversität ursächlich. Aber beide Rechtsinstitute befördern eine Entwicklung, die den Genpool durch ökonomische Kräfte verengt und Nutzerrechte beschneidet. Inzwischen hat der Begriff der »Biopatente« in der medialen Öffentlichkeit als Objekt der Problemzuschreibung dem Sortenschutz den »Rang abgelaufen«. Zu-weilen ist Patentschutz gar als Oberbegriff für Patente und Sorten gemeint. Als soziale Institution hat »Patentschutz« eine hohe symbolische Be-deutung erlangt und fungiert in der politischen Auseinandersetzung als *Frame*[33] für die Zuschreibung von Interessen. Die Begriffe »Eigentum« und »Kein Patent auf Leben« stecken in dieser Diskussion Tabu-Bereiche

29 Godt (2007) S. 41 ff.

30 Z.B. die von Greenpeace angestrengten Verfahren gegen das Patent auf Sonnenblumen mit veränderter Fettsäurezusammensetzung, erstmalig erteilt 2004; Einspruch 29.5.2005; Öffentliche Anhörung 2007, vgl. http://www.alt.no-patents-on-seeds.org/images/documents/patent_sunflower1-einspruch.pdf und der Einspruch gegen das Patent auf Weizen mit bestimmten Backeigenschaften,der 2005 zurückgewiesen wurde, vgl. http://www.alt.no-patents-on-seeds.org/index.php?option=com_content&task=view&id=28&Itemid=20php?option=com_cotent &task=view&id=28&Itemid=20.

31 Zu den EPA Entscheidungen siehe oben Fn. 11-13. Hier konnten selbst Stellungnahmen wie die des Wissenschaftlichen Beirats für Biodiversität und Genetische Ressourcen beim BMELV, der sich für den Patentausschluss aussprach, nichts ausrichten, vgl. Wissenschaftlicher Beirat 2011, 13; vgl. dazu auch die Entschließung des Deutschen Bundestags vom 17. Januar 2012, der die Bundesregierung auffordert, sich entsprechend für eine Revision der Europäischen Biopatentrichtlinie 98/44/EG einzusetzen.

32 Zum Problem der Übersetzung von menschenrechtlichen Auseinandersetzungen in Patentrecht, G. V. Overwalle 2010.

33 Eine Einführung in die politikwissenschaftliche Frame-Analyse im Patentrechtsdiskurs gibt Schneider 2010, 75 ff., auch Dedeurwaerde 2010.

ab und ermöglichen eine Konsensbildung von unterschiedlich motivierten Gruppen.

3. Der ABS-Teilhabeanspruch: Instrument des Erhalts von Biodiversität

Ziele der Konvention über die Biologische Vielfalt (CBD) von 1992 sind der Schutz sowie Nutzung der Biodiversität und der gerechte Vorteilsausgleich (Art. 1 CBD – Zieltrias). Der Definition nach fällt auch Saatgut unter die CBD. Allerdings wurde für diesen Sonderbereich durch den Internationalen Saatgutvertrag (ITPGR-FA[34]) von 2001 (in Kraft seit 2004) ein Sonderregime geschaffen, das – soweit dieses reicht – der CBD als spezielleres Recht *(lex specialis)* vorgeht. Beide Verträge bilden rechtlich eine komplementäre Einheit.

Ziel des Vorteilsausgleichs ist es, Umweltschutz in die Kräfte des Marktes zu integrieren und den (konsumptiven) Marktkräften einen Gegenpool entgegensetzen.[35] Dazu setzt die Konvention auf ein bilaterales Austauschmodell, das dem geistigen Eigentum nachmodelliert ist. Voraussetzung für diese Art von Ausgleich ist, dass die biologischen Ressourcen »zugewiesen« sind.[36] Aus diesem Grund unterstellte die Konvention die biologischen und genetischen Ressourcen der Souveränität der Staaten und hob sie aus der *public domain* heraus. Seither sind die Staaten nicht mehr völkerrechtlich verpflichtet, das Aufsuchen, das Aneignen wilder Arten und deren Export zu dulden. Sie *dürfen* den »Zugang« (*access*) regeln und die Zustimmung an einen Vorteilsausgleich (*benefit sharing, »abs«*) binden. Die Konstruktion dieser »ABS-Gesetze« ist für die Rechtskultur westlicher Industriestaaten ungewohnt.[37] Sie verbindet

34 *International Treaty on Plant Genetic Resources for Food and Agriculture* (ITPGRFA).

35 Guneratne 2012, 305, beschreibt dies als »Gegenbewegung zum property move«.

36 Rechtstechnisch: »Vertragsermöglichung durch Ausschließungsbefugnis« (Godt 2007, 402 und 555 f.). Ökonomisch: »Allokation durch Arbeitsteilung«, dazu Gerullis in diesem Band.

37 Mit der Folge, dass die Auslegung der CBD umstritten ist. Die Staaten streiten nicht nur um die Rückwirkung der CBD auf Bestände, die vor 1992 gesammelt sind. Sie streiten auch darüber, ob eine Nichtregelung eine Beibehaltung des *public domain*-Status impliziert (so die Position der Industriestaaten, die sie für

Elemente des Eigentums und der Genehmigung; ihr Vorbild ist die Rohstofflizenz.

Sinn und Zweck des Vorteilsausgleichs ist es, den ressourcenreichen Staaten einen Anreiz zum Ressourcenerhalt zu bieten. Dadurch sollen Umweltinteressen von vorneherein in wirtschaftliche Entscheidungen über die Nutzung integriert werden - entsprechend des Leitmotivs »Nachhaltigkeit« der Rio-Konferenz 1992, auf der auch die CBD verhandelt wurde.[38] Zu teilende Vorteile können monetärer und nicht-monetärer Natur sein. Vereinbarungen können sich auf die Rückführung des Materials, Ausbildung von Personal, Bau von Infrastrukturen und die Einräumung von Nutzungsrechten ebenso beziehen wie auf einmalige oder zeitlich gestufte (*mile stone payments up front*) und/oder gewinnabhängige Zahlungen *(royalties ex post)*.[39] Anfangs waren die Verhandlungen um die CBD noch an der Teilhabe an Gewinnen aus Patenten orientiert. Diese Art von Vorteilsausgleich ist aber nicht konzeptionell vorgegeben. Auch ist die Leitvorstellung von »Eigentum« irreführend. Völkerrechtlich macht die CBD die Staaten zu Verwaltern des *common heritage of humankind.* Sie können entscheiden, ob sie die Ressource (wieder) in die *public domain* stellen (wie die meisten westlichen Industriestaaten) oder ABS-Gesetze erlassen, die Entscheidungsorganen Kompetenz zuweisen (Ministerien, Gebietskörperschaften, indigene Gruppen) und die Verfahren festlegen. Diese Rechte gehen den späteren gewerblichen Schutzrechten an den Ausgangsmaterialien (Patente, Sortenrechte) voraus und sind Basis späterer Teilhabepflichten, vergleichbar den Ansprüchen aus einem (Basis-)Patent gegenüber den Inhabern späterer abhängiger Patente. Spätere Schutzrechte lösen den Anspruch nicht ab. Der Konzeption nach ist dies eine patentrechtliche Rationalität: Der Mechanismus begründet ein Rechtsverhältnis zwischen Ressourcenstaat und Nutzer, das hybrider Natur ist. Er zielt auf

---

sich in Anspruch nehmen), oder – so Stimmen des globalen Südens – die CBD ein Zugangsverbot etabliert, dessen Ausgestaltung aussteht, Winter/Kamau 2011.

38 Godt 2007, 273.

39 Die Möglichkeiten sind gelistet im Annex des »Nagoya Protocol *on Access to Genetic Resources and the Fair and Equitable Sharing of Benefits Arising from their Utilization*«, https://www.cbd.int/abs/text/default.shtml. Kritisch zu dem bilateralen Ansatz der Konvention Guneratne 2012, 217 und 306 *(»not working«)*, weil in der bilateralen Verhandlungsposition strukturell das Verhandlungsgefälle nicht ausgeglichen werden könne (Ebd., 218).

einen transnationalen Anspruch gegenüber einem ausländischen Unternehmen, der entweder einem Staat oder einer traditionellen Gemeinschaft zusteht. Der Anspruch soll einen Finanzfluss, wie eine transnationale Steuer, in Gang setzen. Allerdings sieht die CBD keine klare Zweckbindung zugunsten des Erhalts von Biodiversität vor (Art. 9 CBD[40]). Die Vertragsstaaten konnten sich auch in den Verhandlungen des Nagoya-Protokolls über Zugang und Vorteilsausgleich von 2010[41] nur auf eine weiche Formel des »Ermutigens« verständigen.[42] Die Europäische Union setzte das Nagoya Protokoll in VO 211/2014 durch ein Pflichtenkonzept um.[43] Darin bindet sich die EU, die transnationalen ABS-Ansprüche als verwaltungsrechtliche Pflichten in den Industrieländern zu überwachen (Art. 7 VO 511/2014), was eine neuartige Form transnationaler Verwaltung bedeutet.[44] Die Ausfüllung der Verordnung durch konkretisierende Sektorenregeln (u.a. Forschungsförderung; botanische Sammlungen) und durch mitgliedstaatliches Recht ist im Gange[45] (Stand: September 2015).

Insgesamt mangelt es der CBD an Akzeptanz. Forscher beklagen, dass der Zugang zu Ressourcen in den Ressourcenstaaten verengt wurde.[46] Die wenigen vorhandenen ABS-Gesetze werden als Überregulierung und der

---

40 Art. 9 (e) CBD: »*Each Contracting Party shall, as far as possible and as appropriate, and predominantly for the purpose of complementing in-situ measures: [...] (e) Cooperate in providing financial and other support for ex-situ conservation outlined in subparagraphs (a) to (d) above and in the establishment and maintenance of ex-situ conservation facilities in developing countries.*«

41 Das »*Nagoya Protocol on Access to Genetic Resources and the Fair and Equitable Sharing of Benefits Arising from their Utilization"* konkretisiert die CBD. Es trat am 12. Oktober 2014 als bindendes Völkerrecht in Kraft.

42 Art. 9 Nagoya-Protokolls: »Die Vertragsparteien ermutigen Nutzer und Bereitsteller, die sich aus der Nutzung der genetischen Ressourcen ergebenden Vorteile für die Erhaltung der biologischen Vielfalt und die nachhaltige Nutzung ihrer Bestandteile einzusetzen.«

43 VO 511/2014 v. 20.4.2014, ABl.EU L 150/59.

44 Zur Kritik der EU-Verordnung Godt 2015.

45 Gesetzentwurf der Bundesregierung vom 29.4.2015 zu Umsetzung der Verpflichtungen nach dem Nagoya Protokoll und zur Durchführung der VO (EU) 511/2014 sowie zur Änderung des Patentgesetzes (http://www.bmub.bund.de/fileadminDaten_BMU/Download_PDF/Naturschutz/nagoya_protokoll_umsetzung_gesetzentwurf_bf.pdf (zuletzt 26.9.2015).

46 Vgl. Beiträge in Kamau/Winter/Stoll 2015.

Vollzug als willkürlich empfunden. Zwar bemühen sich die öffentlichen Institutionen und die Industrie weltweit um eine Anpassung; in der Umsetzung tun sich aber Herkunfts- und Nutzerstaaten gleichermaßen schwer.[47] Insbesondere wird die Konvention auch von den Nichtregierungsorganisationen kritisiert. Sie wenden ein, dass man aus einem Marktinstrument kein Umweltinstrument machen könne. Staaten könnten sich zwar aus der klassischen Entwicklungshilfe lösen. Die Abhängigkeit werde aber ersetzt durch eine ungewisse erfolgsabhängige Bindung an die Industrie. Die CBD befördere die weitere Kommerzialisierung der Natur, schädige den *public good* Charakter der Ressourcen und untergrabe den Schutzanspruch als *common heritage of mankind.* Jenseits weniger und zudem umstrittener Projekte ist festzustellen, dass nennenswerte Geldströme bislang nicht verzeichnet wurden.

Für den Internationalen Saatgutvertrag (ITPGRFA) sieht das ABS-Konzept anders aus, die aktuelle Lage ist aber gleich problematisch. Von Anfang an wurde für die kumulative Züchtung der bilaterale Ausgleich abgelehnt, der tatsächlich aufgrund der natürlichen Entwicklungspyramide nicht möglich ist. Um für den Saatgutbereich eine CBD-konforme Lösung zu etablieren, führt der ITPGRFA ein multilaterales System ein. Damit reagiert der Vertrag auf den »Schock«,[48] den die CBD der Saatgutzucht Mitte der 1990er Jahre versetzt hatte. Aber er antwortet nicht allein auf die CBD. Zuvor waren die Saatgut-Sammlungen bereits durch Patentansprüche der Industrie unter Druck geraten.[49] Manche Sammlungen hatten begonnen, aus defensiven Gründen Patente anzumelden.[50] Mit der CBD wuchs eine zweite Gefahr heran, die das System des freien Austausches bedrohte. Gegen diese beiden Entwicklungen richtet der Vertrag das multilaterale System ein (Teil IV ITPGRFA), dem aktuell 64 Nahrungs-und Futtermittelgattungen (»*crops and forages*«) zugewiesen sind, u.a. Weizen, Mais, Auberginen, Kartoffeln und Hirse. Zierpflanzen (Blumen) finden sich nicht darunter. Für die gelisteten Gattungen gilt das

47 Die umsetzungsorientierte Konkretisierung auch der europäischen Verordnung ist noch nicht abgeschlossen ist. Stand 2015: Die Mitgliedstaaten haben im Prozess Ausführungsbestimmungen zur VO 511/2014 zu erlassen.

48 »*External Shock*«, Dedeurwaerdere 2010, 191.

49 Godt 2007, 300, Fn. 204.

50 Godt 2007, 431.

multilaterale System nur soweit, als sie »*under the mangement and control*« der Vertragsstaaten stehen (Art. 11.2 ITPGRFA), d.h. in staatlichen *ex situ* Genbanken lagern.[51] Eine Abgabe von Material aus dem multilateralen System erfolgt nur auf Grundlage eines SMTAs (*Standard Material Transfer Agreement)*[52]. Diese Verträge verpflichten die Empfänger von Material auf bestimmte Nutzungen (nur Forschung, Züchtung, Training) und auf bestimmte Zwecke (nur Lebens- und Futtermittel, »*food/feed*«). Ausdrücklich sind chemische, pharmazeutische und andere industrielle Nutzungen (»*non-food/non-feed industrial uses*«) ausgenommen (Art. 12.3 (a) ITPGRFA, Art. 6.1 SMTA). Jenseits des multilateralen Systems gelten grundsätzlich die allgemeinen CBD-Regeln, das heißt, für alle nicht gelisteten Gattungen. Für alle nahrungs- und futtermittelrelevanten Pflanzen *in situ* muss eine bilaterale Zustimmung des Herkunftsstaats resp. der traditionellen Gemeinschaft eingeholt werden. Für alle industriellen *non-food/non-feed* Nutzungen von Annex 1-Material muss ein Einzelvertrag mit der abgebenden Sammlung geschlossen werden.

Der Idee nach stellt das multilaterale System die alte Saatgutwelt wieder her, allerdings vertraglich konstruiert durch kollektive, vorab festgelegte Regeln nach Muster der *Open Source*-Bewegung.[53] Saatgut wird verstanden als gemeinsames Gut (*global commons)*, zu dem alle Zugang haben (*public domain),* ohne nennenswerte Beschränkungen (*open access).* Diese Prinzipien beschreiben das »Ethos« der internationalen Agrarforschungseinrichtungen (CGIAR).[54] Es gründet darauf, dass in der klassischen Züchtung ein kausaler Beitrag von Ursprungsmaterialien für

51 In Art. 11.3. verpflichten sich die Vertragsstaaten »*to encourage natural and legal persons within their jurisdiction who hold plant genetic resources [...] listed in Annex I to include such plant genetic resources [...] in the Multilateral System.*«

52 *Standard Material Transfer Agreement* (SMTA) Download über WIPO-webpage: www.wipo.org/tk/en/databases/contracts/texts/smta.html (zuletzt 26. 2.2015). Er baut auf dem Vorbild der MTA auf, die die CGIAR-Einrichtungen seit 1998 verwendeten, vgl. Dedeurwarde 2010, 190.

53 Vorbild ist die GPL-Lizenz, kritisch zur vertraglich konstruierten *Public Domain* argumentiert Guibault 2006.

54 CGIAR = *Consultative Group on International Agricultural Research* umfasst die Internationalen Agrarforschungsinstitute unter der Schirmherrschaft der FAO. Zur Persistenz der *global commons*-Norm in der Agrarforschung vgl. Dedeurwaerdere 2010.

eine neue Sorte nicht genau bestimmbar ist. Auf diesem Umstand beruht bereits das traditionelle Sonderregime des Sortenschutzes (s.o.). Nicht erst seit der modernen Kolonialisierung und Welterforschung, die verschiedene Pflanzen über die Weltgegenden verteilte (Maniok, Hirse, Vanille, Zucker, Rhododendron) ist eine territoriale Zuordnung naturwissenschaftlich fragwürdig (frühere Beispiele: Tulpen und Rosen). Allein die Definition des »Herkunftsstaates« als *country of origin* ist schwierig. Bei der Kartoffel, die zu den gelisteten Gattungen des multilateralen Systems gehört, hat sich die Biodiversität vom *primary country of origin* (Peru) zu den *secundary countries of origin* (Deutschland und Polen) verschoben. Häufig sind auch die Vavilov'schen *centers of diversity* nicht identisch mit den *centers of origin.* Selbstverständlich gibt es auch bei Saatgut das allgemeine CBD-Problem, dass sich Ressourcen auf dem Territorium mehrerer Staaten befinden. Aus diesen Gründen mag eine staatliche Kompetenzzuordnung noch für den Zugang (*Prior Informed Consent*, PIC) gerechtfertigt sein. Der Vorteilsausgang läßt sich nicht überzeugend bilateral klären.[55] Für diese Fälle ist ein kollektives System unumgänglich (vgl. das entsprechende Regelungsgebot in Art. 10 Nagoya Protokoll).

Kern des *open access* Anspruchs des ITPGRFA ist, dass der Zugang zu dem Material durch gewerbliche Schutzrechte nicht beschränkt werden soll. Deshalb bestimmen Art. 12.3. (d) ITPGRFA/Art. 6.2 SMTA, dass

> »die Empfänger [...] keine Rechte des geistigen Eigentums oder sonstiger Rechte geltend [machen], die den erleichterten Zugang zu pflanzengenetischen Ressourcen für Ernährung und Landwirtschaft oder zu ihren genetischen Teilen oder Bestandteilen in der Form, *in der sie vom multilateralen System entgegengenommen werden,* einschränken (Hervorhebung CG).«

Der Inhalt dieser Vorschrift ist sehr umstritten.[56] Sie liest sich wie ein Verbot, Schutzrechte zu beanspruchen. Rechtlich gemeint ist aber nur das

---

55 Nichtregierungsorganisationen lehnen den ABS-Mechanismus zudem als wertungswidersprüchlich ab. Soweit es um Teilhabe an Patenten an biotechnologisch (vor allem gentechnisch) veränderten Pflanzen oder Lebensmitteln geht, würde »Teilhabe an etwas« beansprucht werden, was man ablehnt. Anders könnte der Fall allerdings liegen, wenn ein Naturstoff oder ein Mikroorganismus in der Lebensmittelproduktion ein Verfahren so optimiert hätte, dass dieses patentfähig wäre.

56 Ausführlich Godt 2007, 300 f.

Material, wie es aus dem System *entgegengenommen* wurde. Damit ist im Prinzip keine generelle Einschränkung der Anmeldung von Schutzrechten verbunden, denn die Erteilungsvoraussetzungen aller gewerblichen Schutzrechte verlangen, dass das Beanspruchte »neu« ist.[57] Art. 6.10 SMTA sieht die Schutzrechtsnahme auch ausdrücklich vor, wobei vertreten wird, dass nicht die Anmeldung von Sortenschutz, sondern nur die Anmeldung von Patentschutz zu Restriktionen i.S.v. Art. 6.8 SMTA führt.[58] Die Abgabe des Materials ist davon nicht tangiert. Eine Differenzierung der Vertragspartner nach »Züchtern« und »Industrie« erfolgt nicht.

Wie die CBD verpflichtet auch der ITPGRFA zum Vorteilsausgleich (Art. 13.2. ITPGRFA, Art. 6.7 und 6.8 SMTA). Allerdings erfolgt der Ausgleich, anders als unter der CBD, im multilateralen System kollektiv. *Benefits* sind, wie bei der CBD, monetäre und nicht-monetäre Vorteile.[59] Dem Empfänger stehen für den Ausgleich zwei Optionen zu: (1) Entweder er teilt die Ergebnisse seiner Forschungen nach denselben Bedingungen mit späteren Forschern und Züchtern (»*available without restriction to others for further research and breeding*«, Art. 13.2. lit. d (ii) ITPGRFA, Art. 6.8 SMTA[60]). Die Konstruktion ist der *share alike oder copyleft clause* aus der General Public License der *Open Source*-Bewegung nach-

---

57 So auch Santilli 2012, 140. Sie kritisiert, dass dadurch das Ziel des ITPGRFA, den Zugang zu Ressourcen zu erleichtern, untergraben wird.

58 Marie Schloen, Mündliches Gespräch am 20.2.2015; auch Santilli 2013, 110, sowie Santilli 2009, 198.

59 Für deren Teilhabe der Vertrag vier Instrumente vorsieht: Informationsaustausch, Zugang zu und Weitergabe von Technologie, Kapazitätsaufbau und Aufteilung der finanziellen und sonstigen Vorteile der Vermarktung, Art. 13.2. lit. a-d ITPGRFA. Deshalb kann aus dem multilateralen System auch kein Rückfluss der Gelder an ein Ursprungsland erfolgen. Das übersieht Rojahn 2010 bei ihrer Kritik.

60 Art. 13.2. lit. d (ii) ITPGRFA: »*The Contracting Parties agree that the standard Material Transfer Agreement referred to in Article 12.4 shall include a requirement that a recipient who commercializes a product that is a plant genetic resource for food and agriculture and that incorporates material accessed from the Multilateral System, shall pay to the mechanism referred to in Article 19.3f, an equitable share of the benefits arising from the commercialization of that product, except whenever such a product is available without restriction to others for further research and breeding, in which case the recipient who commercializes shall be encouraged to make such payment.*«

modelliert.[61] Konkret heißt das, der Nutzer gibt seine SMTA-Verpflichtung an seine Abnehmer weiter. Der *Benefit* wird hier begriffen als das Teilen des neuen Materials.[62] Soweit aus dem Produkt kommerzielle Gewinne gezogen werden, sollen freiwillige Zahlungen an den *Benefit-Sharing* Fond geleistet werden (Art. 19.3 lit. f ITPGRFA spricht von *Trust Account*, Art. 6.8 SMTA von *»mechanism established by the Governing Body«*). Ausweislich Annex 2 des SMTA ist dies der FAO Trust Fund. (2) Die Nutzer indes, die das Material kommerziell nutzen und es unter Restruktionen weitergeben (»*with restriction*«), unterliegen der Pflicht, einen im Annex 2 des SMTA festgelegten Prozentsatz des Verkaufsgewinns direkt an den Fond zu zahlen (Art. 6.7 SMTA).[63] Diese Pflicht gilt nicht für »Ressourcen in der Entwicklung«, die noch nicht für die Kommerzialisierung bestimmt sind (6.5 SMTA). Der Fond war 2014 mit 10 Mrd. Dollar ausgestattet.[64] Die Gelder stammen allerdings nicht von Nutzern,[65] sondern aus Zuweisungen der Vertragsstaaten.[66] Ein großer Zahlungsstrom des privaten Sektors wird auch nicht erwartet.[67] Die eingenommenen Gelder werden über Ausschreibungen ausgeschüttet, auf die sich Projekte bewerben können. Gemäß Art. 13.3. ITPGRFA soll das Geld Landwirten in allen Ländern, aber vor allem Entwicklungsländern, zugute

---

61 Vgl. Guibault, s.o. Fn 53.

62 Dies ist offenbar auch der Schwerpunkt ausweislich des ITPGRFA Governing Body, Report on the Implementation of the Multilateral System vom July 2015, Dok.Nr. IT/GB-6/15/8, 4, Ziff 14, Download: http://www.planttreaty.org/sites/default/files/gb6w08e.pdf.

63 Alternativ können sie sich gemäß Art. 6.11 SMTA für einen alternativen Zahlungsmodus entscheiden.

64 Vgl. http://www.planttreaty.org/news/international-treaty-launches-third-call-project-proposals (zuletzt 24.9.2015).

65 Kamau, in: Kamau/Winter 2013, 368, Fn. 36; wobei der Governing Body einen Anteil von 11 % anstrebt, vgl. FAO/ITPGRFA, Report on the Functional Autonomy of the International Treaty within the Framework of FAO, Juni 2015 (Az.: IT/GB-6/15/23, Download: http://www.planttreaty.org/sites/default/ files/MO315_IT-GB-6-15-23_en.pdf), 4, Ziff. 17.

66 Z.B. hat sich Norwegen gebunden, dass es 0,1 % der Gewinne aus dem Saatgutverkauf an den Fond überweist, vgl. Santilli 2013, 109; Schweden zog 2015 mit dem Versprechen von vier jährlichen Zahlungen im Umfang von insgesamt 300,000 US$ nach, die im vierten Projektzyklus ausgeschüttet werden sollen, vgl. news vom 15.7.2015 auf http://www.planttreaty.org/news (zuletzt 24.9.2015).

67 Santilli 2013, 110.

kommen, die pflanzengenetische Ressourcen bewahren und nachhaltig nutzen. Die erste Ausschreibungsperiode war 2009/2010. Im Jahr 2015 läuft die vierte Ausschreibungsrunde. Bislang wurden primär Projekte in ariden Zonen bewilligt.

Ein Vorteilsausgleich über das multilaterale System erfolgt also *de facto* nicht durch Zahlungsflüsse des privaten Sektors. Zwar sieht Art. 13.2. lit. d (ii) ITPGRFA eine kommerzielle Weiterentwicklung von Material vor, das aus dem Multilateralen System stammt.[68] Die Abgabe von Material aus dem multilateralen System, die aktuell nur durch SMTA erfolgt, ist gemäß Art. 6.1 SMTA[69] aber zweifach beschränkt, auf die Zwecke von Forschung und Züchtung, und auf »*food and agriculture*«. Damit ist die Schnittstelle des multilateralen Systems zu den »*non-food/non-feed*« Industriesektoren lückenhaft geregelt. Der Vertrag erlaubt die industrielle Nutzung gegen Vorteilsausgleich, aber die Industrie kommt ‚legal' nicht an Material aus dem multilateralen System heran. Die Sammlungen geben nur auf Basis des SMTA Material heraus. Die Züchter müssen die SMTA-Bindungen weitergeben. Die Abgabe zu kommerziellen Zwecken und/oder an die Industrie müsste über einen individualisierten Vertrag erfolgen. Die Sammlungen sind darauf aber nicht eingestellt. Der *Governing Body* des ITPGRFA – dazu sogleich mehr – hatte weder Anfragen noch Zahlungseingänge.[70]

Der Vollzug des ITPGR-FA obliegt dem *Governing Body* (Art. 21 ITPGRFA), ein intergouvernementales Gremium, das sich mindestens zweijährlich trifft. Diesem Gremium obliegt damit die Pflicht, für die umfassende Umsetzung des Art. 13.2. lit. d (ii) ITPGR-FA zu sorgen, d.h. sowohl die Materialabgabe über SMTA, die individualisierte Vertragsabgabe und die freiwilligen Zahlungen an den *Benefit-Sharing Fond* zu leisten,[71] als auch die Zahlungen der Selbstverpflichtungen, wie etwa die

68 S.o. Fn. 59.

69 Art. 6. 1 SMTA: »*The Recipient undertakes that the Material shall be used or conserved only for the purposes of research, breeding and training for food and agriculture. Such purposes shall not include chemical, pharmaceutical and/or other non-food/feed industrial uses.*«

70 FAO/ITPGRFA, Reviews and Assessments under the Multilateral System and of the Implementationand Operation of the Standard Material Transfer Agreement, Report Juni 2015 (Az. IT/GB-6/15/9) S. 4, Ziff. 17.

71 Kamau 2013, 368.

der Nahrungsmittelindustrie, zu kontrollieren.[72] Für den Bereich der SMTA wird dem *Governing Body* regelmäßig Bericht durch die Sammlungen (*»providern«)* erstattet (Art. 5 lit. e SMTA) und er wird von den *recipients* über die Weitergabe an *»subsequent recipients«* informiert (Art. 6.4. lit. b SMTA).[73] Streitigkeiten über die Einhaltung des SMTAs sind gemäß Art. 8 SMTA zu lösen. Als operative Einheit hat der ITPGRFA-*Governing Body* 2009 dazu die FAO[74] als *»Third Party Beneficiary«*[75] eingesetzt und Verfahrensregeln erlassen.[76] Diesem Gremium ist die Aufgabe übertragen, Informationen über SMTA-Vertragsverletzungen nachzugehen, zur Aufklärung Informationen einzufordern und Streitbeilegungsverfahren einzuleiten (erst Mediation, dann Schiedsverfahren[77], Art. 4-7 *Third Party Beneficiary Procedures*). Diese Konstruktion ähnelt einer Organleihe. Für die Streitschlichtung wurde das WIPO *Arbitration and Mediation Center* institutionell berufen, das auf Grundlage der 2011 vom ITPGRFA-*Governing Body* verabschiedeten *Rules for Mediation of a Dispute in relation to a SMTA*[78] agiert. Die nominierten Schiedsrichter und Experten sind auf der Webpage des ITPGRFA einsehbar.[79] Die Konstruktion ist ungewöhnlich und birgt zugleich Chancen und Risiken.

Aktuell beschäftigen den »*Third Party Beneficiary*« zwei Fragen, die Abgabe an Dritte im Allgemeinen und die Abgabe von »*PGR under*

72 Die »*food industry*« ist zwar vom System erfasst ist, aber nicht vom SMTA, weil sie pflanzengenetische Ressourcen nicht nur zu Zwecken von »*research, breeding, teaching*« im Sinne von Art. 6.1 SMTA nutzt.

73 Dieses Informationssystem ermöglicht Statistiken, wie etwa die des ITPGRFA *Governing Body*, Report vom July 2015, s.o. Fn. 59.

74 FAO = *Food and Agriculture Organization of the United Nations.*

75 Vgl. http://www.planttreaty.org/content/what-third-party-beneficiary (zuletzt 24. 9.2015).

76 *»Third Party Beneficiary Procedures«*, vgl. http://www.planttreaty.org/sites/default/files/R5_2009_en_0.pdf (zuletzt 01.09.2015).

77 Nach den *Mediation Rules* kann ein Verfahren nur *inter partes eingeleitet werden.* Nichtregierungsorganisationen haben kein Klagerecht. Aus Art. 4 Abs. 2 der *Mediation Rules* ergibt sich auch kein Recht darauf, dass die FAO aufgrund der zugetragenen Informationen handeln muss.

78 Vgl. http://www.fao.org/docrep/meeting/023/mb854e.pdf (zuletzt 01.09.2015)

79 Vgl. http://www.planttreaty.org/mediation_experts.

development« im Besonderen.[80] Beide Problematiken betreffen die Schnittstelle der Nutzungen jenseits der SMTA-Bindungen (*industrial non food/non-feed uses*) und die Durchsetzung von Zahlungspflichten an den Fond.[81] *»PGRFA under development«* machen aktuell nur rund 10 % der Transfer-Verträge aus.[82] Im Übrigen ist über die Praxis der Materialabgabe »an die Industrie« oder die Weitergabe an *subsequent recipients* an die *non food/feed industry* wenig bekannt. Staatlich kontrollierte Genbanken wie das Leibniz Institut für Pflanzengenetik und Kulturpflanzenforschung in Gatersleben gehen davon aus, dass sie Material aus dem multilateralen System (nur SMTA verfügbar) nur an Züchter abgeben.[83] Umgekehrt gibt die staatseigene brasilianische Genbank EMBRAPA auch *pre*-CBD Material (d.h. Akzessionen vor 1993) gegen SMTA heraus.[84] Damit beschränkt sie die Nutzung des Materials auf *non food-non-feed use*, verfolgt allerdings auch nicht das Nutzerverhalten weiter.[85] Die FAO

80 Über beides berichtet FAO/ITPGRFA, Report on the Operations of the Third Party Beneficiary, Juni 2015, (Az: IT/GB-6/15/10, http://www.planttreaty.org/sites/default/files/MO289_IT_GB-6_15_10_en.pdf). Konkret gab es Untersuchungen zweier CGIAR-Zentren (3, Ziff. 6), angestoßen durch Hinweise der Nichtregierungsorganisation ETC-Group (vorherige Bericht 2013, Az. IT/GB-5/13/19, Ziff. 5 ff); zur Problematik des *»Materials under development«*, Az: IT/GB-6/15/10, 4, Ziff. 17 ff.

81 Dedeurwarde 2010, 196 weist darauf hin, dass die Fallgruppe *»available with restrictions«* schon dann vorliegt, wenn Material durch patentierte Mikroorganismen weiterentwickelt wurde. Durch den an ihnen bestehenden Patentschutz wird der den Zugang zum Material beschränkt, sodass eine Zahlungspflicht nach Art. 6.7 SMTA (Annex 2) entsteht.

82 ITPGRFA Governing Body, Report vom July 2015, 6, Ziff. 29, s.o. Fn. 59.

83 So die Recherchen der Verf. 2011/12, dazu Godt, in: Kamau/Winter 2013, 246ff., 250.

84 Dies ist aus Sicht der brasilianischen Rechtsposition konsequent; zum Streit um die temporale Geltung der CBD siehe Winter / Kamau 2011. Diese Praxis der Hereinnehmens von Material, das noch nicht aus der Annex-1 Liste steht, wird auch vom *Governing Body* befördert, vgl. ITPGRFA Governing Body, Report vom July 2015, 7, Ziff. 33, s.o. Fn. 59.

85 In Bezug auf die Abgrenzung von ITPGRFA und CBD ist zwischen den staatlichen Institutionen Brasiliens (EMBRAPA einerseits, CBD-administrierende Institutionen andererseits) vieles umstritten, vgl. dazu die Verfahren, die auf Grundlage der *»acão civil publica«* gegen die EMBRAPA anhängig gemacht wurden, dokumentiert auf: http://www.jusbrasil.com.br/jurisprudencia/busca?q=-SERVIDOR-%2C+%28EMBRAPA%29 (zuletzt 27.2.2015).

gilt als Gegner eines finanziellen Vorteilsausgleichs. Die Institution sieht sich dem freien Austausch verpflichtet, der Vorteile durch breite Nutzung generiert.[86] Es bleibt abzuwarten, wie engagiert die FAO in naher Zukunft etwaige Zahlungsansprüche gegenüber der Industrie durchsetzt. Einen Vorteilsausgleich im Sinne umfänglicher Zahlungen wird es zunächst auch unter dem ITPGRFA nicht geben.

Zusammengenommen erfolgt aktuell kein nennenswerter »Vorteilsausgleich« durch monetäre Zahlungen, weder unter dem CBD-Regime noch unter dem ITPGRFA.

4. ABS und Agrarpflanzen

Der Befund der beiden voranstehenden Abschnitte verstört. Gewerbliche Schutzrechte befeuern einen industriellen Strukturwandel und der Vorteilsausgleich ist als reziproker Gegenanspruch gegen »Vernutzung« und »Aneignung« funktionsunfähig. Dabei wollen beide Verträge ein Gegengewicht zu den Impulsen des gewerblichen Rechtsschutzes sein und verstehen sich in dieser Aufgabe als *»mutual supportive«*. Offensichtlich scheitert der Vorteilsausgleich aber an einer Vielzahl unterschiedlich motivierter Widerstände der verschiedenen Akteure. Die Ziele von Biodiversität und Entwicklung sind nicht systematisch in die ökonomische Rationalität integriert. Im Folgenden wird eine Defizitanalyse begonnen, aus der für den Regelungskomplex CBD und ITPGRFA Prinzipien und Regelungsbausteine abgeleitet werden.

4.1 Ursachenforschung

a) Agrarsektor und Industrie (»non-food/non-feed«)

Der ITPGRFA sucht für den Bereich des Saatguts die »Alte Welt« wieder herzustellen. Spätestens mit der Übertragung der Vollzugskompetenz für

---

86 Das ist auch das Credo der Agrarforschungsinstitute unter der Schirmherrschaft der FAO (die CGIAR-Group), ausführlich Dedeurwarde 2010; Römpczyk 1998, 45.

die SMTA-Verträge an die FAO scheint dies gelungen.[87] Züchtung und Landwirtschaft einerseits (*food/feed*) und Industrie andererseits (*non-food/non-feed*) sind wieder in zwei Systeme getrennt, die lange durch Sorten- und Patentschutz gegeneinander abgesichert waren. Für den *food/feed* Sektor wird das alte Austauschsystem re-etabliert, für die *non-food/non-feed*-Sektoren wird für die Nutzung der Ausgangsmaterialien, CBD-konform, das patentrechtliche Lizenzprinzip geregelt,[88] auch wenn bislang der Vollzug ausbleibt.

Damit ist die konzeptionelle Ordnung wiederhergestellt, die aber nicht die reale Welt abbildet. Die Abgrenzung *food/feed* versus *non-food/non-feed* suggeriert, dass eine Trennung noch möglich sei. Die moderne Vernetzung der Agrarforschung (*food/feed*) mit den industriellen und patentbasierten Sektoren der Mikrobiologie, Biotechnologie und Chemie macht diese Trennung aber illusorisch. Der Patentschutz ist längst in die Pflanzenforschung eingebrochen. Die Abgrenzung verschleiert die moderne Konvergenz. Im Züchtungssektor, jedenfalls soweit es um die Produktion von Basissaatgut (Saatgutvermehrung) geht, liegen längst »industrielle« Strukturen vor. In der Landwirtschaft haben sich neben der klassischen Produktion für Handel und Endverbraucher neue Erwerbszweige etabliert. Die Landwirtschaft ist selbst Lieferant von Energie geworden und Zulieferer an die chemische Industrie – mit entsprechenden Vertrags- und Finanzierungsstrukturen.

Damit steht das CBD/ITPGRFA Regime vor zwei verzwickten Problemlagen. Der Züchtung bleibt durch die pauschale Sektorqualifizierung als »*food/feed*« der Zugang zum Material via SMTA erhalten, auch wenn dies nicht für alle Betriebe gerechtfertigt ist. Die Züchter geben zudem nach außen vor, kein ABS-pflichtiges Material in ihre Sorten einzubauen (d.h. konkret: keine »post 93«-Akzession) und nur Material aus eigenen Sammlungen zu verwenden. Damit entfällt langfristig die Nutzung des Materials im multilateralen System, die den Bestand sichert. Die indus-

---

87 Ob der Vertrag deshalb ein *»success«* der Entwicklungsländer war (Guneratne 2012, 306) dürfte zweifelhaft sein, solange die hinter der Landwirtschaftsindustrie liegende oder die mit der Landwirtschaft verwobene Industrie (Lebensmittel-, Chemie- und Energiebranche) nicht zu Zahlungen herangezogen wird.

88 Godt 2013.

trielle Nutzung (*non-research* einerseits und *non-food/non-feed* anderseits) droht aufgrund der Konvergenz gänzlich ohne Ausgleichspflicht davonzukommen. Auf Grundlage des SMTA wäre sie zwar vertragswidrig (»illegal«) und würde eine Rückverhandlungspflicht auslösen. Die Landwirte werden sich aber auf ihre parallele *food/feed*-Produktion berufen. Die Industrie beruft sich auf die Züchter, die kein ABS-pflichtiges Material in ihre Linien eingebaut haben wollen. Etwaige Ähnlichkeiten seien rein zufällig. Der Mechanismus läuft leer.

b) Entwicklungspyramide

Grundidee des Sondersystems ist die Entwicklungspyramide. Sie rechtfertigt, in der Begrifflichkeit der CBD, dass im multilateralen System Zugang und Vorteilsausgleich entkoppelt sind.[89] Der Zugang ist frei, die Nutzung unterliegt Bedingungen, die Vorteile sind kollektiv zu teilen. Eine weitere Entkopplung von der CBD-Rationalität im Sinne einer weiteren »Abstraktion« wird gewünscht.[90] Zwar wird zu Dokumentationszwecken das Ursprungsland vermerkt, wenn eine Akzession in die Sammlung aufgenommen wird. Sinn und Zweck dieser Dokumentation ist aber nicht die Rückverfolgbarkeit im Interesse des Herkunftsstaates, sondern die Wiederauffindbarkeit zugunsten der Nutzer.

Problematisch ist, dass der Zuschnitt des ITPGRFA dieser normativen Basis nicht entspricht. Der Vertrag hätte an der Bereichsausnahme der kumulativen Züchtung als Prozess ansetzen müssen und in aller Klarheit *in situ* Pflanzen erfassen müssen. Stattdessen ist die Gültigkeit an Gattungen geknüpft, die enumerativ im Annex gelistet sind. *De facto* ist nur der Zugang *ex situ* erfasst. Damit hat das System an Glaubwürdigkeit eingebüßt und ist sehr auf einen Entwicklungsprozess angelegt. Aus politischen Gründen haben einzelne Ressourcenstaaten der Aufnahme von wichtigen Gattungen ins multilaterale System widersprochen. So wurden auf Betreiben von China und Brasilien[91] Soya, Zuckerrohr, Ölpalmen und

---

89 Ausdrücklich so formuliert von Winter 2013, 285.

90 Louafi/Schloen 2013, 221.

91 Für Brasilien siehe Santilli, Genetic Resources Common Pools in Brazil, in: Kamau/Winter 2013, 103-126, 107.

Erdnüsse nicht in den Anhang aufgenommen. Weil die Regeln nicht dem Konzept entsprechen, erscheint die gelebte Praxis als rechtlich widersprüchlich und untergräbt die Legitimität des Systems.

c) Institutionelle Pfadabhängigkeiten

Im multilateralen System der SMTAs ist ein »Vorteil« jede Weiterentwicklung, die durch Weitergabe geteilt wird. In dieser Definition von Vorteilsausgleich liegt eine starke Pfadabhängigkeit zur Agrarforschung. Es ist diese Idee von Austausch, die Grundlage der SMTA im multilateralen System ist. Sie steht unvermittelt neben dem Konzept des CBD-Vorteilsausgleichs, das für die industrielle Nutzung aufgenommen wurde. Es gibt auch gute Gründe, die Strukturen der kooperativen Agrarforschung zu erhalten. Nur wer schützen will, muss auch Grenzen ziehen. Das hat der Vertrag sowohl für die industrielle Nutzung von Material aus dem multilateralen System als auch für die Abgrenzung zum CBD-Regime versäumt. Das Problem für das Konzept des Vorteilsausgleichs sind die dadurch entstehenden Schlupflöcher.

Diese mangelnde Konzeption der Schnittstellenproblematik hat ihre Ursache darin, dass der Internationale Saatgutvertrag primär in Abwehr zur CBD und defensiv gegen die Patentierung durch die Industrie entstand, nicht durch Adaption einer rechtspolitischen Grundidee (Vorteilsausgleich) an ein Sondersystem. Die Agrarforschung sah sich lange durch die regulativen Ziele der CBD nicht gefordert. Verlust an Biodiversität wurde verstanden als Problem des Naturschutzes (nicht des Agrarsektors). Im Nord-Süd-Konflikt sah sich die internationale Agrarforschung auf der Seite des Südens und verstand sich *per se* als international und der Versorgung der Weltbevölkerung mit Lebensmitteln verpflichtet. »Biopiraterie« war ein Problem der pharmazeutischen Industrie. Angesichts des Jahrtausende währenden globalen Transfers von biologischen und genetischen Ressourcen konnte sich daran nichts geändert haben. An dieser Haltung konnte auch der Basmati-Konflikt nichts ändern. In der Folge war der ITPGRFA von einer Abwehr der CBD-Mechanismen geprägt, die Ziele der CBD machte sich der Vertrag nicht zu Eigen. So wirken die CBD-nahen Regeln aufgepropft. In der Realität laufen sie leer.

Damit hat die Agrarforschung Zeit vergeudet und muss die Schnittstellen »nacharbeiten«. Es ist von großer Dringlichkeit, dass sich die FAO nicht mehr als Förderer der Industrialisierung von Landwirtschaft begreift, sondern als ‚Regulierungsbehörde', deren Aufgabe es ist, die Agrarindustrie ökologisch und sozial unter den Bedingungen moderner Globalisierung in Bahnen zu lenken. Dazu muss sie dem Agrarsektor Pflichten auferlegen und den Konnex zur Industrie offensiv gestalten.

Möglicherweise stehen die unterschiedlichen ökonomischen Strukturen der internationalen Konsensbildung im Weg. In Europa hat sich ein selbständiger, mittelständischer Züchtungssektor behauptet. Die Landwirtschaft ist zwar stark industrialisiert, ist aber anders als in den USA nicht von der chemieorientierten Produktion gesteuert. Die CBD hat auf diese Strukturen keinen Einfluss. Sie will aber den Biodiversitätsschutz in die Marktkräfte integrieren.

4.2 Prinzipien des CBD-ITPGRFA Regime Complex

Den Begriff des *»Regime-Complex«* entwickelten die Politikwissenschaftler Kal Raustiala und David Victor in einem prominenten Aufsatz 2004.[92] Der Begriff beschreibt die Vernetzung von Regeln, die in verschiedenen Internationalen Organisationen administriert werden. Sie entwickelten das Modell am Beispiel von pflanzengenetischen Ressourcen im Fadenkreuz von FAO, CGIAR, UPOV (WIPO), CBD, ITPGRFA und WTO. In dem Aufsatz stand die Frage im Zentrum, wie sich im Normengeflecht ein Normenwandel vollzieht. An dieser Stelle soll interessieren, ob aus dem Regimekomplex gemeinsame Prinzipien abgeleitet werden können, an denen sich Konzeption und Entscheidungsfindung im Einzelfall orientieren können. Damit sollen Prinzipien verstanden werden, die als juristische Leitsätze einer Entscheidung über Zielkonflikte und Interessensgegensätze Orientierung geben.

92 Raustiala/Victor 2004.

a) Vorteilsausgleich

Beide Systeme sehen übereinstimmend einen Vorteilsausgleich vor. Der Mechanismus widerspricht also nicht prinzipiell dem Ethos der *commons* (»gehört allen«) und der *public goods* (freier Zugang), der in der Agrarforschung und den botanischen Wissenschaften tief verankert ist. Das Austauschmodell beinhaltet sehr wohl, dass Entwicklungen zu teilen sind (vgl. oben). Der Vorteilsausgleich ist indes im ITPGRFA kollektiv, in der CBD bilateral ausgestaltet. Damit ist nicht das »ob« entscheidend. Auch das »wie« tritt hinter die Frage zurück, »wer« den Anspruch erheben kann. In der CBD sind es der Herkunftsstaat bzw. traditionelle Gemeinschaften; in multilateralen Systemen ist es primär der *Governing Body* des ITPGRFA, sekundär die FAO.[93] In beiden Systemen hat die Industrie als Anspruchsgegnerin monetäre Zahlungen zu erbringen. Beide Systeme sehen abweichende Regeln für Forschung und Züchtung vor. Entscheidend ist, wie der Vorteilsausgleich die markttreibenden Kräfte als Gegengewicht einhegen kann. Tatsächlich können Ansprüche von Ressourcenstaaten auf Vorteilsausgleich den ökonomischen Druck verstärken, wenn sie den Teilhabeanspruch eindimensional auf den Unternehmensgewinn ausrichten. Auch die Wettbewerbssituation insgesamt kann sich verschlechtern.[94] Es ist also Sorge zu tragen, dass der Vorteilsausgleich *ökologische* Impulse setzt.

Die Legitimität des Prinzips des Vorteilsausgleichs beruht allein auf dem Schutz der Biodiversität, *nicht* der territorialen Souveränität. Der Mechanismus ist Ausdruck einer *joint responsability*.[95] Die Zuweisung an Staaten und traditionelle Gemeinschaften ist instrumentell. Mit der Anerkennung der Souveränität wollten die Vertragsstaaten mit kolonialen

---

93 Zur Kompetenzzuweisung an die FAO s.o. Fn. 64. Dadurch sind die Sammlungen/Genbanken als *Stewards* der genetischen Vielfalt einer bestimmten, ihnen anvertrauten Gattung von einer etwaigen Rechtspflicht entlastet, etwaige CBD-Ansprüche zu verfolgen. Sie können allein noch den Verdacht, dass die SMTA-Pflichten verletzt werden, der FAO melden und beantragen, für die Beendung der Vertragsverletzung zu sorgen.

94 Siehe das Beispiel der CBD-Ansprüche Äthiopiens auf TEFF, dazu Godt 2009, 99-118.

95 Zum CBD-Rezeption der modernen Prinzipien des Umweltvölkerrechts bereits Godt 2003 und 2004.

Strukturen brechen. Die Anerkennung von Ansprüchen von lokalen Gemeinschaften ist zwar in deren Achtung begründet (Art. 8j CBD). Auch der Wirkmechanismus, Schutz durch Teilhabe, kann die Gestalt einer transnationalen inländischen Gewerbeabgabe, einer Rohstoffkonzession oder einer Lizenzgebühr annehmen. Aber weder kann der Staat gänzlich frei über die Mittel verfügen, noch eine Gemeinschaft. Beiden steht ein weiter Spielraum zu. Aber im Ergebnis muss »der Ausgleich« des Vorteils ein Anreiz zum Erhalt sein. Der Vorteilausgleich ist nicht ein bloßes Transferinstrument. Denn das Schutzobjekt der Biodiversität ist rechtstechnisch nicht identisch mit dem Souveränitätsanspruch der Territorialstaaten. Der Vorteilsausgleich ist in dem transnationalen Durchsetzungsanspruch zugunsten der Biodiversität als *common concern of mankind* (Präamble CBD) begründet. Er ist Kern einer neuen Verteilungsordnung an pflanzengenetischen Ressourcen, in der Ressourcenstaaten Geltungsansprüche an die Industrie stellen, in denen legitime Ordnungsinteressen zum Ausdruck kommen. Darin findet er seine Legitimität, aber auch seine Grenzen.

Dem Prinzip des Vorteilsausgleichs unterliegen alle Nutzer. Es würde diesem Grundprinzip widersprechen, ganze Gruppen von der Pflicht freizustellen (»die Züchter«). Es ist also dafür Sorge zu tragen, dass die Sachgründe der Sonderregel im Einzelfall vorliegen und nicht pauschale Gruppen gebildet werden (Qualifizierung »der« Züchter als *non commercial*). Erst recht wird das Prinzip dadurch verletzt, dass sich jemand selbst freizeichnet (die »*non-food/non feed*« Industrie). Als grundlegendes Prinzip wirkt es »für und gegen« alle. Das heißt u.a. auch, dass diejenigen, die eine gruppenspezifische Pflicht trifft, nicht die Pflichterfüllung der anderen vereiteln dürfen. Etwa dürfen die Züchter nicht durch Arrangements vereiteln, dass die Industrie ihrer Pflicht nachkommen kann. Diese konkreten Fragen der Ausgestaltung (»Bausteine«) liegen nicht auf Prinzipienebene und werden im Abschnitt (4.c) exemplarisch vertieft.

b) Prinzip der Geteilten Verantwortung: Vertikale Koordination

Auch das Regime über biologische und pflanzengenetische Ressourcen basiert auf dem umweltvölkervertragsrechtlichen Prinzip, dass die Vertragsstaaten die Verantwortung gemeinsam tragen, die Aufgaben unterschiedlich verteilt sein können, sich aber im Vollzug ergänzen (*shared responsabilities*). Das gilt in besonderem Maße für ABS-Ansprüche. Bei der CBD sind Zugangsansprüche im Ressourcenstaat und die Teilhabeansprüche mit Unterstützung der Heimatstaaten der Unternehmen (»Nutzerstaaten«) durchzusetzen. Auf dieser Basis lässt sich für die Ressourcenstaaten die Schaffung von gesetzlichen Grundlagen als Obliegenheitspflicht lesen.[96] Umgekehrt verpflichtet das Nagoya Protokoll die Nutzerstaaten völkerrechtsverbindlich zur Durchsetzung der ABS-Verträge (*mutual agreed terms*, MAT) auf ihrem Territorium beizutragen (Art. 13, Art. 15-18 Nagoya Protokoll). Ihnen ist untersagt, die Durchsetzung wegen des hybriden Charakters des ABS-Anspruchs, insbesondere wegen der Nähe zu fiskalen Ansprüchen, abzulehnen.[97] Art. 8j CBD verpflichtet Nutzerstaaten, auch indigene Gruppen als Klageführer anzuerkennen und ihre (ungeschriebenen) indigenen Rechte[98] vor den industriestaatlichen Zivilgerichten sicher zu stellen.[99]

Beim ITPGRFA tragen die Mitgliedstaaten bereits aufgrund der unterschiedlichen »Ausstattung« mit genetischen Ressourcen unterschiedliche Pflichten. Der Souveränitätsanspruch wird dadurch zwar nicht aufgehoben, aber transformiert und mit Kooperationspflichten gebunden. Eine Pflicht der Nutzerstaaten richtet sich z.B. auf den Erhalt, die Regulierung und die Kontrolle der *ex situ*-Sammlungen. Zu berücksichtigen ist z.B., dass selbst Saatgutsammlungen nicht nur Annex 1 Material des multilateralen Systems in der Sammlung halten. Dadurch wird die Pflichtenstellung durch CBD-Regeln ergänzt. Art. 8j CBD begründet etwa eine Pflicht der Nutzerstaaten, Akzessionen, die nicht in Anhang 1 ITPGRFA gelistet sind, und von Communities beansprucht werden, als »Ressourcen *in trust*« für diese zu verwalten – und die Communities entsprechend zu informieren. Die gemeinsame, aber geteilte Pflichtenstellung gilt auch für den Vorteilsausgleich bei Material im multilateralen System. Die Aufhebung des *Public Domain* Prinzips bedeutete für die Sammlungen, dass sie

96 Wer nicht regelt, belässt es beim alten Zustand der ‚*public domain*'. Der Zugang ist frei und kompensationslos. Eine Pflicht zur Regulieurung ist der CBD nicht zu entnehmen.

97 Ausnahmen sind rein fiskal zu qualifizierende Ansprüche.

98 Tobin 2014, 129f.

99 Godt 2009; auch Guneratne 2012: Sie beschreibt die Durchsetzung als *»difficult«* (218), auf 306 gar als *»unenforceble«*.

Material nicht »frei«, sondern nur gegen SMTA abgeben. Mit dieser Pflicht ist zugleich die Aufgabe verbunden, die Bindungen auch durchzusetzen. Bislang beschränken sich die Sammlungen auf die SMTA-Ausgabe. Die Durchsetzung der darin festgeschriebenen Bindungen obliegt ihnen nicht und geht über die naturwissenschaftlichen Aufgaben der Sammlungen hinaus. Der Vollzug muss Aufgabe der Agrarbehörden sein, denen die Sammlungen unterstellt sind. Sie müssen die Zahlungspflichten zugunsten des Biodiversitäts-Fond gegenüber der Industrie durchsetzen. Diese Aufgabe muss klar geregelt werden und es müssen die Voraussetzungen dafür geschaffen werden, dass sie im Zweifel Beweis darüber führen können, dass die Produkte unter Nutzung von (ABS)-Material entstanden sind. Dazu bedarf es Standards, vergleichbar den Regelwerken der Züchter zur Bestimmung einer »im wesentlichen abgeleitete Sorte«.

c) *Horizontale Koordination*

Das dritte Grundprinzip ist die horizontale Koordination. Art. 1 Abs. 2 ITPGRFA errichtet das multilaterale System durch Verbindung *(»closely linking«)* der CBD und der FAO. Hieraus speist sich die »Organleihe« der FAO für die Durchsetzung der SMTA. Die Entscheidung beruht auf Sachnähe, birgt aber die Gefahr, dass die Anliegen der CBD den Agraranliegen untergeordnet werden. Vor allem die vorhandenen »Pfadabhängigkeiten« (oben 4.1, c) stellen ein Risiko für den Vorteilsausgleich dar. Umgekehrt kann hierin eine Chance liegen, die CBD-Ziele in den Agrarbereich hineinzutragen.[100] Diese Herausforderung muss als solche angegangen werden. Die Gefahr ist groß, dass die FAO die Herstellung der alten Strukturen in den Vordergrund stellt.[101] Der Vorteilsausgleich bedeutet aber nicht allein die Sicherung von Material durch Nutzung und durch Austausch zwischen den Agrarforschungseinrichtungen. Vorteilsausgleich bedarf der Konstituierung der Schnittstelle von Forschung und Züchtung

---

100 Vgl. die Kooperationspflichten der Ministerien im Gesetzentwurf der Bundesregierung (oben Fn. 45).

101 Obwohl an sich institutionell erkannt, vgl. FAO/ITPGRFA, Report on the Cooperation with the CBD, Juni 2015 (Az. IT/GB-6/15/15, http://www.planttreaty.org/sites/default/files/gb6w15e.pdf).

zur Industrie und die Integration von Biodiversitätszielen in den Entwicklungsprozess. Für den ITPGRFA bedeutet dies zweierlei: Die Annexlösung muss abgelöst werden von einer Bereichausnahme für kumulative Züchtung. Davon ist die lineare Innovation abzugrenzen, die als Schnittstelle zur Industrie auszugestalten ist. Ein Industrieprodukt ist dann dem Biodiversitätsfond verpflichtet, wenn es von einer Ursprungsressource »im wesentlichen abgeleitet« ist.

4.3 Bausteine

Aus diesen drei Prinzipien lassen sich exemplarisch folgende »Bausteine« als konkrete Ausgestaltung ableiten, die die ABS-Pflicht als biodiversitätsbezogene Umweltpflicht der Unternehmen klarstellen und normativ in die Verwertungskette integrieren.

a) Zweckbindung

Aus dem ersten Prinzip des *common concern* ist die Grenzziehung abzuleiten, was mit den Mitteln aus dem Vorteilsausgleich gemacht wird. Unter CBD und ITPGRFA sind sie im weitesten Sinne der Biodiversitätssicherung zuzuführen. Art. 13.3 ITPGRFA verpflichtet auf Zuweisung der Gelder an *»farmers in all countries, especially developing countries [...], who conserve and sustainably utilize plant genetic resources for food and agriculture«*. Über die Ausschüttung der Gelder über Projektanträge ist die Zweckbindung umgesetzt. Rechtstechnisch ist *de lege ferenda* eine klare Zweckbindung der Mittel für den Biodiversitätserhalt zu wünschen. Die Biodiversitätspflicht muss glaubwürdig sein.

b) Verfahren

Für die Schnittstellen-Problematik sind die Verfahren darauf zu überprüfen, ob die Kontrolle der ABS-Pflichten stattfindet und mit Investitionen in biodiversitätsfördernde Maßnahmen in Beziehung gebracht werden. Verfahrenstechnisch ist abzusichern, dass Behörden dem Verdacht der SMTA-Verletzung nachgehen (z.B. Verstoß gegen Art. 511/2014 als Ordnungswidrigkeit[102]) und die Zahlungspflicht einfordern, respektive ermöglichen.[103] Damit sich der Pflichtenverstoß nicht einfach in einer Ordnungswidrigkeit mit Bußgeld erschöpft, sondern es zu einem nachträglichen Vertragsschluss zwischen Nutzer und Anspruchsberechtigten kommt, ist die Weiterleitung der Informationen an die »Anspruchsinhaber« zu sichern.[104] Für CBD-Material ist dafür die Grundlage durch VO 511/2014 geschaffen. Sie fehlt im Bereich des ITPGRFA noch. Umgekehrt ist durch die Ausschreibungspraxis des Biodiversitätsfonds die Investition der Gelder in biodiversitätsfördernde Maßnahmen am ehesten gesichert. Entsprechende Leitlinien gibt es im CBD-Bereich nicht. Ein Kooperationsfond bei der CBD, der durchaus die Mittel an die Herkunftsstaaten weiterleitet, aber die zweckdienliche Investition überwacht, vergleichbar einem Rechnungshof, könnte die Zahlungsbereitschaft und die Glaubwürdigkeit des ABS-Systems fördern. Die Antragsberechtigungen gegenüber den Fonds sollten daraufhin geprüft werden, dass Nicht-Mitgliedsstaaten antragsbefugt sind. In diese Richtung bewegt sich der FAO-Biodiversitätsfonds. Hier kann der Antrag auch von einer Gemeinschaft gestellt werden, er muss nur über den *National Focal Point* weitergeleitet (und damit mandatiert) werden. Ein renommiertes Praxisbeispiel ist die Förderung des Potato-Parks in Peru.[105] Diese Praxis stützt sich auf Art. 18.5 ITPGRFA, der, im Wortlaut dem Art. 13.3 ITPGRFA ähnlich, *»farmers in developing countries«* Priorität einräumt, *»who conserve and*

---

102 Dazu ist allerdings die komplementäre Auslegung als Ergänzungsordnungen erforderlich, vgl. von Kries/Winter 2015.

103 Hier ist die Informationsquelle der Patentbeantragung zentral, grundlegend dazu Godt 2007, 330-334. Zur Änderung der Rechtslage vgl. Gesetzentwurf der Bundesregierung vom 29.4.2015 zur Umsetzung des Nagoya-Protokolls (oben Fn. 45).

104 Hierzu ist ein behördliches Informationsnetz auf Grundlage von Art. 7 und 9 VO (EU) 511/2014 im Entstehen, vgl. national ergänzender Gesetzentwurf der Bundesregierung vom 29. April 2015 (oben Fn. 45).

105 Tapia and Brendan 2013, 87 ff.

sustainably utilize«.[106] Eine Öffnung ist durch Art. 8j CBD geboten. Denn indigene Gruppen erlangen in den Heimatstaaten nicht selbstverständlich staatliche Unterstützung.

c) Akteure

Auf Akteursebene wäre nicht nur daraufhinzuwirken, dass die verantwortlichen Institutionen kooperieren (auf Vollzugsebene CBD-Sekretariat und nationale Behörden einerseits, FAO-Third Party Beneficary und Agrarbehörden andererseits). Z.B. sind nationale CBD-Behörden nicht dem bilateralen System verpflichtet. Die CBD ist als Auffangordnung für Lücken des ITPGRFA zu verstehen. Deshalb müssen sie Verstöße gegen SMTA entweder der nationalen Agraraufsichtsbehörde oder dem FAO-*Third Party Beneficary* anzeigen. Im Kern geht es um die Umweltpflichtigkeit der Unternehmen. Unter diesem Aspekt ist es sinnvoll, in nationalen und internationalen Verfahren biodiversitätsaktiven Umweltverbänden ein Antragsrecht gegenüber mitgliedstaatlichen Behörden und gegenüber dem *Third Party Benficiary* der FAO zur Prüfung der SMTA einzuräumen, gekoppelt mit einem Recht auf judizielle Überprüfung.

5. Schlussbemerkung

Die abschließende Bewertung des Vorteilsaugleichs fällt deutlich weniger pessimistisch aus als das Zwischenergebnis. Evident ist der Vorteilsausgleich noch nicht als normativer Standard etabliert und die Vollzugsgesetze sind gerade im Entstehen begriffen. Beides wird sich in den kommenden Jahren wechselseitig entwickeln. Diese Entwicklung ist, wie der

106 Ob auch einzelne Bauern einen Projektantrag stellen können oder nur Communities ist dem Wortlaut des ITPGRFA nach nicht ganz klar. Art. 18.5 ITPGRFA spricht von *farmers*, wodurch die Möglichkeit eines einzelnen umfasst ist. Sinn und Zweck der finanziellen Förderung ist aber gemäß Art. 9 ITPGRFA der Schutz von Gemeinschaften, die bestimmte Anbaupraktiken pflegen und die als Träger der Rechte an genetischen Ressourcen angesehen werden können. Anderseits wird eine Engführung auf ein Kollektiv als Problem in der Zukunft thematisiert, vgl. Crookshank/Phillips 2012, 84.

vorstehende Beitrag ausarbeitet, allerdings voraussetzungsvoll. Es fehlt an etablierten Auslegungsprinzipien und rechtstechnischen Eckpfeilern, die die Konsistenz und Glaubwürdigkeit des Vorteilsausgleichs als Umweltschutzinstrument fördern würden. Dabei sind die normativen Spannungen gewaltig, die der Anspruch auf Vorteilsausgleich vor allem in das Saatgutsystem hineingetragen hat. Sie wurden auch durch den Internationalen Saatgutvertrag nicht aufgelöst. Der vorstehende Beitrag macht aber deutlich, dass auch dieser Sektor sich dem historischen Bruch durch die CBD 1992 nicht verstellen kann. Der Vorteilsausgleich wird das Ethos der traditionellen Pflanzenzüchtung komplementieren, wenn er als Instrument des internationalen Biodiversitätsschutzes verstanden und konzipiert ist. Dazu bedarf es zugleich der Weiterentwicklung der nationalen und internationalen Normen und der pragmatischen Interpretation bestehender Normen. Dann aber, so die Kernthese dieses Aufsatzes, ist der Vorteilsausgleich durchaus ein interessantes Instrument, um marktkompatibel umweltschutzfördernde Signale in den Prozess von Austausch und Nutzung von biologischen Ressourcen zu senden. Mit einer klaren Ausrichtung an diesem Ziel werden sich die vorgelagerten legitimen Interessen von Forschungsfreiheit und des leichten Materialzugangs mit den nachgelagerten Teilhabeinteressen im Dienste des Umweltschutzes und im Interesse der Ressourcenstaaten in Ausgleich bringen lassen. Das Konzept ist allerdings sowohl neuartig als auch kompromisshaft, so dass konzeptionelle Brüche noch augenfällig sind. Der Aufsatz hat Prinzipien entwickelt, mit denen sich diese Brüche rechtskonstruktiv überwinden lassen und Leitlinien aufgezeigt, wie die Systemregeln fortentwickelt werden können. Es wird der judiziellen Streitverfahren bedürfen, um den Vorteilsausgleich durchzusetzen und ihm einen ausreichend komplexen, normativen Rahmen zu geben. Der Diskurs hat begonnen.

Literaturverzeichnis

Crookshank, Rebecca/Phillips, Peter W.B. (2012): A Comparative Analysis of Access and Benefit-Sharing Systems, in: Bubela, Tania/Gold, Richard: Genetic Resources and Traditional Knowledge, 63 ff.

Dedeurwaerde, Tom (2010): The constitution of Network Governance in Overcoming Frame Conflicts: Enabling Social Learning and Building Reflexive Abilities in Biodiversity Governance, in: Schutter, Olivier de/Lenoble, Jaque (Hrsg.): Reflexive Governance. 178 ff.

Ellenberg, Karsten (2014): Sind Sortenschutz und Saatgutrecht noch zeitgemäß? Ein kritischer Zwischenruf aus der Landwirtschaft, in : Metzger, Axel (Hrsg.), Rechtsschutz für Pflanzenzüchtungen, 69 ff.

Erklärung von Bern (EvB, 2010): Wir Biopiraten - Warum die Erhaltung der biologischen Vielfalt Gerechtigkeit braucht. EvB-Dokumentation.

Gill, Bernhard/Brandl, Barbara (2014): Legitimität von Sortenschutz und Sortenzulassung aus soziologischer Sicht, in Metzger, Axel (Hrsg.): Rechtsschutz für Pflanzenzüchtungen, 163 ff.

Gill, Bernhard/Brandl, Barbara/Böschen, Stefan/Schneider, Michael (2011): Autorisierung. Eine wissenschafts- und wirtschaftssoziologische Perspektive auf geistiges Eigentum. Berliner Journal für Soziologie 22, 407 ff.

Godt, Christine (2015): The Multi-Level Implementation of the Nagoya Protocol in the European Union, in: Coolsaet, Brendan/Batur, Fulya/Broggiato, Arianna/Pitseys, John/Dedeurwarde, Tom (Hrsg.): Implementing the Nagoya Protocol – Comparing Access and Benefit Sharing Regimes in Europe, 308 ff.

Godt, Christine (2013): Networks of Ex Situ Collections in Genetic Resources, in: Kamau, Evanson Chege/Winter, Gerd (Hrsg.): Common Pools of Genetic Resources – Equity and innovation in international biodiversity law, 246 ff.

Godt, Christine (2009): Enforcement of Benefit Sharing Duties in User Countries Courts, in: Kamau, Evanson/Winter, Gerd (Hrsg.): Genetic Resources, Traditional Knowledge & the Law – Solutions for Access & Benefit Sharing, 419 ff.

Godt, Christine (2009): Regulatory Paradoxes – The case of agricultural innovation, in: Drexl, Josef/Godt, Christine/Hilty, Reto/Remiche, Bernard/Boy, Laurence (Hrsg.): Technology and Competition – Technologie et Concurrence, 99 ff.

Godt, Christine (2006): Global Environmental Governance and the WTO, in: Joerges, Christian/Petersmann, Ernst-Ulrich (Hrsg.): Legal Patterns of Transnational Social Regulation and International Trade, 413 ff.

Godt, Christine (2007): Eigentum an Information.

Godt, Christine (2004): Von der Biopiraterie zum Biodiversitätsregime. Die sog. Bonner Leitlinien als Zwischenschritt zu einem CBD-Regime über Zugang und Vorteilsausgleich, Zeitschrift für Umweltrecht (ZUR) 16, 202 ff.

Godt, Christine (2003a): International Economic and Environmental Law – Exercises in Untangling the Dogmatic Conundrum, in: L. Krämer (Hrsg.), Recht und Um-Welt – Essays in Honour of Prof. Dr. G. Winter, 235 ff.

Godt, Christine (2003b): Rechtliche Umsetzung der CBD-Verpflichtungen, in: Korn, Horst / Feit, Ute (Hrsg.): Treffpunkt Biologische Vielfalt III – Interdisziplinärer Forschungsaustausch im Rahmen des Übereinkommens über die biologische Vielfalt, Bonn-Bad Godesberg, Bundesamt für Naturschutz, BfN-Schriftenvertrieb im Landwirtschaftsverlag, Münster, 29 ff.

Godt, Christine (2003c): IPRs and Environmental Protection after Cancún [Quelle: http://www.ecologic-events.de/Cat-E/en/presentations.htm (01.09.2015)].

Grosse Ruhe-Khan, Henning (2011): Protecting Intellectual Property under BITs, FTAs, and TRIPS: Conflicting Regimes or Mutual Coherence?, in: Miles, Kate/Brown, Chester (Hrsg.), Evolution in investment treaty law and arbitration, 485 ff.

Guibault, Luice (2006): From Microsoft to Linux, Lex Electronica 10.

Guneratne, Camena (2012): Genetic resources, equity and international law.

Kamau, Evanson Chege/Winter, Gerd/Stoll, Peter-Tobias (Hrsg., 2015): Research and Development on Genetic Resources – Public Domain Approaches in Implementing the Nagoya Protocol.

Kamau, Evanson Chege/Winter, Gerd (Hrsg., 2013): Common Pools of Genetic Resources – Equity and innovation in international biodiversity law.

Kamau, Evanson Chege (2013): The Multilateral of the International Treaty on Plant Genetic Resources for Food and Agriculture: Lessons and Room for Further Development, in: Kamau, Evanson Chege/Winter, Gerd (Hg.): Common Pools of Genetic Resources, Equity and Innovation in International Biodiversity Law, 343 ff.

Kammer der EKD für nachhaltige Entwicklung (2012): Die Erde ist des Herrn und was darinnen ist. Biopatente und Ernährungssicherung aus christlicher Perspektive, EKD-Texte Nr. 115.

Katholische Landvolkbewegung (KLB): Internationaler Ländlicher Entwicklungsdienst (Hrsg., 2011): Wer erfindet Pflanzen und Tiere? Eine Stellungnahme zum Konflikt um Patente auf Pflanzen und Tiere, Berlin.

Kilic, Burcu. and Brennan, Hannah (2014): The TPP's New Plant-Related Intellectual Property Provisions, Intellectual Property Watch vom 17/10/2014 [Quelle: http://www.ip-watch.org/2014/10/17/the-tpps-new-plant-related-intellectual-property-provisions/?utm_source=IP- (01.09.2015)].

Louafi, Sélim und Schloen, Marie (2013): Practices of exchanging and utilizing genetic resources for food and agriculture and access and benefit sharing, in: Kamau, Evanson Chege / Winter, Gerd (Hrsg.): Common Pools of Genetic Resources, Equity and Innovation in International Biodiversity Law, 373 ff.

Metzger, Axel (2014): Innovationen im Grenzbereich von Patent- und Sortenschutz: Exklusivität oder Kumulation der Schutzrechte? in: Ders. (Hrsg.), Rechtsschutz für Pflanzenzüchtungen. 77 ff.

Raustiala, Kal/Victor, David G. (2004): The Regime Complex for Plant Genetic Resources, International Organisations 58, 277 ff.

Römpczyk , Elmar (1998): Biopolitik - der Reichtum des Südens gegen Technik und Kapital des Nordens.

Rojahn, Julia (2010): Fair shares or biopiracy? Developing ethical criteria for the fair and equitable sharing of benefits from crop genetic resource, Dissertation Universität Tübingen.

Santilli, Juliana (2013): Genetic resources common pools in Brazil, in: Kamau, Evanson Chege/Winter, Gerd (Hg.): Common Pools of Genetic Resources, 103 ff.

Santilli, Juliana (2009): Brazil´s experience in implementing its ABS regime – suggestions for reform and the relationship with the International Treaty on Plant Genetic Resources for Food and Agriculture, in: Kamau, Evanson Chege/Winter, Gerd (Hg.): Genetic resources, Traditional Knowledge & the Law, 187 ff.

Saeglitz, Christiane (2004): Untersuchungen der genetischen Diversität von Maiszünsler-Populationen (Ostrinia nubilalis, Hbn.) und ihrer Suskeptibilität gegenüber dem Bacillus thuringiensis (Bt)-Toxin als Grundlage für ein Resistenzmanagement in Bt-Maiskulturen, Disertation Aachen Technische Hochschule.

Tapia, Mario/ Tobin, Brendan (2013): Gardians of the Seed. The Role of Andean Farmers, in Kamau, Evanson Chege/Winter, Gerd (Hg.): Common Pools of Genetic Resources, Equity and Innovation in International Biodiversity Law, London, 79 ff.

Tobin, Brendan (2014): Biopiracy by Law. European Union Draft Law Threatens Indigenous Peoples´Rights over Their Traditional Knowledge and Genetic Resources, European Intellectual Property Review (EIPR) 36, 124 ff.

Trojan, C. G. (2012): Problem-solving approaches to the issue of the overlap between patent law and breeders' rights in the plant breeding sector, Manuskript vom 31.7.2012, stand bis Frühjahr 2015 unter der Webpage der Association des Ingénieurs de l'Horticulture et du Paysage (AIHP) http://www.aiph.org/site/ index_en.cfm?act=nieuws.detail& varnieuws=1521 öffentlich zum Download zur Verfügung. Die Seite wurde auf ein internes, Passwort geschütztes Archiv verschoben. Kopie des Manuskripts bei der Autorin.

Van Overwalle, Geertrui (2010): Human Right Limitations in Patent Law, in: Grosheide, F. Willem (Hrsg.): Intellectual property and human rights: a paradox, 236 ff.

von Kries, Caroline/Winter, Gerd (2015), Harmonizing ABS conditions for research and development under UNCLOS and CBD/NP, in: Kamau, Evanson Chege/Winter, Gerd/Stoll, Peter-Tobias (Hrsg.) Research and Development on Genetic Resources: Public Domain Approaches in Implementing the Nagoya Protocol, 75 ff.

Winter, Gerd (2013): Knowledge Commons, intellectual prpoerty and the ABS regime, in: Kamau/Winter (Hrsg), Common Pools of Genetic Resources – Equity and innovation in international biodiversity law, 285 ff.

Winter, Gerd / Kamau, Evanson Chege (2011), Von Biopiraterie zu Austausch und Kooperation, in: Archiv des Völkerrechts, 2011, 373 ff.

Walter, Doris (2010): Klassische und markergestützte Zuchtverfahren – Noch kein Patentrezept für Tomaten und Brokkoli, GRUR Prax, 329 ff.

Die Rolle des öffentlichen Interesses an Pflanzenpatenten: Eine europäische Perspektive

Viola Prifti

1. Einleitung

Seit Inkrafttreten des Übereinkommens über handelsbezogene Aspekte der Rechte des geistigen Eigentums (TRIPS-Abkommen) im Jahr 1995 haben viele Staaten nach Übernahme der TRIPS-Mindestschutzstandards ihre Patentgesetze gestärkt. Der verschärfte Patentschutz wiederum hat zu Besorgnis bei denjenigen geführt, die auf Zugang zu geschützten Innovationen angewiesen sind. Zahlreiche Wissenschaftler sowie zivilgesellschaftliche Organisationen betonen das Ungleichgewicht in der Innovationslandschaft zwischen den Inhabern von Schutzrechten und der Gesellschaft. Die negativen Auswirkungen des Ungleichgewichts im Patentschutz haben sich insbesondere in Bereichen bemerkbar gemacht, die unmittelbar die Gesundheit oder die Ernährung betreffen, wie etwa pharmazeutische Produkte oder Pflanzen. In der Folge ist die öffentliche Aufmerksamkeit gestiegen und es etablierten sich zahlreiche zivilgesellschaftliche internationale Initiativen, die sich gegen die Einführung oder Verschärfung privater geistiger Eigentumsrechte einsetzen.[1] Insbesondere europäische Länder erleben wachsenden Widerstand gegen Patente auf Pflanzenmaterial. Die folgenden Ausführungen sollen diese Thematik erhellen, indem sie die Interessen der beteiligten Stakeholder und ihren Einfluss auf die europäische Patentgesetzgebung analysieren. Es wird argumentiert, dass im Sinne des öffentlichen Interesses eine Balance zwischen den Interessen der einzelnen Stakeholder hinsichtlich der Patentierbarkeit von Pflanzentechnologien erzielt werden muss.

1 Kapczinsky 2008, 804.

2. *Europäische Patentgesetzgebung zu biologischem Material: Bedeutung für die Pflanzenzüchtung*

Vor dem Einstieg in die eigentliche Analyse soll auf zwei Fragen jeweils eine kurze Antwort gegeben werden: Was ist Pflanzenzüchtung und welche Relevanz hat das europäische Patentrecht in ihrem Kontext? Pflanzenzüchtung kann zunächst als eine Verbesserung der Pflanzengenetik verstanden werden. Prozesse des Kreuzens wie des Auslesens werden hierbei durch menschliche Zwecksetzungen gesteuert.[2] Dieser Vorgang erfordert Wissen, Technologien und den Zugang zu bereits bestehenden Pflanzensorten. Die spezifischen Bedürfnisse der Pflanzenzüchter wurden in der *International Convention on the Protection of New Varieties of Plants* (UPOV-Konvention) verankert. Dort wird allen Züchtern das Recht zuerkannt, ihn ihrem Züchtungs- und Forschungsprozess auf alle – also auch auf geschützte Sorten – zurückgreifen zu können.[3] Nach Inkrafttreten der UPOV-Konvention haben alle europäischen Länder Züchterprivilegien eingeführt[4] und explizit die Patentierbarkeit von Pflanzensorten sowie konventionellen Züchtungsverfahren ausgeschlossen.[5] Dementsprechend könnte angenommen werden, dass Patente inzwischen für die Pflanzenzüchtung nicht mehr relevant seien. Doch so einfach ist die Angelegenheit nicht.[6] Pflanzensorten können indirekt patentiert werden, indem Staaten etwa Patentschutz auf biologisches Material vergeben. In Europa basiert die Patentierbarkeit von biologischem Material auf der Richtlinie 98/44/EG über den rechtlichen Schutz biotechnologischer Erfindungen und auf dem Europäischen Patentübereinkommen (EPÜ).[7] Bezüglich der

---

2 Sleper/Poehlmann 2006.

3 Dies sind die sogenannten Züchterrechte. Vgl. UPOV-Konvention Art. 15.1(iii).

4 In EU-Mitgliedsstaaten können Züchterrechte auch durch das Gemeinschaftliche Sortenamt vergeben werden. Vgl. die Verordnung (EG) Nr. 2100/94 des Rates vom 27. Juli 1994 über den gemeinschaftlichen Sortenschutz.

5 Vgl. Art. 4.1 der Richtlinie 98/44/EG des Europäischen Parlaments und des Rates vom 6. Juli 1998 über den rechtlichen Schutz biotechnologischer Erfindungen, sowie Art. 53.2(b) des Europäischen Patentübereinkommens.

6 Gegenwärtig erscheinen Patente irrelevant für den Zierpflanzen- und Fruchtsektor, da nur sehr wenige Patente deren Zuchtprozess berühren.

7 Vgl. Art. 3 der Richtlinie bzw. Art. 53(b) sowie Regeln 26-27 und 30-34 des EPÜ. Die Patentierbarkeit biologischen Materials ist in Europa weitestgehend

Patentierbarkeit von Pflanzensorten hat die Große Beschwerdekammer des Europäischen Patentamts im Fall *Transgenic Plant/Novartis II* entschieden, dass Ansprüche auf DNA-Sequenzen, die eine Gruppe von Sorten bezeichnen, zulässig sind.[8] Da eine Gruppe von Sorten einzelne Sorten einschließt, hat diese Entscheidung die indirekte Patentierbarkeit von Pflanzensorten in europäischen Staaten ermöglicht. Auf Grundlage von Art. 8.1 und 9 der EU-Richtlinie umfassen die Patentrechte weiterhin auch eine gesamte Pflanzensorte, sofern dieser Sorte patentiertes biologisches Material eingepflanzt wurde. Diese Bestimmungen erweitern den Patentschutz für biologisches Material auf

> jedes biologische Material, das aus diesem biologischen Material durch generative oder vegetative Vermehrung in gleicher oder abweichender Form gewonnen wird und mit denselben Eigenschaften ausgestattet ist,

sowie auf alles Material,

> in das dieses Erzeugnis Eingang findet und in dem die genetische Information enthalten ist und ihre Funktion erfüllt.

Artikel 8.2 ermöglicht außerdem *Product-by-Process*-Ansprüche, ist jedoch für die vorliegende Fragestellung nicht relevant; die genannte Entscheidung der Großen Beschwerdekammer hat klargestellt, dass Pflanzensorten unabhängig von der Art des Züchtungsverfahrens *nicht patentierbar* sind. Die Patentierbarkeit von Verfahren ist jedoch sehr relevant für die Pflanzenzüchtung. Die in diesem Zusammenhang wichtigste Technik ist die markergestützte Züchtung oder Präzisionszüchtung, bei der gewünschte Eigenschaften mithilfe von Genmarkern identifiziert werden. Die unmittelbare Auswirkung von Patentbestimmungen im Hinblick auf die alltägliche praktische Pflanzenzüchtung besteht demnach in der Beschränkung der Handlungsmöglichkeiten von Züchtern: Jene müssten jedes Mal um eine Lizenz ansuchen, wenn sie patentiertes biologisches Material bzw. Züchtungsverfahren verwenden möchten. In der Folge

---

harmonisiert, da die Bestimmungen der Richtlinie in den Text des EPÜ aufgenommen wurden. Anzumerken ist, dass das EPÜ auch außerhalb der EU-Grenzen anwendbar ist.

8 Vlg. Regel 26.4 des EPÜ und den Fall *Transgenic Plant/Novartis II* (G 1/98) vom 20.12.1999. Die Richter der Großen Beschwerdekammer sahen die Grundlage der Patentierbarkeit in der Tatsache, dass eine einzelne rekombinante DNA-Sequenz weder explizit noch implizit eine individuelle Sorte definiert.

würden Zuchtprogramme verzögert oder, im Falle der Verweigerung der Lizenz, gar unmöglich gemacht.

3. Das öffentliche Interesse an Pflanzenpatenten

Die Bedeutung der Pflanzenzüchtung für die Nahrungsmittelversorgung sowie ihre industriellen Anwendungen, beispielsweise in der Forstwirtschaft, bei Textilien oder Biokraftstoffen, legen ein gesteigertes öffentliches Interesse an ihrer rechtlichen Regulierung nahe. Die bedeutendsten Interessensgruppen in diesem Prozess sind wohl die Verbraucher, die Pflanzenzüchter sowie die Inhaber von Patenten. Züchter und Patentinhaber streben nach Gewinnmaximierung während die Verbraucher an einer großen Vielfalt an Sorten interessiert sind, die ihren Ansprüchen bezüglich Ästhetik und Nährwert genügen und die dabei möglichst noch als nachhaltig oder klimaverträglich bezeichnet werden können. (Nicht unwichtig ist dabei auch der Punkt, dass am Ende der Produktionskette Nahrungsmittel in ausreichender Menge und zu leistbaren Preisen auf den Markt kommen.)

Die Interessen der jeweiligen sozialen Gruppen hinsichtlich der europäischen Patentgesetzgebung lassen sich anhand derzeitiger Patentstreitigkeiten vor dem Europäischen Patentamt[9] nachzeichnen. Im Besondern instruktiv ist der sogenannte *Brokkoli-Fall* sowie die Konflikte über Tomaten-Patente.[10] Das *Brokkoli-Patent* wurde auf die Erfindung einer Herstellungsmethode für eine Brokkoli-Pflanze mit krebshemmenden Eigenschaften erteilt, während das *Tomaten-Patent* Züchtungsverfahren für Tomaten mit reduziertem Wassergehalt und davon abgeleitete Produkte betrifft. Gegen beide Patente wurde von Biotechnologieunternehmen sowie von zivilgesellschaftlichen Organisationen opponiert. Erstere stellten die Patentierbarkeit konventioneller Methoden der Pflanzenzüchtung durch Kreuzen und Selektion in Frage, letztere lehnten grundsätzlich die Patentierbarkeit von Lebensformen ab.

---

9 Eine Liste der Fälle findet sich unter *No Patents On Seeds.*

10 *Broccoli-Fall*, T 83/05 (G 2/13); *Tomato-Fall*, T 1242/06 (G 2/12). Diese Verhandlung dieser Fälle erstreckte sich über fast 10 Jahre. Die endgültige Entscheidung der Großen Beschwerdekammer (EBA) des EPA erging am 25 März 2015.

Ein erster Blick auf die beteiligten Stakeholder im Brokkoli-Fall zeigt, dass sich neben den bereits genannten Gruppen auch Landwirte, Nichtregierungsorganisationen (NGOs) und rechtliche Institutionen als Interessensvertreter beteiligen. Jedoch weichen ihre Interessen nicht wesentlich von denen der eingangs genannten Stakeholder ab, weshalb es möglich ist, die genannten Parteien in drei große Gruppen zu unterteilen. Die erste Gruppe besteht aus großen Agrochemieunternehmen, die einen möglichst breiten Schutz von Pflanzenmaterial anstreben; die zweite Gruppe umfasst im Wesentlichen mittelständische Pflanzenzüchtungsunternehmen, die von einer qualitativ hochwertigen Patentprüfung abhängen und den Patentschutz für Züchtungsverfahren eher beschränken möchten; die dritte Gruppe schließlich wird von Landwirten, NGOs und einigen Züchtern angeführt und lehnt Patente auf biologisches Material grundsätzlich ab.[11] Dieselben Interessenskonstellationen finden sich im *Tomaten-Fall* sowie in einer Reihe von weiteren Untersuchungen zu den beiden Fällen.[12]

Um diese Interessen zu verstehen, ist es notwendig, die Hintergründe der divergierenden Positionen klarzustellen. Augenscheinlich spielen unternehmerische Geschäftsmodelle eine große Rolle. Die Agrochemieunternehmen der ersten Gruppe sind von Patenten stark abhängig, während die Pflanzenzüchtungsunternehmen ihren Umsatz mit dem Verkauf von Saatgut und von Lizenzen auf ihre Züchterrechte machen.[13] Patente sind somit kein gebräuchliches Mittel zum Schutz von Innovationen in der Pflanzenzüchtung. Züchter beklagen, dass Patente auf biologisches Material oftmals ihre Zuchtprogramme behindern oder gar verunmöglichen,[14] daher auch ihr Interesse an einer Einschränkung von Patentrechten bzw. an einer Beschränkung auf hochqualitative Patente, die die Innovationstätigkeit der Branche beflügeln. Die Ablehnung von Patenten auf Pflanzenmaterial durch die dritte Gruppe kann erklärt werden durch die restriktive Wirkung der Patente auf die Nutzung von Sorten, die

11 Then 2010.

12 Zum *Brokkoli-Fall* siehe www.epo.org/law-practice/case-law-appeals-/eba-/pending/g2-13.html, bezüglich des *Tomaten-Falls* siehe www.epo.org/law-practice/case-law-appeals/eba/pending/g2-12.html. Letzter Abruf jeweils am 16 November 2014.

13 Vgl. für eine detailliere Darstellung Louwaars et al. 2009, 11.

14 a.a.O.

patentierte Elemente enthalten. Gemäß der Aussage der Organisationen, die hinter dem Bündnis *No Patents on Seeds* stehen, führen Patente auf Pflanzensorten zu einer höheren Marktkonzentration und machen Landwirte und andere Stakeholder abhängig von einer kleinen Zahl internationaler Konzerne. Das Bündnis gibt an, dass im Fall von Tomaten-, Paprika- und Blumenkohlsorten lediglich zwei Unternehmen – *Monsanto* und *Syngenta* – mehr als 50% der Sorten besitzen.[15] Ein aktueller Bericht über den europäischen Markt für Gemüsesaaten stellte ebenfalls fest, dass 95% des Marktes von nur fünf Unternehmen beherrscht werden.[16]

Eine direkte Folge dieser Marktkonzentration[17] ist, dass die Wahlmöglichkeiten der Verbraucher eingeschränkt werden. Folgt daraus jedoch, dass Verbraucher kein Interesse an Patentschutz haben? Eine Antwort fällt nicht leicht, denn die Erzeugung von neuen Pflanzensorten setzt oft die Nutzung innovativer Technologien voraus, die von patentierenden Unternehmen entwickelt wurden. Die Herausforderung besteht also darin, Anreize zur Entwicklung solcher Technologien beizubehalten, ohne den Zugang zu diesen für Züchter zu sehr einzuschränken. Auch wenn die wissenschaftlichen Erkenntnisse aus dem Bereich *law and econmics* erste Lösungshinweise liefern, so ist zusätzlich eine Analyse der gesellschaftlichen Interessen an einer Novellierung der Gesetzgebung von Patenten auf biotechnologische Erfindungen erforderlich, will man den Sachverhalt adäquat einschätzen können.

In diesem Sinne sollen die folgenden Ausführungen einen Überblick über die einschlägigen Entwicklungen des europäischen Rechts in der jüngeren Vergangenheit geben.

3.1 Öffentliches Interesse und Gesetzesänderungen

Spezifische Interessensgruppen in der Pflanzenzüchtung haben in mehreren Fällen eine Änderung des Patentrechts erreichen können: die

15 Then/Tippe 2013.

16 Mammana 2014.

17 Jedoch zieht das Europarecht zur Feststellung einer marktbeherrschenden Stellung die zusätzlichen Kriterien der geographischen Definition eines Marktes und der Substituierbarkeit der Produkte heran.

Aufnahme von Ausnahmeregelungen für Züchter in das Patentrecht in Frankreich,[18] Deutschland,[19] den Niederlanden, der Schweiz[20] und in den Text des kürzlich verabschiedeten Übereinkommens über ein einheitliches Patentgericht[21] sowie den Ausschluss von Pflanzen, die im Wesentlichen durch biologische Verfahren erzeugt wurden, in § 2(a)1(1) des deutschen Patentgesetzes. Zu den Stakeholdern, die sich für diese Gesetzesänderungen einsetzten, gehörten die *European Seed Association*, die in der Pflanzenzüchtung tätige Biotechnologieunternehmen und andere Mittelstandsunternehmen vertritt sowie zivilgesellschaftliche Organisationen, die im Rahmen der Initiative *No Patents on Seeds* die Interessen von Landwirten und Verbrauchern zum Ausdruck brachten. Die erstgenannte Gruppe von Gesetzesänderungen kann als Ergebnis der Lobbyarbeit von Züchtern zum Erhalt von freiem Zugang (*open access*) in der Pflanzenzüchtung bezeichnet werden. Eine Ausnahme vom Patentrecht für Pflanzenzüchter wurde als notwendig erachtet, um der Schwierigkeit des Zugangs zu Pflanzensorten zu begegnen, die patentierte Elemente enthalten, sowie um die Innovationskraft der Branche zu stärken. Die Biotechnologieunternehmen übernahmen das Innovationsargument allerdings nicht direkt; sie rechtfertigten die Ausnahmen vielmehr als Mittel zum freien Austausch von genetischem Material zwischen Zuchtprogrammen.[22]

Kontroverser erscheint hingegen die kürzlich erfolge Änderung des § 2(a)1(1) des deutschen Patentgesetzes. Die Bestimmungen traten am 25. Oktober 2013 in Kraft und stellten klar, dass Pflanzen, die ausschließlich durch ein im Wesentlichen biologisches Verfahren hergestellt werden, nicht patentierbar sind.[23] »Ausschließlich« meint dabei, dass Material, welches die Kriterien der Patentierbarkeit erfüllt, insbesondere genmodifizierte Pflanzen, sehr wohl patentierbar ist, unbeachtet der Nutzung

18 Artikel L. 613-5-3 des *Code de la Propriété Intellectuelle* von 2004.

19 § 11.2(a) des deutschen Patentgesetzes in seiner Fassung von 2005.

20 Artikel 9(e) des schweizerischen Bundesgesetzes über Erfindungspatente in seiner Fassung von 2008.

21 Artikel 27(c). Bisher haben allerdings nur fünf Staaten das Übereinkommen ratifiziert (Stand 16 November 2014).

22 Vgl. zu einer detaillierten Darstellung Prifti 2013, 219-239.

23 Art. 3.1(d) des niederländischen Patentgesetzes in seiner Fassung von 2010 schließt in ähnlicher Weise Pflanzen von der Patentierung aus, die im Wesentlichen durch biologische Verfahren hergestellt wurden.

konventioneller Züchtungsverfahren. Auf diese Weise hat der deutsche Gesetzgeber Klarheit in die kontroversen Rechtsargumente des *Brokkoli-* und des *Tomaten-Falls* gebracht.

Noch strittiger ist jedoch die Einführung von sehr weitrechenden Ausnahmen vom Patentrecht für Pflanzenzüchter, die derzeit im niederländischen Parlament diskutiert wird.[24] Diese vom niederländischen Züchterverband *Plantum* vorgeschlagenen Ausnahmen zielen auf die Nicht-Patentierbarkeit von *native traits* ab, die in Wildsorten zu finden sind und in den Pflanzen spezifische Charakteristika ausbilden. Patentinhaber beanspruchen jedoch oftmals Gensequenzen, die Eigenschaften in Pflanzen hervorbringen, die nur durch die Kreuzung von Wildtypen mit gezüchteten Linien entstanden sind. Die niederländischen Züchter empfinden die Patentierbarkeit von natürlichen Eigenschaften als übermäßige Beschneidung ihres Rechts zur Nutzung von Pflanzenmaterial zu Züchtungszwecken und betreiben dementsprechend Lobbyarbeit zum Ausschluss von *native traits* vom Patentrecht. Diese Bedenken wurden auch in einer Resolution des EU-Parlaments bedacht, die die Anwendung weitreichender Ausnahmen für Züchter vom Patentrecht zum Zwecke der Pflanzenzüchtung fordert.[25] Die politische Motivation hinter dieser Position scheint ein öffentliches Interesse an der Förderung der Pflanzenzüchtung zu sein. Hier muss allerdings angemerkt werden, dass alle Stakeholder ein wie auch immer näher zu bestimmendes »öffentliches Interesse« zur Untermauerung ihrer Forderungen in Anspruch nehmen. Die *European Plant Science Organisation* stellt beispielsweise fest, dass es

> »im öffentlichen Interesse notwendig ist, ein Innovationsmodell zu erhalten, das offenen Zugang zu genetischen Ressourcen für öffentliche und private Züchter ermöglicht und das diese Ressourcen als gemeinsames Erbe versteht, während es gleichzeitig Patente auf spezifische Erfindungen bezüglich genetischer Veränderungen und Züchterrechte schützt.«[26]

---

24 Vgl. zwei Briefe der niederländischen Landwirtschaftsministerin Sharon A.M. Dijksma von 27. Juni 2013, Vergaderjaar 2012-2013, 33 365 (R1987) Nr. 6, bzw. vom 28. Juni 2013, Vergaderjaar 2012-2013, 33 365 (R1987) Nr. 8.

25 2012/2623/(RSP).

26 EPSO Statement, *Plant Breeder's Rights and Patent Rights*, 8 June 2011. Übersetzung aus dem Englischen.

Auch Politiker verwenden gern den Begriff des öffentlichen Interesses zur Rechtfertigung ihrer Entscheidungen. Doch was genau ist das »öffentliche Interesse«?

3.2. Der Begriff des öffentlichen Interesses

Das »öffentliche Interesse« kann verstanden werden als das Streben nach Mehrung der Wohlfahrt der allgemeinen Öffentlichkeit. So wird einerseits klar, dass es um das Wohlergehen der Gemeinschaft geht und weniger um jenes des Individuums; andererseits wird Bezug genommen auf das ökonomische Konzept der Wohlfahrtsfunktion.[27] Die öffentliche Wohlfahrt hängt sowohl von der allokativen Effizienz als auch von der Gerechtigkeit der Verteilung der vorhandenen Güter ab.[28] Das Konzept der allokativen Effizienz geht im Kern auf Adam Smiths Theorie der Wettbewerbsmärkte zurück, auf denen rationale, profitmaximierende Unternehmen auf ebenso rationale, wohlfahrtsmaximierende Verbraucher treffen. Obgleich alle diese Akteure ausschließlich ihre individuellen Interessen verfolgen, führt ihre Interaktion doch zu einer insofern effizienten Allokation der Ressourcen einer Volkswirtschaft, als dass es nicht möglich ist, durch Reallokation ein Individuum besser zu stellen, ohne mindestens ein anderes zu benachteiligen (Pareto-Effizienz). Jedoch ist das Erreichen einer effizienten Ressourcenallokation nicht ohne Umverteilung möglich, die einzelne gesellschaftliche Gruppen auf Kosten anderer besser stellen wird. Aus diesem Grund ist die Definition der »öffentlichen Wohlfahrt« schwierig: Sie differiert je nach den zu einem bestimmten Zeitpunkt betrachteten Interessen. Demzufolge ist auch eine präzise Definition des »öffentlichen Interesses« unerreichbar. Es wäre in der Tat unrealistisch, die – sich wandelnden und oft widersprüchlichen – Interessen einer Gesellschaft in wenigen Worten zusammenfassen zu wollen. Das öffentliche Interesse kann somit nur abstrakt definiert werden, denn sein Charakter hängt vom spezifischen Anwendungsfall und den gegebenen Umständen ab. Mitunter kann eine Angelegenheit, die im speziellen Interesse

27 Vgl. ausführlicher Weisbrod/Handler/Komesar 1978, 5-8.

28 Ebd.

einer Person oder einer Gruppe liegt, auch zum Gegenstand des öffentlichen Interesses werden.[29]

An dieser Stelle ist es sinnvoll zwischen solchen Belangen, die das Interesse der Öffentlichkeit wecken, und solchen, die die öffentliche Wohlfahrt beeinflussen, zu unterscheiden. Der erste Fall könnte beispielsweise eine gesellschaftliche Gruppe betreffen, die sich Gesetze zur Förderung des Glückspiels wünscht, während sich der zweite Fall auf Gesetze mit dem Ziel der Erhöhung der Geburtenrate beziehen könnte. Jedoch ist es oftmals nicht einfach, zwischen Interesse und Betroffenheit der Adressaten eines Gesetzes zu unterscheiden, denn jede Gesetzgebung zieht externe Effekte nach sich. Ob ein gesetzgeberischer Akt tatsächlich der Wohlfahrt der gesamten Gesellschaft dient, muss letztlich anhand einer Abwägung der Gewinne und Verluste verschiedener gesellschaftlicher Interessen entschieden werden. Der Gesetzgeber muss somit bei der Definition des öffentlichen Interesses im Zusammenhang mit einem Gesetzesvorhaben auf den zu erwartenden Netto-Nutzen abzielen.

Zur Definition des öffentlichen Interesses existieren demnach verschiedene Konzepte;[30] in diesem Beitrag soll es als Interessensabwägung zwischen verschiedenen Stakeholdern verstanden werden. Wie bereits ausgeführt, ist das öffentliche Interesse eine

> »Richtlinie, die aus der Aufsummierung aller – wohlgemerkt privater – Interessen der Gemeinschaft resultiert, welche im Sinne des Gemeinwohls abgewogen werden.«[31]

Gemäß dieser Definition dient das »Gemeinwohl« als Leitprinzip zur Setzung von Grenzwerten beim Abwägen verschiedener Interessen. Doch was, wiederum, ist das Gemeinwohl? Eine buchstäbliche Interpretation des Begriffes legt nahe, dass es sich um ein Gut handelt, das der gesamten Gesellschaft oder einer spezifischen Gemeinschaft dient. Obwohl sich das Gemeinwohl für verschiedene Gemeinschaften unterschiedlich darstellen kann, sind doch einige Güter für das menschliche Überleben unverzichtbar. Nahrungsmittel sind eines davon. Da die Pflanzenzüchtung die Basis

---

29 Beispielsweise können – zunächst sehr persönliche – Entscheidungen über Sterbehilfe oder Abtreibung in solchem Maß in das öffentliche Interesse rücken, dass sich der Gesetzgeber zum Handeln aufgefordert sieht.

30 Cochran 1974.

31 Weisbrod 1978, 26, unter Rückgriff auf Marks et al. 1972, 51.

für pflanzliche (und mittelbar fast jedwede) Ernährung ist, wird die Entwicklung neuer Sorten hier als Teil des Gemeinwohl erachtet. Somit besteht das öffentliche Interesse in diesem Zusammenhang im Ausgleich gesellschaftlicher Interessen mit dem Ziel der Förderung von Pflanzenzüchtungsaktivitäten. Die bedeutendsten Interessensgruppen wurden dabei schon identifiziert: Patentinhaber, Pflanzenzüchter, Verbraucher sowie die Gesellschaft im Allgemeinen. Wie erwähnt ist den Patentinhabern und den Züchtern in erster Linie eine Gewinnmaximierungsabsicht zu unterstellen, wohingegen die Verbraucher an der Entwicklung einer Vielzahl qualitativer Sorten interessiert sind, die ihren Ansprüchen bezüglich ausreichender Ernährung, Ästhetik, Nährwert, Nachhaltigkeit und Klimaverträglichkeit genügen. Jedoch verlangt die Züchtung solcher Sorten nach innovativen biologischen Verfahren, die von Patentinhabern entwickelt wurden. Der Wunsch nach einem Zugang zu diesen Verfahren vereinigt Verbraucher und Züchter. Wenn wir das öffentliche Interesse als »aus der Aufsummierung aller Interessen in der Gemeinschaft und ihres Abwägens im Sinne des Gemeinwohls resultierende Richtlinie« betrachten, können wir die Interessen einteilen, und zwar in jene der Patentinhaber auf der einen Seite und die der Züchter und Verbraucher (der Gesellschaft) auf der anderen Seite. Im vorliegenden Zusammenhang wäre dann das öffentliche Interesse definiert als Ausgleich zwischen den Interessen der Patentinhaber und der Gesellschaft im Allgemeinen zur Förderung von Pflanzenzüchtungsaktivitäten.

4. Das öffentliche Interesse als Leitbegriff für den Gesetzgeber

Da alle Gesetzgebung im Dienste des öffentlichen Interesses stehen sollte,[32] ist ein Verständnis dieses Konzepts als Grundlage neuer Gesetzgebung im Bereich der Schutzrechte auf Erfindungen im Bereich der Pflanzenbiotechnologie nützlich. Wie oben dargestellt, setzt das öffentliche Interesse die Abwägung und den Ausgleich der Ziele verschiedener Stakeholder voraus. Ein solcher Ausgleich kann im vorliegenden Fall als Gleichgewicht zwischen den Interessen der Patentinhaber und der Gesell-

32 Torrente/Schlesinger 1985, 6.

schaft verstanden werden. Dabei hat der Begriff des Gleichgewichts in den unterschiedlichen wissenschaftlichen Disziplinen verschiedene Bedeutungen. Ökonomen beispielsweise verwenden das Konzept des Gleichgewichts zur Beschreibung des Effizienzziels, während Rechtswissenschaftler ein breiteres Verständnis haben, welches auch die Interessen der schwächeren Parteien umfasst.[33] Im Sinne dieser Ausführungen ist ein Gleichgewicht dann anzustreben, wenn es dem Gemeinwohl dient. Wirtschaftlich betrachtet bedeutet dies, dass die Patentinhaber und Pflanzenzüchter ausreichende Innovationsanreize haben, während die Gesellschaft den Zugang zu den Innovationen genießt. Aus rechtlicher Sicht wird das Gemeinwohl dann gestärkt, wenn auch die Interessen der Verbraucher und der Landwirte berücksichtigt werden.

Wie oben argumentiert, besteht im Bereich der Pflanzenzüchtung das Gemeinwohl in der Entwicklung neuer Sorten, deren vorrangiger Nutzen die Sicherstellung der Lebensmittelversorgung ist. Dieses Ziel soll als Maßstab zur Beurteilung der Interessen der beteiligen Parteien dienen. Nach dieser Logik rechtfertigt das öffentliche Interesse an der Pflanzenzüchtung die Einschränkung von Patentrechten, wenn diese Patente den Zugang zu Pflanzenmaterial behindern. Umgekehrt bedürfen Patentrechte keiner Einschränkung, sofern sie Innovationen in der Pflanzenzüchtung fördern. Festzuhalten bleibt an dieser Stelle, dass sich die zu berücksichtigenden Interessen der Patentinhaber auf die Erwirtschaftung ihrer Forschungs- und Entwicklungskosten beschränken; ihre Gewinnambitionen sind hier nicht relevant.

Die grundsätzliche Rolle von Patenten als Innovationsanreiz ist in letzter Zeit durch zahlreiche empirische und theoretische Studien infrage gestellt worden. Für den Biotechnologiebereich bestehen jedoch konkrete Hinweis auf ihre Wirksamkeit.[34] Das mag daran liegen, dass speziell dieser Sektor durch eine große Lücke zwischen Innovations- und Imitationskosten gekennzeichnet ist.[35] Dennoch gibt es auch hier Debatten über die Rolle des Patentsystems für die Innovationsförderung. Langfristig verbessern Patente die Rendite, aber sie verteuern gleichzeitig nach-

---

33 Wechsler 2009, 2.

34 Allred/Park 2007, 91; Hall/Harhoff 2012, 12ff; Mansfield 1986; Levin et al. 1987; Harabi, 1996.

35 Vgl. ausführlicher Barnett 2011, 178ff.

folgende Innovationen.[36] Denn durch die Patente erhöhen sich die erwarteten Gewinne des ersten Erfinders, gleichzeitig erhöhen sich aber auch die notwendigen Forschungs- und Entwicklungsaufwendungen der Wettbewerber, die das Patent umgehen oder sich den Zugang zu anderen patentierten Erfindungen erkaufen müssen, da diese die Grundlage für nachfolgende Innovationen sind. Eine utilitaristische Rechtfertigung des Patentrechts ist somit ausgeschlossen. Stattdessen könnte die Antwort in der Analyse der Rolle von Patenten in der Reduzierung von negativen externen Effekten in einem System ohne Möglichkeit des Schutzes von geistigem Eigentum zu finden sein.[37] Solche negativen externen Effekten können reduziert werden, wenn Patente »gemäß der mit der Entwicklung, der Vermarktung und dem Austausch von Innovationen verbundenen Transaktionskosten«[38] beurteilt werden. Die Möglichkeit zur Kooperation zwischen Unternehmen ist, im Wechselspiel mit den vorherrschenden Marktstrukturen, in der Tat wesentlich für den Zugang zu neuen Märkten und die Entwicklung neuer Pflanzensorten. Die Transaktionskosten im Innovationsprozess sind besonders groß, wenn Patentinhaber die Lizenzierung ihrer Erfindungen verweigern oder wenn die Patentansprüche vage und weit gefasst sind in der Absicht, bereits von der Patentierung ausgeschlossene Materie abzudecken.[39] Zur Reduzierung der Transaktionskosten wäre es wünschenswert, dass Patente nur auf klar umrissene Ansprüche gewährt werden. Der Deutsche Bundestag scheint solche Argumente berücksichtigt zu haben, als er das Konzept des öffentlichen Interesses zur Einschränkung von Patentrechten vorlegte. Der Rechtsausschuss des Bundestages forderte explizit:

> »Im Interesse der Züchter und Landwirte soll daher klargestellt werden, dass die unmittelbar aus ihrer konventionellen Züchtung stammenden Pflanzen und Tiere

---

36 Boldrin/Levine 2008.

37 Vgl. ausführlicher Eaton 2007, 4-6. Diese Sicht lässt sich besser aus der Perspektive der ökonomischen Analyse des Rechts erklären, der zufolge fehlende oder unzureichend definierte Eigentumsrechte eine effiziente Verhandlungslösung verhindern. Vgl. Cooter/Ulen 2011.

38 Eaton 2007, 5-6.

39 Prifti 2015, 71-73.

> nicht von Patenten Dritter erfasst werden können, die sich auf umfassende Erzeugnisansprüche berufen.« [40]

Die Patentrechte werden jedoch nur in Bezug auf Pflanzen und Samen eingeschränkt. Pflanzliche Produkte wie z.B. Öle bleiben patentierbar, sofern sie die entsprechenden Bedingungen erfüllen. Dies kann im Widerspruch zum gesellschaftlichen Interesse stehen, biologisches, zur Verwendung in Lebensmitteln geeignetes Material von der Patentierung auszuschließen. Die Nutzung patentierten Materials in Lebensmitteln kann bedeutsame soziale Auswirkungen haben. Neben den hohen Kosten der Züchtung und den hohen Preisen für Endkunden ist die Möglichkeit des Zugangs zu geschütztem Material entscheidend dafür, ob die entstehende Sorte die für den Endverbrauch gewünschten Eigenschaften haben wird. Rechtswissenschaftler haben bereits darauf hingewiesen, dass aus dieser Situation Risiken für die Lebensmittelversorgung entstehen können.[41] Angesichts ihrer Bedeutung für die Lebensmittelsicherheit ist die Ausweitung des Patentrechts auf Pflanzensorten aus gesellschaftlicher Sicht kritisch zu betrachten. Wenn wir jedoch das öffentliche Interesse als Ausdruck der gesellschaftlichen Ziele zu einem bestimmten Zeitpunkt verstehen, mag die Entscheidung des deutschen Gesetzgebers vertretbar sein. Ein Patent auf Sonnenblumenöl behindert beispielsweise die Pflanzenzüchtung nicht, da der Zugang zu Sonnenblumensaaten frei ist. Jedoch wird ein solches Patent die Verbraucherpreise erhöhen und kann so zum Gegenstand moralischen Anstoßes werden. Ausnahmen von der Patentierbarkeit können in diesem Fall sowohl auf ökonomischen (wenn die geschützte Innovation höhere Preise rechtfertigt) als auch auf moralischen Überlegungen basieren.

Eine zentrale Frage ist hier, ob die öffentliche Meinung die Patentgesetzgebung beeinflussen *sollte*. Zweifelsohne dienen Gesetze dem öffentlichen Wohl, doch kann die Öffentlichkeit ihr eigenes Wohl überhaupt erkennen? Sie mag desinformiert sein oder die spezifischen wirtschaftlichen und rechtlichen Zusammenhänge nur unzureichend verstehen. Die Entscheidung, inwieweit das öffentliche Interesse zu berücksichtigen ist, obliegt fallspezifisch dem Gesetzgeber. Ein wichtiger Handlungsanlass

40 Deutscher Bundestag 2013, 3.

41 Correa 2012.

für den Gesetzgeber entsteht durch Marktversagen, denn hier ist nicht mehr davon auszugehen, dass die Interaktion zwischen Erfinder und Gesellschaft zu einer effizienten Ressourcenallokation führt. Auch dem Gesetzgeber wird eine effiziente Lösung nicht immer gelingen, doch er kann versuchen, einen Ausgleich im rechtlichen Sinn zu erzielen, also alle gesellschaftlichen Interessen zu berücksichtigen. Diese Rolle des Gesetzgebers wird gut illustriert durch das Bild der »Regierung als Wächter der Gerechtigkeit und der Belange nachfolgender Generationen.«[42] Das Interesse letzterer ist besonders durch die *International Treaty on Plant Genetic Resources for Food and Agriculture*, berücksichtigt worden, ein Vertrag durch welchen der vereinfachte Zugang und Vorteilsausgleichs für über sechzig Nahrungspflanzen geschaffen wurde.[43] Angesichts der Bedeutung dieser Pflanzen für gegenwärtige und zukünftige Züchtungsaktivitäten sollten die europäischen Gesetzgeber Ausnahmen bezüglich der patentierbaren Materie und von den Patentrechten in Betracht ziehen.

Die *Allgemeine Erklärung der Menschenrechte* (AEMR) und der *Internationale Pakt über wirtschaftliche, soziale und kulturelle Rechte* (UN-Sozialpakt) sind weitere internationale Vereinbarungen, die Einschränkungen des Patentrechts im Bereich der Pflanzenzüchtung zugunsten der Öffentlichkeit unterstützen. Artikel 25 der AEMR und Artikel 11 des UN-Sozialpakts nennen Nahrung als Bestandteil eines angemessenen Lebensstandards und erkennen das Recht auf Nahrung an. Ein weiterer Nutzen der Pflanzenzüchtung, der von der *Biodiversitäts-Konvention* und dem dazugehörigen *Nagoya-Protokoll* genannt wird, ist die Erhaltung biologischer Ressourcen. EU-Bürger haben zudem dank der im Rahmen des Vertrags von Lissabon eingeführten Europäischen Bürgerinitiative das Recht, Gesetzesänderungen bezüglich aller genannten Belange zu verlangen.[44] Hingegen kann die Öffentlichkeit kaum Einfluss auf richterliche Entscheidungen nehmen. Dies trifft insbesondere auf Entscheidungen des Europäischen Patentamtes zu, das oft nur die Interessen der Anmelder be-

42 Vgl. Kenneth Arrow »Preface« in Weisbrod 1978. Übersetzt aus dem Englischen.

43 Vgl. im Besonderen Artikel 12 und 13 sowie Anhang 1 des Abkommens.

44 Vgl. die Verordnung (EU) Nr. 211/2011 des Europäischen Parlaments und des Rates vom 16. Februar 2011 über die Bürgerinitiative.

rücksichtigt.[45] Schneider argumentiert sogar, dass das Patentamt Gefahr läuft, sich selbst als Diener der Anmelder zu sehen, und weniger als eine Organisation, die im öffentlichen Interesse arbeitet.[46] Wie bereits angemerkt, opponieren mehrere zivilgesellschaftliche Organisationen gegen vom Europäischen Patentamt erteilte Patente auf pflanzenbezogenes Material, aber die Richter schenken bisher dem öffentlichen Interesse kaum Beachtung.[47] Doch verlangt die Bedeutung dieser Patente für die Lebensmittelversorgung genau dies. Auch wenn das Patentsystem eine Rolle in der Innovationsförderung spielen mag, können spezielle Umstände Ausnahmen bezüglich der patentierbaren Materie und von den Patentrechten rechtfertigen. Dieses Argument ist nicht neu. Zur Zeit der ersten Patente in Großbritannien wurden diese in Hungerperioden regelmäßig ausgesetzt oder sie wurden für rechtswidrig erklärt, sobald sie die Verbraucherpreise erhöhten oder sonst wie »inopportun« wurden.[48]

Ein Vergleich zwischen Pflanzenzüchtung und Medizin kann diese Zusammenhänge noch besser illustrieren. Zur Rolle des öffentlichen Interesses am Zugang zu Medikamenten ist wie folgt argumentiert worden:

> »Im Zusammenhang mit der Kampagne für den Zugang zu AIDS-Medikamenten gab es ein klar artikuliertes Recht auf menschliche Gesundheit, das von den UN, der WHO und anderen etablierten Nichtregierungsorganisationen anerkannt und unterstützt wurde. Zudem war die Geschichte von profitablen Unternehmen, die lebensrettende Medikamente unter Verschluss halten, überzeugender als die von eben diesen Unternehmen erzählte Geschichte über die Bedeutung des Patentschutzes für die Innovationsförderung.«[49]

In ähnlicher Weise sollte das öffentliche Interesse an der Sicherheit der Lebensmittelversorgung oder an der Anreizsetzung für bestimmte Agrarsektoren zum Nutzen der Gesellschaft Vorrang haben. Auch im 20. Jahr-

45 Anliegen des öffentlichen Interesses können in der Einspruchphase angebracht werden.

46 Schneider 2012. Dieser Eindruck ist insofern plausibel, als dass sich das Europäische Patentamt aus Patentgebühren finanziert.

47 Der EPC bietet keine Gründe für die Aufnahme der sozialen Interessen. In dem speziellen Fall von Brokkoli und Tomaten findet sich eine Erklärung auf Seite 64 des EBA Entscheidung vom 25 März 2015.

48 Dent 2009.

49 Ho 2007, 312. Aus dem Englischen übersetzt.

hundert hat das öffentliche Interesse ein weitreichendes Monopol über Pflanzensorten verhindern können.[50] Tatsächlich können Patentrechte die Balance zwischen den Interessen der Anreizsetzung für Innovationen und dem Zugang zu solchen Innovationen stark beeinträchtigen. Wie Robert Merges erklärt:

> »Die ökonomische Analyse des Rechts hat nie eine effizienz-basierte (utilitaristische) Rechtfertigung für geistiges Eigentum hervorgebracht. Es gibt keinen unerschütterlichen Beweis, dass die Wohlfahrt der Gesellschaft sinken würde, wenn der Schutz geistigen Eigentums plötzlich abgeschafft würde. Zwar liegen umfangreiche Daten vor, die einen Nutzen des Rechts am geistigen Eigentum für die Wirtschaft nahelegen, aber einen Beweis, den ein Wissenschaftler als unzweifelhaft akzeptieren würde, gibt es nicht.«[51]

Daraus geht hervor, dass Patente durchaus eine Gefahr für die gesellschaftliche Wohlfahrt darstellen können. Eine Balance der beteiligten Interessen im Sinne ökonomischer Effizienz würde einen Vergleich des Nutzens von Patentrechten mit ihren Kosten voraussetzen. Wie oben argumentiert, ist ihr Nutzen bei der Anreizung von Innovationen nicht immer deutlich. Ihre Kosten liegen hingegen aus Sicht der Gesellschaft im übermäßig erschwerten Zugang zu biologischem Material und in mangelnder Konformität – so meine Überzeugung – mit allgemeinen Moralvorstellungen. Folgt daraus, dass Patente auf biologisches Material abzuschaffen sind? Eine eindeutige Antwort fällt nicht leicht. Es mag Fälle geben, in denen Patente durch den Schutz von bahnbrechenden Erfindungen der Gesellschaft tatsächlich nutzen. Jedoch sind solche Fälle ex ante schwer zu identifizieren. Eine gangbare Lösung könnte darin bestehen, einerseits nur hochqualitative[52] Patente zu gewähren und andererseits die negativen Auswirkungen von Patenten in Angriff zu nehmen, insbesondere durch die Einführung von zusätzlichen Beschränkungen und Ausnahmen in das Patentrecht, soweit es Innovationen in der Pflanzenzüchtung betrifft. Eine Einschränkung der Patentrechte auf biologisches Material liefe dem öffentlichen Interesse nicht zuwider. Im Gegenteil, das

---

50 Llewelyn 1997, 15ff.

51 Merges 2011, 6. Aus dem Englischen übersetzt.

52 Hochqualitative Patente schützen Erfindungen, die neu sind, auf einer erfinderischen Tätigkeit beruhen, gewerblich anwendbar sowie gut definiert sind und durch klare Claims beschrieben werden können vgl. Prifti 2015, 53-55.

öffentliche Interesse verlangt nach zusätzlichen Anreizen zur Züchtung von neuen Pflanzensorten durch ein Schutzsystem, das den Zugang zu genetischen Ressourcen sicherstellt.

Literaturverzeichnis

Allred, Brent/Park, Walter (2007): The Influence of Patent Protection on Firm Innovation Investment in Manufacturing Industries, in: Journal of International Management 13, 91 ff.

Barnett, Jonathan M. (2011): Do Patents Matter? Empirical Evidence on the Incentive Thesis, in: Putnam, Jonathan D./Tepperman, Andrew B. (Hrsg.): Handbook on Law, Innovation and Growth. 178 ff.

Boldrin, Michele/Levine, David (2008): Against Intellectual Monopoly.

Cochran, Clark E. (1974): Political Science and »The Public Interest«, in: The Journal of Politics 36, 327 ff.

Cooter, Robert/Ulen, Thomas (2011): Law and Economics. Boston, 6. Auflage.

Correa, Carlos (2012): TRIPS-Related Patent Flexibilities and Food Security, Options for Developing Countries, Policy Guide. QUNO – ICTSD.

Dent, Chris (2009): 'Generally Inconvenient': The 1624 Statute of Monopolies as Political Compromise, in: Melbourne University Law Review 33, 415 ff.

Deutscher Bundestag (2013): Bericht des Rechtsausschusses zum Entwurf eines Gesetzes zur Novellierung patentrechtlicher Vorschriften und anderer Gesetze des gewerblichen Rechtsschutzes – Drucksache 17/14222 vom 26.06.2013.

Eaton, Derek (2007): Intellectual Property Rights in Plant Breeding and Biotechnology: A comparative and Institutional Analysis, in: 11th Annual Conference of the International Society for New Institutional Economics (ISNIE), Reykjavik, Iceland, 21 – 23 June.

EU Council Regulation (EC) No 2100/94 of 27 July 1994 on Community Plant Variety Rights.

EU Regulation No 211/2011 of the European Parliament and of the Council of 16 February 2011 on the citizens' initiative.

European Directive on the protection of biotechnological inventions (98/44/EC).

EU Parliamentary Resolution 2012/2623/(RSP).

Hall, Bronwyn/Harhoff, Dietmar (2012): Recent Research on the Economics of Patents, in: Annual Review of Economics 4, 541 ff.

Harabi, Najib (1996): Patents in Theory and Practice: Empirical Results from Switzerland. Munich Personal RePEc Archive. [Quelle: http://mpra.ub.uni-muenchen.de/9606 (15.03.2013)].

Ho, C. M. (2007): Agricultural Biotechnology under TRIPS & Beyond: Addressing Social Policies in a Pro-Patent Environment, in: Kesan, Jay (Hrsg.), Agricultural Biotechnology and Intellectual Property, Seeds of Change, 304 ff.

ICAEW, Chartered Accountants (2012): Acting in the Public Interest: a Framework for Analysis, a Market Foundations Initiative. [Quelle: www.icaew.com/en/technical/ethics/the-public-interest (10.7.2014)].

International Convention for the Protection of New Varieties of Plants, Paris, 2 December, 1961, as revised at Geneva on 10 November, 1972, 23 October, 1978, and 19 March, 1991 (Geneva: UPOV Doc. 221 (E), 1996).

Kapczinsky, Amy (2008): The Access to Knowledge Mobilization and the New Politics of Intellectual Property, in: Yale Law Journal 117, 804 ff.

Levin, Richard C./Klevorick, Alvin K./Nelson, Richard R./Winter, Sidney G. (1987): Appropriating the Returns from Industrial Research and Development, in: Brooking Papers on Economic Activity 3, Special Issue on Microeconomics, 783 ff.

Llewelyn, Margaret (1997): The legal protection of biological inventions: an alternative approach, in: European Intellectual Property Review 19, 115 ff.

Louwaars, Niels/Dons, Hans/van Overwalle, Geertrui/Raven, Hans/Arundel, Anthony/Eaton, Derek/Nelis, Annemiek (2009): Breeding Business. The Future of Plant Breeding in the Light of Developments in Patent Rights and Plant Breeder's Rights. Centre for Genetic Resources, the Netherlands, CGN Report 14.

Mammana, Ivan (2014): Concentration of Market Power in the EU Seed Market, a study commissioned by the Greens/EFA Group in the European Parliament.

Mansfield, Edwin (1986): Patents and Innovation: an Empirical Study, in: Management Science 32, 173 ff.

Merges, Robert (2011): Justifying Intellectual Property.

No Patents On Seeds. [Quelle: http://no-patents-on-seeds.org/en/information/patent-cases (28.10.2015)].

Prifti, Viola (2013): The Breeding Exemption in Patent Law: Analysis of Compliance with Article 30 of the TRIPS Agreement, in: The Journal of World Intellectual Property 16, 218 ff.

Prifti, Viola (2015): The Breeder's Exception to Patent Rights. Analysis of Compliance with Article 30 of the TRIPS Agreement.

Schneider, Ingrid (2012): To Be or not IP? Exploring limits within patent law for the constitutionalization of intellectual property rights and the governance of synthetic biology in human health, in: Law and the Human Genome Review 37, 193 ff.

Scotchmer, Suzanne (2004): Innovation and Incentives.

Sleper, David A./Poehlman, John M. (2006): Breeding Field Crops. 5. Auflage.

Then, Christoph/Tippe, Ruth (2013): President of the European Patent Office Gives Green Light For Patents on Plants and Animals. Patent Office Ignores the Position of the European Parliament. No Patents on Seeds. [Quelle: www.no-patents-on-seeds.org/sites/default/files/news/new_wave_of_patents_2013.pdf (1.11.2014)].

Then, Christoph (2010): Overview: Third Parties' Observations concerning the Broccoli Case (G2/07). [Quelle: www.no-patents-on-seeds.org/sites/default/files/patente/einspruch/npos-overview.doc (16.11.2014)].

Torrente, Andrea/Schlesinger, Piero (1985): Manuale di Diritto Privato. 12. Auflage.

Transgenic Plant/Novartis II OJ EPO 2000, (G 12/98 of the Enlarged Board of Appeal).

Weisbrod, Burton A./Handler, Joel F./Komesar, Neil K. (1978): Public Interest Law, An Economic and Institutional Analysis.

Biopatente: Auskreuzung als rechtliche Herausforderung

Hélène Louise Berlincourt

1. Grüne Gentechnologie – Nutzen und Risiken

1.1 Hintergrund

Saat- und Pflanzgut gehören zu den wichtigsten Produktionsmitteln der Landwirtschaft. Um nachhaltig und marktorientiert produzieren zu können, sind Landwirte auf ein breites und wachsendes Angebot neuer Kulturpflanzensorten angewiesen. Für die erforderliche genetische Veränderung bestehender Sorten stehen der Pflanzenzüchtung auch biotechnologische Verfahren und deren Produkte zur Verfügung, man spricht dabei von grüner Gentechnologie oder Agrogentechnologie. Entwickelt und genutzt werden pflanzliche, gentechnisch veränderte Organismen (GVO), d.h. Pflanzen, deren genetisches Material in einer Weise verändert worden ist, wie es unter natürlichen Bedingungen nicht vorkommt.

Angesichts der wachsenden Weltbevölkerung (voraussichtlich ca. 9,6 Milliarden in 2050) bei gleichzeitig zurückgehender landwirtschaftlicher Anbaufläche pro Kopf[1] in Verbindung mit erschwerenden Faktoren wie Klimaveränderungen und Wassermangel, ist eine Anpassung der landwirtschaftlichen Bewirtschaftung unumgänglich geworden. Landwirte können diesen komplexen Herausforderungen mit Mitteln begegnen, die hochqualitatives gentechnisch verändertes Saatgut mit modernem Pflanzenschutz und ressourcenschonender Agrotechnologie verbinden.[2]

Gleichzeitig stoßen Pflanzeninnovationen, die mittels gentechnischer Veränderung entstehen, auf großes Misstrauen in der Öffentlichkeit. Diskutiert werden Chancen und Risiken der grünen Gentechnik. Dem Ge-

1 OECD/FAO, Agricultural Outlook, 35 ff. und insb. 39, Tab. 1.11.
2 Kock/Gould 2011, 94.

setzgeber kommt in dieser Debatte die schwierige Aufgabe zu, ein Regelungsregime zu schaffen, welches gleichzeitig innovationsfördernd und innovationskanalisierend ist. So müssen einerseits die Risiken der grünen Gentechnik hinreichend eingedämmt und verteilt, andererseits aber auch der mit der grünen Biotechnologie verbundene Nutzen ermöglicht werden.

1.2 Aufgaben des Rechts im Umgang mit Chancen und Risiken Grüner Gentechnologie

Forschungs- und Entwicklungsprozesse in der grünen Biotechnologie sind ressourcen-intensiv, langwierig und risikoreich und verlangen fortlaufende technologische Innovation, während das Ergebnis des Prozesses ein Produkt ist, welches als pflanzliches Material durch Konkurrenten leicht kopier- bzw. reproduzierbar ist.[3] Um Innovatoren einen angemessenen *return on investment* zu ermöglichen, sind starke Schutzrechte notwendig. Patente und andere Immaterialgüterrechte[4] dienen als Ansporn für Innovation und fördern kreative Dynamik und Technologietransfer in der pflanzenwissenschaftlichen Industrie.[5] Patente verschaffen dem Erfinder als Gegenleistung für den getätigten Aufwand ein zeitlich (und sachlich) begrenztes Ausschließlichkeitsrecht, mit welchem er anderen die gewerbliche Umsetzung, Nutzung, Verkauf und Import – kurz die Verwertung – seiner Erfindung verbieten kann. Sie weisen ihm den Nutzen der Technologie zu.

Soweit der Einsatz von Innovationen inakzeptable oder unvorhersehbare Risiken birgt, werden Regelungen im Bereich der Diffusionsphase (Verbreitung am Markt) auch innovationshemmend wirken. Zur Eindämmung von technologiebedingten Risiken bestehen deshalb bei der Anwendung von GVO und GVO-Produkten weitreichende gesetzliche Schranken wie Genehmigungs- und Kennzeichnungspflichten für gentechnisch ver-

3 Kock/Gould 2011, 95.

4 Zum Grenzbereich zwischen verschiedenen Immaterialgüterrechten für Pflanzenzüchtungen vgl. Metzger 2013, 77 ff.

5 Dazu u.a. Haedicke 2008, 111 ff.; Ders. 2002, 114; Kock/Gould 2011, 94 f.; Zech 2012, 84 ff.

änderte Lebens- und Futtermittel, Regelungen zur Rückverfolgbarkeit (*Monitoring*), provisorische Maßnahmen oder gar Anbauverbote.

Trotz gesetzlicher Schranken kann der Einsatz von GVO in der Landwirtschaft Auswirkungen haben, die oftmals nicht beim Entscheidungsträger anfallen[6] und/oder im Entscheidungskalkül des Verursachers nicht berücksichtigt werden.[7] Der Gesetzgeber hat die Zuweisung technologiespezifischer Risiken – sprich die Verantwortlichkeit für die Technikanwendung – vorzunehmen und mittels Haftungsregelungen Verhalten von Anwendern und Nutzern zu steuern. Argumentiert werden kann, dass wer den Nutzen hat, auch den Schaden tragen muss.[8]

1.3 Auskreuzung – natürliches Phänomen und Haftungsrisiko

Ein zentraler Diskussionspunkt in der öffentlichen Debatte um Risiken der Freisetzung transgener Pflanzen in der Landwirtschaft sind unerwünschte Auskreuzungen. Der Begriff Auskreuzung beschreibt die durch vertikalen Gentransfer verursachte unkontrollierte Übertragung von Genen (hier: inserierter Transgene) auf Pflanzen der gleichen Art sowie auf verwandte Kultur- und Wildpflanzen. Eine Verbreitung transgener Pollen, Samen, Pflanzen sowie von deren Verarbeitungsprodukten und darin enthaltener gentechnisch veränderter Eigenschaften (gv-*traits*) ist während der kompletten Wertschöpfungskette denkbar.[9] Die Auskreuzung als natürliches Phänomen ist von Pflanze zu Pflanze und auch in Abhängigkeit von anderen Faktoren ganz unterschiedlich zu beurteilen. Die Auskreuzung ist abhängig von der Fortpflanzungsweise, der Möglichkeit des Pollentransfers durch Wind und Insekten über große Entfernungen sowie der Existenz, Populationsgröße und geographischen Verbreitung von Kreu-

---

6 Schrupkowski 1995, 195; Vieweg 1998, 47.

7 Die Inanspruchnahme von Umweltgütern ist nicht mit Kosten verbunden (Güter wie Luft, Wasser etc. sind nicht fassbar), es können also auch keine Marktpreise für sie entstehen, daher werden die Kosten, die aus der Inanspruchnahme der Umwelt resultieren, vom einzelnen Entscheider in seinem Kalkül nicht berücksichtigt. Dazu Sturm/Vogt 2011, 21.

8 So bereits Walter Eucken in seinen Ausführungen zum Haftungsproblem, vgl. Eucken 2008, 279.

9 Kempken/Kempken 2012, 197.

zungspartnern unter wilden Verwandten. Kreuzungsfähige Wildpflanzen existieren nur bei wenigen im gentechnischen Anbau verwendeten Sorten. Wichtigstes Beispiel ist wohl der Raps, bei welchem der Pollen auch Rübsen und andere Kreuzblütler, die vom Wildkohl abstammen, befruchten könnte. Ein besonderes Risiko ist damit aber nicht verbunden, wie umfängliche Untersuchungen gezeigt haben. Auch stellen die neuen Transgene nur selten einen Selektionsvorteil dar. Dennoch ist das Thema Auskreuzung von Transgenen im Fokus der Debatte um den Anbau gentechnisch veränderter Pflanzen.

Die ungewollte Auskreuzung betrifft verschiedene Akteure und löst durch verschiedene Rechtsgrundlagen Haftungsfolgen aus. Betreibt ein Landwirt A zugelassenen gentechnischen Anbau, indem er patentiertes Saatgut eines Herstellers C (Patentinhaber) verwendet, kann durch Auskreuzung von transgenem, geschütztem Pflanzenmaterial eine »Kontaminierung« der ökologischen/konventionellen Feldfrüchte auf benachbarten Feldern des Landwirts B eintreten. Durch die weitere Bewirtschaftung dieser Felder ohne entsprechende Nutzungsrechte begeht B unter Umständen eine Patentverletzung gegenüber C. Landwirt B wird aber als unbeteiligter Dritter und damit als »Opfer« des Transgen-Eintrags auch Ansprüche gegen den benachbarten Landwirt A geltend machen wollen, weil seine Ernte »kontaminiert« ist und sich dies auf die Vermarktung seiner konventionellen oder ökologischen Produkte als solche auswirken kann.[10]

Nachfolgend wird zunächst die Haftungskonstellation zwischen Patentinhaber und potenziellem Patentverletzer dargestellt (2). Dabei geht es darum festzustellen, wann ein von GVO-Einträgen betroffener Landwirt durch Nutzung der patentierten Technik auf seinen Feldern eine patentrechtlich relevante Handlung vornimmt und dem Patentinhaber schadenersatzpflichtig wird. Daraufhin wird die Haftung zwischen benachbarten Landwirten mit unterschiedlicher Anbauweise (gentechnisch versus konventionell/ökologisch) aus Gentechnikrecht und zivilrechtlichem Nachbarverhältnis diskutiert (3 und 4). Von Bedeutung sind dabei die dem Gentechnik-anwendenden Landwirt auferlegten Sorgfaltspflichten und mögliche Duldungspflichten eines benachbarten Landwirts.

10 Ausführlich hierzu Haedicke 2007, 237 ff.; Dolde 2005, 25 ff.

2. Patentrechtliche Haftung in Auskreuzungsfällen

2.1 Gegenstand und Umfang des Patentschutzes für Pflanzeninnovationen

Bereits im bedeutenden BGH-Urteil »Rote Taube« wurde die Patentierung lebender Materie von der Rechtsprechung explizit vorgesehen.[11] Das deutsche Patentgesetz (PatG) ermöglicht in Umsetzung des Gemeinschaftsrechts und in Einklang mit Art. 27 Abs. 1 TRIPS-Abkommen den Schutz von Erfindungen (Lehren zum technischen Handeln) in allen Gebieten der Technik, damit auch im Bereich grüner Biotechnologie (§ 1 Abs. 1 PatG). Patentfähig sind Pflanzenbestandteile, einzelne Pflanzen als solche sowie bestimmte Verfahren zur genetischen Veränderung von Pflanzen. Pflanzensorten und im Wesentlichen biologische Verfahren zur Züchtung von Pflanzen sind von der Patentierung ausgeschlossen (§ 2a Abs. 1 Nr. 1).[12]

Zur Bestimmung der patentrechtlichen Ansprüche im Falle von Auskreuzungen transgenen pflanzlichen Materials sind die §§ 9, 9a - 9c PatG relevant. Die Wirkung eines Patentes für biologisches Material erstreckt sich auf jedes biologische Material, in welches dieses Erzeugnis eingebracht wird und in dem die genetische Information enthalten ist und ihre Funktion erfüllt (sog. *horizontale Schutzerstreckung*).[13] Eine Schutzerstreckung erfolgt bei biologischem Material auch in der natürlichen Generationenfolge, solange die patentierte Eigenschaft noch vorhanden ist (sog. *vertikale Schutzerstreckung*).[14] Das durch gentechnische (horizontale) oder natürliche (vertikale) Vermehrung gewonnene Material darf also nicht ohne Lizenz verwertet werden. Wäre der Patentschutz eines sich auf natürliche Weise von selbst fortpflanzenden Produkts nach der ersten Inverkehrbringung bereits erschöpft, würde dies nach herrschender Meinung den Patentschutz vollkommen aushöhlen.[15] Das Patentrecht weist damit dem Patentinhaber umfassende Befugnisse zu: Sobald eine Pflanze patentiertes Material enthält, das selbst patentiert oder unmittel-

---

11 BGH, GRUR 1969, 672 – *Rote Taube*.

12 Ausführlich zur Patentierung von Pflanzeninnovationen vgl. Kock/Porzig/Willnegger 2006.

13 § 9a Abs. 3 PatG. Vgl. dazu EuGH C-428/08 - *Monsanto/Cefetra*.

14 § 9a Abs. 1 und 2 PatG.

15 Dies erfüllt insoweit auch die patentrechtlichen Rechtfertigungstheorien vgl. dazu Kraßer 2009, 36 ff.

bares Produkt eines patentierten Verfahrens ist, bedarf deren Verwendung der Zustimmung des Patentinhabers.

Trotz der Weite des Wortlauts von § 9a PatG kann dieser nicht ohne Einschränkung gelten, da ansonsten beim Anbau geschützten Saatguts und daraus wachsender Nachfolgegeneration immer eine Vervielfältigung des patentierten Materials und damit eine Patentverletzung bestünde. Abhilfe leistet § 9c Abs. 1 PatG: Wird pflanzliches Vermehrungsmaterial durch den Patentinhaber oder mit dessen Zustimmung durch einen Dritten an einen Landwirt zum Zweck des landwirtschaftlichen Anbaus in Verkehr gebracht, so darf dieser entgegen den §§ 9, 9a und 9b Satz 2 sein Erntegut für die generative oder vegetative Vermehrung durch ihn selbst im eigenen Betrieb verwenden. Ein Landwirt (nicht aber ein gewerblicher Züchter) kann mit anderen Worten aus geschütztem pflanzlichem Vermehrungsmaterial entstandenes Erntegut nachbauen und erzeugtes Saatgut im eigenen Betrieb nutzen, wenn er es legal erworben hat.

2.2 Fallbeispiel: Patentverletzung aufgrund von GVO-Auskreuzung

Da in Deutschland bislang kaum transgene Pflanzen angebaut und keine entsprechenden Klagen über Patentverletzungen bei zufälligen Auskreuzungen entschieden worden sind[16], wird als Fallbeispiel ein ähnlicher Sachverhalt aus Kanada herangezogen. Denn in vielen Staaten wie etwa Kanada, den USA und Argentinien ist anders als in Deutschland der großflächige Anbau gentechnisch veränderter Sorten seit langem üblich.

Die Folgen von Patentverletzungen durch Auskreuzung hatte vor einiger Zeit der kanadische *Supreme Court* im Fall *Monsanto Canada Inc. v. Schmeiser*[17] zu beurteilen. Der Landwirt Schmeiser baute auf seinen Feldern patentierten transgenen Raps (*Roundup-Ready* von *Monsanto*) in einer Konzentration von 95-98% an, ohne je *Roundup-Ready* Raps oder eine entsprechende Lizenz erworben zu haben. Woher der Raps stammte, blieb ungeklärt, es wurde jedoch für möglich gehalten, dass der Raps

16 Erwähnenswert ist aber die Rechtsprechung zur Haftung für gentechnische Produkte in »Glöckner vs. Syngenta«, OLG Frankfurt a.M., Urteil vom 6. Februar 2009, Az. ZU 128/07.

17 *Monsanto Canada Inc. v. Schmeiser* [2004] 1 S.C.R. 902, 2004 SCC 34.

durch zufällige Auskreuzung in die Feldfrüchte gelangt war. Der *Supreme Court* ging davon aus, dass Schmeiser *Roundup-Ready* Raps aufgenommen, eingepflanzt und geerntet hatte, um entstehende Samen weiterzuverkaufen.[18]

Das Gericht unterstrich, dass es sich bei Schmeiser nicht um einen arglosen und gutgläubigen Landwirt handelt, der unbewusst transgenen Raps geerntet hatte, welcher nach Auskreuzung mit seinen Feldfrüchten auf seinem Land gewachsen war.[19] In seinem Urteil hielt der *Supreme Court* fest, dass ein Landwirt in Auskreuzungsfällen jedenfalls dann eine Patentverletzung begeht, wenn er unerlaubt patentierte transgene Pflanzen unbekannter Herkunft auf diese intensive Weise nutzt.[20] Dennoch gewährte das Gericht keinen Schadenersatzanspruch, weil Schmeiser keine Schritte unternommen hatte, um vom Transgen-Eintrag spezifisch zu profitieren (Anpassung der Anbautechniken, Wahl der Unkrautvernichtungsmittel etc.). Somit konnte keine durch die unerlaubte Nutzung des patentierten Materials gewonnene Steigerung des Umsatzes festgestellt werden, der Umsatz entsprach vielmehr dem, den er auch mit konventionellem Raps erzielt hätte.[21]

2.3 Patentrechtliche Lösung für Auskreuzungsfälle mit § 9c Abs. 3 PatG

Werden konventionell oder ökologisch bebaute Felder durch GVO-Auskreuzungen verunreinigt, greift in Deutschland § 9c Abs. 3 PatG. Dieser erklärt die dargelegten Schutzerstreckungen zugunsten des Patentinhabers aus § 9a PatG für nicht anwendbar, wenn patentiertes biologisches Material im landwirtschaftlichen Bereich zufällig oder technisch nicht vermeidbar gewonnen wurde. Eine unzulässige Nutzung der patentierten Erfindung und damit eine Patentverletzung i.S.v. §§ 9, 9a PatG liegt mangels Herstellung bzw. Gebrauchs des patentierten pflanzlichen Materials i.S.v. § 9 PatG nicht vor, wenn die zufällig auf die Felder eines Landwirts gelangten GVO-Einträge dort nur wachsen und sich selbst re-

18 Rn. 68 des Urteils.
19 Rn. 95 des Urteils.
20 Rn. 69 des Urteils.
21 Rn. 104 des Urteils.

produzieren, ohne dass dies auf eine besondere Einwirkung des Landwirts zurückzuführen wäre.

Eine Abgrenzung ist folglich zwischen dem i.S.v. § 9c Abs. 3 PatG erlaubten Anbau und dem patentrechtlich verbotenen Ausnutzen der Vorteile des transgenen Materials vorzunehmen.[22] Im Ergebnis darf ein Landwirt weder schlechter, noch besser gestellt werden, als wenn er lediglich sein eigenes Material auf seinen Feldern angebaut und geerntet hätte. Dem Landwirt sind jedenfalls diejenigen Tätigkeiten erlaubt, die der ordnungsgemäßen landwirtschaftlichen Praxis entsprechen.[23] Die Freistellung durch § 9c PatG darf aber nicht dazu führen, dass das Patentrecht ausgehöhlt wird, weil der betroffene Landwirt trotz patentierter Erfindung auf seinen Feldern unbeschränkt anbauen und verwerten kann. Daraus resultiert, dass aufgrund von § 9c Abs. 3 PatG eine patentrechtlich relevante Handlung i.S. der §§ 9, 9a PatG erst in Betracht kommt, wenn der Landwirt die Entwicklung des transgenen Vermehrungsmaterials aktiv fördert. Wie im Schmeiser-Entscheid wird es sich dabei um Fälle handeln, in denen der Landwirt den Eintrag erkannt und sich zudem die patentierten *traits* gezielt zunutze gemacht hat. Der kanadische *Supreme Court* lehnte konsequenterweise trotz bewussten Anbaus transgenen Saatguts eine Bereicherungsabsicht und daraus resultierende Schadenersatzpflicht ab, da Schmeiser seine Anbau- oder Pflanzenschutztechniken nicht den transgenen Pflanzen angepasst hatte.[24]

2.4 Bereicherungsrechtliche Vorgaben bei Auskreuzung aus §§ 812 ff.

Aufgrund der besonderen Eigenschaften transgener Pflanzen kann bereits die patentrechtlich wegen § 9c Abs. 3 PatG erlaubte Nutzung eingekreuzter Pflanzen zu erheblichen wirtschaftlichen Vorteilen führen. Herbizid- oder Pestizidresistenzen, verbesserte Stresstoleranz und ähnliche *traits* können Ernteerträge verbessern und Einnahmen erhöhen. Obwohl dem Patentinhaber aus Patentrecht kein Schadenersatz zusteht und er einen i.S.v. § 9c Abs. 3 PatG zulässigen Gebrauch nicht verhindern kann, könnte

22 So bereits Haedicke 2007, 241 ff.
23 Vgl. BT-Drs. 15/1709 v. 15.10.2003, 15.
24 Rn. 104 des Urteils.

eine derartige Bereicherung des kontaminierten Landwirtes aus den bereicherungsrechtlichen Vorgaben von §§ 812 ff. BGB ausgeglichen werden.[25] Durch die Nutzung der patentierten Erfindung erarbeitete Mehrerlöse erfüllen unter Umständen den Tatbestand der Bereicherung, nämlich wenn ein beachtlicher Vermögensvorteil auf Kosten des Patentinhabers entsteht. Die Mehrerlöse wären folglich aufgrund ungerechtfertigter Bereicherung dem Patentinhaber als alleinig Berechtigten zuzuführen. Eine Bereicherung kann allerdings nur vorliegen, wenn ein bestimmter Anbau erst wegen der Auskreuzung möglich geworden bzw. eine höherwertige Bepflanzung erfolgt ist und im Ergebnis höhere Erlöse erwirtschaftet werden konnten als beim konventionellen/ökologischen Anbau.

Schwierigkeiten ergeben sich bei zufälliger Auskreuzung aus der fehlenden Handlung des Bereicherungsschuldners, weil der kontaminierte Landwirt i.d.R. keine aktive auf die Auskreuzung bezogene Handlung vorgenommen hat, sondern die Vermögensvermehrung auf natürlichen Vorgängen beruht. Es handelt sich hier regelmäßig um Bereicherungsansprüche, die ohne Zutun des Bereicherungsempfängers entstehen (sog. aufgedrängte Bereicherung). Der Landwirt als Bereicherungsschuldner hat hochwertiges geschütztes Saatgut abgeschöpft, welches er gar nicht haben wollte. Bei derartigen Konstellationen, in denen die Bereicherung nicht durch Leistung, sondern in sonstiger Weise herbeigeführt wird (Nichtleistungskondiktion, § 812 Abs. 1 Satz 1 2. Alternative BGB) wurde anerkannt, dass es nur untergeordnet darauf ankommt, ob der Vermögensvorteil durch zurechenbares aktives Handeln oder ohne besonderes Zutun entstanden ist. Gleiches gilt für Fälle, in denen die Vermögensmehrung durch ein Naturereignis erfolgt ist.[26]

Nebst der fehlenden aktiven Handlung des Bereicherungsschuldners als Eingriff in die Vermögenswerte des Patentinhabers, könnte zur Gewährung von Bereicherungsansprüchen in Auskreuzungsfällen auch das Erfordernis der Entreicherung des Pateninhabers (Bereicherung »auf Kosten« des Rechtsinhabers) Probleme stellen.[27] Die allgemeine Formel

25 Dazu ausführlich Haedicke 2007, 243 ff.

26 Zu dieser sog. »Naturvorgangskondiktion« vgl. Lorenz 2007, § 812 Rn. 23 und 30; Larenz/Canaris 1994, § 69 IV.

27 Beispielhaft BGHZ 82, 299, 306.

lautet, dass ein Erwerb dann auf Kosten eines anderen und damit i.d.R. zugleich ohne rechtlichen Grund erfolgt sei, wenn er im Widerspruch zum Zuweisungsgehalt eines fremden Rechts steht. Es findet keine Entreicherung des Patentinhabers statt, da nicht in den wirtschaftlichen Zuweisungsgehalt des patentrechtlichen Ausschließlichkeitsrechts (absolutes Recht) eingegriffen wird, weil wie dargelegt § 9c Abs. 3 PatG gerade gewisse Handlungen vom Schutz und damit der patentrechtlichen Haftung ausschließt. Der in § 9c Abs. 3 PatG bestimmte Ausschluss aus dem Patentschutz bei zufälliger Auskreuzung wird also auf das Bereicherungsrecht übertragen.[28] § 9c Abs. 3 PatG zielt nur darauf ab, die scharfe patentrechtliche Haftung in Fällen zufälligen Eintrags und damit Unterlassungs- und Schadenersatzansprüche gegen den ordnungsgemäß wirtschaftenden Landwirt auszuschließen. Passt ein Landwirt jedoch nach zufälligem Eintrag transgenen geschützten Materials die Bewirtschaftung seiner Felder den Bedürfnissen dieser Pflanzen an, fördert so deren Wachstum und erhöht im Ergebnis seine wirtschaftlichen Erträge, so liegt ein Eingriff in den Zuweisungsgehalt eines fremden Rechts vor. Resultiert aus einer solchen patentverletzenden Nutzung i.S.v. § 9c Abs. 2 PatG ein wirtschaftlicher Vorteil, ist ein bereicherungsrechtlicher Anspruch des Patentinhabers gegen den kontaminierten Landwirt i.S.v. § 818 Abs. 2 BGB angemessen.

3. Haftung in Auskreuzungsfällen nach Gentechnikrecht

3.1 Schutzzwecke des Gentechnikgesetzes

Das Gentechnikrecht soll Leben und Gesundheit von Menschen, Tieren, Pflanzen und die sonstige Umwelt in ihrem Wirkungsgefüge sowie Sachgüter vor möglichen Gefahren gentechnischer Verfahren und Produkte schützen und dem Entstehen solcher Gefahren vorbeugen (sog. Schutzzweck, § 1 Nr. 1 GenTG). Außerdem soll ein rechtlicher Rahmen für die Erforschung, Entwicklung, Nutzung und Förderung der wissenschaftlichen und technischen Möglichkeiten der Gentechnik geschaffen werden (sog. Förderzweck, § 1 Nr. 3 GenTG). Als neueres rechtspolitisches Ziel

28 So auch Haedicke 2007, 245.

ist die Koexistenz in das Gentechnikrecht eingeflossen (§ 1 Nr. 2 GenTG). Sie bezweckt, dass verschiedene landwirtschaftliche Anbausysteme mit und ohne Gentechnik nebeneinander existieren und die gentechnikfreie konventionelle Landwirtschaft vor Kontaminationen durch GVO geschützt wird.[29] Der Gesetzeszweck der Koexistenz hat Auswirkungen auf die gesamte Interpretation der Gentechnikgesetzgebung.[30] Eine entscheidende rechtliche Rahmenbedingung für die Koexistenz ist dabei die zivilrechtliche Haftung.[31] So können Landwirte mit GVO-freiem Anbau seit Einführung des neuen Gesetzeszweckes gegen GVO-Anwender vorgehen.

Durch das GenTG in Verbindung mit den Vorgaben der Verordnung über die gute fachliche Praxis bei der Erzeugung gentechnisch veränderter Pflanzen (GenTPflEV)[32] werden Gentechnikanwendern zur Erfüllung der Gesetzesziele besondere Sorgfalts- und Haftungspflichten auferlegt.

3.2 Gute fachliche Praxis

Beim Anbau von (oder sonstigen Umgang mit) gentechnisch veränderten Pflanzen wird die Vorsorgepflicht aus § 16b Abs. 1 S. 1 GenTG durch Einhaltung der sog. *guten fachlichen Praxis* erfüllt (§ 16b Abs. 2 GenTG). § 16b GenTG zielt auf die Verhinderung wesentlicher Beeinträchtigungen anderer Rechtsgüter ab. § 16b Abs. 3 GenTG konkretisiert die gute fachliche Praxis. Dazu gehören im Umgang mit GVO unter anderem die Einhaltung aller Bestimmungen der Genehmigung für das Inverkehrbringen, sowie beim Anbau die Beachtung der Maßnahmen zur Verhinderung von Auskreuzung und sonstigen Einträgen. Die Ausgestaltung der Maßnahmen wird von der GenTPflEV bestimmt.

---

29 Vgl. dazu Winter 2006, 456.

30 Zur »praktische Konkordanz« der drei rechtspolitischen Ziele vgl. Palme 2005a, 120.

31 Vgl. dazu Stökl 2003, 274 ff.

32 Verordnung über die gute fachliche Praxis bei der Erzeugung gentechnisch veränderter Pflanzen v. 7.4.2008 (BGBl. I S. 655).

Werden die erforderlichen Sorgfaltsmaßnahmen nicht ergriffen, besteht eine Unterlassungspflicht (beruhend auf § 26 Abs. 1 Satz 1) in § 16 b Abs. 1 Satz 2.

Von besonderer Bedeutung ist außerdem § 16c GenTG, der eine umfassende Beobachtungspflicht des Betreibers für gentechnisch veränderte bereits in Verkehr gebrachte Produkte vorschreibt (*Monitoring*).[33]

3.2 Haftungsvorschriften

Die §§ 32 ff. GenTG regeln besondere Haftungsvorschriften für Gentechnikanwender.[34] § 32 Abs. 1 GenTG bestimmt als zentrale Haftungsvorschrift, dass, wer in infolge von Eigenschaften eines Organismus, die auf gentechnischen Arbeiten beruhen, an Körper, Gesundheit oder Eigentum verletzt oder geschädigt wird, einen verschuldensunabhängigen Schadenersatzanspruch gegen den Betreiber (i.S.v. § 3 Nr. 7 GenTG) hat. Folglich besteht eine umfassende Gefährdungshaftung für Schäden an Personen- und Sachgütern, wenn der Schaden auf die gentechnische Veränderung eines Organismus zurückzuführen ist und das gentechnische Vorhaben oder Verfahren dem Anwendungsbereich des Gentechnikgesetzes unterliegt.[35]

Gem. § 33 GenTG haften Betreiber in Fällen von § 32 GenTG bis zu einer Summe von 85 Millionen Euro für Schäden im Zusammenhang mit Transgen-Einträgen in die Ernte von Nachbarfeldern ohne Gentechnik und dadurch entstandene Beeinträchtigung oder Verhinderung der Verwertbarkeit der Ernte. Dies gilt auch dann, wenn der Betreiber entsprechend allen geltenden Vorschriften gehandelt hat und nach den Regeln der fachlichen Praxis alles versucht hat, um eine Kontamination des Nachbarfeldes zu vermeiden (verschuldensunabhängige scharfe Gefährdungshaftung). Verfügt aber ein Hersteller über eine Genehmigung zum Inverkehrbringen gentechnisch veränderter Produkte, entfällt gem. § 37 Abs. 2 GenTG seine Haftung nach dem GenTG. Anwendbar ist folglich für Inverkehr gesetzte

33 Vgl. dazu Palme 2005a, 125.

34 Ausführlich hierzu Haedicke 2007, 237 ff.; Dolde 2005, 25.

35 Zur Gefährdungshaftung zur Zuweisung von unvorhersehbaren Risiken bei neuen Technologien vgl. Zech 2013, 21 ff.

GVO-Produkte nach § 37 Abs. 2 GenTG das Produkthaftungsgesetz mit der Modifikation, dass der Hersteller nach § 1 Abs. 2 Nr. 5 ProdHaftG auch für Entwicklungsrisiken haftet.[36]

Zentralnorm bei der Frage um die Haftung in Auskreuzungsfällen ist dennoch § 36a GenTG, der Ansprüche bei Nutzungsbeeinträchtigung regelt.[37] Im Ergebnis beläuft sich § 36a GenTG auf eine strenge Haftung des Gentechnikverwenders schon für den Fall, dass infolge GVO-Einwirkung auf einem Nachbargrundstück die Vermarktung der dortigen Produkte beeinträchtigt wird. Die Norm erklärt die Tatbestandsmerkmale des Nachbarrechts § 906 BGB für gentechnische Risiken in der Landwirtschaft anwendbar, weshalb die Haftungsfrage beim zufälligen Auskreuzen von GVO nicht innerhalb der Haftungsvorschriften des GenTG beantwortet wird. Heranzuziehen sind § 1004 BGB für Unterlassungsansprüche und § 906 Abs. 2 Satz 2 BGB für Ausgleichsansprüche.[38]

4. Zivilrechtliche Haftung in Auskreuzungsfällen aus Nachbarrecht

Die allgemeinen Regelungen der §§ 823, 906 und 1004 BGB sind also auch auf in Verkehr gebrachte GVO anwendbar. In Anwendung des privaten Nachbarrechts hat derjenige, dessen Grundstück durch gentechnisch veränderte Pollen beeinträchtigt wird, unter Umständen einen Abwehr- oder Entschädigungsanspruch gegen den Nachbarn. Aufgrund der unbestimmten Rechtsbegriffe in den Tatbestandsmerkmalen des Abwehranspruchs aus § 1004 BGB und des Schadenersatzanspruchs aus § 823

36 Eine Produkthaftung aus Produkthaftungsgesetz (ProdHaftG) kommt in Auskreuzungsfällen nicht in Betracht, denn gemäß § 1 Satz 2 ProdHaftG ist diese nur für Sachbeschädigungen in Fällen beschränkt, in denen die betreffenden Sachen »ihrer Art nach gewöhnlich für den *privaten* Ge- oder Verbrauch bestimmt und hierzu von dem Geschädigten hauptsächlich verwendet worden sind«. Ein Landwirt ist jeodch gewerblich tätig. Auch am Erfordernis der Fehlerhaftigkeit gem. § 3 Abs. 1 ProdHaftG wird es in Auskreuzungsfällen regelmäßig mangeln, da Gene unabhängig von der Art des Anbaus auskreuzen können. Zum Ganzen vgl. Schulte/Apel 2011, 564 f.

37 Zu den Unsicherheiten vor Inkrafttreten des §36a GenTG vgl. Stökl 2003, 277; Wolfers/Kaufmann 2004, 322 f.; Rehbinder 2007, 115 ff.

38 Palme 2005, 257; Dolde 2005, 26; Kohler 2005, 566 ff.

BGB sowie des Ausgleichanspruchs aus § 906 Abs. 2 Satz 2 BGB gebührt diesen eine eingehendere Würdigung.

4.1 Duldungspflicht und Ausgleichsanspruch aus §§ 1004 und 906 BGB

Der § 1004 Abs. 1 BGB sieht einen Unterlassungsanspruch wegen Eigentumsbeeinträchtigung vor, wenn ein Eigentümer die Beeinträchtigung nicht nach § 1004 Abs. 2 i. V. m. § 906 BGB zu dulden hat. Diese Duldungspflicht aus § 906 Abs. 2 Satz 1 BGB entfällt, sobald wirtschaftlich zumutbare Verhinderungsmöglichkeiten vorliegen. Bestehen keine wirtschaftlich zumutbaren Maßnahmen zur Verhinderung und liegt dennoch eine wesentliche ortsübliche Beeinträchtigung vor, greift gemäß § 906 Abs. 2 Satz 1 BGB die Duldungspflicht nach § 1004 Abs. 2 BGB und nach § 906 Abs. 2 Satz 1 BGB kann ein Ausgleichsanspruch geltend gemacht werden.

In dieses System greift nun für Haftungsfälle im Zusammenhang mit GVO-Einträgen § 36a GenTG ein. § 906 Abs. 2 Satz 1 BGB i. V. m. § 36a GenTG regeln im Falle von zufälligen Auskreuzungen eine Duldungspflicht des Nachbarn verbunden mit einem Ausgleichsanspruch aus § 906 Abs. 2 Satz 2 BGB, wenn bei einem Transgen-Eintrag die hinzunehmende »Einwirkung eine ortsübliche Benutzung seines Grundstücks oder dessen Ertrag über das zumutbare Maß hinaus beeinträchtigt«. Vorausgesetzt ist nach § 906 Abs. 2 Satz 1 BGB zunächst eine wesentliche, ortsübliche und nicht mittels zumutbarer Maßnahmen des Einwirkenden zu verhindernde Beeinträchtigung.

4.2.1 Wesentlichkeit der Beeinträchtigung

Eine Beeinträchtigung ist im Falle der Auskreuzung nach § 36a Abs. 1 GenTG *wesentlich*, wenn durch ungewollte Verunreinigungen i.S.v. § 906 BGB Erzeugnisse nicht mehr in Verkehr gebracht werden dürfen (Nr. 1) oder wenn ein Inverkehrbringen nur mit Kennzeichnung der gentechnischen Veränderung möglich ist (Nr. 2) bzw. nicht mit einer Kennzeichnung, die nach den für die Produktionsweise jeweils geltenden Rechtsvorschriften möglich gewesen wäre (Nr. 3).[39] Auch wenn eine wesentliche Eigentumsbeeinträchtigung durch Überschreiten der für die Kennzeichnungspflicht maßgeblichen Schwellenwerte bejaht wird, hat der in seiner Nutzung einschränkte Nachbar nur einen Abwehr- und Unterlassungsanspruch, wenn er nicht zur Duldung verpflichtet ist. Dazu müsste die Beeinträchtigung ortsunüblich und mittels wirtschaftlich zumutbarer Maßnahmen zu verhindern sein.

4.2.2 Ortsüblichkeit der Beeinträchtigung

Die *Ortsüblichkeit* i.S.v. § 906 Abs. 2 Satz 1 BGB lässt sich mittels Vergleich des störenden Grundstücks mit der ortsüblichen Benutzung bestimmen. Entscheidend ist, ob die Mehrheit der Grundstücke im Vergleichsgebiet nach Art, Maß und Umfang mit annähernd gleich beeinträchtigender Wirkung auf andere Grundstücke genutzt werden.[40] Nach § 36a Abs. 3 GenTG kommt es bei der Beurteilung der Ortsüblichkeit nicht darauf an, ob die Gewinnung von Erzeugnissen auf den umliegenden Grundstücken mit oder ohne GVO-Einsatz erfolgt.[41] Damit gilt im Ergebnis jeder rechtmäßig in Verkehr gebrachte GVO als ortsüblich, was auch dem Gesetzeszweck der Koexistenz ökologischer, konventioneller und gentechnischer Landwirtschaft aus § 1 Nr. 2 GenTG entspricht.

4.2.3 Wirtschaftlich zumutbare Verhinderung

Besteht eine wirtschaftlich zumutbare Verhinderungsmöglichkeit der genannten Beeinträchtigungen durch den Betreiber und wird diese nicht eingehalten, entfällt die Duldungspflicht nach § 906 Abs. 2 BGB. Mit § 36a Abs. 2 GenTG gelten als *wirtschaftlich zumutbar* i.S.v. § 906 BGB die dem GVO-Verwender auferlegten Anforderungen der guten fachlichen

39 Zur Wesentlichkeit der Beeinträchtigung vgl. Kohler 2005, 567 f.; Arnold 2006, 15 ff.
40 Dazu m.w.H. Arnold 2006, 18.
41 BR-Drs. 131/04, 32.

Praxis i.S.v. § 16b Abs. 2 und 3 GenTG. Schwierigkeiten bereitet angesichts der Unerreichbarkeit eines 0%-Schwellenwertes an GVO-Anteilen die Festlegung der Maßnahmen, die einem GVO-anbauenden Landwirt zugemutet werden können.[42]

Bei Einhaltung der guten fachlichen Praxis wird eine wesentliche Beeinträchtigung der Nachbarn nach der (zutreffenden) Einschätzung des Gesetzgebers regelmäßig verhindert und der GVO-anwendende Landwirt muss keine Unterlassungsansprüche seitens der Nachbarn befürchten. Konsequenz der Duldungspflicht aus § 906 Abs. 2 BGB ist weiter, dass selbst wenn eine wesentliche Eigentumsbeeinträchtigung durch Überschreiten der für die Kennzeichnungspflicht maßgeblichen Schwellenwerte vorliegt, der in seiner Nutzung beschränkte Nachbar nur einen Abwehr- und Unterlassungsanspruch hat, wenn der GVO-Anbauende die gute fachliche Praxis missachtet hat und der Kontaminierte damit nicht zur Duldung verpflichtet ist. Dem Nachbarn kommen dann der Abwehranspruch des § 1004 BGB und ein verschuldensunabhängiger Entschädigungsanspruch aus § 906 Abs. 2 Satz 2 BGB zu.[43]

4.2 Verschuldensunabhängiger Schadensersatzanspruch

Auch § 823 Abs. 1 BGB vermittelt einem von Auskreuzung betroffenen Nachbarn bestimmte Ansprüche. Es handelt sich dabei um einen verschuldensunabhängigen Schadensersatzanspruch aufgrund der vorsätzlichen oder fahrlässigen Eigentumsverletzung in Form einer Nutzungsbeeinträchtigung.[44] Eine Haftung aus unerlaubter Handlung ist auch hier nur möglich, wenn der Verletzer nicht die erforderliche gute fachliche Praxis nach § 16b Abs. 2 und 3 GenTG eingehalten hat, da ansonsten eine Duldungspflicht des beeinträchtigten Nachbars aus § 906 Abs. 2 Satz 1 BGB bestünde und damit keine tatbestandsmäßige wiederrechtliche Handlung i.S.v. § 823 Abs. 1 vorliegt. Bei Nichtbeachtung der guten fachlichen

42 Dazu Kohler 2005, 569.

43 A.M. Wolfers/Kaufmann 2004, 326, die selbst bei Einhaltung der guten fachlichen Praxis keine Duldungspflicht des konventionellen/ökologischen Landwirts anerkennen.

44 Vgl. Stöckl 2003, 277; ausführlich dazu Kohler 2005, 573.

Praxis haftet der Landwirt, welcher GVO anbaut, verschuldensabhängig – Verschulden heißt dabei Außerachtlassen der objektiv gebotenen Sorgfalt – aus § 823 Abs. 1 BGB.

5. Ergebnisse

Durch das natürliche Phänomen der Auskreuzung kann eine patentierte Pflanzentechnik ungewollt verbreitet werden. Dadurch können Einbußen sowohl beim Patentinhaber als auch bei unbeteiligten Dritten entstehen. Gentechnikanwender und unbeteiligte Dritte sind folglich verschiedenen Haftungsrisiken ausgesetzt.

Ansprüche des Patentinhabers aus Patentverletzung (Unterlassung oder Schadensersatz) gegen einen von Auskreuzung betroffenen Landwirt sind nur angebracht, wenn sich der Landwirt aus der Nutzung des patentierten Gegenstandes einen konkreten Vorteil verschafft, indem er sich mit dem transgenen Saatgut eine Verwendung ermöglicht, die von der Nutzung abweicht, die er mit eigenem Saatgut üblicherweise erzielt. Wenn ein Landwirt bloß den ordnungsgemäßen Anbau des eigenen konventionellen/ökologischen und als Nebeneffekt auch des eingekreuzten Saatgutes vornimmt, wäre es nicht gerechtfertigt, ihn einer patentrechtlichen Haftung zu unterstellen. Derartige Sachverhalte fallen deshalb unter die Ausnahme des § 9c Abs. 3 PatG.

Im Ergebnis ist ein Landwirt bei der Nutzung patentierten Materials auch aus Bereicherungsrecht § 812 BGB nur zum Ausgleich verpflichtet, wenn er sich den Vermögensvorteil, welchen er durch natürliche Vorgänge der Auskreuzung erlangt hat, tatsächlich zunutze macht. Wird der Vermögensvorteil des Transgen-Eintrags nicht realisiert, weil z.B. die Bewirtschaftungsweise nicht angepasst wurde und kein erhöhter Erlös erzielt wird, erscheint die Belastung mit einem Bereicherungsanspruch als unzumutbar.

Im Gentechnikrecht sieht § 36a GenTG eine strenge Haftung des Gentechnikanwenders vor, wenn als Folge eines Transgen-Eintrags bereits die Vermarktung von landwirtschaftlichen Produkten betroffener Nachbarn eingeschränkt ist. § 36a Abs. 1 GenTG regelt selbst aber keine Ansprüche bei Nutzungsbeeinträchtigungen, die Norm enthält keine eigene Anspruchsgrundlage. Vielmehr wird auf die Anwendung des Nachbarrechts aus § 906 BGB in Fällen von Einwirkungen und damit die Anwendbarkeit des § 1004 BGB hinsichtlich der Unterlassungsansprüche und des § 906 Abs. 2 Satz 2 BGB für die Ausgleichsansprüche verwiesen. § 36a GenTG konkretisiert jedoch die zivilrechtlichen Regelungen für Auskreuzungsfälle.

GVO-Einträge nach zufälliger Auskreuzung können aus Nachbarrecht bei nicht-wesentlichen Beeinträchtigungen nicht und bei Wesentlichkeit nur unter bestimmten Einschränkungen abgewehrt oder ausgeglichen werden. Ein Gentechnik-nutzender Landwirt haftet im Ergebnis verschuldensunabhängig und gesamtschuldnerisch für wirtschaftliche Schäden, die seinem Nachbarn durch GVO-Einträge entstehen. Ersatzpflichtig ist ein Schaden dabei, wenn es zu wesentlichen Beeinträchtigungen kommt. Wesentlich i.S.v. § 36a Abs. 1 GenTG sind GVO-Einträge, die über dem gesetzlich festgelegten (EU-weit geltenden) Schwellenwert von 0.9 % liegen und dadurch eine Kennzeichnungspflicht auslösen.

Ein Nebeneinander von verschiedenen landwirtschaftlichen Bewirtschaftungsweisen ist nur durch eine angemessene Nutzen-Kosten-Verteilung möglich. Durch Einhaltung der guten fachlichen Praxis muss es einem Gentechnik-nutzenden Landwirt möglich sein, seine Felder ohne hohes Haftungsrisiko zu bewirtschaften. Die mit § 1 Nr. 2 GenTG als Gesetzeszweck verankerte Koexistenz auch gentechnischen Anbaus kann andernfalls nicht gewährleistet werden.

Literaturverzeichnis

Arnold, Sylvia (2006): Die Haftung von Landwirten bei Auskreuzungen von gentechnisch veränderten Organismen im Nachbarrecht, NuR 1, 15 ff.

Dolde, Tobias (2005): Gesetz zur Neuordnung des Gentechnikrechts, ZRP 1/2005, 25 ff.

Eucken, Walter (2008): Grundsätze der Wirtschaftspolitik, 7. Aufl.

Haedicke, Maximilian (2008):Innovationssteuerung durch Patente im Bereich der Biotechnologie, in: Depenheuer, Otto/Pfeifer, Klaus-Nikolaus (Hrsg.), Geistiges Eigentum: Schutzrecht oder Ausbeutungstitel?, 111 ff.

Haedicke, Maximilian (2007): Auskreuzung transgener Pflanzen und Patentrecht, in: Marcus Grosch/Eike Ullmann, Festschrift für Tilmann Schilling zum 70. Geburtstag, 237 ff.

Haedicke, Maximilian (2002): Kein Patent auf Leben? - Grundlagen des Patentrechts und der Schutz biotechnologischer Erfindungen, JuS 2, 113 ff.

Kempken, Frank/Kempken, Renate (2012): Gentechnik bei Pflanzen, 4. Aufl.

Kock, Michael A./Gould, Christine (2011): Patents on Plants - A tool or threat for sustainable agriculture?, Proceeding of a Seminar at the WIPO, 94 ff.

Kock, Michael A./Porzig, Susann/Willnegger, Eva (2006): The Legal Protection of Plant-Biotechnological Inventions and Plant Varieties in Light of the EC Biopatent Directive, IIC 2006, 135 ff.

Kohler, Jürgen (2005): Schadensausgleich in Fällen des § 36a Gentechnikgesetz, NuR 9, 566 ff.

Kraßer, Rudolf (2009): Patentrecht, 6. Aufl.

Larenz, Karl/Canaris, Claus-Wilhelm (1994): Lehrbuch des Schuldrechts, Bd. II, Besonderer Teil, 2. Halbband, 13. Aufl.

Leitungsgruppe des NFP 59 (2012): Nutzen und Risiken der Freisetzung gentechnisch veränderter Pflanzen, Programmsynthese des Nationalen Forschungsprogramms 59, Bern.

Lorenz, Stephan (2007): Ungerechtfertigte Bereicherung §§ 812 - 822, in: v. Staudinger, Julius (Hrsg.): BGB, Buch 2, Recht der Schuldverhältnisse, 15. Auflage, 1 ff.

Metzger, Axel (2013): Innovationen im Grenzbereich von Patent- und Sortenschutz: Exklusivität oder Kumulation der Schutzrechte?, in: Metzger, Axel (Hrsg.), Rechtsschutz von Pflanzenzüchtungen, 77 ff.

Miedaner, Thomas (2010): Grundlagen der Pflanzenzüchtung.

OECD/Food and Agriculture Organization of the United Nations (2014), OECD-FAO Agricultural Outlook 2014-2023, OECD Publishing.

Palme, Christoph (2005): Das neue Gentechnik-Gesetz, NVwZ 14/2005, 253 ff.

Palme, Christoph (2005a): Die Novelle zur Grünen Gentechnik, ZUR 3/2005, 119 ff.

Rehbinder, Eckard (2007): Koexistenz und Haftung im Gentechnikrecht in rechtsvergleichender Sicht, NuR 29, 115 ff.

Schrupkowski, Reiner (1995): Die Haftung für Entwicklungsrisiken in Wissenschaft und Technik.

Schulte, Martin/Apel, David (2011): Recht der Umwelt- und Humangentechnik, in: Schulte, Martin/Schröder, Rainer (Hrsg.), Handbuch des Technikrechts, 2. Aufl. 505 ff.

Stökl, Lorenz (2003): Die Gentechnik und die Koexistenzfrage - Zivilrechtliche Haftungsregelungen, ZUR 14, 274 ff.

Sturm, Bodo/Vogt, Carsten (2011): Umweltökonomik.

Vieweg, Klaus (1998): Reaktionen des Rechts auf Entwicklungen der Technik, in: Schulte, Martin (Hrsg.), Technische Innovation und Recht, 35 ff.

Winter, Gerd (2006): Naturschutz bei der Freisetzungsgenehmigung für gentechnisch verändertes Saatgut, ZUR 10/2006, 456 ff.

Wolfers, Benedikt/Kaufmann, Marcel (2004): Grüne Gentechnik: Koexistenz und Haftung, ZUR, 321 ff.

Würtenberger, Gert (2013): Nachbauvergütungen: Eine kritische Bestandsaufnahme, in: Metzger, Axel (Hrsg.), Rechtsschutz von Pflanzenzüchtungen, 105 ff.

Zech, Herbert (2013): Gefährdungshaftung und neue Technologien, JZ 1/2013 , 21 ff.

Zech, Herbert (2012): Neue Technologien als Herausforderung für die Rechtfertigung des Immaterialgüterrechtsschutzes, in: Hilty, Reto M./Jaeger, Thomas/Lamping, Matthias (Hrsg.), Herausforderung Innovation, 81 ff.

Der Mensch is(s)t, was er sät und erntet. Die Ausbreitung des Getreideanbaus im Fokus der Kulturpflanzengeschichte

Hansjörg Küster

Einführung

In den letzten Jahrtausenden wuchs die Zahl der Menschen auf der Erde immer schneller, und vor allem in den letzten Jahrzehnten gelang es, einen immer größeren Anteil dieser Menschen mit Nahrung zu versorgen. Aber wie lange wird diese erstaunliche Entwicklung weiterhin möglich sein? Ohne Fortschritt und Veränderung ist sie nicht zu erreichen, denn die Anbauflächen lassen sich nicht mehr nennenswert ausweiten. Nicht nur technische Geräte und Düngemethoden müssen ständig verbessert werden, sondern auch die Kulturpflanzen, Lebewesen also. Menschen selektierten sie Jahrtausende lang und erzielten immer höhere Erträge. Dies ist auch in Zukunft weiter notwendig.

Mit Maschinen geht man aber anders um als mit Lebewesen. Dabei muss gar nicht ausschließlich an ethische Aspekte gedacht werden, sondern es gibt prinzipielle Unterschiede: Maschinen funktionieren – oder sie gehen durch natürliche Veränderung kaputt, etwa dann, wenn sie verrosten. Bei Kulturpflanzen (und entsprechend auch bei Haustieren), die ebenfalls zu großen Teilen ein Werk des Menschen sind, führt der verändernde Einfluss der Natur auch nach dem Einwirken des Menschen zu Veränderungen, die man durchaus als positiv bewerten kann. Die Maschine ist nach ihrer Konstruktion fertig, bei Lebewesen ist Entsprechendes niemals der Fall. Lassen sich also Pflanzen ebenso wie Maschinen unter einen Patentschutz stellen? Im folgenden Beitrag soll der Versuch unternommen werden, diese Frage aus der Sicht der Biologie und der Kulturgeschichte zu beantworten.

Die Ernährung des Menschen

Der Mensch muss ebenso wie alle Tiere organische Substanzen aufnehmen, die von Pflanzen durch Fotosynthese aufgebaut werden. Er kann sich auch von Tieren ernähren, die aber ebenfalls keine komplexen organischen Substanzen aus anorganischen Stoffen synthetisieren können, sondern Nährstoffe pflanzlichen Ursprungs aufnehmen. Ebenso wie alle Tiere kann der Mensch aber den größten Teil pflanzlicher Substanz nicht für seine Ernährung verwenden: Zellulose. Dieses langkettige Kohlenhydrat können nur bestimmte Mikroorganismen als Nahrung nutzen. Rind, Schaf, Ziege und andere Wiederkäuer machen sich diese Mikroorganismen zunutze, indem sie mit ihnen in einer Symbiose leben: Die Tiere rupfen Gräser und Kräuter ab und »füttern« damit »ihre« Mikroorganismen. Wenn sich diese aufgrund der Nahrungszufuhr gut entwickelt haben, fressen die Tiere die Mikroorganismen und nehmen dabei Kohlenhydrate in einer Form auf, die sie physiologisch verwerten können.

Menschen und alle Tiere, die nicht mit Zellulose zerlegenden Mikroorganismen zusammenleben, können sich nur von solchen Pflanzenteilen ernähren, die arm an Zellulose sind: junge Sprossen und Schösslinge, in denen die Zellen noch nicht vollständig ausdifferenziert sind, Speicherorgane (Wurzeln und Sprossknollen wie beispielsweise Kartoffeln) und Früchte. In Speicherorganen und Früchten ist wenig Zellulose vorhanden. Aber sie enthalten niedermolekulare Kohlenstoffverbindungen, aus denen Pflanzen bei ihrer frühen Entwicklung solange organische Substanzen aufbauen, bis sie selbst zur Fotosynthese in der Lage sind.

Junge Schösslinge, Speicherorgane und Früchte sind nur dort jederzeit als Nahrung verfügbar, wo Pflanzen das ganze Jahr über keimen, sich entwickeln und fruchten. Dies ist nur in den Tropen der Fall, in Ökosystemen, in denen es keine Jahreszeiten gibt.[1]

Die Spezies *Homo sapiens* entwickelte sich in den Tropen Afrikas. Dort lebten Menschen als Sammler von nahrhaften Pflanzenteilen, die das ganze Jahr über verfügbar waren, sowie als Jäger. Sie ernährten sich aber nicht von Tieren, die sie unmittelbar zuvor getötet hatten, etwa so wie ein Löwe. Sondern Menschen bereiteten Fleisch stets auf, bevor sie es aßen,

1 Küster 2013, 30ff.

vor allem mit Hilfe des Feuers. Weil das Fleisch einige Zeit lagerte, bevor es gegessen wurde, müsste man Menschen der damaligen Zeit eigentlich eher als Aasfresser bezeichnen. Diese Ernährungsweise hat sich bis heute vom Prinzip her nicht geändert.

Während der Eiszeiten konnten Jäger auch in Grasländer vordringen, in denen Wiederkäuer lebten. Die Wiederkäuer und deren Symbionten ernährten sich von Gras und Kräutern; Menschen machten Jagd auf diese Tiere. Sie breiteten sich innerhalb weniger Jahrtausende über weite Teile der Welt aus, nicht nur nach Asien und Europa, sondern auch über die bei den damaligen niedrigen Wasserständen der Weltmeere trocken gefallene Beringstraße nach Amerika.

Viele Menschen, die im Eiszeitalter in die Grasländer der gemäßigten Zonen vorgestoßen waren, verloren zu Ende der Eiszeit ihre Ernährungsbasis. Denn die Klimaverbesserung führte zur weiträumigen Ausbreitung von Wäldern. Sie entwickeln sich – im Unterschied zu tropischen Wäldern – in Abhängigkeit von Jahreszeiten. Alle Pflanzen in einem solchen Ökosystem keimen zu bestimmten Jahreszeiten, wachsen und reifen zur gleichen Zeit und bilden zur gleichen Zeit Speicherorgane und Früchte aus. Nahrung für Menschen ist zu bestimmten Jahreszeiten mehr oder weniger reichlich verfügbar, aber zu anderen findet man sie nicht. Menschen und viele andere Tiere können sich daher in einem Waldökosystem der gemäßigten Zonen nicht ganzjährig ernähren. Wo sich Wälder ausbreiteten, verschwanden große, Gras fressende Tiere. In Europa zogen sie in den Norden, viele Menschen folgten ihnen. Nur wenige fanden an Seen und anderen Gewässern innerhalb der Waldgebiete weiterhin ihr Auskommen: Dort konnte man Fische und Vögel fangen.

Landwirtschaft entstand außerhalb der Tropen

In einigen Gegenden der gemäßigten Zonen, vor allem in den Subtropen, gab es aber Pflanzen mit auffallend großen Früchten oder Samen, die man sammeln und gut lagern konnte, darunter mehrere Arten von Gräsern. In den Subtropen ist die Menge der einfallenden Sonnenstrahlung besonders groß; die Gebiete liegen der Sonne nahe, ihre Strahlen werden aber nicht – wie in den Tropen – jeden Tag für längere Zeit durch dichte Bewölkung gefiltert. Sonnenstrahlung löst Mutationen aus. Durch Erbgutveränderung entstand eine große Vielfalt an Pflanzen und Tieren in den Subtropen. In den dortigen Gebirgen gibt es auch eine Vielfalt an sehr unterschiedlichen Standorten: Berge, Täler, unterschiedlich steile Hänge. An den verschiedenen Standorten können sich jederzeit – voneinander isoliert – Rassen und Arten von Pflanzen auseinander entwickeln.

In großen Samen und Früchten sind besonders viele Kohlenhydrate als Baustoffe für keimende Jungpflanzen gespeichert. Pflanzen mit großen Körnern fielen Menschen auf ihren Streifzügen auf. In den Bergländern des Nahen Ostens kommt es vor allem im Winter und frühen Frühjahr zu Niederschlägen. Dann wird die Vegetation mit Wasser versorgt, so dass Fotosynthese abläuft und Pflanzen wachsen. Danach tritt im Frühjahr und Frühsommer eine Trockenzeit ein, in der Samen und Früchte trocknen und reifen. Körner fallen zu Boden und keimen; neue Pflanzen entwickeln sich.

Für Pflanzensammler war dies aber ein Problem: Denn die Körner der Gräser reiften zwar zur gleichen Jahreszeit heran, aber nicht alle am gleichen Tag. In Ähren von Gräsern reifen zuerst die oberen, dann die unteren Körner, und der gesamte Reifungsprozess zieht sich über einige Tage oder gar Wochen hin. Bei Wildpflanzen fällt jedes reife Korn sofort zu Boden: Dann entsteht so bald wie möglich eine neue Pflanze daraus. Unter natürlichen Bedingungen können sich diejenigen Pflanzen am besten entwickeln, bei denen die Ährenachsen so dünn sind, dass sie sehr schnell brechen, wenn die Körner reif sind. Sammeln Menschen Körner von solchen Wildpflanzen, müssen sie jeden Tag bei den sich entwickelnden Gewächsen vorbeikommen, um die obersten, bereits reifen Körner mitzunehmen. Unreife Körner aber müssen sie zurücklassen. Man kann sie zwar auch sammeln, aber wegen ihres hohen Wassergehaltes nicht lagern, ohne dass sie von Pilzen befallen werden.

Die Menschen mögen nun zunächst unabsichtlich, später immer häufiger auch intentional nach Pflanzen gegriffen haben, bei denen möglichst viele reife Körner an der Ähre hafteten. Solche Pflanzen haben eine etwas dickere Ährenachse und sind daher unter natürlichen Bedingungen benachteiligt, denn ihre Körner fallen weniger schnell zu Boden und keimen nicht so rasch. Für Pflanzensammler haben solche Pflanzen aber einen großen Vorteil: Pro Streifzug kann man viel mehr Körner mit nach Hause bringen. Diese Körner wurden in der Nähe der Siedlungen aus den Spelzen geholt und gelagert; aus vielen Körnern keimten neue Pflanzen hervor. In der Nähe der Siedlungen gab es daher im Lauf der Zeit immer mehr solche Getreidepflanzen, bei denen viele oder alle Körner an der Ähre bis zur Ernte haften blieben.

Es existierten nun sowohl Pflanzen, die sich allein unter natürlichen Bedingungen entwickelten und die daher möglichst dünne, instabile Ährenachsen aufwiesen, als auch andere, die von Menschen selektiert wurden: Bei ihnen waren die Ährenachsen möglichst dick und stabil. Letztere wuchsen vor allem in der Nähe der Siedlungen. Irgendwann muss die Idee entstanden sein, Pflanzen mit festen Ährenachsen richtiggehend anzubauen. So entstand das erste Kornfeld.

Die Veränderungen der Konstitution der Pflanzen vollzog sich bei mehreren Getreidearten zur etwa gleichen Zeit, vor etwas über 10.000 Jahren: bei Einkorn und Emmer, zwei Verwandten des Weizens, und bei der Gerste. Die Reifezeitpunkte dieser Pflanzen unterschieden sich geringfügig. Daher brauchte man nicht alles Getreide zur gleichen Zeit abzuernten, sondern holte zuerst die eine Körnerfrucht, dann die andere von den Feldern.

Wild- und Kulturpflanzen konnten sich bei Einkorn, Emmer und Gerste rasch auseinander entwickeln. Denn diese Getreidearten sind meistens Selbstbestäuber, und nur selten gelangt Pollen anderer Pflanzenindividuen an den Fruchtknoten. Auch wenn unterschiedliche Individuen von Pflanzen, auch eine Wildpflanze und eine im Werden befindliche Kulturpflanze, direkt nebeneinander stehen, kommt es in der Regel nicht zu einem Austausch genetischen Materials zwischen ihnen.

Im Ablauf der Kulturpflanzenentstehung veränderte sich nicht nur das Getreide, sondern auch die Lebensweise der Menschen; beide Veränderungen gehören zu einem umfassenden Prozess des Wandels, der als *Neolithisierung* bezeichnet wird. Menschen wurden sesshaft, denn sie mussten zuerst ihre Getreidefelder, danach ihre Vorräte bewachen. Tag für Tag konnten sie eine Portion Korn aus ihrem Vorrat entnehmen, um Brot und andere Mehlspeisen zuzubereiten. Siedlungen und Getreidefelder blieben am gleichen Ort, solange es nicht an einer Voraussetzung für deren weiteren Bestand mangelte. Erst wenn die Erträge nachließen oder es an Baustoff mangelte, wurde die Siedlung mit ihren Wirtschaftsflächen verlagert. Als Resultat davon kann jede prähistorische Siedlung, die man ausgräbt, in einen bestimmten Zeithorizont eingeordnet werden: Sie wurde gegründet und wieder aufgegeben, bestand aber nicht auf Dauer.

Außer Getreide baute man im Nahen Osten von Beginn der Neolithisierung auch Hülsenfrüchtler an, zunächst Erbse und Linse, später auch die

Dicke Bohne. Hinzu kam die Öl- und Faserpflanze Lein oder Flachs. Pflanzensammler fanden nämlich auch Erbsen- und Linsenpflanzen, bei denen sich die beiden Fruchtblätter nicht – wie bei Wildpflanzen üblich – voneinander lösten, um die Samen auszustreuen, sondern aneinander hafteten, bis die Menschen zur Ernte kamen. Und man nahm vor allem solche Leinkapseln mit nach Hause, die bei der Samenreife nicht sofort aufsprangen, damit die Leinsamen ausgestreut wurden. Auf diese Weise verfügten die Menschen nicht nur über stärkeliefernde Pflanzen, sondern auch über Gewächse, deren Samen Eiweiß oder Fett enthielten. Alle Grundkomponenten von Nahrung waren auf diese Weise verfügbar.

Auch in anderen Teilen der Welt entstanden Kulturpflanzen unter dem Einfluss des Menschen, und zwar auf ähnliche Weise wie im Nahen Osten. Reis wurde erstmals im Süden Asiens angebaut, Hirse und Soja in Ostasien, Buchweizen im Inneren Asiens, sogenannte »Mohrenhirsen« in verschiedenen Teilen Afrikas, Mais, Bohne und Kartoffel in Amerika.[2]

Landwirtschaft und Sesshaftigkeit breiteten sich aus

Es wurde offensichtlich vielen Menschen deutlich, dass man mehr Mitglieder der eigenen Gruppe ernähren konnte, wenn man zum Anbau von Kulturpflanzen überging. Daher breitete sich die Landwirtschaft aus ihren Entstehungsgebieten in umliegende Regionen aus. Man musste dort allerdings die Umwelt tiefgreifender verändern, als dies in den Herkunftsgebieten der Kulturpflanzen der Fall gewesen war.

In einem ersten Ausbreitungsschritt kam die Landwirtschaft in die Täler von großen Flüssen: Euphrat und Tigris, Nil, Indus oder Hwang-ho. In diesen Gebieten regnet es allerdings das ganze Jahr über so wenig, dass sich Kulturpflanzen dort unter natürlichen Bedingungen nicht entwickeln können. Sie müssen künstlich bewässert werden.

Die künstliche Bewässerung entlang von langen Flüssen musste allerdings mit großem Aufwand organisiert werden. Die Menschen an jedem Abschnitt der Flüsse sollten davon profitieren. Wasser musste also dosiert

---

2 Grundsätzlich zur frühen Entstehung von Kulturpflanzen: Körber-Grohne 1987, Küster 2013a, Zohary, Hopf & Weiss 2012.

auf die Felder gelenkt werden. Dazu war eine Administration erforderlich. Offenbar stand die Entstehung von Staatsgebilden, der Schrift und damit auch einer historischen Überlieferung mit der Einführung des Bewässerungslandbaus in Verbindung.[3]

Die neu entstandenen Verwaltungszentren wurden beständiger besiedelt als die bäuerlichen Ansiedlungen in den regenreicheren Bergländern, aus denen die Kulturpflanzen stammten. Die Verwaltungszentren wurden auch zu kulturellen Zentren. In ihrer Umgebung konnte man Gärten anlegen und Obstbäume pflanzen; beides waren Investitionen für langfristige Nutzungen. Fleisch wurde mit Salz und Gewürzen haltbarer und schmackhafter gemacht; verwendete man scharfe Küchenkräuter, konnte man auch bereits verdorbene Fleischnahrung noch essen, ohne dies sofort zu merken. Durch verdorbenes Fleisch ausgelöste Beschwerden wurden durch die Inhaltsstoffe vieler Gewürze gelindert. Vor allem in den Städten konnten auch empfindlichere Kulturpflanzen gelagert werden, deren Körner nicht von Spelzen fest umschlossen waren, vor allem Hartweizen und Saatweizen, die deswegen mehr und mehr in Gebrauch kamen. Die künstliche Bewässerung hatte allerdings eine Bodenversalzung zur Folge. Auf Böden mit einem geringen Versalzungsgrad konnte man Gerste noch anbauen, andere Getreidearten aber nicht mehr. Nahm der Versalzungsgrad der Böden weiter zu, musste die Landwirtschaft aufgegeben werden. Möglicherweise hatte dies so manche Krisen zur Folge, die den Ablauf der altorientalischen Geschichte prägten.

Ein zweiter Ausbreitungsschritt des Ackerbaus führte in das europäische Mittelmeergebiet. Dort gab es ebenso wie im Herkunftsgebiet des Ackerbaus im Nahen Osten winterlichen Regen, den man zum Wachstum der Kulturpflanzen nutzen konnte. Auf die Regenzeit folgte auch am Mittelmeer eine trockene Periode, in der die Pflanzen reiften und schließlich geerntet werden konnten. Die Möglichkeiten der Bevorratung von Korn waren denjenigen im Vorderen Orient vergleichbar; auch empfindliche Kulturpflanzen ließen sich gut lagern, darunter Hartweizen und Saatweizen. Allerdings war es notwendig, vor dem Beginn der Ackerwirtschaft Wälder zu roden, die im Mittelmeergebiet ursprünglich

3 Wittfogel 1957, Herzog 1998.

mutmaßlich dichter waren als im Nahen Osten. Holz konnte als Baumaterial verwendet werden.

Im Mittelmeergebiet gibt es allerdings nur wenige Gegenden, in denen großräumig Getreide angebaut werden kann, etwa in den Küstenebenen der Argolis, in Thessalien, in Süditalien und in der Poebene. Diese Gebiete waren aber bei der Einführung des Ackerbaus noch nicht überall so weit ausgedehnt wie heute; unter anderem durch Bodenerosion auf gerodeten Flächen wurde in den Flüssen sehr viel Bodenmaterial verlagert. Hangbereiche am Rand der Ebenen wurden ihrer fruchtbaren Bodenkrume beraubt, aber die Ausdehnung der Küstenebenen nahm zu, so dass dort die Anbaufläche insgesamt wuchs. In den Küstenebenen entstanden stabile städtische Siedlungen, die den Metropolen des Nahen Ostens vergleichbar waren. Bei ihnen entstanden Gärten für Öl- und Obstbäume, Wein und Gewürze. Zahlreiche Gewürze, die in den Buschländern und Heideflächen des Mittelmeergebietes heimisch sind, wurden zusätzlich in Kultur genommen. In vielen Küstenregionen konnte keine Landwirtschaft etabliert werden; denn vielerorts ragen unmittelbar am Mittelmeer steile Felshänge auf, die nicht bebaut werden können.

Probleme für die Landwirtschaft im Mittelmeergebiet stellten und stellen stets Kaltlufteinbrüche von Norden dar. Sie erfolgen an der Rückseite von ostwärts ziehenden Zyklonen und betreffen immer nur Teilbereiche des Mittelmeergebietes, aber niemals das Gesamtgebiet. Immer wieder kam es zu erheblichen Kalamitäten, vor allem in den Oliven-, Wein- und Obstbaumkulturen. Ihnen konnte vor allem dann begegnet werden, als die in Vorderasiens Flusstälern entwickelten Verwaltungsstrukturen übernommen worden waren. Wenn die Staaten, die sich im Mittelmeergebiet entwickelten, Kolonien in weiter westlich oder östlich gelegenen Regionen am Meer einrichteten oder erwarben, konnten sie immer dann, wenn es zu Ernteausfällen gekommen war, Nahrung aus den Kolonien beziehen. Von Griechenland aus wurden daher unter anderem die Randgebiete des Schwarzen Meeres, Sizilien und Süditalien sowie Gebiete an der Rhonemündung kolonisiert. Im *Imperium Romanum* waren entsprechende Möglichkeiten des Güteraustauschs in noch viel besserer Weise gegeben.

Die Landwirtschaft breitete sich in einem weiteren, dritten Ausbreitungsschritt auch in nördlich der Alpen gelegene Gebiete aus. Dort konnten exzellente Böden beackert werden: Während der Eiszeiten war weiträumig Löss abgelagert worden, der vielerlei Mineralstoffe enthielt und frei von Steinen war. Daher ließ sich Löss auch mit Werkzeugen bearbeiten, die nicht aus Metall hergestellt worden waren. Die klimatischen Bedingungen waren günstig für den Getreidebau, aber ungünstig für die Lagerung von Korn. Die Zeiträume des Anbaus mussten verschoben werden: Nördlich der Alpen konnte man das Niederschlagsmaximum im Frühjahr für das Wachstum von Getreide ausnützen. Im Hochsommer schloss sich in fast jedem Jahr eine längere Phase mit stabiler Hochdruckwetterlage an, in der das Korn reifte und anschließend geerntet werden konnte. Wenn man verschiedene Getreidearten anbaute, umging man die Witterungsrisiken wenigstens teilweise: Fand man keine günstigen Witterungsbedingungen für die Ernte der einen Getreideart, die früher reifte, hoffte man, dass das Wetter bei der Ernte von später reifendem Korn besser war.

Nördlich der Alpen mussten dichte Wälder gerodet werden, bevor man mit dem Getreidebau beginnen konnte. Man brauchte aber das Holz dringender als in südlichen Breiten zum Bau stabiler Hütten und zum Heizen. Die Siedlungen mussten wohl deswegen nach einigen Jahrzehnten wieder aufgegeben werden, weil dann nicht mehr genügend Holz zum Ausbessern oder zum Neubau von Hütten zur Verfügung stand. Die Siedlung und ihre Felder wurden dann verlagert, und es bildete sich neuer Wald auf dem verlassenen Boden.[4]

Der Ackerbau wurde ausgehend von den Kernregionen der Lössgebiete auch auf Gegenden mit schwerer zu bearbeitenden Böden ausgeweitet. Vor allem die Entwicklung der Eisenverarbeitung war eine sehr wichtige Voraussetzung für den Ackerbau auf steinigeren Böden. Mit eisernen Pflügen konnten auch sie bearbeitet werden. Steinsicheln wurden durch eiserne Sicheln und Sensen ersetzt. Mit Sensen konnten größere Mengen an Korn schneller geerntet werden, aber man wählte nicht mehr so sorgfältig wie früher zwischen Kulturpflanzen, die man ernten wollte, und Unkräutern aus, die man nach Möglichkeit stehen ließ.

Einige Unkrautarten hatten innerhalb der Getreidekulturen inzwischen Kulturpflanzenmerkmale angenommen: Auch ihre Körner fielen bei der Ernte nicht mehr zu Boden, sondern blieben in der Ähre haften. Pflanzen, die eigentlich zum Unkraut gehört hatten, wurden nun mitgeerntet; man

---

4 Küster 2013b.

bezeichnet sie als *Sekundäre Kulturpflanzen*, weil sie sich in den Kulturen anderer Pflanzen entwickelten. Die wichtigste Sekundäre Kulturpflanze ist der Roggen. Innerhalb der Getreidekulturen wurde diese Getreideart nun schnell sehr viel häufiger und wurde schließlich eigenständig angebaut. Roggenvorräte lassen sich viel besser lagern als Weizenvorräte; daher bekam der Roggen in kühlen Gegenden Europas große Bedeutung.[5]

Roggen stammt übrigens ebenso wie der auf ähnliche Weise als eigenständige Kulturpflanze entstandene Hafer aus dem Nahen Osten. Aber dort konnte Roggen nicht auf Dauer zur eigenständigen Kulturpflanze werden: Im Gegensatz zu anderen Getreidearten wird er fremd bestäubt, so dass genetisches Material zwischen unterschiedlichen Pflanzenindividuen permanent ausgetauscht wird. Eigenständige Kulturpflanzen mit abweichenden Eigenschaften konnten sich unter solchen Bedingungen nicht entwickeln; dies war erst dann möglich, als zu Kulturpflanzen werdende Individuen (in Europa) von Wildpflanzen bleibenden Individuen (in Vorderasien) räumlich getrennt waren.

Erst nach langer Zeit mit nur lockeren Kontakten quer über die Alpen hinweg entstanden auch nördlich der Alpen beständige Siedlungen und staatliche Strukturen. Dies war die Voraussetzung dafür, dass auch dauerhafte Gartenkulturen angelegt werden konnten, in denen Wein, Hopfen, Obst und Gewürze angebaut wurden. Wo, vor allem in den Städten, feste Getreidespeicher bestanden, konnte man auch den empfindlichen Weizen nördlich der Alpen anbauen und lagern. Limitierend für seinen Anbau sind vielerorts weniger die klimatischen Bedingungen für Wachstum, Reifung und Ernte gewesen, sondern die Möglichkeiten der Lagerung.

Zwischen den dauerhaft bestehenden Siedlungen wurden pflanzliche Erzeugnisse ausgetauscht. Das war immer dann besonders wichtig, wenn es in bestimmten Gebieten zu einer Missernte gekommen war. Dann musste man hoffen, dass andernorts Überschüsse erwirtschaftet worden waren, die man auf den Märkten erwerben konnte. Außerdem ließen sich auch solche Gebiete mit pflanzlicher Nahrung versorgen, in denen nicht oder nicht immer ausreichend Korn zur Verfügung stand. Man konnte daher – in einem vierten Ausbreitungsschritt – Bergländer mit ungünstigem Klima und Küstenregionen besiedeln, in denen immer wieder Über-

5 Behre 1992.

flutungen mit Salzwasser drohten. Dort konnte man zwar sehr gut Vieh halten, aber die Möglichkeiten für Getreidebau waren sehr begrenzt. Tierische Produkte wurden gegen pflanzliche getauscht.

Nicht nur ein Handel im Nahraum wurde möglich, sondern auch Fernhandel. Er spielte in Europa vor allem im Ostseeraum eine entscheidende Rolle: Korn aus dem Süden wurde gegen Erz aus dem Norden getauscht.

Im Ostseeraum üblich gewordene Handelspraktiken zwischen Küstenlandstrichen, in denen völlig verschiedene Warenangebote und Bedürfnisse herrschten, konnten anschließend – in einem fünften Ausbreitungsschritt der Landwirtschaft – beim Warenaustausch mit anderen Kontinenten angewendet werden. Ein wichtiger Impetus für die Entdeckungsreisen der frühen Neuzeit war die Suche nach neuen Handelswegen zu besonders begehrten Kulturpflanzen, vor allem exotischen Gewürzen, mit denen man Speisen haltbarer und schmackhafter machte. Als Folge der Entdeckungsreisen kam es zu einem umfassenden Austausch von Kulturpflanzen zwischen den einzelnen Zentren des Ackerbaus auf der Welt. Neuweltliche Kulturpflanzen wie Mais, Kartoffel, Tomate oder Grüne Bohne wurden in die Alte Welt gebracht. In umgekehrter Richtung gelangten Weizen, Gerste und Roggen, Erbsen, Linsen und Lein nach Amerika und in andere Kontinente. Durch den Austausch der Kulturpflanzen wurde die Landwirtschaft weniger krisenanfällig, denn die Zahl der Arten angebauter Gewächse, die zu unterschiedlichen Zeiten reiften, stieg an: Mais und Kartoffeln werden viel später geerntet als die altweltlichen Getreidearten.

Die Intensivierung der Landbewirtschaftung führte in vielen Ländern zu einer weiträumigen Devastierung des Landes. Die Landnutzung wurde daher umfassend reformiert, in den europäischen Ländern seit dem 17. Jahrhundert. In diesem Zusammenhang stehen nicht nur Verkoppelungen, Markenteilungen, die Einführung merkantilistischer Prinzipien, die Bauernbefreiung und die Entwicklung des landwirtschaftlichen Kreditwesens, sondern auch die Industrialisierung, die Erschließung des Landes durch neue Verkehrsmittel, vor allem die Eisenbahn, und die Verfügbarmachung von Mineraldünger. Die damit zusammenhängenden Entwicklungen ermöglichten eine erhebliche Zunahme der Erträge.

In einer nachfolgenden, bis heute andauernden Phase der Landnutzung kommt es auf günstigen Standorten zu einer sehr starken Intensivierung und einer Konzentration auf den Anbau von wenigen Kulturpflanzenarten oder -sorten. Damit geht aber auch eine Marginalisierung von weniger geeigneten Nutzungsräumen einher und die Einstellung des Anbaus von weniger ertragreichen Kulturpflanzen.

Die Gegenwart und Zukunft des Getreidebaus

Europa und das westliche Asien sowie der Osten Nordamerikas wurden zu den wichtigsten Anbauregionen für Weizen, Mais und andere Getreidearten. Kleinere, aber ebenfalls wichtige Kornkammern bestehen in Südamerika und Australien. In den Herkunftsgebieten vieler Kulturpflanzen sind die Erträge dagegen geringer, weil dort die Bodenqualität weniger gut ist oder die Klimabedingungen nicht optimal sind. Die Schwerpunkte des Getreideanbaus haben sich also klar verschoben. In den Gebieten heutiger Intensivkulturen muss man eine besondere Verantwortung für die Welternährung wahrnehmen, denn die Ernährung der wachsenden Bevölkerung auf der Erde gelingt nur, wenn der Anbau von Kulturpflanzen dort intensiviert wird, wo er jetzt schon unter optimalen Bedingungen möglich ist. In den Tropen – und damit in vielen unterentwickelten Ländern – kann der Anbau von Korn dagegen kaum intensiviert werden, denn dort bestehen die dafür notwendigen klimatischen Voraussetzungen nicht. Wenn es – in einem tropischen Tageszeitenklima – jeden Tag regnet, kann das Getreide nicht reifen und auch nicht geerntet werden. Nur tropische Früchte können aus den Entwicklungs- und Schwellenländern in die Industrieregionen der Welt geliefert werden, beispielsweise Bananen oder Ananas; zu ihrer Reifung und Ernte braucht man keine trockenen Perioden. Zudem sind viele Böden in den Tropen arm an Mineralstoffen, so dass auf ihnen nicht für längere Zeit ein intensiver Ackerbau möglich ist.

In vielen Industrieländern entscheidet sich also die Zukunft der Welternährung. Dahinter steht eine lange Kulturgeschichte, über die viele Ernährungs- und Anbaugewohnheiten erklärt werden können. Im Verlauf dieser Kulturgeschichte sind auch die Kulturpflanzen selbst geformt worden. Sie wurden in vieler Hinsicht genetisch verändert. Im Lauf der Zeit ist eine Landschaft entstanden, die ebenfalls das Ergebnis einer langen Kulturgeschichte ist. Doch in diesen Entwicklungen gibt es keine »Ergebnisse«, keine Zustände. Kulturpflanzen, ihre Erscheinungsformen, ihre Erträge, die Methoden ihres Anbaus, die Methoden ihrer Veränderung, die Landschaften, in denen sie angebaut werden: All dieses ist beständiger

Veränderung unterworfen. Und dagegen kann man sich kaum stemmen. Allerdings muss man sich zu jeder Zeit darüber bewusst sein, wie sich Pflanzen, das Leben des Landwirts, die Landschaften immer verändert haben, damit deutlich wird, dass dies weder in der Gegenwart noch in der Zukunft ungewöhnlich ist. Viele Menschen verbinden allerdings mit Kulturpflanzen und Landwirtschaft eher die Idee, dass sie stabil bleiben müssten, wohingegen Fortschritt und Veränderungen eher in Bereichen der industriellen Entwicklung gesehen werden.

Viele Veränderungen des genetischen Materials eines Lebewesens können sowohl durch eine konventionelle Auslese oder Züchtung als auch durch molekularbiologische Verfahren, sogenannte Gentechnik, erreicht werden. Oft haben gentechnische Veränderungen ein Ergebnis, das auch unter natürlichen Bedingungen erreichbar gewesen wäre; dabei hätte es allerdings erheblich viel mehr Mutationsschritte geben müssen, und die Selektion durch den Züchter wäre erheblich aufwendiger gewesen. Es ist daher aber kaum möglich, zwischen »erlaubten« und »nicht erlaubten« genetischen Veränderungen zu unterscheiden.

Alle Pflanzenpopulationen, ob sie nun durch natürliche Prozesse oder den Menschen selektiert und verändert wurden oder auch molekulargenetischen Veränderungen unterzogen waren, bestehen aus verschiedenen Individuen. Innerhalb von Populationen gibt es immer Individuen mit Eigenschaften, die man für günstiger hält, und andere, die für ungünstiger gehalten werden. Letztere aber könnten unter anderen äußeren Bedingungen, bei anderer Witterung oder auf einem anderen Boden, gerade besonders günstig sein. Niemals haben also alle Individuen einer Population identische Eigenschaften. Und diese Eigenschaften verändern sich im Lauf der Zeit.

Immer wieder wird heute angestrebt, Pflanzen oder auch Tiere, die durch konventionelle Züchtung oder molekularbiologische Verfahren verändert wurden, unter einen Patentschutz zu stellen. Es ist aber aus biologischen Gründen zu fragen, ob dies überhaupt möglich ist. Während man nämlich Maschinen, Maschinenkomponenten oder technische Verfahren deswegen gut unter Patentschutz stellen kann, weil sie sich nicht verändern sollen, kommt es innerhalb von Populationen der Lebewesen stets zu Veränderungen. Auch in einer Population, in der die Individuen durch molekularbiologische Verfahren verändert wurden, kommt es natürlicherweise zu weiteren Umwandlungsprozessen, bei denen sich für günstiger und für ungünstiger gehaltene Eigenschaften ausprägen. Während die

Entwicklung an einem technischen Gerät zu einem bestimmten Zeitpunkt abgeschlossen werden kann, läuft die Entwicklung bei lebenden Strukturen weiter. Es ist daher auch möglich, dass bestimmte Individuen patentrechtlich hervorgehobene Eigenschaften nach einiger Zeit nicht mehr erfüllen. Dies hängt aber nicht damit zusammen, dass weitere Änderungen von Menschenhand herbeigeführt wurden – sondern wurde durch natürliche Entwicklungen ausgelöst.

Aus biologischer Sicht erscheint es günstig zu sein, wenn zwar ein Sortenschutz für eine neue Züchtung eingeräumt wird, dabei aber nicht von Patenten gesprochen wird; denn es muss weiterhin deutlich sein, dass das Objekt menschlicher Veränderung in dem einen Fall Lebewesen sind (mit Populationen, die aus zahlreichen, stets veränderlichen Individuen bestehen), in anderen Fällen aber Werkstücke, die sich durch identische Eigenschaften dauerhaft auszeichnen.

Literaturverzeichnis

Behre, Karl-Ernst (1992): The history of rye cultivation in Europe, in: Vegetation History and Archaeobotany 3, 141 ff.

Herzog, Roman (1998): Staaten der Frühzeit. Ursprünge und Herrschaftsformen. 2. Auflage.

Körber-Grohne, Udelgard (1987): Nutzpflanzen in Deutschland. Kulturgeschichte und Biologie.

Küster, Hansjörg (2013a): Am Anfang war das Korn. Eine andere Geschichte der Menschheit.

Küster, Hansjörg (2013b): Geschichte des Waldes. Von der Urzeit bis zur Gegenwart. 4. Auflage.

Wittfogel, Karl August (1957): Oriental Despotism: A comparative study of total power.

Zohary, Daniel/Hopf, Maria/Weiss, Ehud (2012): Domestication of Plants in the Old World. The origin and spread of domesticated plants in Southwest Asia, Europe, and the Mediterranean Basin

Agrobiodiversität, das Gemeinschaftserbe-Prinzip und Marktanreize

Cristian Timmermann und Zoë Robaey

1. Einleitung: Agrobiodiversität fördern – warum?

Die Diversität von Nahrungspflanzen, ein Ergebnis Jahrtausende langer Zuchtbemühungen, ist in den letzten Jahrzehnten dramatisch zurückgegangen. Schätzungen zufolge machen von den über 7000 Nahrungspflanzenarten ganze 103 Sorten 90% der Nahrungsmittelproduktion aus.[1] Dieser Verlust könnte in Zukunft gewaltige negative Auswirkungen auf die Nahrungsmittelsicherheit haben, da die Biodiversität eine zentrale Rolle bei der Absorbierung biotischer und abiotischer Stressfaktoren spielt, die auf die Pflanzen wirken. Darüber hinaus stellt der Verlust eine bedeutende Verarmung nicht nur des Pools genetischer Ressourcen dar, die zukünftigen Generationen zur Verfügung stehen, sondern auch der kulturellen Diversität, indem die Nahrungsmittelvielfalt der Landesküchen eingeschränkt und sowohl Kulturlandschaften als auch Stadtgärten vereinheitlicht werden. Wegen der grundlegenden Funktion, die die Agrobiodiversität in der menschlichen Gesellschaft erfüllt, werden wir im Folgenden verschiedene Schwierigkeiten bei der Pflege der Agrobiodiversität als ein gemeinsames Erbe der Menschheit in einer stark ungleichen Welt erörtern. Zuvor jedoch möchten wir untersuchen, was Agrobiodiversität eigentlich ist und welche Funktion sie für das menschliche Wohlbefinden erfüllt. Ziel dieses Artikels ist zu zeigen, inwieweit sich verschiedene Anreizsysteme unterschiedlich auf den Erhalt von Agrobiodiversität auswirken.

Was genau meint *Agrobiodiversität*? Der Begriff ist schwer einzugrenzen, da schon bei der Definition des zugrunde liegenden Konzepts der

1 Tomich et al. 2011, 200.

Biodiversität zahlreiche Schwierigkeiten auftreten.[2] Zunächst einmal lässt sich schwer bestimmen, welche Organismen als lebend gelten (d. h. als Teil der Biosphäre) und in welchem Maß sie für die Nahrungsmittelproduktion relevant sind. Auch sind die Grenzen zwischen Kultursorten und halbwilden oder wilden Sorten oft genug nicht eindeutig, was die taxonomische Einordnung erschwert. In diesem Artikel haben wir mit der Verwendung des Begriffs *Agrobiodiversität* jene Nahrungspflanzensorten im Sinne, die für die Nahrungsmittelproduktion von direkter Bedeutung sind und die ihre heutige Form weitgehend bewussten menschlichen Bemühungen verdanken. Wir werden dabei einige direkte Vergleiche zur kulturellen Vielfalt ziehen, insofern zur Agrobiodiversität die willkürliche und zielgerichtete Auswahl und Zucht gehört.[3]

Trotz ihrer anerkannten Rolle für die zukünftige Nahrungsmittelsicherheit ist die Erhaltung der Agrobiodiversität nach wie vor eine komplexe Aufgabe, die eine dauerhafte Lösung benötigt. Betrachtet die globale Bevölkerung Biodiversität als öffentliches Gut, dann sieht sie sich mit folgenden drei Problemen konfrontiert: Erstens haben eine Reihe von Gemeinschaften über mehrere Jahrhunderte hinweg zur Existenz und Erhaltung des Gutes beigetragen; individuelle Beiträge sind daher unmöglich oder schwierig nachzuverfolgen.[4] Zweitens haben einzelne Landwirte, die sich für Monokulturen entschieden haben, als Kollektiv zur allgemeinen genetischen Erosion beigetragen.[5] Drittens besteht für kommerzielle Pflanzenzüchter die Möglichkeit, sich exklusive Rechte für ihre neuen Saatgutsorten zu sichern, auch wenn sie sich dafür genetischen Materials bedienen, das öffentlich zugänglich ist.[6]

Jedes Anreizsystem, das die Agrobiodiversität erhalten oder fördern soll, muss diese drei Facetten des öffentlichen Guts und die einhergehenden Probleme berücksichtigen und gleichzeitig auch anerkennen, dass der Agrobiodiversität auch unter dem Aspekt des Funktionierens eines Ökosystems sowie als Element des kulturellen Erbes ein Wert beigemessen werden muss.

2 Vgl. Malaterre 2013.
3 Vgl. Heyd 2010.
4 Kloppenburg/Kleinman 1987.
5 Lacy 1994.
6 Batur/Dedeurwaerdere 2014.

2. Agrobiodiversität: von der Nahrungsmittelsicherheit zum kulturellen Erbe

Es gibt zwei große Argumentationsansätze zur Begründung der Bedeutsamkeit der Agrobiodiversität. Der eine konzentriert sich auf den instrumentellen Wert der verschiedenen Ökosystemleistungen, die eine solche Vielfalt erbringt. Der zweite Argumentationsansatz hingegen will die Agrobiodiversität ebenfalls aufgrund ihres intrinsischen Wertes als wesentliches Element der kulinarischen Kulturvielfalt der Welt sowie als ikonisches Merkmal der Kulturlandschaften verteidigen, also wegen ihrer »breiteren« Rolle als gemeinsames Erbe der Menschheit.

Mit welcher Argumentation die Naturschutzpolitik für den Erhalt der Agrobiodiversität eintritt, wird sich deutlich auf die Entscheidung auswirken, welche Sorten bestehen bleiben sollen. Diese Problemstellung spielt eine wichtige Rolle in der Debatte um anthropozentrisch oder ökozentrisch fundierte Erhaltungsmaßnahmen.[7] Je nach den Motiven und Bedürfnissen der Menschen wird durch Schutzprogramme jeweils eine unterschiedliche Auswahl an Nahrungspflanzen erhalten bleiben. Ärmere Gesellschaften, in denen die Nahrungsmittelsicherheit ein größeres Problem darstellt, die aber industrialisiert genug sind, um sich eine Grundinfrastruktur für Agrarforschung zu leisten, werden ihre Schutzbemühungen weitestgehend auf ertragreiche Sorten von Nahrungspflanzen konzentrieren, die (für sich allein oder zusammen mit anderen Arten) bedeutenden Umweltstressfaktoren standhalten können. Wohlhabendere Länder dagegen sind in dieser Hinsicht deutlich flexibler und können Sorten in ihre Schutzprogramme mit aufnehmen, die überwiegend wegen ihres Geschmacks und Aussehens oder sogar als Tierfutter geschätzt werden, um ihr kulinarisches Erbe zu erhalten und zu erweitern.

2.1 Agrobiodiversität und ihr Naturhaushaltswert

Insbesondere Agrarökologen unterstreichen die zentrale Bedeutung der Biodiversität für die Gesundheit eines Ökosystems. Wie bereits erwähnt,

7 Vgl. Norton 1986.

verbessert die Sicherstellung der Artenvielfalt – darunter auch die Vielfalt an essbaren Pflanzen – die Fähigkeit eines Ökosystems, sowohl biotischen als auch abiotischen Stress zu absorbieren.[8] Angesichts der Tatsache, dass der Klimawandel das Problem der Nahrungsmittelsicherheit weiter verschärft, indem er den Grad der Bodenversalzung, Temperaturen sowie das Ausmaß von Dürren und Regenfällen verändert und die Wanderung von Schädlingen in zuvor nicht betroffene Gebiete erleichtert,[9] sind die Entwicklung neuer Nahrungspflanzensorten und der Schutz der bestehenden Agrobiodiversität eine zunehmend dringliche Notwendigkeit.

Um den im Agroökosystem entstehenden evolutionären Entwicklungen entgegenzuwirken, sind Pflanzenzüchter, wollen sie neue Sorten einsetzen, in hohem Maße auf die Agrobiodiversität angewiesen.[10] Einige Experten führen an, dass die Kulturpflanzenvielfalt *in situ* erhalten bleiben muss und die Konservierung in Saatgutbanken nicht ausreicht, da sich Kulturpflanzen nur weiterentwickeln, wenn sie sich auf freiem Feld an neue Umweltstressfaktoren anpassen.[11] Eine *ex-situ*-Konservierung kann daher evolutionäre Weiterentwicklungen nicht nutzen, könnte aber dennoch eine wichtige Rolle spielen, indem auf diese Weise Sorten, die aktuell bei den Landwirten keinen großen Anklang finden, für einen möglichen Einsatz in der Zukunft bewahrt werden.[12]

Nahrungsmittelsicherheit ist nicht das einzige Interesse der Befürworter einer biologischen Erhaltung. Es gibt ein großes Arsenal an natürlichen Pestiziden, die aus der großen Artenvielfalt der Tropen entstammen[13] und von denen viele das Potenzial aufweisen, den »ökologischen Fußabdruck« der Landwirtschaft zu reduzieren.

---

8 Vgl. Gliessman 2007; Deliège/Neuteleers 2015.
9 Cline 2012.
10 Kloppenburg 2005.
11 Stone 1994.
12 Wood/Lenne 1997.
13 Khater 2012.

2.2 Agrobiodiversität als Gemeinschaftserbe der Menschheit

Landwirtschaftliche Sorten entstanden durch intensive, kreative Bemühungen und systematische Beobachtungen, die über Jahrtausende hinweg durchgeführt wurden. Der innovative Einsatz erfolgte dabei in kleinen Schritten durch eine große Anzahl von Landwirten auf der ganzen Welt. Im Gegensatz zu einem großen Teil der industriellen Innovationen kann für traditionelle Landrassen kein formaler Immaterialguttitel erworben werden, da die etablierten Anreizsysteme (Patente und Pflanzenzüchterrechte) einen eindeutigen Erfindungsschritt fordern [oder aber die Neuzüchtungen müssen »nicht naheliegend« (*non-obvious*) sein, wie einige Gesetzgeber es formulieren] und außerdem die Bedingungen der Homogenität, Stabilität sowie Neuartigkeit erfüllt sehen wollen.[14] Traditionelle Landrassen dagegen sind gekennzeichnet durch Heterogenität und eine genetische Zusammensetzung, die je nach jahreszeitlichen Umweltbedingungen Variationen aufweist. Wie bei den meisten Innovationsbestrebungen, die sich übermäßig auf Langlebigkeit und kumulative schrittweise Verbesserungen über einen langen Zeitraum stützen, funktionieren unsere etablierten Regelungen zum geistigen Eigentum als Anreizsysteme nur unzureichend für Landrassen.

In den frühen Achtzigerjahren des vergangenen Jahrhunderts trat die Ernährungs- und Landwirtschaftsorganisation der Vereinten Nationen (FAO) für die Saatgutvielfalt als gemeinsames Erbe der Menschheit ein und distanzierte sich damit von den auf Eigentumsrechte ausgerichteten Anreizsystemen.[15] Dieses Konzept, so hofften damalige Experten, sollte zum effizientesten Einsatz genetischer Ressourcen zur Erreichung der Nahrungsmittelsicherheit führen. Die Länder des »Globalen Nordens« begrüßten die Idee, solange die aktuellen kommerziellen Saatgutsorten aus diesem gemeinsamen Pool ausgeschlossen blieben. Die Länder des »Globalen Südens« jedoch wollten keine Ressourcen zu einem Pool beisteuern, für den nicht alle Parteien gemäß ihren Fähigkeiten einen Beitrag leisten. Daher lehnten diese Ländergruppe das Prinzip eines gemeinsamen Erbes

14 Siehe *Trade-related Aspects of Intellectual Property Agreement* 1994, Art. 27.1 und *International Convention for the Protection of New Varieties of Plants* 1991, Art. 5.1.

15 FAO 1983.

ab, solange sie keinen Zugang zu neu entwickelten Sorten bekämen, die mithilfe von Ressourcen aus den »genetischen Hotspots« gezüchtet werden, die aufgrund ihrer geografischen Lage größtenteils unter ihre Rechtsprechung fallen.[16] Das Gemeinschaftserbe-Prinzip wurde daher zum großen Teil zugunsten von Vereinbarungen über »Zugang zu genetischen Ressourcen und gerechter Vorteilsausgleich« (*access and benefit sharing*) aufgegeben, die auf der Grundlage der 1992 verabschiedeten Biodiversitäts-Konvention ausgehandelt wurden.[17]

Zwei Jahrzehnte später jedoch zeigt die Erfahrung, dass die Vereinbarungen über Zugang und gerechter Vorteilsausgleich die Erwartungen nicht erfüllt haben.[18] »Genetische Hotspots« erstrecken sich häufig über Landesgrenzen hinweg und in vielen Ländern erschweren komplizierte Verfahren die Vergabe von Zugangsrechten. Durch mehrere zuständige Behörden innerhalb eines Landes werden Verhandlungen kostspielig und zeitaufwendig.[19] Darüber hinaus garantiert das Beschaffen der Rechte bei der Regierung eines Landes noch nicht, dass die Gemeinschaft, die die betreffende Sorte betreut oder entwickelt hat, ihren gerechten Anteil am Handel bekommt. Die politischen Agenden lokaler Regierungen stimmen oft nicht mit den Interessen der indigenen Gemeinschaften überein, die viele der betroffenen Sorten entwickelt haben. Außerdem sind eine Reihe von Sorten auch außerhalb ihres Habitats in botanischen Gärten und Saatgutbänken weltweit verfügbar.

Im selben Zeitraum haben Landwirte die Vorzüge von *Open-Source*-Pflanzenzüchtungsprogrammen (wieder-)entdeckt.[20] Darüber hinaus werden sich Entwicklungshilfeexperten immer mehr der Tatsache bewusst, dass Investitionen in Agrarforschung vielfach zu weit höheren Erträgen führen.[21] Dies erweckt zwei Gegenpositionen. Für diejenigen, die landwirtschaftliche Forschung hauptsächlich profitorientiert betreiben, spielt das Konzept des *geistigen Eigentums* eine zentrale Rolle. Für andere wird es immer weniger akzeptabel, Zeit und Ressourcen mit Recherchen

---

16 Vgl. Prathapan/Rajan 2011a.
17 Vgl. De Jonge 2009; de Goede 2013.
18 Prathapan/Rajan 2011b.
19 Vgl. Louwaars 2007.
20 Kloppenburg 2010.
21 De Schutter 2009a.

zur Ausübungsfreiheit und Lizenzen oder dem Aushandeln von Materialtransfervereinbarungen zu vergeuden, wenn es vorrangig um Nahrungsmittelsicherheit und den Kampf gegen den Welthunger geht.

Die zunehmende Vernetzung der Welt bietet viele neue Möglichkeiten der Zusammenarbeit, jedoch wird dieses Potenzial im Keim erstickt, wenn es von einem massiven Verwaltungsapparat behindert wird. Pflanzenzüchter sind sich der gewaltigen Kosten im Hinblick auf Zeit und Geld sehr wohl bewusst, die für die Sicherstellung der Ausübungsfreiheit anfallen, und reagieren mittlerweile darauf. Gegenwärtig lässt sich ein Perspektivenwechsel hin zur Agrobiodiversität als *Allmendegut* beobachten. Diese Position ist dabei zu einem großen Teil auf den Erfolg der *Open-Source*-Initiativen in der Softwareentwicklung und die (Wieder-)Entdeckung von Saatguttauschsystemen indigener Landwirte zurückzuführen.[22] Eine große Zahl von Landwirten und Wissenschaftlern verurteilt die aktuelle Verschiebung hin zu propertiären Anreizsystemen, da sie die traditionellen Werte Offenheit (d.h. Möglichkeit einer universellen Verifizierung), Kommunalismus, Reziprozität und Freigabe von Informationen und Materialien ausgehöhlt habe.[23]

Allmendegut ist ein Konzept aus den Wirtschaftswissenschaften, das Güter beschreibt, von deren Nutzung Konsumenten nicht ausgeschlossen werden können, bei deren Nutzung jedoch eine Rivalität zwischen den Nutzern herrscht. Die Nutzung eines solchen Guts verringert also den Gesamtnutzen, den andere daraus ziehen können, und es ist nicht möglich, die Menschen daran zu hindern, dieses Gut zu nutzen (im Gegensatz zu *öffentlichen Gütern*).[24] Ein Ausschluss der Nutzung ist nur möglich, wenn Eigentumsrechte an Saatgut allgemein anerkannt sind und durchgesetzt werden oder wenn es dem Pflanzenzüchter gelingt, die Elternlinien von Hybridsaaten geheim zu halten.[25] Die Verbreitung einer Nahrungspflanzensorte beschleunigt ihre Anfälligkeit für Pathogene und verringert damit ihren Wert als landwirtschaftliche Ware.

Allmendegüter fallen in die Kategorie der *unreinen öffentlichen Güter* (*common-pool resources*). Klassische Beispiele hierfür sind Weiden,

22 Nicolosi/Ruivenkamp 2013; Deibel 2013; Lemmens 2014; Kloppenburg 2014.
23 Vgl. Belt 2010; Koepsell 2010.
24 Vgl. Drahos 2004.
25 Vgl. Kloppenburg 2005.

Fischgründe oder die Ozonschicht.[26] Die Artenvielfalt bei Nahrungspflanzen kann als Allmendegut betrachtet werden und wirft ähnliche Managementprobleme auf wie die meisten anderen unreinen öffentlichen Güter. Da sich die Forschung zum Thema unreine öffentliche Güter stark weiterentwickelt hat seit Elinor Ostrom 1990 ihre bahnbrechende Arbeit dazu veröffentlichte, werden wir einige Ergebnisse der jüngeren Forschung verwenden, um in den nächsten Abschnitten ein neues Licht auf unabhängige Anreizsysteme für Saatzucht und Saatguterhaltung zu werfen.

3. Marktanreize und gemeinsames Erbe der Menschheit

Nachdem wir den aktuellen Stand der Dinge betrachtet haben, können wir uns nun fragen, ob das Konzept des gemeinsamen Erbes der Menschheit zu früh aufgegeben wurde. Innovationen in den Bereichen Konservierungstechniken und Informationsverarbeitungstechnologien haben die Argrarpraxis in hohem Maß verändert und die Grenzen des technologisch Machbaren erweitert. Hätte es Vorteile, das Konzept des gemeinsamen Erbes der Menschheit nach 30-jähriger Debatte wieder einzuführen? Was könnten Agrarpolitiker von Studien zu unreinen öffentlichen Gütern lernen, um das Konzept des gemeinsamen Erbes neu zu bewerten? Da die beiden Konzepte eng miteinander verwandt sind, lässt sich die Diskussion zum gemeinsamen Erbe durch die Literatur zur Steuerung unreiner öffentlicher Güter durchaus bereichern. Wir möchten im Folgenden einige erste Einsichten teilen.

3.1 Das Gemeinschaftserbe-Prinzip der Menschheit

Bevor wir die Wiedereinführung des Konzepts des Gemeinschaftserbes in Erwägung ziehen, müssen wir zwei Probleme anreißen, die im Laufe der letzten drei Jahrzehnte stark an Bedeutung gewonnen haben und die daher in unserer Evaluierung berücksichtigt werden müssen. Zum einen leben

26 Ostrom 2008.

wir alle in einer Welt, in der Infrastruktur, Diskriminierung (wegen Geschlecht und ethnischer/kultureller Zugehörigkeit), Krankheiten und Umweltlasten sowie intellektuelles und finanzielles Kapital extrem ungleich verteilt sind.[27] Zum anderen sind die Kosten für Forschung und Entwicklung stark gestiegen und Wissenschaftsagenden sind heute wesentlich stärker mit Marktanreizen verknüpft.[28]

Um die Möglichkeit einer Wiedereinführung des Prinzips des gemeinsamen Erbes auszuloten, werden wir zunächst untersuchen, was dieses Konzept ursprünglich verlangt und ihm in der Folge zentrale Kritikpunkte an Allmendegüter-Ressourcen gegenüberstellen. Auf diese Weise lässt sich feststellen, worauf bei der Erschaffung nicht-exklusiver Anreizsysteme zur Erhaltung der Agrobiodiversität zu achten ist. Frühe Arbeiten[29] zum Begriff des gemeinsamen Erbes identifizierten die folgenden vier Ziele als zentral:

(1) Gemeinsames Management;

(2) Keine unilaterale Aneignung ohne die Verteilung des Nutzens auf alle;

(3) (Schnelle) Freigabe von Wissen aus wissenschaftlicher Forschung;

(4) Entmilitarisierung (bzw. keine schädliche Nutzung)

Bevor wir im Einzelnen auf diese Ziele eingehen, fassen wir sie für unsere konzeptuelle Untersuchung der Pflanzen-Genressourcen zu übersichtlicheren Kategorien zusammen. Unsere Diskussion konzentriert sich auf zwei Achsen. Im Hinblick auf das Management (1) sollten idealerweise Elemente, die als gemeinsames Erbe betrachtet werden, in einem System verwaltet werden, das im allgemeinen Konsens als demokratisch gelten kann und bei der konkreten Festlegung von Entscheidungsmechanismen gewisse Freiheiten ermöglicht. Die Punkte (2) und (3) erfordern beide, dass positive externe Effekte (d. h. materielle und immaterielle Vorteile) geteilt werden (falls möglich). Deswegen werden wir diese beiden Punkte gemeinsam behandeln. Was das vierte Ziel angeht, so werden wir diesen

27 Vgl. Singer 2004; Pogge 2008; Milanovic 2011.

28 Stephan 2012.

29 Vgl. Joyner 1986; Gorove 1972; Wolfrum 1983.

Punkt in unserer Erörterung überspringen, indem wir auf einen allgemein anerkannten Vertrag hinweisen, welcher den Einsatz von biologischen Kampfstoffen verurteilt: die Konvention über das Verbot der Entwicklung, Herstellung und Lagerung bakteriologischer (biologischer) Waffen und Toxinwaffen sowie über die Vernichtung solcher Waffen (1972).

3.2 Gemeinsames Management

In einem Managementsystem, das dem Prinzip des gemeinsamen Erbes der Menschheit untersteht, können Nutzer genetischer Ressourcen dieselben Probleme erwarten wie auch bei Allmendegütern, also Trittbrettfahrern, Schwierigkeiten bei der Koordinierung kollektiver Aktionen sowie Über- bzw. Unterbewirtschaftung. Im Falle der Agrobiodiversität sehen sie sich einem weiteren strittigen Element gegenüber, nämlich der Bewertung von Kulturpflanzen. Da bestimmte Pflanzensorten je nach Umweltbedingungen und Stufe der industriellen Entwicklung unterschiedlich bepreist werden, kann es zu Problemen bei der Entscheidungsfindung kommen. In dieser Hinsicht haben wir drei große Probleme des gemeinsamen Managements identifiziert, die stärkere negative Auswirkungen haben, wenn sehr ungleiche Partner die Ressourcen verwalten, sowie zusätzliche Probleme aufgedeckt, die sich auf die strukturelle Ähnlichkeit der Agrobiodiversität mit Allmendegütern zurückführen lassen.

Zunächst einmal erfordert die Erhaltung genetischer Ressourcen viel Arbeit. Falls die allgemeine Weltbevölkerung keinen Nutzen aus einer Ressource zieht, die sie aufbewahrt, können wir die langfristige Nachhaltigkeit dieser Bemühungen infrage stellen.[30] Die Erhaltungslast dieser Ressourcen und die Fähigkeit, Vorteile aus solchen Bemühungen zu ziehen, sind gegenwärtig höchst ungleich verteilt, da eine solide wissenschaftliche und technologische Infrastruktur die Arbeit deutlich erleichtert und die Fähigkeit zur Vorhersage sowie Nutzung möglicher Vorteile verbessert.

Zweitens erfordert ein gemeinsames Management einen Konsens oder eine Übereinkunft zwischen den verschiedenen Parteien darüber, welchen

30 Deliège/Neuteleers 2015.

Wert die einzelnen Pflanzensorten haben und welche Pflanzen bevorzugt werden sollten. Ein erstes Problem in dieser Hinsicht stellt sich dadurch, dass sich der Marktwert von Nahrungspflanzen deutlich von dem Wert jeder einzelnen Pflanzensorte für die Nahrungsmittelsicherheit unterscheidet. Darüber hinaus ist es schwierig, der erforderlichen Arbeit zur Erhaltung einer Kulturpflanzensorte einen Wert zuzuweisen und festzulegen, wie die Arbeit im Zusammenhang mit dem Hinzufügen weiterer Sorten zum gemeinsamen Pool zu bewerten ist. Es müsste also ein Konsens über den Wert der Arbeit gefunden werden, die durch willentliche menschliche Bemühungen, durch die von Menschen gesteuerte Natur oder allein durch die Natur (durch Nichteinmischung) geleistet wird. Meinungsverschiedenheiten sind auch darüber zu erwarten, welcher Wert einer größeren Biodiversität zugemessen werden soll, die durch wissenschaftliche Durchbrüche oder stufenweise, kumulativ wirkende Bemühungen erreicht wird.[31] Ein Allmendegut, das geschützt und weiterentwickelt werden muss, ist im Hinblick auf eine nachhaltige Nutzung großer Gefahr ausgesetzt, wenn die verschiedenen Nutzer die Beiträge der einzelnen Parteien höchst unterschiedlich bewerten. Zusätzlich variiert die Armut bedeutend je nach Breitengrad und Klimazone – ein Faktor, der zu einer großen Diskrepanz zwischen dem Bedarf der Armen an Nahrungspflanzen und den von den Reichen gewünschten Nahrungspflanzen führt. Insbesondere die tropischen Regionen müssen von der Agrarforschung dringend stärker beachtet werden.[32] Darüber hinaus entsteht durch die finanziell besser gestellten Länder sowohl im »Globalen Norden« als auch im »Globalen Süden« eine gewaltige Nachfrage nach Nahrungspflanzen als Tierfutter und für den industriellen Einsatz. Die Kaufkraft dieser Gruppe schafft einen großen Anreiz, diese (nicht überlebenswichtige) Nachfrage zu erfüllen. Es ist eine bittere Wahrheit, dass europäische Kühe mehr Gelder in Form von Subventionen erhalten als ein Drittel der Weltbevölkerung in Form von Löhnen.[33]

Drittens bleibt zu überlegen, ob das Konzept eines gemeinsamen Managements ein ähnliches Problem aufwerfen wird wie wir es in der Bio-

31 Vgl. Thompson 2010.
32 De Schutter 2009b.
33 Caparrós 2014.

technologie beobachten: Die Existenz zu vieler Eigentümer (bzw. Akteure, die als solche handeln) könnte der sogenannten Tragik der *Anti-Allmende* Vorschub leisten.[34] Unter Akteuren mit höchst divergierenden Interessen einen Konsens finden zu müssen, könnte Verhandlungen zum Erliegen bringen, auch wenn dies zum Nachteil aller Beteiligten geschähe.

Hinzu gibt es einige spezifische Probleme, die ein gemeinsames Management lösen müsste. An dieser Stelle bedienen wir uns der Erkenntnisse aus Elinor Ostroms Studien zur Steuerung von Allmendegütern.[35] Ein gemeinsames Managementsystem müsste:

(1) klar definierte Grenzen setzen, um Verantwortungsbereiche zu etablieren, ohne ökologische Wechselbeziehungen zu beeinträchtigen,

(2) die sozialen und ökologischen Auswirkungen und Potenziale von Technologien beim Einsatz genetischer Materialien in Betracht ziehen,

(3) darauf achten, dass Konfliktlösungsmechanismen nicht durch das Ausdiskutieren von Problemen überlastet werden, die nichts oder wenig mit landwirtschaftlichen Genressourcen zu tun haben.

Die Festlegung, wer für das Management welcher Gruppen von Nahrungspflanzen zuständig ist, könnte viele der oben beschriebenen Schwierigkeiten umgehen. Es müsste ein System des gemeinsamen Managements gefunden werden, in dem Verantwortungsbereiche zugeschrieben und verteilt werden. Es gibt jedoch Grenzen, wie unabhängig voneinander diese Gruppen arbeiten können. Die Pflanzensorte, die eine Abteilung jeweils kontrolliert und steuert, gehört im Idealfall zu einem Ökosystem und lebt in Synergie mit anderen lebenden Organismen.[36] Ein mangelndes Engagement einzelner Gruppen kann auch hier die aufmerksame Arbeit anderer Gruppen mindern, was einen zumindest grundlegenden regulatorischen Rahmen erforderlich macht.

Glücklicherweise gibt es in der Literatur eine Reihe von Quellen zu moralischer Verantwortung, die Licht auf diese komplexen Themen werfen und die Möglichkeit zur Unterscheidung geben. Das Nachdenken über die Verantwortung aus einer ethischen Perspektive heraus kann die Grundlage für einen fairen und effizienten regulatorischen Rahmen bilden. Tatsäch-

34 Vgl. Heller 2008.
35 Ostrom 1990.
36 Gliessman 2007.

lich sollten bei der Zuweisung von moralischer Verantwortung an verschiedene Akteure Fairness und Effizienz berücksichtigt werden, um individuelle und institutionelle Verantwortungsbereiche gleichmäßig zu verteilen.[37] Ausgehend vom Begriff der Fairness betrachten wir hier das klassische Verständnis der moralischen Verantwortung, zu dem Schuldigkeit und Löblichkeit gehören, und ausgehend vom Begriff der Effizienz sehen wir das Ergebnis der Zuweisung moralischer Verantwortung, also welche Verteilung eher zu guten Ergebnissen führt.

Die Unterscheidung zwischen individueller und institutioneller Verantwortung ist in dem hier betrachteten Fall besonders wichtig, da Saatgut als ein intensiv gehandeltes und reguliertes Gut gilt. Zusätzlich ist es bedeutsam, von *kollektiver moralischer Verantwortung* zu sprechen, denn die Gesamtheit der Nahrungspflanzen, die die Agrobiodiversität ausmachen, ist ein Allmendegut, das im Idealfall einem gemeinsamen Management unterliegt. Da verschiedene Autoren jeweils auf ihre eigene Weise zwischen diesen Begriffen unterscheiden, schlagen wir an dieser Stelle Seamus Millers Definition vor, der eine Gemeinschaftsrechnung individueller moralischer Verantwortung für eine kollektive Aktion anregt.[38] Auf diese Weise hat jeder Akteur eine moralische Verantwortung, die mit der moralischen Verantwortung anderer Akteure vernetzt ist, um eine erwünschte Sachlage zu erreichen. Dabei ist es unerheblich, ob diese Akteure Individuen oder Institutionen sind. Ohne im Detail auf die Mechanismen der kollektiven moralischen Verantwortung einzugehen, soll es im Rahmen dieses Themas reichen, die Bedeutung dieser Vernetzung zu unterstreichen und darauf hinzuweisen, dass es Werkzeuge gibt (nützliche analytische Unterscheidungen), mit deren Hilfe sich das komplexe Feld jener Akteure, die sich mit der Förderung der Agrobiodiversität beschäftigen, darstellen lässt.

Zu guter Letzt kann die moralische Verantwortung auf viele unterschiedliche Arten klassifiziert werden.[39] Die Aufstellung einer Typologie der moralischen Verantwortung ist nützlich, um das aktuelle System zu beschreiben. Eine solche Typologie hilft auch bei der Festlegung, welche

37 Nihlén Fahlquist 2006.

38 Miller 2006.

39 Für eine umfassende Übersicht, siehe van de Poel 2015.

Art von Verantwortung die verschiedenen Akteure übernehmen. Die Art könnte dabei unter den betroffenen Akteuren variieren, um auf diese Weise gemeinsam das Ziel zu erreichen, nämlich die Erhaltung der Agrobiodiversität. Kürzlich wurde vorgeschlagen, moralische Verantwortung für Gefährdungen auf der Grundlage von Besitzansprüchen auf das Saatgut zuzuschreiben.[40] Im Fall der Agrobiodiversität haben Saatgutbesitzer die moralische Verantwortung, diese nicht negativ zu beeinflussen; dies ließe sich ausweiten zu einer moralischen Verantwortung, die Diversität in der Landwirtschaft zu fördern sowie extrem weitflächige Monokulturen zu verhindern.

Außerdem sollte berücksichtigt werden, dass technologische Innovation die Erhaltungsarbeit in hohem Maße erleichtern kann.[41] Es müssen Kompromisse zwischen Technologieherstellern und Ursprungsländern von genetischen Ressourcen eingegangen werden, um sicherzustellen, dass jeder sich nach seinen Fähigkeiten am Gemeinschaftspool beteiligt. Die Menschheit als Ganzes, so die Hoffnung, wird davon profitieren, dass genetische Ressourcen mithilfe arbeitssparender und wirksamer Technologien von vielen freigegeben und bewahrt werden; das zur Verfügungsstellen von Technologien sowie das wissenschaftliche und technische Expertenwissen werden darüber hinaus die Fähigkeit finanziell armer Länder zur Bewertung und Erhaltung der genetischen Ressourcen unter ihrer Rechtsprechung verbessern.

Die Zivilgesellschaft, so unser Votum, muss größere Anstrengungen unternehmen, damit Entscheidungsorgane, die einen erfolgreichen Austausch landwirtschaftlicher Genressourcen garantieren sollen, nicht regelmäßig für andere Zwecke benutzt werden. Dies wird eine große Herausforderung darstellen, da viele Nationen ihre Konflikte zurückstellen werden müssen, um sicherzustellen, dass die gemeinsame Sorge um die Nahrungsmittelsicherheit angemessen angegangen wird.

---

40 Robaey 2015.

41 Vgl. Hansson 2014.

3.3 Verbot unilateraler Aneignung und Vorteilsausgleich

Zeitgemäße oder neue Anwendungen für genetische Ressourcen zu finden und zu entwickeln, erfordert einen beträchtlichen Ressourceneinsatz. Exklusive Rechte können dabei helfen, Forschung und Entwicklung zu beschleunigen – ein wichtiger Faktor, den die Menschheit in einer Zeit, in der viele dieser genetischen Ressourcen vom Verschwinden bedroht sind, nicht vernachlässigen sollte.

Geistiges Eigentum als Werkzeug zur Beschleunigung von Innovation ist mit einigen bedeutenden sozialen und wirtschaftlichen Kosten verbunden. Es ist ein teures System, erfordert juristisches Expertenwissen, schränkt anfangs die Transparenz ein (vor allem vor der Patenteinreichung), ist ein langsamer Prozess und ermöglicht bis zu einem gewissen Umfang die Kontrolle über nachfolgende Innovationen. Länder mit einer großen Zahl ausgebildeter Anwälte, einem soliden Finanzsystem und einer etablierten Forschungs- und Entwicklungsbranche können in einem solchen System von einem deutlichen Vorsprung profitieren.[42] Wo die Bedürfnisse unterschiedlich sind und die Nutzungskapazitäten so verschieden ausfallen, ist zu erwarten, dass das Zurückgreifen auf einen gemeinsamen Pool zu gewaltigen Unterschieden hinsichtlich der »Ausbeutungsmöglichkeiten« führt, und dies selbst dann, wenn die Ergebnisse der Innovation allen zugänglich sind. Um ein Beispiel zu nennen: Die Entwicklung einer ertragreichen Maissorte, die sich in gemäßigten Klimazonen anbauen lässt, aus gemeinsam verwalteten genetischen Ressourcen bringt für nördliche Länder (und Länder ganz im Süden) große Vorteile, während sie für die Maisbauern aus den tropischen und subtropischen Regionen nur zu einer Verschärfung der Marktkonkurrenz führen, der sie sich ohnehin gegenübersehen.

Die unilaterale Aneignung ist nicht das einzige Problem. Selektiver Einsatz und damit selektive Erhaltung kann für nachfolgende Generationen ebenso problematisch werden wie vorübergehende Exklusivität. Landwirte, öffentliche Institute und Saatgutunternehmen können sich aus höchst unterschiedlichen Motiven darum bemühen, bestimmte

42 Timmermann/van den Belt 2012.

Sorten zu erhalten und weiter zu züchten.[43] Gründer von Saatgutbanken haben ebenfalls ganz eigene Motive. Die Gründe, um Saatgut zu erhalten, variieren auch in Abhängigkeit von verschiedenen Belastungen, denen die einzelnen Interessenvertreter ausgesetzt sind. Marktkräfte, Nachfrage nach Nahrungsmitteln, Veränderungen der Umwelt und ästhetische Präferenzen sind Variablen, die Konservierungsentscheidungen formen. Die Möglichkeit, eine größere Auswahl an Saatgutsorten (auf Feldern oder in Saatgutbanken) zu verwenden, ist abhängig von den Einschränkungen und Gelegenheiten in den jeweiligen Ländern. Welches Saatgut zur unmittelbaren Verwendung oder für die Erhaltung ausgewählt wird, hängt von den Ressourcen der betroffenen Partei ab und von der Freiheit, die Landwirte haben, wenn sie Saatgut für die Aussaat wählen. Der Erhalt eines gemeinsamen Erbes kann also höchst instrumentalen Motiven unterliegen.

Aus dem Blickwinkel der globalen Gerechtigkeit müsste auch das Problem der Länder, die sowohl an Finanzmitteln wie auch an Agrobiodiversität arm sind, berücksichtigt werden. Zwar befinden sich landwirtschaftliche »genetische Hotspots« vorwiegend im »Globalen Süden«, jedoch bedeutet dies nicht, dass dieser Reichtum gleichmäßig auf alle Länder des »Globalen Süden« verteilt wäre. Das Gemeinschaftserbe-Prinzip bietet den an landwirtschaftlichen genetischen Ressourcen armen Ländern des »Globalen Südens« hierbei bedeutende Vorteile. Marktanreize dagegen sind für diese Gruppe mit wesentlichen Nachteilen verbunden. Der Mangel an finanziellem und biologischem Kapital bringt sie in eine prekäre Verhandlungsposition, was die Erfüllung des Bedarfs an genetischen Ressourcen für ihre Nahrungsmittelsicherheit angeht.

Dennoch, so unser Votum, sollte man bei Reflexionen über die Verteilungsgerechtigkeit bei allem Streben nach Gerechtigkeit unbedingt darauf achten, weder langfristige Gelegenheiten zu versäumen noch (zukünftige) Ressourcen zu vergeuden. Das Beharren auf einem völlig gerechten System könnte zur Folge haben, dass Gelegenheiten verstreichen, neue Saatgutsorten zu entwickeln und den schrumpfenden Agrobiodiversitätspool rechtzeitig zu nutzen. In einer Welt, in der genetische Ressourcen in hohem Tempo verschwinden, müssen auch *zweitbeste* Anreizsysteme auf ihre Fähigkeit hin untersucht werden, rechtzeitig Innovationen hervorzu-

43 Wood/Lenne 1997.

bringen. Durch den raschen Verlust der Agrobiodiversität könnte die allgemeine Bevölkerung sich verpflichtet sehen, ein System zu unterstützen, das im Hinblick auf die Gerechtigkeit gewisse Defizite aufweist, jedoch in einem früheren Stadium implementiert werden kann. Ein solches System ließe sich, sobald es erst einmal etabliert ist, im Laufe der Zeit noch verbessern.

Auf der anderen Seite sollte eine vorübergehende Exklusivität aber auch nicht allzu voreilig begrüßt werden. Insbesondere im Hinblick auf Arzneimittel gibt es eine Reihe von Vorschlägen, die einen unmittelbaren Zugang ermöglichen könnten. Zu denken wäre in diesem Zusammenhang an Preissysteme[44] oder eine Variation des *Health Impact Funds*[45]. Ein zentraler Fonds könnte das Problem des Zugangs zu landwirtschaftlicher Innovation und Forschungsdaten lösen und dabei gleichzeitig die notwendigen finanziellen Anreize für Innovationen bieten.

Bei der Beurteilung von Anreizsystemen muss untersucht werden, wie Unterschiede zwischen fairen und gleichen Anteilen (z. B. pro Kopf) sich mit dem Prinzip des gemeinsamen Erbes vereinbaren lassen. Wollen einzelne Akteure in Zahlen ausdrücken, was genau ein »fairer Anteil« ist, stellt sich das Problem der unterschiedlichen Bewertung – ein Konfliktfaktor, der im Zusammenhang mit den Erfahrungen mit Vereinbarungen über Zugang zu genetischen Ressourcen und im Kontext eines gerechten Vorteilsausgleichs bereits gut dokumentiert ist.[46]

Dies lässt offen, wie viele Betriebskosten abgezogen werden können, bevor Erträge geteilt werden. Dieser Punkt muss im Besonderen geregelt werden, wenn eine große Anzahl privater Unternehmen die Agrobiodiversität mit modernen wissenschaftlichen Methoden und Technologien profitorientiert verwertet. Auch bleibt unklar, inwieweit die Kosten, mit denen negative externe Effekte abgefangen werden, die durch die Ausnutzung von Ressourcen entstehen, geteilt werden sollten oder ob die sogenannten Opportunitätskosten der Forschungskonzernen ebenfalls abgesetzt werden können. Was die Inklusivität der Forschung betrifft, führen einige Autoren aus, dass die wissenschaftliche Forschung an Ressourcen,

44 Love/Hubbard 2007.
45 Hollis/Pogge 2012 und vgl. Timmermann/van den Belt 2012.
46 Wynberg/Schroeder/Chennells 2009.

die als gemeinsames Erbe gelten, für Wissenschaftler des »Globalen Südens« auch Kapazitätsaufbau bieten sollte, um ihnen die Teilnahme an der globalen Wissenschaftsgemeinde zu ermöglichen.[47]

Schlussfolgerung: Erhaltung für die Nahrungsmittelsicherheit oder für das kulturelle Erbe?

Zum Abschluss wollen wir unsere Aufmerksamkeit der Idee der »Gemeinsamkeit« zuwenden. Wenn über ein *gemeinsames* Erbe gesprochen wird, wem ist dann dieses Erbe gemeinsam? Während diese Frage immer noch in hohem Maße strittig ist, gibt es eine Reihe von Bedürfnissen und Werten, die alle Menschen gemeinsam teilen,[48] auch wenn die Dringlichkeit, mit der diese Bedürfnisse auftreten, stark variiert. Zwar haben alle Menschen dieselben Grundbedürfnisse, jedoch ist jeder Einzelne je nach geografischer Position, Haushaltseinkommen, sanitärer Infrastruktur und Exposition gegenüber Krankheiten an unterschiedlichen Stellen angreifbar. So tragen die Tropen eine deutlich höhere Krankheitslast als andere Gebiete. Abwasserinfrastruktur und Kühlketten für Lebensmittel verhindern eine Vielzahl von Krankheiten und verringern den Vitamin- und Mineralstoffverlust, der durch Durchfall und andere Erkrankungen verursacht wird. Ernährung und Gesundheit sind eng miteinander verknüpft. Menschen, die anfälliger für Erkrankungen sind, müssen besonders auf ihre Ernährung achten, um gesund zu bleiben. In verschiedenen Lebensabschnitten hat der Mensch jeweils einen unterschiedlichen Nahrungsbedarf. Länder mit alternder Bevölkerung haben insgesamt daher einen anderen Ernährungsbedarf als Länder mit einer sehr jungen Bevölkerung.

Ist es trotzdem sinnvoll, von einem gemeinsamen Erbe zu sprechen, wenn Lasten und Dringlichkeit der Bedürfnisse weltweit so ungleich auf die verschiedenen sozialen Gruppen verteilt sind? Während einige Menschen Nahrungsmittel hauptsächlich als Brennstoff sehen bzw. sehen müssen, betrachten andere Essen als zentrales Element in ihrem Leben und verlangen von landwirtschaftlichen Erzeugnissen nicht nur die Befriedi-

47 Vgl. Shaver 2010; Shaheed 2012; Timmermann 2014.
48 Vgl. Beitz 2009; Sen 2009.

gung physiologischer Bedürfnisse, sondern auch komplexe Geschmackserfahrungen oder die Fortführung kultureller Traditionen.[49] Diese unterschiedlichen Bedürfnisse und/oder Präferenzen spiegeln auch die Art von Erbe wider, das die Menschheit als Ganzes bewahren wird. Ein Teil der Menschheit wird Nahrungspflanzen aufgrund der Nahrungsmittelsicherheit auswählen, ein anderer wird sich bemühen, neue Nahrungspflanzensorten zu erhalten und weiterzuzüchten, um das kulinarische Welterbe zu erhalten und weiterzuentwickeln.

Trotz dieser Unterschiede ist allen Menschen immer noch das Bedürfnis gemein, sich zu ernähren, sowie der Drang, souverän darüber zu entscheiden, wie sie dieses Bedürfnis befriedigen.[50] Ob die Landwirtschaft nun der Befriedigung eines Grundbedürfnisses dient oder der Erzeugung wohlschmeckenderer Gemüsesorten – die Landwirte kämpfen zunehmend um Souveränität in der Entscheidung, wie sie ihre Felder bestellen. Trotz aller Diskrepanzen zwischen Arm und Reich besteht noch immer ein universelles Bedürfnis, die Mittel zum Weiterzüchten von Pflanzen nach individuellen Wünschen und Erfordernissen wieder in Besitz zu nehmen. Nahrungsmittelsouveränität benötigt einen freieren Zugang zu genetischen Ressourcen. Bauer und Pflanzenzüchter die einen ungenügenden Zugang zu diesen Ressourcen haben, fehlt ein essentielles Mittel zur Weiterzüchtung von Nutzpflanzen. Ein Übermaß an Privatisierung genetischer Ressourcen durch Biopatente und andere Formen geistigen Eigentums erschwert Kleinbauern, *Start-up*-Unternehmen sowie Institute in ärmeren Ländern und Regionen autonome Pflanzenzuchtprogramme; hierin liegt ein Problem, das institutionelle Vielfalt und Artenvielfalt verringert.[51]

---

49 Vgl. Korthals 2004.

50 Vgl. Beuchelt/Virchow 2012; Timmermann/Félix 2015.

51 Danksagung: CT erhielt eine Förderung des *Jacques Loeb Centre for the History and Philosophy of the Life Sciences* an der Ben-Gurion-Universität des Negev und des Förderprogramms für Postdoktoranden der *Universidad Nacional Autónoma de México*. ZR erhielt Mittel im Rahmen des Forschungsprogramms *New Technologies as Social Experiments*, das von der *Nederlandse Organisatie voor Wetenschappelijk Onderzoek* (Niederländischen Organisation für wissenschaftliche Forschung, NWO) unter der Bewilligungsnummer 016.114.625 unterstützt wird. Eine frühere Version dieser Arbeit wurde im Oktober 2014 im Rahmen der Klausurwoche vorgestellt. Wir möchten den Seminarteilnehmern für ihre wertvollen Anmerkungen danken.

Literatur

Batur, Fulya/Dedeurwaerdere, Tom (2014): The Use of Agrobiodiversity for Plant Improvement and the Intellectual Property Paradigm: Institutional Fit and Legal Tools for Mass Selection, Conventional and Molecular Plant Breeding, in: Life Sciences, Society and Policy 10:14.

Beitz, Charles (2009): The Idea of Human Rights.

Belt, Henk van den (2010): Robert Merton, Intellectual Property, and Open Science, in: Radder, Hans (Hrsg.), The Commodification of Academic Research : Science and the Modern University. 187 ff.

Beuchelt, Tina D./Virchow, Detlef (2012): Food Sovereignty or the Human Right to Adequate Food: Which Concept Serves Better as International Development Policy for Global Hunger and Poverty Reduction?, in: Agriculture and Human Values 29(, 259 ff.

Caparrós, Martín (2014): El Hambre.

Cline, William R. (2012): Global Warming and Agriculture: Impact Estimates by Country.

De Goede, Ludo (2013): From Common Heritage to Intellectual Property: A Global Justice Perspective on Shifting Property Regimes for Plant Genetic Resources.

Deibel, Eric (2013): Open Variety Rights: Rethinking the commodification of plants, in: Journal of Agrarian Change 13, 282 ff.

De Jonge, Bram (2009): Plants, Genes and Justice: An Inquiry into Fair and Equitable Benefit-Sharing.Wageningen, Disseration.

Deliège, Glenn/Neuteleers, Stijn (2015): Should Biodiversity Be Useful?, in: Environmental Values 24, 165 ff.

De Schutter, Olivier (2009a): International Trade in Agriculture and the Right to Food.

De Schutter, Olivier (2009b): Seed Policies and the Right to Food: Enhancing Agrobiodiversity and Encouraging Innovation (Report Presented to the UN General Assembly, 64th Session, UN Doc. A/64/170).

Drahos, Peter (2004): The Regulation of Public Goods, in: Journal of International Economic Law 7, 321 ff.

FAO (1983): International Undertaking on Plant Genetic Resources for Food and Agriculture.

Gliessman, Stephen R (2007): Agroecology: The Ecology of Sustainable Food Systems.

Gorove, Stephen (1972): The Concept of Common Heritage of Mankind: A Political Moral or Legal Innovation, in: San Diego Law Review 9, 390 ff.

Hansson, Sven Ove (2014): Agricultural Biotechnology for Health and the Environment, in: Ahuja, M. R./Ramawat, KishanGopal (Hrsg.), Biotechnology and Biodiversity. 67 ff.

Heller, Michael (2008): The Gridlock Economy: How Too Much Ownership Wrecks Markets, Stops Innovation, and Costs Lives.

Heyd, David (2010): Cultural Diversity and Biodiversity: A Tempting Analogy, in: Critical Review of International Social and Political Philosophy 13, 159 ff.

Hollis, Aidan, and Thomas W. Pogge (2012):The Health Impact Fund: Making New Medicines Accessible for All.

Joyner, Christopher C. (1986): Legal Implications of the Concept of the Common Heritage of Mankind, in: The International and Comparative Law Quarterly 35, 190 ff.

Khater, HanemFathy (2012): Prospects of Botanical Biopesticides in Insect Pest Management, in: Pharmacologia 3, 641 ff.

Kloppenburg, Jack R. (2005): First the Seed: The Political Economy of Plant Biotechnology. 2. Auflage.

Kloppenburg, Jack R. (2010): Impeding Dispossession, Enabling Repossession: Biological Open Source and the Recovery of Seed Sovereignity, in: Journal of Agrarian Change 10, 367 ff.

Kloppenburg, Jack R. (2014): Re-Purposing the Master's Tools: The Open Source Seed Initiative and the Struggle for Seed Sovereignty, in: Journal of Peasant Studies 41, 1225 ff.

Kloppenburg, Jack R./Kleinman, Daniel Lee (1987): The Plant Germplasm Controversy, in: BioScience 37, 190 ff.

Koepsell, David (2010): Back to Basics: How Technology and the Open Source Movement Can Save Science, in: Social Epistemology 24, 181 ff.

Korthals, Michiel (2004): Before Dinner: Philosophy and Ethics of Food.

Lacy, William B. (1994): Biodiversity, Cultural Diversity, And Food Equity, in: Agriculture and Human Values 11, 3 ff.

Lemmens, Pieter (2014): Re-Taking Care: Open Source Biotech in Light of the Need to Deproletarianize Agricultural Innovation, in: Journal of Agricultural and Environmental Ethics 27, 127 ff.

Louwaars, Niels (2007): Seeds of Confusion: The Impact of Policies on Seed Systems. Wageningen, Disseration.

Love, James/Hubbard, Tim (2007): The Big Idea: Prizes to Stimulate R&D for New Medicines, in: Chicago-Kent Law Review 82, 1519 ff.

Malaterre, Christophe (2013): Microbial Diversity and the 'lower-Limit' Problem of Biodiversity, in: Biology & Philosophy 28, 219 ff.

Milanovic, Branko (2011): Worlds Apart: Measuring International and Global Inequality.

Miller, Seamus (2006): Collective Moral Responsibility: An Individualist Account, in: Midwest Studies in Philosophy 30, 176 ff.

Nicolosi, Guido/Ruivenkamp, Guido (2013): Re-Skilling the Social Practices: Open Source and Life–Towards a Commons-Based Peer Production in Agro-Biotechnology?, in:Science and Engineering Ethics 19, 1181 ff.

Nihlén Fahlquist, Jessica (2006): Responsibility Ascriptions and Public Health Problems, in: Journal of Public Health 14, 15 ff.

Norton, Bryan G. (1986): Conservation and Preservation: A Conceptual Rehabilitation, in: Environmental Ethics 8, 195 ff.

Ostrom, Elinor (1990): Governing the Commons: The Evolution of Institutions for Collective Action.

Ostrom, Elinor (2008): The Challenge of Common-Pool Resources, in: Environment: Science and Policy for Sustainable Development 50, 8 ff.

Pogge, Thomas W. (2008): World Poverty and Human Rights: Cosmopolitan Responsibilities and Reforms. 2. Auflage.

Prathapan, K Divakaran/Rajan, Priyadarsanan Dharma (2011a): Biological Diversity: A Common Heritage, in: Economic & Political Weekly 46, 15 ff.

Prathapan, K Divakaran/Rajan, Priyadarsanan Dharma (2011b): Biodiversity Access and Benefit-Sharing: Weaving a Rope of Sand, in: Current Science 100, 290 ff.

Robaey, Zoë (2015): Looking for Moral Responsibility in Ownership: A Way to Deal with Hazards of GMOs, in: Journal of Agricultural and Environmental Ethics 28, 43 ff.

Sen, Amartya (2009): The Idea of Justice.

Shaheed, Farida (2012): Report of the Special Rapporteur in the Field of Cultural Rights. United Nations (A/HRC/20/26).

Shaver, Lea (2010): The Right to Science and Culture, in: Wisconsin Law Review 121, 121 ff.

Singer, Peter (2004): One World: The Ethics of Globalization. 2. Auflage.

Stephan, Paula E. (2012): How Economics Shapes Science.

Stone, Christopher D. (1994): What to do about Biodiversity: Property Rights: Public Goods, and the Earth's Biological Riches, in: Southern California Law Review 68, 577 ff.

Thompson, Paul B (2010): Is Our Agricultural Technology Innovation System Up to 21st Century Challenges?, in: Science Progress 24 .

Timmermann, Cristian (2014): Sharing in or Benefiting from Scientific Advancement?" Science and Engineering Ethics 20, 111 ff.

Timmermann, Cristian/Félix, Georges F. (2015): Agroecology as a Vehicle for Contributive Justice, in: Agriculture and Human Values 32, 523 ff.

Timmermann, Cristian/Belt, Henk van den (2012): Global Justice Considerations for a Proposed 'climate Impact Fund, in: Public Reason 4, 182 ff.

Tomich, Thomas P./Brodt, Sonja/Ferris, Howard/Galt, Ryan/Horwath, William R./Kebreab, Ermias/Leveau, Johan H.J./Liptzin, Daniel/ Lubell, Mark/Merel, Pierre (2011): Agroecology: A Review from a Global-Change Perspective, in: Annual Review of Environment and Resources 36, 193 ff.

Van de Poel, Ibo (2015): Moral Responsibility, in: van de Poel, Ibo/Royakkers, Lamber/Zwart, Sjoerd D. (Hrsg.), Moral Responsibility and the Problem of Many Hands, 12 ff.

Wolfrum, Rüdiger (1983): The Principle of the Common Heritage of Mankind, in: Heidelberg Journal of International Law 43, 312 ff.

Wood, David/Lenne, Jillian M. (1997): The Conservation of Agrobiodiversity on-Farm: Questioning the Emerging Paradigm, in: Biodiversity & Conservation 6, 109ff.

Wynberg, Rachel/Schroeder, Doris/Chennells, Roger (Hrsg.) (2009): Indigenous Peoples, Consent and Benefit Sharing: Lessons from the San-Hoodia Case

Biopatente im Kontext von Biodiversität, Versorgungssystemen und den Bedingungen guten menschlichen Lebens

Katrin Reuter

Einleitung

Eine ausreichende Versorgung mit und der ausreichende Zugang zu Nahrung sind Grundbedürfnisse und Bedingungen guten menschlichen Lebens. Menschen sind Lebewesen und als solche bedürfen sie, um gut leben (bzw. um überhaupt leben) zu können, bestimmter Quantitäten und Qualitäten an Nahrung. Biodiversität, verstanden als die Vielfalt von Arten, Genen und Ökosystemen[1], und Agrobiodiversität, verstanden als diejenigen Komponenten von Biodiversität, die für Landwirtschaft, Ernährung und das Funktionieren der Agrarökosysteme bedeutsam sind[2], bilden die Grundlage für eine ausgewogene Form der Ernährung. Dies gilt sowohl direkt, d.h. wenn die entsprechenden Pflanzen und Tiere selbst zur Ernährung oder Erzeugung von Nahrungsmitteln genutzt werden, als auch indirekt, z.B durch die Aufrechterhaltung der Bodenfruchtbarkeit durch bestimmte Organismen und Symbiosen.[3] Insofern ist Biodiversität essentieller Bestandteil und Grundlage guten menschlichen Lebens. Biopatente, d.h.

> »[...] die Patentierung von Erzeugnissen, die aus biologischem Material bestehen, sowie von Verfahren, mit denen biologisches Material hergestellt oder bearbeitet wird oder bei denen biologisches Material verwendet wird«[4]

---

1 CBD, Art. 2.

2 Vgl. Bundesanstalt für Landwirtschaft und Ernährung, Glossar.

3 Wenn im Folgenden von »Biodiversität« gesprochen wird, ist immer auch Agrobiodiversität gemeint. Da Fragen nach Biopatenten jedoch nicht ausschließlich Agrobiodiversität betreffen, sondern z.B. auch Medizinalpflanzen, wird hier an einigen Stellen der umfassendere Begriff verwendet

4 Feind 2008, 10.

sind eine Weise, mit Biodiversität als Grundlage von Nahrungsversorgung, aber auch anderen Nutzungsmöglichkeiten, die aus genetischen Ressourcen gezogen werden können, umzugehen.[5]

Im vorliegenden Beitrag wird argumentiert, dass Fragen nach Biopatenten im Kontext von Biodiversität Fragen nach den Bedingungen guten menschlichen Lebens zum Gegenstand haben. Damit sind sie nicht zuerst rechtliche oder ökonomische, sondern *ethische* Fragen.[6] Bei der Frage nach der Legitimität von Biopatenten geht es entsprechend um die Frage, ob und inwiefern sie Einfluss auf die Bedingungen guten menschlichen Lebens haben. Der Fokus der Überlegungen liegt hier auf ethischen Aspekten von Biopatenten vor dem Hintergrund der Debatte von nachhaltiger Entwicklung.[7] Ethische Fragen sind normative Fragen, d.h. Fragen danach, was sein soll bzw. wie etwas sein soll. In den folgenden Überlegungen wird die Idee der nachhaltigen Entwicklung als eine Art regulativer Idee zur Bewertung von Zuständen und Entwicklungen zugrunde gelegt.[8] Dabei wird ein Verständnis von *starker Nachhaltigkeit* vertreten, welches Biodiversität als Voraussetzung für gutes menschliches Leben versteht.[9]

5 »Biologisches Material wird durch § 2a (3) Nr. 1 des deutschen Patentgesetzes (PatG) als Material definiert, das genetische Informationen enthält und sich selbst reproduzieren oder in einem biologischen System reproduziert werden kann. Ihm kommen also als wesentliche Merkmale Materialität und genetische Information zu« (ebd.).

6 Dazu Feindt: »Sozial-ethische Einwände gegen die Biopatentierung sind im Biopatentrecht nur indirekt durch den Verweis auf die mögliche Gefährdung der öffentlichen Ordnung und der guten Sitten verankert. Die Thematisierung ethischer Probleme der Biopatentierung kann daher nur schwer auf rechtlichem Wege erfolgen und erfordert die Auseinandersetzung im politischen Raum« (Feind 2010, 10). Vgl. dazu auch Baumgartner 2006.

7 Nicht adressiert werden, da es hier um Saatgut und pflanzliche Ressourcen geht, die gleichwohl wichtigen Fragen nach Patenten auf menschliche Stammzellen und Fragen nach dem moralischen Status der (Träger der) patentierten Gegenstände.

8 Vgl. Reuter 2014, 152.

9 Vgl. für die Unterscheidung von starker und schwacher Nachhaltigkeit vgl. Ott/Döring 2011 und Fn. 20.

Nachhaltige Entwicklung und Biodiversität

Bereits seit einigen Jahrzehnten gibt es eine umfassende Diskussion um eine so genannte »ökologische Krise«; als Symptome dieser Krise werden häufig der anthropogen verursachte Klimawandel, der Rückgang der biologischen Vielfalt, die Versauerung der Meere, die Erosion und Degradation von Böden, aber auch das Wachstum der Weltbevölkerung und die damit zusammenhängende Siedlungsentwicklung genannt.[10] Die ökologische Krise kann verstanden werden als die Summe der nicht absehbaren, nicht intendierten und nicht erwünschten Nebenfolgen menschlichen Umwelthandelns. Als eine Antwort auf diese Krise entstand das Leitbild der nachhaltigen Entwicklung, welche definiert werden kann als eine Entwicklung,

> »[…] that meets the needs of the present without compromising the ability of future generations to meet their own needs.«[11]

Die Idee der nachhaltigen Entwicklung zielt also auf die Befriedigung der Bedürfnisse gegenwärtiger und zukünftiger Generationen. Insofern ist sie eine normative Idee und zielt im Kern auf die Idee guten menschlichen Lebens.[12]

Als bisheriger Höhepunkt der Debatte um eine nachhaltige Entwicklung gilt die Rio-Konferenz über Umwelt und Entwicklung, welche 1992 von den Vereinten Nationen veranstaltet wurde. Auf dieser Konferenz wurden die Klimarahmenkonvention, die Rio-Deklaration, die Agenda 21, welche die genannte Definition von nachhaltiger Entwicklung der *World Commission on Environment and Development* (WCED) aufnimmt, die Walderklärung und das Übereinkommen über die biologische Vielfalt (*Conven-*

10 Vgl. z.B. von Weizsäcker 1990. Von Weizsäcker identifiziert die folgenden »Krisenfelder«, welche beim »Aufbruch ins Jahrhundert der Umwelt« (von Weizsäcker 1990, 1ff.) von Bedeutung sind: Energie und Stoffe, Verkehr, Landwirtschaft, »Dritte Welt«, biologische Vielfalt und Gentechnik. Warum Bevölkerungsentwicklung kein »Überbevölkerungsproblem«, sondern vielmehr ein Verteilungsproblem ist und »wir als Europäer ziemlich wenig Berechtigung [haben], uns besserwisserisch über die »Bevölkerungsexplosion zu äußern«, vgl. Ebd. 114f.

11 WCED 1986.

12 Vgl. Di Guilio et al. 2010.

tion on Biological Diversity; CBD) beschlossen. Biodiversität umfasst nach der Definition der CBD die Variabilität von Arten, Genen und Ökosystemen (CBD Art. 2). Der Biodiversitätsbegriff stammt ursprünglich aus dem Naturschutz[13], wurde jedoch mit der Rio-Konferenz und der CBD explizit in Zusammenhang mit der Idee einer nachhaltigen Entwicklung gebracht.

Im Zusammenhang mit nachhaltiger Entwicklung bedarf der Biodiversitätsbegriff nicht mehr der Rückbindung an einen schwer fassbaren Begriff dessen, was »Natur« oder »natürlich« ist, sondern zielt darauf, Fragen nach unserem Umgang mit Arten bzw. Lebewesen, Genen und Ökosystemen vor dem Hintergrund von Fragen der Gestaltung der Bedingungen guten menschlichen Lebens zu stellen.[14] Gegenüber dem klassischen Naturschutzbegriff umfasst der Biodiversitätsbegriff entsprechend auch Agrarökosysteme und deren Nutzung.

Der Aspekt der Nutzung von Biodiversität wird auch durch die Aufnahme genetischer Ressourcen in die CBD deutlich.[15] Dies wurde als notwendig angesehen, da ein Großteil der genetischen Vielfalt, welche die Grundlage der Forschung und Gewinne global agierender (im Saatgut- und Pharmabereich aktiver) Konzerne bildet, sich in Ländern befindet, in denen zwar eine hohe Biodiversität vorhanden ist, in denen jedoch diese Konzerne nicht ansässig sind und entsprechend keine Steuern zahlen bzw. auch nicht auf andere Weise dazu beitragen, dass der Gewinn, den sie aus

---

13 Vgl. Takacs 1996.

14 In diesem Satz ist die Rede von »Arten bzw. Lebewesen««, da Arten durch Lebewesen instanziiert werden und nicht selbst etwas Materielles darstellen, d.h. die (natürliche oder gesteuerte Entwicklung) von Arten (oder Sorten) immer vermittelt über konkrete Lebewesen verläuft. Mit dem Konzept der nachhaltigen Entwicklung geht eine anthropozentrische Perspektive einher; Fragen, welche mit nicht-anthropozentrischen Werten von Biodiversität zu tun haben, können an dieser Stelle nicht adressiert werden.

15 Der Umgang mit genetischen Ressourcen wurde unter dem Titel und mit dem Ziel des »gerechten und fairen Vorteilsausgleichs« der Nutzen (*benefits*), die aus der Nutzung genetischer Vielfalt entstehen, in die CBD aufgenommen (vgl. CBD Art. 1). Um Fragen, die diesen Mechanismus bzw. seine Umsetzung betreffen, wird es im Folgenden nicht gehen. Es sei nur angedeutet, dass keineswegs eindeutig und feststehend ist, was unter den Begriffen »*benefit*«, »gerecht« und »fair« verstanden wird und dass dies wiederum gesellschaftlichen Aushandlungsprozessen und Hegemonien unterliegt.

der Nutzung der lokalen genetischen Ressourcen und des lokalen und traditionellen Wissens ziehen, ebenso der lokalen Bevölkerung zu Gute kommt[16]. So stellen Brand/Görg fest:

> »Eine zentrale Motivation der Biodiversitätsländer, überhaupt an den Verhandlungen zur CBD teilzunehmen, war der erhoffte Zugang zu modernen Technologien, um biologische Vielfalt selbst in Wert setzen zu können.«[17]

Kritisch sehen sie die CBD insofern, als sie »[...] unter postfordistisch-neoliberalen Bedingungen dazu tendiert, einen Rahmen für die Kommerzialisierung der Natur zu schaffen.«[18]

Vor dem Hintergrund der Überlegungen zur ökologischen Krise und zu einer nachhaltigen Entwicklung kann die CBD entsprechend so verstanden werden, dass der Bezug auf Arten und Ökosysteme eher auf Aspekte des Naturschutzes und Fragen des Schutzes durch Nutzung, und der Bezug auf genetische Ressourcen eher auf den ökonomischen Nutzen, der aus genetischen Ressourcen gezogen werden kann, zielt. Dieser »ambivalente Charakter«[19] der CBD wird auch daran deutlich, dass im Diskurs um die

---

16 Zur Unternehmensstruktur der größten globalen pharmazeutischen und chemischen Unternehmen, welche im Saatgutbereich tätig sind, vgl. die Visualisierung von Howard 2009, 1273.

17 Brand/Görg 2003, 78. Mit »Biodiversitätsländer« sind die Länder des globalen Südens gemeint, in denen die Biodiversität im Vergleich zu den Ländern des globalen Nordens hoch ist. So befinden sich auch die so genannten *Vavilovschen Zentren*, welche die Ursprungsorte fast aller heutigen Kulturpflanzen sind, in den Ländern des globalen Südens (vgl. Potthast 2007, 60). Brand/Görg kommen in ihrer Untersuchung zu dem Schluss, dass es »den südlichen Ländern nicht gelungen [ist], ihr Interesse am Zugang zu modernen Biotechnologien dauerhaft auf der politischen Agenda zu etablieren. (...) Es scheint so, als hätten die südlichen Regierungen die Kräfteverhältnisse anerkannt und würden sich eher auf Spielräume in konkreten Konventionen konzentrieren.« (Brand/ Görg 2003, 78)

18 Ebd., 53. Unter postfordistisch-neoliberalen Bedingungen bzw. als Konturen eines »postfordistischen Entwicklungsmodus und damit zusammenhängenden Naturverhältnissen« verstehen Brand und Görg »die – wesentlich vom internationalen Kapital in Kooperation mit den Regierungen einiger dominanter kapitalistischer Staaten durchgesetzte – neoliberale Strategie der Krisenlösung, [welche] im Kern auf einer weitgehenden Deregulierung der Kapital- und Finanzmärkte, verbunden mit einer umfassenden Privatisierung von öffentlichen Unternehmen, Versorgungseinrichtungen und sozialen Sicherungssystemen [beruhte]« (ebd., 23).

19 Ebd.

CBD entweder eher auf Aspekte des Ökosystem- und Artenschutzes (wie z.B. in biologischen, ökologischen oder umweltethischen Publikationen) oder aber, wie Brand und Görg dies tun, auf die Ebene der genetischen Ressourcen (und damit auf *Governance* und ökonomische Aspekte) fokussiert wird.

Insofern nicht nur ökologische und soziale Aspekte unseres Umgangs mit Biodiversität für eine nachhaltige Entwicklung relevant sind, sondern ökonomische Aspekte zumindest vor dem Hintergrund der derzeitigen realpolitischen Verhältnisse nicht außen vor gelassen werden können und die drei Dimensionen oder Bereiche nachhaltiger Entwicklung – Ökologie, Soziales und Ökonomie – untrennbar miteinander zusammenhängen, ist die Frage nach dem Umgang mit genetischen Ressourcen nicht nur als Verteilungsproblem des Nutzens, der aus ihnen gezogen werden kann, und damit als Gerechtigkeitsproblem zu stellen.[20]

Vielmehr stellt sich vor dem Hintergrund der ökologischen Krise und der Idee einer nachhaltigen Entwicklung auch die Frage, was die Kommodifizierung genetischer Ressourcen in Form von Biopatenten für die Bedingungen guten menschlichen Lebens bedeutet. Im Folgenden werden als mögliche Konzepte, um den Einfluss von Biopatenten auf die Bedingungen guten menschlichen Lebens zu untersuchen und diese Frage beantworten zu können, das Konzept der *Ökosystemleistungen* und das der *Versorgungssysteme* diskutiert.

---

20 Üblicherweise wird davon ausgegangen, dass nachhaltige Entwicklung die drei Säulen oder Sphären Ökologie, Ökonomie und Soziales umfasst oder, in einem Verständnis *starker Nachhaltigkeit*, dass die ökologischen Aspekte das Fundament bzw. die Basis für eine nachhaltige Entwicklung bilden. Für eine sehr kurze Darstellung und Kritik des *Drei-Säulen-Modells* vgl. z.B. Winter 2007 und zum Unterschied von starker und schwacher Nachhaltigkeit im Zusammenhang mit dem *Drei-Säulen-Modell*, ebenfalls sehr kurz, Ott 2009 oder ausführlicher Ott/Döring 2011. Für ein »Korridormodell« nachhaltiger Entwicklung, in welchem »Nachhaltigkeit als Korridor von Entwicklungsmöglichkeiten verstanden [wird], der gesellschaftliches und politisches Handeln entlang der Bereiche Ökologie, Soziales und Ökonomie zugleich führt und begrenzt« (Keil/Hummel 2006, 244) und in welchem mit »einer analytischen Unterscheidung dreier miteinander verbundener Dimensionen [nämlich normative Vorstellung, analytisches Potential und operative Leitlinien; K.R.] des Nachhaltigkeitsdiskurses« (ebd., 243) gearbeitet wird, vgl. Keil/ Hummel 2006.

Ökosystemleistungen

Neben dem Biodiversitätskonzept ist ein weiteres bedeutendes Konzept, welches seit Mitte der 1980er Jahre zunehmend Bestandteil der politischen Agenda ist, jedoch gerade in jüngster Zeit eine erhöhte Aufmerksamkeit erfährt, das der Ökosystem(dienst)leistungen.[21] Ökosystemleistungen werden dabei in einer durch das *Millenium Ecosystem Assessment* (MEA) formulierten und mittlerweile gängigen Definition verstanden als »[…] *benefits people obtain from ecosystems*« [22] und unterteilt in unterstützende (*supporting*), regulierende (*regulating*), bereitstellende (*provisioning*) und kulturelle (*cultural*) Leistungen[23]. Die Idee der Ökosystemleistungen zielt darauf,

> »[…] die von Ökosystemen ausgehenden Nutzenstiftungen systematisch zu erfassen, zu bewerten und darauf aufbauend Instrumente zur Regulation einer nachhaltigen Nutzung zu entwickeln.«[24]

Auch der Debatte um Ökosystemleistungen liegt also die normative Idee von nachhaltiger Entwicklung zugrunde. Insofern ist auch sie vor dem Hintergrund von Bedürfnissen und der Bedingungen guten menschlichen Lebens zu betrachten. Dabei wird im Diskurs als unstrittig anerkannt, dass Biodiversität eine Grundlage und Bedingung für eine Vielzahl von Ökosystemleistungen ist.[25]

---

21 In der deutschen Debatte hat sich, als Übersetzung des englischen *ecosystem services*, der Begriff der Ökosystemleistungen etabliert. Es findet sich aber auch immer wieder die Rede von Ökosystemdienstleistungen.

22 Millenium Ecosystem Assessment (MEA), 2005, 27.

23 Ebd, 28. Beispiele für *supporting services* sind Nährstoffkreisläufe, welche z.B. für die Bodenfruchtbarkeit wichtig sind, Beispiele für *provisioning services* sind Nahrung und Trinkwasser, Beispiele für *regulating services* sind Klimaregulation und Wasserreinigung und Beispiele für *cultural services* sind ästhetische, spirituelle oder Erholungswerte (ebd.). Die MEA-Unterscheidung von Ökosystemleistungen ist nicht unumstritten und es gibt durchaus weitere Unterscheidungen. Für eine umfassende Übersicht vgl. Loft/Lux 2010.

24 Loft/Lux 2010, 21. Die Zweckformulierung des MEA lautet: *»The Millenium Ecosystem Assessment was established (...) to provide an integrated assessment of the consequences of ecosystem change for human well-being and to analyze options available to enhance the conservation of ecosystems and their contributions to meeting human needs.«* (MEA 2005, 26)

25 Vgl. z.B. MEA 2005.

Unabhängig davon, welches Modell nachhaltiger Entwicklung zugrunde gelegt wird, gilt außerdem als unstrittig, dass nachhaltige Entwicklung sowohl ökologische als auch soziale und ökonomische Aspekte umfasst. Im Hinblick auf *ökologische* Aspekte in Bezug auf (Agro)Biodiversität bedeutet das z.B., dass Lebewesen bestimmte ökologische Funktionen erfüllen wie die Primärproduktion von Biomasse (*supporting service*), dass sie für Luft- und Wasserfiltration wichtig sind und dass bestimmte Nährstoffkreisläufe durch die Aktivitäten von Mikroorganismen aufrechterhalten werden (*regulating services*). Insofern ist (Agro)Biodiversität nicht nur selbst Nahrungsgrundlage (*provisioning service*), sondern auch essentielle Bedingung für die dauerhafte Sicherung der Ernährungsgrundlagen. Fragen nach Ernährung und der Sicherung von Ernährungsgrundlagen sind jedoch keine genuin ökologischen Fragen, d.h. sie betreffen nicht nur Anbau- und Umweltbedingungen der angebauten Pflanzen, sondern sie betreffen als Fragen nach Ernährungsgewohnheiten und Landnutzung auch und in hohem Maße *kulturelle* und *soziale* Aspekte (und damit das, was in der Einteilung des MEA sehr allgemein unter *cultural services* subsumiert wird).

Bei Ernährungsfragen im Hinblick auf (traditionelle, moderne, religiös motivierte, genderspezifische etc.) Ernährungsgewohnheiten geht es z.B. um Fragen, welche Pflanzen (und Tiere) in bestimmten Regionen und Kulturen überhaupt die Nahrungsgrundlagen bilden und wie sie verarbeitet werden. Bei Fragen im Hinblick auf Landnutzung geht es z.B. um Fragen danach, wer überhaupt mittelbar und unmittelbar welchen Zugang zu welchen Ressourcen hat, wer mittelbar und unmittelbar welchen Nutzen aus ihnen zieht, wie diese Nutzen verteilt werden und wer davon ausgeschlossen wird. Zudem geht es um Fragen, wie Land genutzt wird, welche Anbaumethoden also eingesetzt werden oder wer für die Verarbeitung von Lebensmitteln und die Zubereitung von Nahrung zuständig ist, wie sich Versorgungsarbeit also aufteilt. Außerdem hat Biodiversität, insbesondere in Form von Agrobiodiversität eine wichtige *ökonomische* Funktion, da sie, gerade in den Ländern des globalen Südens, häufig die

Einkommens- und Existenzgrundlage für Kleinbauernbetriebe und Subsistenzwirtschaft darstellt.[26]

Bezogen auf Saatgut und in der Sprache der MEA-Einteilung von *ecosystem services* ausgedrückt bedeutet das: Die Frage, welches Saatgut ausgebracht wird, welche Sorten in einer Region also angebaut werden, hängt einerseits von den entsprechenden Ökosystemen und deren Bedingungen (wie z.B. Bodenfruchtbarkeit) ab, hat andererseits jedoch auch Einfluss auf diese Bedingungen (z.B. Bodendegradation durch Monokulturen oder Überdüngung). Die Wahl der angebauten Fruchtarten und Sorten sowie deren Durchmischung und Fruchtfolgen hat Auswirkungen auf den Boden, andere Pflanzen, die nicht Zielarten sind, und die regionale Fauna. Darüber hinaus werden die angebauten Pflanzen z.B. zu Nahrungsmitteln weiterverarbeitet oder als Futtermittel für das Vieh genutzt. Insofern hat die Wahl der angebauten Pflanzen, mithin die Wahl des Saatgutes, nicht nur direkten Einfluss auf zur Verfügung stehende Nahrungsmittel (also *provisioning* und mit Ernährungskultur zusammenhängende *cultural services*), sondern auch auf das entsprechende (Agrar)Ökosystem und dessen Funktionen (*regulating* und *supporting services*).

Mit dem Ökosystemleistungskonzept kann also zunächst gezeigt werden, dass, da Saatgut die Grundlage für Agrobiodiversität ist, der Umgang mit Saatgut und damit die Frage, welche Pflanzen wo und in welcher Weise von wem angebaut werden (können), alle drei Dimensionen nachhaltiger Entwicklung berührt.

Kritik am Ökosystemleistungsansatz

Unabhängig von verschiedenen Problemen, die mit verschiedenen Klassifikationen von Ökosystemleistungen auf der deskriptiven Ebene einhergehen[27], steht die generelle Idee einer solchen Klassifikation in vielfältiger Weise in der Kritik. Einer der Hauptkritikpunkte ist, dass der Diskurs stark

---

26 Insbesondere im Zusammenhang mit der sozialen und der ökonomischen Funktion von Biodiversität spielen auch genderspezifische und damit gesellschaftliche Aspekte eine große Rolle; vgl. dazu Momsen et al. 2013 oder Lemke/ Bellows 2011.

27 Vgl. Loft/ Lux 2010.

auf ökonomische Werte fokussiert und mit dem Ökosystemleistungskonzept versucht wird, einen ökonomischen Wert der Natur bzw. verschiedener Funktionen von Ökosystemen zu ermitteln; u.a. um sie dann in Wert setzen, d.h. zur Ware machen zu können.[28] Der Versuch der Ermittlung eines ökonomischen Wertes verschiedener Ökosystemleistungen wiederum suggeriert per se eine Vergleichbarkeit und Ersetzbarkeit von Ökosystemfunktionen und (Aspekten von) biologischer Vielfalt:

> »Indeed, if no substitution is possible, the very principle of economic valuation fails [...].«[29]

Die Annahme der Vergleichbarkeit und Ersetzbarkeit bestimmter Naturgegenstände oder -funktionen ist zudem insofern problematisch, als es immer auch Hegemonien und Interessen unterliegt, *wer* entscheidet, *welche* Leistungen oder Funktionen *in Bezug auf was* miteinander verglichen werden sollen (und welche Aspekte im entsprechenden Vergleich nicht berücksichtigt werden) oder welche Bewertungsmethode mit welchen ihr jeweils zugrundeliegenden Werten und Prämissen angewandt wird.[30] Insofern greift auch hier die von Brand und Görg für die CBD getroffene Feststellung einer Tendenz, einen Rahmen für die Kommerzialisierung der Natur bzw. bestimmter Naturgegenstände und Funktionen zu schaffen.

Problematisiert wird außerdem, dass es sich um eine bestimmte Zugangsweise zu spezifischen Problemen handelt und entsprechend bestimmte Werte, Wertsysteme und Wissensformen in den Vordergrund gestellt werden.[31] Dieser Zugang führt überhaupt erst dazu, dass bestimmte Eigenschaften von Pflanzen als wertvoll erachtet und bestimmte Funktionen als »Leistungen« bezeichnet werden.[32] Durch diese

---

28 Vgl. für Kritik z.B. Turnhout et al. 2013 oder Salles 2011. Der Fokus auf ökonomische Werte wird beispielhaft illustriert durch die TEEB-Studie, in welcher es explizit um »*The Economics of Ecosystems and Biodiversity*« geht; vgl. TEEB 2010.

29 Salles 2011, 474.

30 Für einen kurzen Überblick über Methoden und zugrundeliegende Werte sowie eine generelle Kritik am Ansatz einer ökonomischen Bewertung von Biodiversität und Ökosystemleistungen vgl. Salles 2011.

31 Vgl. Turnhout et al. 2013.

32 Vgl. Brand/Görg 2003, 74.

Zugangsweise werden andere Werte, Wertsysteme und Wissensformen, welche nicht mit einem kapitalistischen oder postfordistisch-neoliberalen Wertsystem (s.o.) vergleichbar oder in ein solches übersetzbar sind, und andere Wissensformen wie z.B. genderspezifisches, traditionelles oder Erfahrungswissen marginalisiert.[33]

Gerade bei konkreten Fragen nachhaltiger Entwicklung, zu denen auch die Frage nach Biopatenten gezählt werden kann, ist es jedoch wichtig, zu situationsspezifischen Problembeschreibungen zu gelangen, welche nicht schon bestimmte Werte (und deren Vergleichbarkeit und Substituierbarkeit) und Wertsysteme voraussetzen und welche offen sind, auch außerwissenschaftliche Wissensformen und spezifische kulturelle und gesellschaftliche Hintergründe, Gegebenheiten und Wechselwirkungen miteinzubeziehen. Insofern ist fraglich, ob das Konzept der Ökosystemleistungen allein geeignet ist, die Frage zu beantworten, wie Biopatente vor dem Hintergrund einer nachhaltigen Entwicklung und im Hinblick auf die Bedingungen guten menschlichen Lebens zu beurteilen sind. Ein Konzept, welches es erlaubt, diese Frage in einer anderen Weise zu untersuchen und verschiedene, nicht in Ökosystemleistungen klassifizierbare Aspekte miteinzubeziehen, ist das der Versorgungsysteme, welches im Folgenden betrachtet wird.

Versorgungssysteme

Die verschiedenen Dimensionen nachhaltiger Entwicklung sind im Hinblick auf Biodiversität über komplexe Versorgungssysteme miteinander verknüpft und können entsprechend nicht isoliert voneinander betrachtet werden. Der Begriff der Versorgungssysteme beinhaltet nicht nur Infrastrukturen oder soziale Sicherungssysteme, sondern auch, dass die Nahrungsversorgung als ein solches System zu verstehen ist. Allgemein gehalten sind Versorgungssysteme von Gesellschaften entwickelte Systeme, die Güter wie z.B. Nahrung, Trinkwasser oder Energie bereitstellen, auf

33 Ebd. Für ein Beispiel, wie verschieden Ideen dessen, was überhaupt als »Wissen« gelten kann und was dies für Machtverhältnisse und Ideen von Entwicklung bedeuten kann, vgl. Silitoe 2010.

bestimmten Ökosystemleistungen beruhen und Biodiversität z.B. durch Landnutzung oder Wasserextraktion beeinflussen.[34]

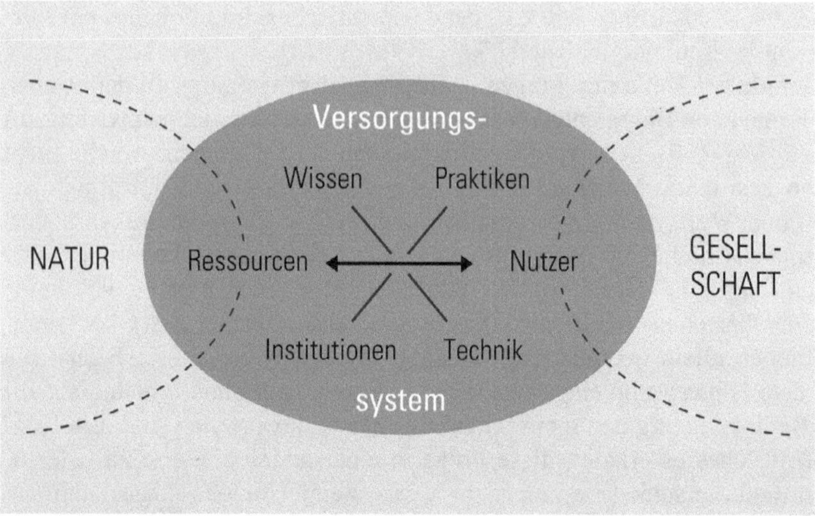

Abb.: Lux et al. 2006, 424.

Der Prozess der Ressourcennutzung innerhalb von Versorgungssystemen bedarf dabei keiner direkten Beziehung zwischen den entsprechenden Ressourcen und den Nutzern, sondern ist vielmehr über die miteinander zusammenhängenden Kontextfaktoren *Praktiken*, *Wissen*, *Institutionen* und *Technologien* vermittelt. Unter *Praktiken* werden dabei die verschiedenen sozialen, diskursiven und materiellen Routinen, Verhalten und Interaktionen gesellschaftlicher Akteure verstanden. *Technologien* umfassen physische Infrastrukturen und technische Elemente, welche genutzt werden, um bestimmte Ziele zu erreichen. *Wissen* umfasst sowohl wissenschaftliches als auch außerwissenschaftliches und alltägliches Wissen. Unter *Institutionen* werden schließlich gesellschaftlich etablierte formelle und informelle Handlungsregeln verstanden, welche durch verschiedene

34 Vgl. Hummel et al. 2011, 9.

gesellschaftliche und politische Bedingungen strukturiert sind, sie umgekehrt aber auch selbst strukturieren.[35] In diesem Verständnis werden Versorgungssysteme, die im Zusammenhang mit Biodiversität stehen, als komplexe sozial-ökologische Systeme verstanden und

> »[...] die Frage nach dem Zusammenwirken gesellschaftlicher und natürlicher Faktoren sowie nach den Bedingungen einer nachhaltigen Entwicklung [wird] ins Zentrum gestellt.«[36]

Als Grundlage und Bedingung für Landwirtschaft, Agrobiodiversität und eine gesicherte, dauerhafte sowie qualitativ und quantitativ angemessene Versorgung mit Nahrung stellt Saatgut einen essentiellen Bestandteil von Versorgungssystemen dar. Konkret bedeutet das für den Kontextfaktor Wissen, dass *Wissen* um die Umweltbedingungen und -anforderungen von Pflanzen notwendig ist – nicht jede Pflanze kann in jeder Umgebung unter den gleichen Bedingungen gedeihen – sowie Wissen darum, welche Pflanzen z.B. zu welcher Jahreszeit angebaut werden müssen und welche Sorten für welche klimatischen Bedingungen und lokalen Besonderheiten (nicht) geeignet sind. Dieses Wissen kann dabei sowohl in biologischem, d.h. genuin wissenschaftlichem Wissen, als auch in traditionellem Wissen bestehen oder auch auf Erfahrung beruhen. In Bezug auf *Praktiken* bedeutet dies, dass (möglicherweise sogar die gleichen) Pflanzen in unterschiedlicher Weise genutzt und verarbeitet werden oder dass bestimmte gesellschaftliche Gruppen für Anbau und Verarbeitung zuständig sind. Im Hinblick auf *Technologien* geht es um die Frage, wie, d.h. mit welchen Methoden die Pflanzen angebaut und nutzbar gemacht bzw. verarbeitet werden. Im Hinblick auf *Institutionen* schließlich geht es z.B. um die Frage, nach welchen Regeln Saatgutsysteme funktionieren, über welche Praktiken und Mechanismen der Austausch von Saatgut also funktioniert – über Tausch oder Kauf – oder ob und inwiefern die Aussaat bestimmter Sorten (durch wen und in welcher Weise) reglementiert ist.

Unabhängig davon, was genau unter die verschiedenen Kontextfaktoren subsumiert wird bzw. wie genau sie spezifiziert werden – der hier ge-

---

35 Vgl. Hummel et al. 2011, 10.

36 Lux et al. 2006, 425. Mit sozial-ökologischen Systemen wiederum können die komplexen Beziehungen zwischen dem, was üblicherweise unter dem Naturbegriff verstanden wird, und Gesellschaften beschrieben werden.

machte Vorschlag ist sicherlich keineswegs erschöpfend – lässt sich doch feststellen:

> »Food is not just about nutrients, but about livelihoods, value, culture, and many other aspects.«[37]

Im Konzept der Versorgungssysteme wird der Nutzer explizit als integraler Bestandteil (und nicht nur als Nutznießer bzw. *beneficiary*) dieser Systeme verstanden.[38] Einerseits werden die Lebensbedingungen von Menschen durch Versorgungssysteme gestaltet, andererseits gestalten Menschen durch ihren Umgang mit Biodiversität auch die Struktur von Versorgungssystemen mit.

Insofern stellt das Konzept der Versorgungssysteme eine Möglichkeit dar, den Zusammenhang von Biopatenten und den Bedingungen guten menschlichen Lebens im Hinblick auf nachhaltige Entwicklung zu untersuchen ohne sich mit dem Konzept selbst schon auf bestimmte Wertsysteme, Werte und Wissensformen festlegen zu müssen.

Gutes Leben und Versorgungssysteme

Der Begriff guten menschlichen Lebens ist notorisch schwer zu fassen. Seine inhaltliche Ausprägung unterscheidet sich mit Sicherheit je nach Epoche, Ort und Kultur.[39] Zudem gibt es subjektivistische Ansätze dessen, was der Begriff guten menschlichen Lebens umfasst, Ansätze also, die den Begriff (nur) daran festmachen, ob ein Leben subjektiv als gut empfunden wird. Daneben existieren objektivistische Ansätze, die argumentieren, dass es so etwas wie für alle Menschen gültige – objektive – Standards

---

37 Lemke/Bellows 2011, 55. Was genau unter die verschiedenen Kontextfaktoren subsumiert wird bzw. wie diese im Einzelfall zu spezifizieren sind, bedarf in konkreten Forschungs- und Problemlösungsprozessen einer eingehenden Diskussion. Diese sollte möglichst inter- und transdisziplinär stattfinden, um eine einheitliche Beschreibung des Problems und seiner Struktur zu bekommen, welcher im Idealfall alle Beteiligten zustimmen können. Für die Beschreibung eines idealtypischen transdisziplinären Forschungsprozesses vgl. Jahn 2013.

38 Vgl. Hummel et al. 2011, 9.

39 Für die Zwecke des vorliegenden Beitrags werden die Begriffe des guten menschlichen Lebens und des *human well-being* als identisch bzw. das eine als Übersetzung des anderen verstanden.

dessen gibt, was ein gutes menschliches Leben ausmacht. Bei der Frage nach gutem Leben handelt es sich also um eine in der Philosophie breit geführte Debatte, die im Vorliegenden nicht erschöpfend dargestellt werden kann.[40]

Unstrittig jedoch ist, dass Menschen Lebewesen sind und als solche des Erfülltseins bestimmter Bedingungen bedürfen, um gut leben zu können. Im Anschluss an Nussbaum wird im Folgenden davon ausgegangen, dass sich zwar zwischen den Individuen unterscheidet, was Inhalt eines guten Lebens ist bzw. als solches angesehen wird, dass aber ein *Minimum* an *Gütern* bzw. ein Minimum an *Möglichkeiten* oder *Befähigungen* gegeben sein muss, damit Menschen in der Lage sind, ein gutes Leben führen zu können[41].[42] An dieser Stelle geht es nicht darum, Nussbaums Liste von Gütern und Befähigungen zu diskutieren; vielmehr dienen ihre Überlegungen, dass es eine Reihe von Bedingungen gibt, die sichergestellt sein müssen, damit Menschen die Möglichkeit haben, ein gutes Leben führen zu können, als Hintergrundfolie für die Überlegung, dass es überhaupt möglich ist, in gewissen Grenzen und auf einer basalen Ebene objektiv über Bedingungen guten menschlichen Lebens zu sprechen.

Zu den Bedingungen der Möglichkeit, derer Menschen als Lebewesen bedürfen, um sich die Frage nach einem gutem Leben überhaupt stellen zu können, gehören z.B. Atemluft, eine bestimmte Qualität des Trinkwassers und eine qualitativ und quantitativ ausreichende Versorgung mit Nahrung. Das Erfülltsein dieser Bedürfnisse ist gewissermaßen die materielle Grundvoraussetzung für die Möglichkeit eines guten menschlichen Lebens.

Der Einfluss von Biodiversitätsveränderungen auf diese gewissermaßen materiell-naturalen Aspekte kann teilweise und auf einer sehr basalen Ebene durch die Beschreibung von Veränderungen verschiedener Ökosys-

---

40 Vgl. für eine Übersicht verschiedener Ansätze Steinfath 1998.

41 Nussbaum 2011.

42 In früheren Texten spricht Nussbaum von gutem Leben bzw. »*good human life*« (z.B. Nussbaum 1992), während sie in ihren aktuellen Werken von »*a life worthy of human dignity*« (Nussbaum 2011, 32) spricht. Sowohl in ihren früheren als auch in ihren späteren Werken geht es ihr darum, eine Theorie sozialer Gerechtigkeit zu entwickeln und eine Liste an Kriterien anzugeben, welche die Voraussetzung für gutes menschliches Leben sind und deren Bereitstellung politisch sicherzustellen ist (ebd., 33).

temleistungen fassbar gemacht werden. Ändert sich z.B. der Eintrag von bestimmten Nährstoffen im Wasser und sind nicht genügend Mikroorganismen vorhanden, die dies kompensieren können (*supporting service*), ändert sich möglicherweise die Qualität des Wassers und es ist für Menschen nicht mehr als Trinkwasser (*provisioning service*) nutzbar. Mit Aussagen darüber, was Menschen als biologische Wesen brauchen, ist jedoch noch nicht viel über *gutes* menschliches Leben gesagt; der Begriff des guten menschlichen Lebens ist weit umfassender als der des physischen Fortexistierens und kann, wie auch bei Nussbaum deutlich wird, mithin in biologischen Begriffen und Beschreibungen nicht hinreichend erfasst werden.

Über die gewissermaßen materiell-naturalen Bedingungen hinaus, die erfüllt sein müssen, um bestimmte basale Grundbedürfnisse zu befriedigen und das Überleben sicherzustellen, identifiziert das MEA weitere Komponenten, bei denen davon ausgegangen werden kann, dass sie für alle Menschen zutreffen:

> »Human well-being has multiple constituents, including the basic material for a good life, freedom of choice and action, health, good social relations, and security.«[43]

Diese Kriterien erinnern wiederum stark an Nussbaums *Fähigkeiten-Ansatz*.[44] Die MEA-Kriterien, ebenso wie die Kriterien Nussbaums, bedürfen freilich einer weiteren begrifflichen Ausgestaltung und auch sie sind sicherlich keine erschöpfende Beschreibung dessen, was gutes menschliches Leben ausmacht. Für Fragen im Hinblick auf nachhaltige Entwicklung können sie jedoch zunächst als eine Bestimmung *ex negativo* verstanden werden, mit der ausgesagt wird, dass ohne das Erfülltsein dieser Kriterien, wenn überhaupt, nur schwer von einem guten Leben gesprochen werden kann. Diese Bestimmung *ex negativo* ist sicherlich wenig konkret und damit zunächst einmal kaum handlungsleitend. Gerade in dieser Offenheit kann jedoch auch eine Stärke gesehen werden: Einerseits kann sie so berücksichtigen, wie sich die Art und Weise, wie Grundbedürfnisse zwischen verschiedenen Kulturen an verschiedenen Orten zu verschiedenen Zeiten befriedigt werden, unterscheidet; dies wird z.B. daran deutlich,

---

43 MEA 2005, 29.
44 Vgl. Nussbaum 2011.

dass es einen Unterschied macht, welche Pflanzen als Grundnahrungsmittel genutzt und wie diese von wem angebaut, verarbeitet und zubereitet werden. Andererseits kann sie auf Versorgungssysteme bezogen werden und dann insofern handlungsleitend wirken, als sie als Maßstab genommen werden kann, welche Handlungen und Umgangsweisen mit (Agro)Biodiversität aus einer ethischen Perspektive *nicht* zulässig sind. Aus einer ethischen Perspektive nicht zulässig wären dabei *prima facie* Handlungen, welche Versorgungssysteme in einer Weise beeinflussen, die die Lebensbedingungen von Menschen sowohl im Hinblick auf die materiell-naturalen Bedingungen (welche zur Befriedigung basaler Grundbedürfnisse erfüllt sein müssen), als auch im Hinblick auf die genannten nicht in biologischen Begriffen beschreibbaren Bedingungen, wie sie innerhalb des spezifischen Versorgungssystems ausgestaltet sind, verschlechtern.[45]

Biopatente im Kontext von Versorgungssystemen und den Bedingungen guten Lebens

Vor dem Hintergrund der angestellten Überlegungen hängt die Antwort auf die Frage nach der Legitimität von Biopatenten also davon ab, inwiefern sie konkrete Versorgungssysteme in welcher Weise beeinflussen. Von Befürwortern von Biopatenten wird als Grund für ihre Legitimität häufig die Bekämpfung von Hunger angesichts der steigenden Weltbevölkerung angeführt. Biopatente, so das Argument, setzen Anreize, um die Entwicklung von Hochleistungssorten zu steigern. Die Beseitigung von Hunger ist ohne Zweifel eine dringende gesellschaftliche und politische Aufgabe. Es

45 Mit diesem Verschlechterungsverbot ist genaugenommen noch nichts über nachhaltige Entwicklung ausgesagt, also noch nichts darüber, wie die Bedingungen guten menschlichen Lebens für gegenwärtige und zukünftige Generationen geschaffen und gesichert werden können. Dieses Verschlechterungsverbot sagt erst einmal nur, was unterlassen werden sollte, um die Lebensbedingungen von Menschen nicht zu verschlechtern; es sagt mithin nur etwas darüber, was sich aus einer ethischen Perspektive heraus im Hinblick auf nachhaltige Entwicklung verbietet. Über eine Beschreibung von Versorgungssystemen können jedoch auch Probleme identifiziert und Beschreibungen formuliert werden, inwiefern bestehende Versorgungssysteme im Hinblick auf eine nachhaltige Entwicklung positiv beeinflusst werden können.

ist eines der wichtigsten Felder, wenn nicht der Hauptaspekt, nachhaltiger Entwicklung, allen Menschen heute und in Zukunft eine dauerhafte Versorgung mit Nahrung und eine ausgewogene Ernährung zu ermöglichen und sicherzustellen. Es ist jedoch, wie im Folgenden gezeigt wird, durchaus fraglich, inwieweit Biopatente einen Beitrag zu einer sowohl ökologisch als auch sozial (und ökonomisch[46]) nachhaltigen Entwicklung leisten können.

Patente auf Saatgut beziehen sich in aller Regel auf Nahrungspflanzen, welche in der Landwirtschaft zum Einsatz kommen sollen. An dieser Stelle soll es nicht darum gehen, die grundlegenden Argumente, die gegen Biopatente in ökologischer, sozialer, sozioökonomischer und ethischer Hinsicht vielfach angeführt werden, noch einmal in einer Art Liste in ihrer Gesamtheit zu sammeln und aufzuzählen.[47] Auch soll es nicht darum gehen, darzulegen, dass Hunger kein Mengen-, sondern ein Verteilungsproblem von bzw. ein Zugangsproblem zu Nahrung ist.[48] Vielmehr werden im Folgenden einige mögliche Auswirkungen explizit im Hinblick auf Versorgungssysteme und die Bedingungen guten menschlichen Lebens skizziert, die aus einer ethischen Perspektive und vor dem Hintergrund nachhaltiger Entwicklung problematisch sind. Das bedeutet: Wenn Biopatente diese Auswirkungen in der Praxis haben, wenn sie also die Bedingungen guten menschlichen Lebens in der skizzierten Weise beeinflussen – und die genannten Studien sprechen dafür – sind sie aus der hier vertretenen normativen Perspektive einer nachhaltigen Entwicklung *prima facie* nicht zu rechtfertigen.

Zunächst ist festzustellen, dass das Konzept des Privateigentums, speziell das Konzept der geistigen Eigentumsrechte an Saatgut, vielen Kulturen

46 Die Aspekte ökonomischer Nachhaltigkeit werden in den folgenden Überlegungen ausgeblendet, denn während ökologische und soziale Aspekte von Nachhaltigkeit selbst Ziele sind, sind ökonomische Zielsetzungen zunächst einmal *Mittel* zum Erreichen von (ökologischen und sozialen) Zielen und diese Mittel sind im Hinblick auf diese (ökologischen und sozialen) Ziele zu bewerten und zu wählen. Für Argumente, die aus einer ökonomischen bzw. wirtschaftswissenschaftlichen Sicht gegen Biopatente sprechen vgl. z.B. exemplarisch Feindt 2009, 25ff. und 2010, 20ff. und Hebenstreit/ Minkmar 2013.

47 Vgl. für verschiedene Argumente z.B. Feindt 2009 und 2010, Baumgartner 2006, BfN 2008 und Tappeser et al. 2014.

48 Vgl. z.B. Grethe at al. 2011 und Lemke/Bellows 2011.

fremd ist.[49] Es handelt sich um ein Konzept, welches aus einem bestimmten (kapitalistischen bzw. postfordistisch-neoliberalen) Wertesystem heraus bestimmten Gegenständen bestimmte Werte zuschreibt. Dies ist insofern problematisch, als mit der

> »[...] Patentierung (...) die patentierte genetische Information (...) aus dem Bereich des Gemeineigentums in das Privateigentum des Patentinhabers überführt [wird].«[50]

Feindt stellt in diesem Zusammenhang außerdem fest:

> »Vor der Einführung geistiger Eigentumsrechte ergab sich die Kontrolle über tier- und pflanzengenetische Ressourcen aus den Eigentumsrechten an bzw. der faktischen Verfügung über spezifische Tiere bzw. Pflanzen. Die genetische Information stellte Gemeineigentum dar bzw. war gar nicht als Eigentumskategorie konzipiert.«[51]

Mit Patenten an genetischen Ressourcen wird also, da sie durch Rechtsprechung und internationale Abkommen institutionalisiert werden, unter Umständen in bestehende Versorgungssysteme in Form eines neuen Konzeptes (Privateigentum) bzw. einer neuen Eigentumskategorie (Eigentum an genetischen Ressourcen bzw. geistiges Eigentum) eine neue Institution eingeführt, die es so vorher noch nicht gab. Diese neue Institution kann zu gravierenden Verschiebungen im bestehenden Institutionengefüge führen, mit teilweise dramatischen Auswirkungen auf die Nutzer des entsprechenden Versorgungssystems. Negative Auswirkungen betreffen in Ländern des globalen Südens häufig Klein- und Subsistenzbauern und deren Familien, z.B. da bestimmte Sorten nicht mehr getauscht werden dürfen oder weil Pflanzen mittels der Terminatortechnologie so manipuliert werden, dass sie sterile Samen produzieren und entsprechend immer wieder neues Saatgut erworben werden muss. Dies führt zu Abhängigkeiten der Bauern von global agierenden Saatgutkonzernen im globalen Norden (mit einem entsprechenden Wertesystem) –

> »Experience suggests that because of the high cost of patented seeds, small farmers would no longer be able to exist independently of large seed companies.«[52]

---

49 Vgl. Brand/Görg 2003, 70.
50 Feindt 2010, 13.
51 Ebd., 12.
52 Baumgartner 2006, 528.

Damit jedoch wird das beeinträchtigt, was im MEA mit den Kategorien *freedom of choice and action* und *security* bezeichnet wird. Von Saatgutkonzernen abhängige Kleinbauern und Subsistenzfarmer sind gerade nicht mehr frei in ihren Entscheidungen und Handlungen und, da sie in jeder Periode genug erwirtschaften müssen, um nicht nur sich selbst und ihre Familien zu ernähren, sondern auch im Folgejahr neues Saatgut (und die entsprechenden Herbizide und Pestizide) erwerben zu können, steigt auch die Unsicherheit in Bezug auf die künftige Nahrungsversorgung an.
In Bezug auf die Kontextfaktoren *Wissen* und *Praktiken* kann mit Brand und Görg festgestellt werden:

> »Viele Ressourcen werden erst durch ein Wissen um ihre Nützlichkeit (z.B. als Arzneimittel oder für Ernährung und Landwirtschaft) zu solchen, d.h. zu potentiell wertvollen Bestandteilen der biologischen Vielfalt. Bestimmte Wissensformen sind jedoch nicht per se markt-kompatibel (traditionelle Heiler und Austauschformen in der Landwirtschaft). Um den Zugang zu erleichtern, müssen sie erst zu marktkonformen Wissensformen gemacht und damit in ihren sozialen Grundlagen umfassend modifiziert werden. Dabei stehen nicht nur Eigentumsfragen i.e.S. auf dem Spiel, sondern umfassende gesellschaftliche *Praktiken*.«[53]

Biopatente können jedoch nicht nur Einfluss auf aktuelle gesellschaftliche Praktiken haben; darüber hinaus kommt in Bezug auf *Wissen* hinzu, was unter dem Schlagwort der »Biopiraterie« kritisiert wird: die Erforschung indigenen oder traditionellen Wissens durch Konzerne, um dieses Wissen für die Verwertung in Form von z.B. Agrarprodukten nutzbar zu machen und durch Patente zu monopolisieren.[54] Diese Praxis führt nicht selten dazu, dass die Gemeinschaften, die dieses Wissen (und die entsprechende Pflanzen, d.h. das entsprechende Saatgut) teilweise über Jahrhunderte kultiviert haben, auf einmal Lizenzgebühren für die weitere Nutzung zahlen müssen.[55] Da dies nicht nur ungerecht ist, sondern häufig auch ein ökonomisches Problem darstellt, werden auch hier die Güter *freedom of choice and action* sowie *security* beeinträchtigt.

Gerade im Kontext von genetischen Ressourcen in der Landwirtschaft gilt, dass diese am besten *geschützt* werden, wenn sie *genutzt* werden; ein

---

53 Brand/ Görg 2003, 74; eigene Hervorheb.
54 Vgl. Minkmar 2010.
55 Vgl. ebd.

Grundsatz, der auch in der CBD verankert ist.[56] Brand und Görg betonen in diesem Zusammenhang die zentrale Bedeutung des freien Austauschs bzw. der freien Weitergabe von Saatgut in weiten Teilen der Welt, in denen die Technik der Auslese nicht an die Kenntnis der Vererbungsregeln gebunden ist.[57]

> »Nur wenn innerhalb von bäuerlichen Gemeinschaften geeignete Sorten frei zugänglich sind und das Wissen darüber frei zirkuliert, unter welchen Bedingungen welche Sorten besonders gut gedeihen oder gegen welche Schädigungen sie besonders resistent sind, kann diese Form der Nutzung weiterhin funktionieren. Ohne diese sozialen *Praktiken* wäre die Vielfalt an Nutzpflanzen und -tieren nicht entstanden, und es ist sehr die Frage, ob diese Praktiken nicht zusammen mit der biologischen Vielfalt im Verschwinden begriffen sind.«[58]

Ein zunehmender Rückgang der biologischen Vielfalt im Agrarsektor hat zudem Auswirkungen auf die Sicherheit zukünftiger Versorgung. Ertragssteigerung von Pflanzen im Nahrungsmittelsektor ist ein Hauptargument von Befürwortern von Biopatenten. Hochleistungssorten, welche mit Monokulturen und häufig auch einem erhöhten Herbizid- und Pestizideinsatz einhergehen, haben jedoch Biodiversitätsverluste und einen Rückgang an Sortenvielfalt zur Folge und gefährden somit langfristig die Sicherung der Ernährungsgrundlagen.[59] Damit gefährden sie jedoch sowohl die materiell-naturalen Bedingungen guten menschlichen Lebens als auch (mindestens) das Gut *security*, also die Sicherheit, dass die Nahrungsversorgung auch in Zukunft gesichert ist.

Fazit

Die Überlegungen in Bezug auf Biopatente im Kontext von Versorgungssystemen und den Bedingungen guten menschlichen Lebens müssen hier notwendig im Grundsätzlichen und entsprechend skizzenhaft bleiben. Es liegt gerade im Konzept der Versorgungssysteme, dass sie jeweils fallspezifisch und auf ein konkretes Problem hin beschrieben werden müssen.

56 Vgl. Feindt 2010, 5.
57 Brand/ Görg 2003, 98.
58 Ebd., eigene Hervoheb.
59 Vgl. BfN 2008.

Mit einer allgemeinen Beschreibung liegt entsprechend ein gewisser Widerspruch zum Konzept der Versorgungssysteme vor, welches auf konkrete Beschreibungen zielt bzw. diese gerade ermöglichen soll. Dies wird an den Kontextfaktoren deutlich, welche per definitionem kontextabhängig, d.h. vor dem Hintergrund bestehender Zustände und Entwicklungen beschrieben und ggf. im Hinblick auf bestimmte normative Ziele, wie z.B. nachhaltige Entwicklung, bewertet werden.

Es kommt auf die Ausgestaltung der Kontextfaktoren an, inwiefern ein Versorgungssystem z.B. als nachhaltig oder gerecht bezeichnet werden kann. So ist durchaus denkbar, dass auch im Zusammenhang mit biologischen Ressourcen und Biopatenten neue Institutionen in bestehende Versorgungssysteme eingeführt werden, welche die Rechte von Wissenshalterinnen stärken und nicht schwächen und als Beitrag zu nachhaltiger Entwicklung gewertet werden können. Dennoch lässt sich nach den hier angestellten allgemeineren Überlegungen feststellen, dass insofern sich Patente auf Saatgut in der skizzierten Weise auf Versorgungssysteme auswirken – und eine Reihe von Studien verschiedener Einrichtungen und Wissenschaftlerinnen sprechen dafür – sie einen negativen Einfluss auf die Bedingungen guten menschlichen Lebens der Menschen innerhalb dieser Versorgungssysteme haben.

Da es bei nachhaltiger Entwicklung gerade darum geht, die Bedingungen guten menschlichen Lebens aller Menschen heute und in Zukunft zu erhalten und an vielen Orten der Welt erst herzustellen oder zu verbessern, sind Patente auf Saatgut vor dem Hintergrund der Idee einer nachhaltigen Entwicklung aus einer ethischen Perspektive, wenn sie diesen Einfluss auf Versorgungssysteme haben, der hier vorgenommen Argumentation folgend nicht zu rechtfertigen.

Literaturverzeichnis

Baumgartner, Christoph (2006): Exclusion by Inclusion? On Difficulties with Regard to an Effective Ethical Assessment of Patenting in the Field of Agricultural Bio-Technology, in: Journal of Agricultural and Environmental Ethics 19, 521ff.

Brand, Ulrich/Görg, Christoph (2003): Postfordistische Naturverhältnisse. Konflikte um genetische Ressourcen und die Internationalisierung des Staates.

Bundesanstalt für Landwirtschaft und Ernährung (BLE): Glossar, Eintrag Agorbiodiversität.[Quelle:http://www.ble.de/SiteGlobals/Functions/Glossar/DE/glossar.html?nn=2315564&lv3=2314422 (04.12.2014)].

Bundesamt für Naturschutz (BfN) (2008): Welternährung, Biodiversität und Gentechnik. Kann die Agro-Gentechnik zur naturverträglichen und nachhaltigen Sicherung der Welternährung beitragen? Positionspaper des Bundesamtes für Naturschutz (BfN) [Quelle: http://www.bfn.de/fileadmin/MDB/documents/themen/ agrogentechnik/ PositionspapierWelternaehrungGT.pdf (04.12.2014)].

Secreteriat of the Convention on Biological Diversity (2014): Convention on Biological Diversity (CBD) [1992] [Quelle:http://www.cbd.int/convention/text /default-.shtml (abgerufen am 04.12.2014)].

Di Giulio, Antonietta/Defila, Rico/Kaufmann-Hayoz, Ruth (2010): Gutes Leben, Bedürfnisse und nachhaltiger Konsum, in: Umweltpsychologie 14, 10 ff.

Döring, Ralf (2011): Theorie und Praxis starker Nachhaltigkeit.

Feindt, Peter H., Beirat für Biodiversität und Genetische Ressourcen beim BMELV (2010): Biopatente – eine Gefährdung für Nutzung und Erhaltung der Agrobiodiversität? Stellungnahme des Beirats für Biodiversität und genetische Ressourcen beim Bundesministerium für Ernährung, Landwirtschaft und Verbraucherschutz.

Feindt, Peter H. (2008): Politische Aspekte der Biopatentierung, in: Biopatente. Rechtliche Bedingungen und politische Aspekte. Schriftenreihe der Rentenbank Band 25, 6 ff..

Grethe, Harald/Dembélé, Assa/Duman, Nuray (2011): How to feed the wold´s growing billions. Understanding FAO world food projections and their implications. Heinrich Böll Stiftung (HBS). WWF Deutschland.

Hebenstreit, Michael/Minkmar, Lisa (2013): Sind Biopatente nachhaltig? Eine rechts- und wirtschaftswissenschaftliche Analyse der Wirkungen von Pflanzenpatenten, in: Friedrich, Jan./ Halsband, Aurélie/ Minkmar, Lisa (Hrsg.), Biodiversität und Gesellschaft. Gesellschaftliche Dimensionen von Schutz und Nutzung biologischer Vielfalt. 217 ff.

Howard, Philip H. (2009): Visualizing Consolidation in the Global Seed Industry: 1996-2008, in: Sustainability 1, 1266 ff.

Hummel, Diana/Jahn, Thomas/Schramm, Engelbert (2011): Social-Ecological Analysis of Climate Induced Changes in Biodiversity – Outline of a Research Concept, Biodiversität und KlimaForschungszentrum (BiK-F), Knowledge Flow Paper Nr. 11 [Quelle: http://www.isoe.de/fileadmin/redaktion/Downloads/Biodiversitaet/kfp-11-bikf-2011.pdf (04.12.2014)].

Jahn, Thomas, 2013: Transdisziplinarität – Forschungsmodus für nachhaltiges Forschen, in: Hacker, Jörg (Hrsg.): Nachhaltigkeit in der Wissenschaft. Nova Acta Leopoldina, 117, 65 ff.

Keil, Florian/Hummel, Diana (2006): Nachhaltigkeit und kritische Übergänge, in: Becker, Egon/ Jahn, Thomas (Hrsg.): Soziale Ökologie. Grundzüge einer Wissenschaft von den gesellschaftlichen Naturverhältnissen, 240 ff.

Lemke, Stefanie/Anne C. Bellows (2011): Bridging Nutrition and Agriculture. Local Food-livelihood Systems and Food Governance Integrating a Gender Perspective, in: Technikfolgenabschätzung – Theorie und Praxis 20, 52 ff.

Loft, Lasse/Lux, Alexandra (2010): Ecosytem Services – Eine Einführung, Biodiversität und Klima Forschungszentrum (BiK-F), Knowledge Flow Paper Nr. 6 [Quelle: http://www.bik-f.de/files/publications/kfp_nr-6_neu__3edfc7.pdf (04.12.2014)].

Lux, Alexandra/Janowicz, Cedric/Hummel, Diana (2006): Versorgungssysteme, in: Becker, Egon/Jahn, Thomas (Hrsg.): Soziale Ökologie. Grundzüge einer Wissenschaft von den gesellschaftlichen Naturverhältnissen. 423 ff.

Momsen, Janet H./Kunze, Isabelle/Oakley, Emily (2013): Agrobiodiversity and equity: Adressinggender in transdiscilinary research, in: Christink, Anja/ Padmanabhan, Martina (Editors): Cultivate diversity! A handbook on transdisciplinary approaches to agrobiodiversity research. 71 ff.

Millenium Ecosystem Assessment (MEA) (2005): Ecosystems and Human Well-Being: Current State and Trends, Volume 1 [Quelle: http://millennium-assessment.org/en/Condition.html (28.10.2015)].

Minkmar, Lisa (2010): Biopiraterie. Die Privatisierung der Natur durch geistige Eigentumsrechte, in: Forum Recht 1, 17 ff.

Nussbaum, Martha (2011): Creating Capabilities. The Human Development Approach.

Nussbaum, Martha (1992): Human Functioning and Social Justice: In Defense of Aristotelian Essentialism, Political Theory 20, 202 ff.

Ott, Konrad (2009): Leitlinien einer starken Nachhaltigkeit, in: GAIA 18, 25 ff.

Potthast, Thomas (2007): Biodiversität, Ökologie, Evolution – Epistemisch-moralische Hybride und Biologietheorie, in: ders. (Hrsg.): Biodiversität – Schlüsselbegriff des Naturschutzes im 21. Jahrhundert? 57 ff.

Reuter, Katrin (2014): Ökologische Tugenden und gutes Leben. Der Schutz der Biodiversität im Zeitalter von ökologischer Krise und nachhaltiger Entwicklung.

Salles, Jean-Michel (2011): Valuing biodiversity and ecosystem services: Why put economiv values on nature?, in: C.R. Biologies 334, 469 ff..

Silitoe, Paul (2010): Trust in development: some implications of knowing in indigenous knowledge, in: Journal of the Royal Anthropological Institute (N.S.) 16, 12 ff.

Steinfath, Holmer (1998): Einführung: Die Thematik des guten Lebens in der gegenwärtigen philosophischen Diskussion, in: ders. (Hrsg.): Was ist ein gutes Leben? Philosophische Reflexionen, 7 ff.

Takacs, David (1986): The idea of biodiversity. Philosophies of Paradise.

Tappeser, Beatrix/Reichenbacher, Wolfram/Teichmann, Hanka (2014) (Editors): Agronomic and environmental apects of the cultivation of genetically modified herbicide-restistant plants. A joint paper of BfN (Germany), FOEN (Switzerland) and EAA Austria.BfN-Skripten 362.

TEEB (2010) The Economics of Ecosystems and Biodiversity: Mainstreaming the Economics of Nature: A synthesis of the approach, conclusions and recommendations of TEEB.

Turnhout, Esther/Waterton, Clare/Neves, Katja/Buizer, Marlen (2013): Rethinking biodiversity: from goods and services to living with, in: Conservation Letters 6, 154 ff.

Weizsäcker, Ernst Ulrich von (1990): Erdpolitik. Ökologische Realpolitik an der Schwelle zum Jahrhundert der Umwelt, 2. Auflage.

Winter, Gerd (2007): Natur ist Fundament, nicht Säule. 20 Jahre nachhaltige Entwicklung als rechtspolitisches Konzept, in: GAIA 16, 255 ff.

World Commission on Environment and Development (WCED) (1987): Our Common Future, UN Documents, United Nations [http://www.un-documents.net/our-common-future.pdf(08.12.2014)]

Agrobiotechnologien im Kontext traditionalisierender Modernisierung

Axel Siegemund

Biopatente sind »Patente auf Leben«, die im internationalen Umfeld wirtschaftlich und sozio-ökologisch höchst unterschiedliche Bewertungen erfahren. Da sich sowohl die ethische Dimension der Lebenswissenschaften als auch die rechtliche Situation in einzelnen Ländern stark differenziert, soll an dieser Stelle der Blick auf eine nichteuropäische Kultur gelenkt werden. In Indien sind – im Gegensatz zur europäischen Debatte – die ethischen und rechtlichen Fragen direkt verknüpft mit der landwirtschaftlich geprägten Alltagskultur und dem beständigen Überlebenskampf der in bäuerlichen Kleinbetrieben organisierten Bevölkerung. Insofern erweitert die interkulturelle Perspektive hier nicht nur die Debatte, sie bringt sie vielmehr an einen existentiellen Punkt. Dennoch sei es gestattet, zunächst mit einem ethischen Aspekt zu beginnen.

Ein Ergebnis der ethischen Auseinandersetzung mit Naturwissenschaft und Technik ist es, dass sich spezifische Entwicklungspfade und ethische Ansprüche nicht nur moralbegründend begegnen. Die kulturellen Einbettungsfaktoren von Technik (wie Religion, Ökonomie, Politik) verändern durch die Wirkung von Innovationen auch die herrschende Moral.[1] Das Nachvollziehen dieser Veränderungen und die kritische Befragung ihrer Begründbarkeit wiederum sind Kernaufgaben der ethischen Auseinandersetzung.

Die politischen und ökonomischen Debatten um den Zusammenhang von Umwelt bzw. Natur einerseits und Entwicklung bzw. Technik andererseits werden durch ethische – und damit religiöse und quasireligiöse – Deutungsmuster hindurch geführt. Die Debatten um Ernährungssicherheit, Naturwahrnehmung und Biopatente beziehen sich damit

1 Dierken, 2012.

immer auch auf das ethisch-religiöse Fundament einer jeden Gesellschaft, in der sie stattfinden.

Für den indischen Kontext, um den es im Folgenden geht, sind dies etwa naturethische Entwürfe indigener Philosophie und Theologie, naturreligiöse Vorstellungen aus der hinduistischen Tradition oder den Stammesreligionen sowie immer deutlicher auch europäisierende bzw. amerikanisierende Ethik-Konzepte: die postkoloniale Wiederentdeckung der eigenen Tradition führt eben nicht zur Aufgabe des europäischen Erbes, sondern zu dessen Variation. Für die christliche Religion gilt dabei, dass sie in Indien einerseits wesentlich zur Modernisierung beigetragen hat und beiträgt, dass sie andererseits aber auch zu den modernisierungskritischen Kräften des Landes zählt.

Seitdem sich auch asiatische Theologen mit dem Zusammenhang von Religion und Entwicklung befassen,[2] wird zunehmend deutlich, dass ethische Normen nicht ohne eine historische Kontextualisierung von Modernisierungskonzepten denkbar sind. Wenn die Theologie interkulturell auf ethische Herausforderungen, die durch die Natur- und Technikwissenschaften entstehen, antworten will[3], dann muss sie die Möglichkeiten und Befähigungen, die sich in den Wissenschaften zeigen, ernst nehmen. Dies ist insbesondere in einem Umfeld nötig, in dem die Mehrzahl der Menschen von diesen Möglichkeiten geradezu träumt.

Die in Indien vorfindliche religiöse Naturverbundenheit ist sicher ein hervorstechender Aspekt, der diesen Kontext vom europäischen unterscheidet. Sie ist nicht nur eine der lokalen Utopien der indigenen Bevölkerung, sondern auch entscheidend für den Zusammenhang zwischen den kontextuell-ethischen Entwürfen und den sich daraus ergebenden Bewertungen von Modernisierung. Für den indischen Kontext ist entscheidend, dass »Fortschritt« nicht wie in Europa oder Nordamerika im Kontext von Modernisierung stattfindet, sondern im Kontext von kultureller Anpassung. So wurde z.B. das Telegramm in Indien trotz der IT-Hochburgen erst im Juli 2013 abgeschafft und konventionelle Glühbirnen und Elektrosparlampen werden noch sehr viel länger als in Europa nebeneinander existieren. Nur durch diese Parallelität von Tradition und

2 Saxena et. al. 2005, Singh et al. 2008.
3 Vgl. u.a.: Kirchenamt der EKD 2012: EKD-Texte 115

Moderne sind Phänomene wie *Bollywood* oder *Vastu Shastra* (das Pendant zu *Fengshui*) zu erklären.

Der Hinduismus und die meisten ostasiatischen Religionen sind weder modernitätskritisch noch fortschrittsfeindlich. Die Dämonisierung von Technik und Wissenschaft war im europäischen Christentum stets sehr viel dezidierter als in östlichen Religionen. Die Gründe dafür liegen vor allem in der Subjekt-Objekt-Spaltung abendländischer Philosophie, der Baconschen Naturlehre und der Philosophie Descartes'. Die Entgegensetzung von Mensch und Natur, wie wir sie kennen, ist europäisch. Der Gedanke, dass menschliche Hybris den Weltuntergang heraufbeschwören kann, ist römisch-griechisch, auch jüdisch, jedoch nicht indisch. In Indien war und ist Fortschritt immer in einen gesellschaftlichen und religiösen Rahmen eingebettet. Der Weg in das heutige Indien führte daher nicht über Traditionsabbruch und Säkularisierung, sondern über die Einbettung neuer Technologien in den traditionellen Rahmen. Wir haben es also mit Modernisierung im Rahmen einer traditionsbewussten Kultur zu tun.

GVO als Objekte eines globalen Glaubenskrieges

Der Zusammenhang von Naturbildern, Umweltethik und Religion beeinflusst also wesentlich den Verlauf von Debatten um Entwicklung und damit auch die Möglichkeitsbedingungen für Modernisierung. Im Fall der landwirtschaftlichen Modernisierung haben wir es dabei nicht mehr nur mit regionalen oder nationalen Debatten, sondern auch mit globalen Trends und Gegentrends zu tun.

Insbesondere der Fall *Golden Rice* wurde zu einem international beachteten Zankapfel einer symptomatischen Auseinandersetzung, obwohl dieser wesentliche strittige Punkte auf dem Feld der Grünen Gentechnik (GGT) gar nicht bedient. Dabei gibt schon der Name einen Hinweis darauf, dass dieses Produkt mehr ist als nur ein Lebensmittel. Dasselbe gilt in Indien bereits für den normalen Reis, der nicht nur Grundnahrungsmittel und Hauptanbauprodukt ist, sondern auch stehende Metapher für Reichtum und Wohlstand. In den Mythen der *Adivasi* wird der Reis als quasi viertes Element, nach Sonne, Feuer und Wasser genannt.

Ein indigener Ursprungsmythos begründet, warum die Ratten die schärfsten Feinde des unter den Dächern gespeicherten Lebensmittels sind. Als der Mensch noch keinen Reis kannte, begegnete ihm eine Ratte und sagte:

> »'Ich gebe dir eine Geschenk, wenn du mir versprichst, mich nach meinem Tod ehrenvoll zu bestatten.' Der Mensch versprach es und bekam den Reis zum Geschenk. Doch die Ratte stellte ihn auf die Probe. Sie legte sich nieder als ob sie tot sei. Als der Mensch mit seinem Sohn daher kam und die vermeintlich tote Ratte sah, sagte der Sohn, jetzt müsse das Versprechen eingelöst werden. Doch der Mensch meinte, eine tote Ratte könne man nur mit einem Stock unter einen Stein befördern. Als er dies tat, sprang die Ratte auf und sagte: ,Von nun an will ich dir deinen Reis immer wegfressen und meinen Kot darin hinterlassen.' Damit sprang sie davon.«[4]

Der Reis sichert Indien nicht nur das Überleben, die Qualität von Reis ist auch ein Indikator für den Wohlstand im Hause. Als »Reis-Christen« werden die Konvertiten und ihre Nachkommen tituliert, die vermeintlich um des von Übersee herkommenden Geldes Willen den christlichen Glauben gewählt haben. Doch begründet sich der Name *Golden Rice* nicht in der Möglichkeit, Reis mit Gold aufzuwiegen. Vielmehr ist es die gelbe Farbe, die er wegen des hohen Beta-Karotin-Anteils hat, die ihm diesen Namen gab. Insbesondere war es das Ziel, Krankheits- und Sterbefälle bei (Klein-)Kindern zu verhindern. Der *Goldene Reis* wurde ab 1992 durch Ingo Potrykus und Peter Beyer an der ETH Zürich entwickelt, um verbreitete Mangelerkrankungen zu bekämpfen. Durch den Einbau von Genen aus Narzissen und Bakterien in konventionellen Reis und die Transplantation der Stoffwechselketten wurden 1999 die ersten transgenen Pflanzen erzeugt. Daraufhin kam es zu den für die Forscher völlig überraschenden Widerständen von Umweltaktivisten und Gentechnik-Kritikern. Da der *Goldene Reis* nicht das Ergebnis kommerzieller Forschung gewesen ist, war eine vielfach verwendete Metapher die des »trojanischen Pferdes«: Der *Goldene Reis* käme als karitatives Vorhaben daher und würde die Länder des Südens für den nachfolgenden kommerziellen Einsatz der GGT gefügig machen.[5]

Ungeachtet blieb in dieser Argumentation weithin das Ziel, jährlich ca. 40.000 Menschenleben zu retten. Auch der jährliche Kostenrückgang, da

4 Gespräch mit Wati Longchar im Oktober 2012.

5 Bryan 2009.

das Saatgut von den Bauern problemlos weiter verwendet werden kann, blieb außen vor.[6]

Die prominenteste Kritik der Kritik am *Goldenen Reis* kommt von Patrick Moore, dem Mitbegründer von *Greenpeace*, der seinem ehemaligen Verband vorwirft, durch die Kampagnen gegen den *Goldenen Reis* die Mitschuld am Tod unterernährter Kinder seit 1999 zu tragen. Er stimmt mit Ingo Potrykus darin überein, dass vor allem Emotionen und nicht rationale Beweggründe den Diskurs bestimmt hätten:

> »Kurz gesagt, rationale Argumente sind schlechte Munition gegen die emotionalen Appelle der Opposition.«[7]

Dabei sind sich die Forscher und die Gegner sehr wohl darin einig, dass es um rationale Argumentationsfelder wie Nahrungsmittelsicherheit und wirtschaftliche Abhängigkeit geht, mit denen sie hantieren und anhand derer sie Entscheidungen treffen.[8] Zu diesen gehört aber auch die »höhere soziale Verantwortung«[9] der Wissenschaftler, Technologien zu entwickeln, die hilfreich und akzeptanzfähig sind. Ingo Potrykus hat deshalb deutlich ausgeführt, dass der *Goldene Reis* alle Wünsche der Gentechnik-Kritiker erfüllt. Er resümiert, dass die anhaltende Kritik wohl Anzeichen einer »hidden, political agenda« sei:

> »However, it cannot be tolerated in poor countries, where the technology can make the difference between life and death or between health and severe illness«[10].

Die Behauptung, dass eine Technologie zwischen Tod und Leben bzw. Krankheit und Gesundheit steht, macht Technik zu einer Strategie der Kontingenzbewältigung. Dieses Vorgehen ist spätestens seit der Erfindung des Blitzableiters in der Technikgeschichte nicht unbekannt und verdeutlicht, dass Technik schon dann, wenn sie nur instrumentell gedeutet wird, darin nicht aufgeht, sondern immer über sich hinaus weist. Solange Leben und Gesundheit als etwas angesehen werden, das ein jeder nur empfangen kann, lässt sich der große Graben zwischen Tod und Leben bzw. Krank-

6 Stein et al. 2006.
7 Potrykus 2001.
8 Chrispeels 2000, 3-6.
9 Potrykus, 2001, 1157.
10 Ebd., 1160.

heit und Gesundheit nur passiv überwinden: Sterben und Leiden sind dann ein Prozesse, die nur ertragen werden können. Führt ein Nahrungsmittel nun dazu, das Leiden – im Fall des Goldenen Reis das Erblinden – zu verhindern, dann wird die agrobiotechnologische Innovation zu einem Instrument, das über das sonst »schicksalhaft« eintretende Dunkel, letztlich auch den Tod, hinaus weist.

Vandana Shiva machte sich ein anderes Argument gegen den *Goldenen Reis* zunutze. Für sie überspielte die ausufernde Diskussion um dieses Produkt die viel größeren und wichtigeren Fragen. Ein »*narrow problem*«, der Vitamin-A-Mangel, würde vom wahren Umfang der Nährstoffarmut indischer Kleinbauernfamilien ablenken. Auch sie bemüht die Metapher des Trojanischen Pferdes: »While the complicated technology transfer package of »Golden Rice« will not solve vitamin A problems in India, it is a very effective strategy for corporate take over of rice production, using the public sector as a Trojan horse.«[11]

Exemplarisch lässt sich an der Einschätzung des Nutzens von *Goldenem Reis* zeigen, was die Ansprüche Ernährungssouveränität und Nahrungsmittelsicherheit in ethischer Hinsicht bedeuten. Und dies ist letztlich auch der Kern der Debatte um *Biopatente*: Tragen sie dazu bei, Ernährungssouveränität zu fördern oder machen sie abhängig? Vandana Shiva und andere Kritiker weisen darauf hin, dass anstelle des *Goldenen Reis* auch Jackfruit, Koriander, Möhren, Kürbis und andere Obst- und Gemüsesorten den Tagesbedarf an Vitamin A abdecken können. Dem halten die Befürworter entgegen, dass diejenigen, für die der *Goldene Reis* in erster Linie gedacht ist, sich aus Armutsgründen gerade diese Früchte, vor allem außerhalb der Saison, nicht leisten können.

Wenn Ernährungssouveränität heißt, dass jeder selbst entscheiden können soll, ob er gentechnisch veränderte Organismen (GVO) zu sich nimmt oder nicht, dann sind Überkreuzbestäubungen als Verunreinigungen anzusehen. Welchen Stellenwert Souveränität angesichts verbreiteter Armut und Hunger jedoch hat, ist sicher nicht global zu beantworten. Souveränität ist ja nur dann gegeben, wenn die sozioökonomischen Bedingungen so sind, dass die Nährstoffzufuhr gesichert ist, unabhängig davon, welche Landwirtschaftskultur dies ermöglicht.

---

11 Shiva, 2000.

Der Begriff Ernährungssouveränität (*Food Sovereignty*) ist kein wissenschaftlich eindeutiger, sondern ein politischer Begriff. Er wurde 1996 von der Bauernbewegung *La Via Campesina* auf dem Römischen Welternährungsgipfel begründet und richtet sich, ausgehend von der Landlosenbewegung Brasiliens, vor allem gegen die exportorientierte Landwirtschaft. Im Februar 2007 wurde das Konzept auf dem Weltforum für Ernährungssouveränität in Nyéléni/Mali weiter entwickelt. Zentral wird die Vernachlässigung der Grundnahrungsmittelproduktion zugunsten der Exportproduktion kritisiert.

Trotz dieses massiven politischen Engagements nimmt der Hunger in Teilen der indischen Bevölkerung immer noch zu. Gerade in den agrardominierten Bundesstaaten wie Andhra, Telangana und Orissa ist eine ausreichende Versorgung noch immer nicht für alle gewährleistet. Zugleich werden große Flächen mit gentechnisch veränderten Organismen bebaut. Diese Situation hat Indien in einen »Glaubenskrieg« manövriert, der auf die Pionier-Auseinandersetzung um den *Goldenen Reis* aufbaut. In den vergangenen Jahren wurde dieser Kampf massiv anhand der Bt-Baumwolle ausgefochten. (*Bt* steht hierbei für das Bodenbakterium *Bacillus thuringiensis*.) Was zeigen diese Debatten? Stehen sie dafür, dass rationale Argumente schlechte Munition gegen die emotionalen Appelle der GVO-Opposition sind oder lassen sich auch die von der Forschung als emotional zurückgewiesenen Diskussionsbeiträge auf rationale Gründe zurückführen?[12] Sind Kriterien wie Nahrungsmittelsicherheit und Ernährungssouveränität im Rahmen internationaler Diskurse überhaupt hinreichend rationalisierbar? Was bedeutet es, wenn Wissenschaftler für sich eine »höhere soziale Verantwortung«[13] reklamieren?

Die Debatten um die Agrobiotechnologie wurden besonders heftig in Andhra Pradesh (AP)[14] geführt. Hier leben außerhalb der großen Städte Hyderabad, Viskhapatnam und Rajamundry noch immer fast 70% der Bevölkerung von der Landwirtschaft. Hier agiert eine Fülle internationaler und von internationalen Geldgebern geförderte NGOs, die sich entwick-

12 Vgl. Potrykus, 2001.

13 Potrykus, 2001, 1157.

14 Der Bundesstaat Andhra Pradesh (AP) wurde 2013 in Telangana mit der Hauptstadt Hyderabad und Andhra, den Küstenstreifen mit der größten Stadt Viskhapatnam, geteilt. Hier ist mit AP der Urstaat gemeint.

lungspolitisch betätigen. Hier gibt es ein eurasisches Forschungsnetzwerk, das *Andhra Pradesh Netherlands Biotechnology Program for Dryland Agriculture*, welches versucht, landwirtschaftliche Forschung gemeinsam mit den betroffenen Kleinbauernfamilien zu betreiben. Hier haben sowohl die Einführung von Bio-Pestiziden als auch der Anbau von Bt-Baumwolle ab 2002 zu jeweils differenzierten Identitätskonstruktionen innerhalb von NGO- bzw. unternehmensgestützten Netzwerken beigetragen. Schließlich wurde AP internationaler Schauplatz um die Deutungshoheit im Umgang mit Bt-Baumwolle.

Der Spiegel titelte im November 2008[15] »Freispruch für Gen-Baumwolle« und bezog sich dabei auf eine Studie, in der untersucht wurde, ob die seit 1997 in AP auftretenden durchschnittlich 45 Selbstmorde pro Tag im Zusammenhang mit der Einführung von Bt-Baumwolle und damit dem Patentschutz für das jährlich neu zu kaufende Saatgut stehen. Das Internationale Forschungsinstitut für Nahrungspolitik *Ifpri*, das mit der Studie beauftragt wurde, kam zu dem Schluss, dass es *keinen Beweis* dafür gäbe, dass Bt-Baumwolle der Hauptgrund für die Selbstmorde sei. Vielmehr habe die Gentechnologie dazu beigetragen, dass seit der Saison 2002/2003, als die Bt-Baumwolle in Indien eingeführt worden ist, Rekordernten erzielt wurden.[16] Befürworter der These, dass die Massenselbstmorde indischer Bauern auf die Einführung gentechnisch veränderter Pflanzen zurückzuführen sind, stimmen mit den Befür-wortern der Bt-Technologie darin überein, dass nicht die Technologie, sondern ihr Kontext der ausschlagende Faktor ist. Dies heißt aber nicht nur, dass die gv-Baumwolle (gv = gentechnisch verändert) nicht *die* Ur-sache der Missstände ist. Es heißt auch, dass danach gefragt werden muss, inwiefern sie zur Rekonstruktion des Kontextes durch die Landwirtschaft beigetragen hat, welche der sozialen Faktoren sie begünstigt und welche sie nicht tangiert. Dies soll im Folgenden getan werden.

15 Der Spiegel 47(2008), 156.

16 International Food Policy Research Institute 2008.

Die Rekonstruktion der Gesellschaft durch die Landwirtschaft

Im Zentrum der Debatte stand zunächst die Monsanto-Bt-Baumwollsorte *Bollgard I.* Sie wurde vor allem als Maßnahme gegen den Baumwollkapselbohrer eingesetzt. Laut einer Studie des *Centre for Sustainable Agriculture* konnte dieses Ziel aber nicht erreicht werden, so dass die Bauern vor allem auf höheren Investitionskosten bei nicht gleichermaßen steigenden Erträgen sitzen geblieben sind.[17]

Daniel Puente Rodriguez hat 2007 gezeigt, durch welche sozialen und kulturellen Faktoren die Produktion von drei Bt-basierten Biopestiziden in AP beeinflusst wird.[18] Werden Bt-Stämme aus lokalen Böden isoliert, finden sie größere Akzeptanz unter Kleinbauern, weil sie den örtlichen Umweltstress über Anpassungsmechanismen besser bestehen können. Dies gilt insbesondere dann, wenn die Bauern an der Entwicklung der Pestizide beteiligt werden.

Technische Artefakte und Prozesse wie Biotechnologien oder der Einsatz von Bio-Pestiziden erweisen sich in diesen Debatten regelmäßig als soziale Konstruktionen. Sie verändern jedoch nicht nur die Arbeitsweise und den Erfolg im Landbau, sie werden ihrerseits auch durch das religiöse, soziale und politische Umfeld bestimmt, in dem sie entstehen. Diese Wechselwirkungen sind höchst umfassend. Biotechnologien für den Einsatz in kleinbäuerlicher Subsistenzwirtschaft sind anders als solche, die im Kontext der hochindustrialisierten Landwirtschaft Amerikas entstehen.

Ebenso kontextabhängig sind die Wege der Auseinandersetzung mit neuen Biotechnologien. Sie können sich dann durchsetzen, wenn sie die gewachsene Umgebung aus kleinbäuerlichen Strukturen und Dorfgemeinschaften unterstützen. Wenn dagegen neue landwirtschaftliche Verfahren ohne Rücksicht auf diese Umgebung eingeführt werden, kommt es zu einer Situation, die als existenzbedrohende Herausforderung wahrgenommen wird. Insbesondere Hochtechnologien sind von umfangreichen Forschungsnetzwerken, internationaler Anbindung und einen entsprechenden Bildungsstand der Beteiligten abhängig, so dass sie vielfach als (westlicher) Fremdkörper wirken. Viele der Argumentationsstränge,

17 Stone 2007.
18 Puente Rodríguez 2007.

die sich rund um die Bt-Baumwolle in AP oder andere Agrobiotechnologien ranken, haben hier ihren Ursprung: Sie markieren einen (tatsächlichen oder empfundenen) Angriff auf die bestehende Einbettung der Landwirtschaft in das lokale sozio-ökonomische Gefüge. Deshalb sind die Argumentationsmuster der unterschiedlichen Parteien oft von der Konstruktion des sozialen Umfeldes der jeweiligen Technologie geprägt. Der in AP betriebene Biobaumwollanbau wird in anderen Kontexten dargestellt als der Anbau der bislang noch exportstärkeren Bt-Wolle. Im Kern werden regelmäßig ganz verschiedene Entwicklungspfade gegeneinander geführt, so etwa die konventionelle Landwirtschaft, der Biolandbau und die Gentechnologie.

Damit geht es in den Auseinandersetzungen um technologisch veränderte Pflanzen und deren rechtliche Positionierung nur oberflächlich um die Technologien bzw. Natur und Umwelt, sondern vielmehr um die Organisation menschlichen Zusammenlebens. Dieses Zusammenleben muss vor dem Hintergrund neuer Technologien in umfassender Weise neu gedacht werden. In AP ist das Schicksal vieler Menschen noch immer direkt von der Ernte und damit u.a. vom regelmäßig einsetzenden Monsun abhängig. Durch gezüchtete und patentierte Saaten entstehen jedoch nicht nur neue Möglichkeiten des Anbaus, sondern auch neue Abhängigkeiten. Umgekehrt macht der Einsatz nicht patentierten Saatgutes *nicht unabhängig*. Vielmehr bezieht sich die Abhängigkeit dann auf andere Faktoren: Wem gehört das lokal von leibeigenen Bauern produzierte Saatgut – den Bauern oder den *Landlords*? Bekommen Kastenlose auch dann Zugang, wenn sie »nur« für den Eigenbedarf produzieren? Wie werden »traditionelle« Züchtungserfolge honoriert bzw. -misserfolge ausgeglichen? Kann das Saatgut sicher bis zur nächsten Aussaat aufbewahrt werden?

Doch nicht nur diese direkten und regional zu bewältigenden Abhängigkeiten beeinflussen die Wirkmechanismen von Biotechnologien in der Landwirtschaft. In AP sind es besonders deutlich auch die politischen Lobbysysteme und die international vernetzten NGOs, die die Landwirtschaft prägen. Diese wiederum tragen wesentlich dazu bei, internationale Interessen entweder lokal zu fördern oder zu blockieren. Um zu verstehen, wie dies geschieht, ist es hilfreich, auf die nationale Ebene zu wechseln und einen biotechnologisch fundierten Gesellschaftsentwurf zu betrachten, der derzeit immer mehr Beachtung erfährt.

Einer der derzeit viel beachteten Gegenentwürfe zur Industrialisierung der Landwirtschaft durch Agrobiotechnologien ist das Konzept des *Low Carbon Farming*. Er wendet sich zwar dezidiert gegen die GGT, ist aber seinerseits ebenfalls biotechnologisch fundiert. Indien ist dabei, die umfänglichen Anstrengungen zur Reduzierung der CO_2-Emissionen in Konzepte einer kohlenstoffarmen Gesellschaft zu überführen.[19] In der wissenschaftlichen Erforschung der Reduktionsmöglichkeiten von CO_2 fällt auf, dass Studien zu den Möglichkeiten der Emissionsminimierung im ländlichen Asien vor allem den indischen Subkontinent betreffen.[20] Dabei offenbart der Ansatz kohlenstoffarmer Landwirtschaft für die Subsistenzwirtschaft und der Versuch, CO_2-Emissionen in Haushalten, die keinen Zugang zu elektrischer Energie haben, zu reduzieren, ein deutliches Gefälle zwischen verschiedenen Entwicklungsstufen. Es geht im Kern um das Paradoxon, diejenigen, die an der technologischen Modernisierung bisher am wenigsten beteiligt waren, zur Änderung ihres Lebensstils um globaler Zielgrößen willen zu animieren.

Die Beschreibungen möglicher Zukunftsszenarien für Kleinbauernfamilien auf der Grundlage kohlenstoffarmer Lebensentwürfe zeigen, dass die energiearmen Schichten deshalb in den Fokus der (Welt-) Öffentlichkeit geraten, weil von ihnen wesentlich die Erreichung internationaler Klimaziele abhängig ist.[21] Von Interesse sind die globalen Auswirkungen der Energieversorgung der heute energiearmen Bevölkerung. Dass sich die Art der Energieversorgung wesentlich auf den Lebensstil und damit die Gesundheit, die Bildungschancen, das soziale Zusammenleben auswirkt, wird oft nur in Nebensätzen erwähnt.[22] Gerade diese Aspekte werden hingegen von indischen Wissenschaftlern betont:

> »However, the concept of a low-carbon society has a different meaning for the developing world. Countries, like India, still have low per capita emissions, are on an increasing eco-nomic growth trajectory and have priorities in meeting the development needs, like education, healthcare.«[23]

---

19 Shukla et al. 2013.
20 Urban 2009.
21 Urban at al. 2009.
22 Urban 2009, 706.
23 Indian Institute of Management 2009, 8.

Eine Pionierstudie hierzu zeigt, dass Energiesicherheit und Kohlenstoffarmut in Indien in bestimmten auf erneuerbare Energien setzenden Szenarien nicht zu einer signifikanten Erhöhung der Pro-Kopf-Kohlendioxidemissionen führen muss und gleichzeitig positive Auswirkung auf andere Parameter (wie den Schwefeldioxidausstoß) hat.[24] Im Juni 2008 veröffentlichte Indiens Premierminister den ersten Nationalen Aktionsplan zum Klimawandel (*National Action Plan on Climate Change*, NAPCC), in dem ausgeführt wurde, wie die Politik den Herausforderungen des Klimawandels bis 2017 begegnen will. Der Plan definiert acht »National Missions«.[25]

Der auch im säkularen Kontext Indiens häufig verwendete Begriff *Mission* impliziert sowohl Handlungsdruck als auch Gemeinsinn. Dies wird zusätzlich durch die Verbindung unterschiedlicher Ziele, die sehr verschiedene Kollektive ansprechen, genährt. Sehr deutlich zeigt der NAPCC, dass unter den Überschriften »Solar«, »Water«, »Ecosystem«, »Agriculture« etc. Diskurse um die gesellschaftliche Zukunft des Landes geführt werden und dass es genau diese technisch-ökologischen Zusammenhänge sind, die tatsächlich über die Zukunft Indiens entscheiden werden. Insofern will der NAPCC einen Ausweg aus einem als »urgent and critical«[26] beschriebenen Heute in eine »grüne« Zukunft auf dem Weg technologischer Modernisierung weisen.

> »Such an approach must be based on a global vision inspired by Mahatma Gandhi´s wise dictum – The earth has enough ressources to meet people´s need, but will never have enough to satisfy people´s greed. Thus we must not only promote sustainable production processes, but equally, sustainable lifestyle across the globe.«[27]

Die Verbindung von Entwicklungszielen des 21. Jahrhunderts mit einem Diktum Gandhis erfüllt gleich mehrere Funktionen. Zum einen verbindet sie den »Nationalen Aktionsplan« elegant mit dem Gründungsmythos des unabhängigen Indien. Dies ist nicht nur eine Berufung auf die eigene Geschichte, sondern auch eine Form der Legitimation: Wer sich auf Gandhi beruft, kann nicht im Unrecht sein. Zum anderen überbrückt der nationale

24 Shukla et al. 2008.
25 Indian Institute of Management 2009, 23.
26 National Action Plan Climate Change 2013.
27 Ebd., 1.

Aktionsplan für die Landwirtschaft den Graben zwischen den nationalen Entwicklungsinteressen und den Interessen der globalen Gemeinschaft, indem deutlich gemacht wird, dass sich Indien traditionell um Nachhaltigkeit bemüht und nichts anderes will, als alle anderen Staaten *across the globe* an diesen urindischen Auftrag zu binden. Deutlich wird dies in der Selbstbezeichnung Indiens als »enlightened member of the international community«.[28] Der Begriff *enlightened* zeigt wiederum, dass das freie Indien seinem postkolonialen Erbe gerecht werden möchte, ohne geistig in vorkoloniale Zeiten zurück zu fallen.

Sowohl im Appell an Mahatma Gandhi als auch in der Einbettung Indiens in die Staatengemeinschaft werden Größen angerufen, die die Grenzen des heutigen Nationalstaates überschreiten. Konkret wird in einem historischen und in einem geographischen Sinne an transzendente Größen appelliert, die ihrerseits das eigene Handeln bestärken und bestätigen sollen. Ihr Aufruf macht deutlich, dass die technisch-ökologische Missionen des landwirtschaftlich geprägten Subkontinents in unhintergehbaren Zusammenhängen gründen und von diesen abhängig sind.

Auch die Formulierung *Mission for a ,Green India‘*, in der es in erster Linie um die Waldbewirtschaftung geht, weist auf die historische Einbettung des Aktionsplanes und seine kollektive Orientierung hin. Das Grün der indischen Flagge wurde bereits von Sarvepalli Radhakrishnan, dem zweiten Präsidenten Indiens, ökologisch interpretiert:

> »Das Grün zeigt unsere Beziehung zur Erde, unsere Beziehung zum Leben der Pflanzen, von dem alles weitere Leben abhängig ist.«[29]

In diesem Satz konzentriert sich die kulturelle Einbettung der gesamten Diskussion um Biopatente: Können relationale Abhängigkeiten, die so fundamental gedacht werden überhaupt mit juristischen und damit veränderbaren Begriffen beschrieben werden? Diese Grundsatzfrage macht eine Verständigung ungemein schwierig, sie kann aber nicht umgangen werden.

28 Ebd. 1.

29 Ministry of Home Affairs 2002.

Werte generieren – Identitäten stiften

Zusammenfassend lassen sich die folgenden beiden Aspekte zur Rekontextualisierung der Landwirtschaft durch Biotechnologien anführen:

(1) Durch die Einbindung unterschiedlicher Kollektive wie Kleinbauern und öffentliche Forschung in die Entstehung neuer Agrobiotechnologien werden die Wertvorstellungen dieser Gruppen in die Produkte integriert und zugleich neue Werte für die zukünftigen Nutzer (z.B. der Biopestizide) geschaffen. Die Debatte um Biopatente sollte sich daher im Rahmen dieser Kontextualisierung abspielen und nicht einen Versuch darstellen, selbige zu umgehen. Die pfadabhängige Wertegenerierung macht zudem deutlich, wie die rechtlichen Aspekte in den Gesamtzusammenhang integrierbar wären: Biotechnologische Entwicklungen sind nicht nur vom sozialen Umfeld abhängig, sondern sie strukturieren dieses Umfeld neu. Zu beobachten ist dies sowohl an der Vielzahl neuer Forschungsinstitutionen in der Großstadt Hyderabad als auch an der Entstehung kleiner und kleinster Unternehmen in den Dörfern, die z.B. die Biopestizide vertreiben. Damit werden durch biologisch-soziale Entitäten wie »Gene« oder »Patente auf Leben« nicht nur Pflanzen, sondern Individuen, Netzwerke und ganze Teile der Landwirtschaft Südindiens neu erfunden. Das Aushandeln rechtlicher Vorgaben kann organisch zu dieser Neustrukturierung dazu gehören – oder es wirkt ihr entgegen und ruft Widerstand hervor.

(2) Die politisch-ethischen Debatten um Agrobiotechnologien machen sich unter dem Verweis auf existentielle Herausforderungen, historische Zeugenschaft und kollektive Vorstellungen sowohl identitätskonstruierende als auch wertegenerierende Argumentationsmuster zu Eigen. Die Folge ist, dass Entscheidungen für einzuschlagende Entwicklungspfade oft nicht auf der Grundlage der Abschätzung sozioökonomischer Technikfolgen, sondern aufgrund von tradierten Erfahrungen, kollektiven Werturteilen, zivilreligiöser Orientierung (Gandhi) und utopistischen Vermutungen getroffen werden. Technikfolgenabschätzung nach westeuropäischem Muster wird damit infrage gestellt. Insofern ist es anzuraten, dann auch Biopatente innerhalb der traditionalisierenden Entwicklungspfade zu behandeln.

Diese beiden Aspekte – die Rekonstruktion des Sozialen durch den ökonomischen, ökologischen und patentrechtlichen Umgang mit Biotechnologien und der Rückgriff auf traditionelle Orientierungen – führen dazu, dass Bioethik in Indien mit einem pragmatischen Materialismus einhergeht. Sowohl die indigene Ethik als auch die Spiritualität der sogenannten »Unberührbaren« sind naturfreundlich. Das bedeutet jedoch nicht, dass der indigenen Spiritualität eine ablehnende oder gar feindliche Haltung gegenüber Technik inhärent wäre; bisher scheint sie dem neuen Materialismus Indiens jedoch (noch?) keine geistige Struktur zu geben. Genau an dieser Stelle liegt die ethische Aufgabe der Theologie. Naturschutz ist auch in Indien mehr als das Ergebnis kultischen Handelns. Für Kulte kann man Reservate einrichten, sie werden aber nie Maßstab für globale Entwicklung sein. Naturverbundenheit und das Nachhaltigkeitskonzept sind zwei verschiedene Dinge. Dies deutlich zu machen ist für sich genommen schon eine friedensstiftende Maßnahme im Kampf um die kulturelle Deutungshoheit über Biotechnologien in der Landwirtschaft. In jedem Fall zeigen die Debatten in AP, dass sich Strategien umweltgerechten Verhaltens immer auf kollektive Identitäten, religiöse Deutungen technologischer Prozesse und transzendenzgespeiste Wertvorstellungen zurück führen lassen.

Literaturverzeichnis

Bryan, John (2009): Pressemitteilung vom 14.3.2009. [Quelle: http://www.gmfree-cymru.org/news/Press_Notice14mar 2009.htm, 5.12.2013].

Chrispeels, Maarten J. (2000): Biotechnology and the Poor, in: Plant Physiology 124, 3 ff.

Dierken, Jörg (2012): Technik als Kultur, in: Neumeister, Katharina/ Renger-Berka, Peggy/ Schwarke, Christian (Hrsg): Technik und Transzendnenz. Zum Verhältnis von Technik, Religion und Gesellschaft, 21 ff.

Glenn Davis Stone (2007) Agricultural Deskilling and the Spread of Genetically Modified Cotton in Warangal, in, Current Anthropology 48, 67 ff.

Indian Institute of Management Ahmedabad/National Institute for Environmental Studies Kyoto University/ Mizuho Information & Research Institute (2009): Low Carbon Society Vision 2050 India.

International Food Policy Research Institute (2008): Bt Cotton and Farmer Suicides in India. Reviewing the Evidence, [Quelle: www.ifpri.org/pubs/dp/ ifpridp00808.pdf, 17.5.2014].

Kirchenamt der EKD (Hrsg, 2012): Die Erde ist des Herrn und was darinnen ist. Biopatente und Ernährungssicherung aus christlicher Perspektive. Eine Studie der Kammer der EKD für nachhaltige Entwicklung, EKD-Texte 115.

Ministry of Home Affairs 2002: Flag Code of India, http://mha.nic.in/ nationalflag2002.htm vom 16. Juli 2014.

National Action Plan Climate Change (NAPCC), http://www.india.gov.in vom 13. März 2013].

Potrykus, Ingo (2001): Golden Rice and Beyond, in: Plant Physiology 125, 1157 ff.

Puente Rodríguez, Daniel (2007): Redesigning the Production of the Bacillus thuringiensis Bio-Pesticide within the Context of Subsistence Agriculture in Andhra Pradesh, India. Asian Biotechnology and Development Review 9, 55 ff.

Saxena, Prem K./Chaturvedi, D.K (2005):Theology, Science and Technology: Ethics and Moral Value, New Delhi: Vikas Piblishing House. Singh, Ksh Imokanta (2008): Religion and development in North-east India: A sociological understanding, in: Religions and Development Research Programme/University of Birmingham (Hrsg.): Religions and Development working papers 10. India: Some Reviews of Literature Related to Religions and Development, 76 ff.

Shiva, Vandana (2000): The Golden Rice Hoax – When Public Relations replaces Science, http://online.sfsu.edu/rone/GEessays/goldenricehoax.html vom 5.12.2013.

Shukla, Priyadarshi R./Chaturvedi, Vaibhav (2013): Sustainable Energy Transformations in India under Climate Policy, in: Sustainable Development 21, 48 ff.

Shukla, Priyadarshi R./Dhar, Subash/Mahapatra, Diptiranjan (2008): Low-carbon society scenarios for India, Climate Policy 8, 156 ff.

Stein, Alexander. J./Sachdev, H. P./Qaim, M. (2006): Potential impact and cost-effectiveness of Golden Rice, in: Nature biotechnology 24, 1200 ff.

Urban, Frauke (2009): Climate-Change Mitigation Revisited: Low- Carbon Energy Transitions for China and India, Development, in: Policy Review 27, 693 ff.

Urban, Frauke/Benders, R. M. J./Moll, H. C. (2009): Energy for Rural India: Applied Energy 86, 47-57.

Zurück zu den Wurzeln – Rechtsphilosophische und rechtspolitische Überlegungen zu Biopatenten auf Saatgut

Rafael Häcki

Fragen der Verteilungsgerechtigkeit und des Interessenausgleichs zwischen den verschiedenen von Biopatenten auf Saatgut betroffenen Parteien bilden gemeinsame Anknüpfungspunkte der Themenschwerpunkte in der vorliegenden Publikation (1.). Ein kritischer Blick zurück zu den Wurzeln, das heißt auf die rechtsphilosophischen und rechtspolitischen Grundlagen solcher Patente soll einen Beitrag leisten zum Verständnis des – dem Patentrecht sowohl zu Grunde liegenden als auch inhärenten – Zielkonflikts zwischen den Interessen des Erfinders und/oder Rechteinhabers einerseits und denjenigen der erteilenden Gesellschaft bzw. Betroffenen andererseits. Dazu skizziert der vorliegende Beitrag in einem ersten Schritt die üblichen Argumentationslinien der juridischen Legitimation respektive ethischen Rechtfertigung von (Bio-)Patenten (2.). Hiermit soll aufgezeigt werden, dass die herkömmliche Patenrechtfertigung einzig unter dem Blickwinkel der Arbeitstheorie Aspekte der Verteilungsgerechtigkeit berührt. Der Grund dafür liegt nach vorliegender Auffassung in der klassischen patentrechtlichen Grundannahme, dass Erfindungen ja neue geistige Schöpfungen seien; mit der Erteilung von Patenten werde folglich niemandem etwas weggenommen. Dies trifft aber für das heutige Biopatentrecht nicht mehr zu, seit auf der Basis der Naturstoffrechtsprechung auch die Patentierung von bereits in der Natur Vorhandenem zulässig ist. Daher soll in einem abschließenden Schritt die klassische Unterscheidung zwischen patentierbarer Erfindung und nicht patentierbarer Entdeckung thematisiert werden, welche ursprünglich die freie Verfügbarkeit auch biologischer und genetischer Ressourcen garantierte (3.).

1. Knappheit, Gerechtigkeit und Interessenausgleich

Angesichts der Bedeutung von Saatgut für die menschliche und tierische Ernährung sowie die Energie- und Rohstoffproduktion erstaunt es nicht, dass die Knappheit einen entscheidenden Ausgangspunkt der Themenschwerpunkte in der vorliegenden Publikation bildet:

So herrscht eine materielle Knappheit der Ressourcen insofern, als die Weltbevölkerung weiterhin ansteigt – mit überproportionalem Wachstum in Entwicklungsländern.[1] Unter anderem nimmt der Bedarf an Biomasse als Nahrungs- und Futtermittel sowie als Energieträger stetig zu. Dem stehen etwa sinkende landwirtschaftliche Nutzflächen für Ackerbau und Viehzucht gegenüber.

Sodann führt die Erteilung von Patenten auf Saatgut juristisch eine künstliche Knappheit durch Monopolisierung insofern herbei, als der Berechtigte Dritten die gewerbsmäßige Benützung ohne seine Zustimmung verbieten kann (vgl. Art. 8 Abs. 1 PatG[2], Art. 64 Abs. 1 EPÜ 2000[3] und Art. 28 Abs. 1 TRIPS[4]; ähnlich auch Art. 5 Abs. 1 i.V.m. Art. 6 Bst. a und b Sortenschutzgesetz[5]). Kritiker machen die Verleihung geistigen Eigentums und die damit beabsichtigte Wettbewerbshemmung unter anderem als Katalysatoren für die Konzentrationsprozesse in der Saatgutindustrie

---

1 Siehe United Nations 2014, 2 ff.; siehe auch United Nations 2013b, 1 f.; United Nations 2013a, 1 ff.

2 Bundesgesetz vom 25. Juni 1954 über die Erfindungspatente (PatG; SR 232.14). Vergleiche auch § 9 des deutschen Patentgesetzes vom 5. Mai 1936 in der Fassung der Bekanntmachung vom 16. Dezember 1980 (BGBl. 1981 I 1), das zuletzt durch Artikel 1 des Gesetzes vom 19. Oktober 2013 (BGBl. 2013 I 3830) geändert worden ist (D-PatG).

3 Europäisches Patentübereinkommen vom 5. Oktober 1973, revidiert in München am 29. November 2000 (EPÜ 2000; SR 0.232.142.2).

4 Abkommen vom 15. April 1994 über handelsbezogene Aspekte der Rechte an geistigem Eigentum (TRIPS-Abkommen) = Anhang 1C zum Abkommen vom 15. April 1994 zur Errichtung der Welthandelsorganisation, für die Schweiz in Kraft getreten am 1. Juli 1995 (WTO-Abkommen; SR 0.632.20).

5 Bundesgesetz vom 20. März 1975 über den Schutz von Pflanzenzüchtungen (Sortenschutzgesetz; SR 232.16). Vergleiche auch § 10 und § 10a Abs. 1 des deutschen Sortenschutzgesetzes vom 11. Dezember 1985 in der Fassung der Bekanntmachung vom 19. Dezember 1997 (BGBl. I 3164), das zuletzt durch Artikel 4 Absatz 85 des Gesetzes vom 7. August 2013 (BGBl. I 3154) geändert worden ist (SortSchG 1985).

aus, in der die drei Konzerne Monsanto, DuPont und Syngenta einen Großteil des weltweiten Saatgutmarktes kontrollieren.

Schließlich wird eine genetische Knappheit der Biodiversität insofern moniert, als sich Patente auf Saatgut unter anderem negativ auf die Vielfalt der Nutzpflanzensorten auswirken.[6]

So markieren Fragen der Verteilungsgerechtigkeit und des Interessenausgleichs zwischen den von Patenten auf Saatgut Betroffenen ausdrücklich oder implizit Anknüpfungspunkte verschiedener Beiträge in der vorliegenden Publikation, sei es etwa zwischen erteilender Gesellschaft und erhaltendem Erfinder (Gemeingut und Gemeinfreiheit? Überbelohnung? Forschungshemmung?);[7] sei es etwa zwischen berechtigten Industrienationen und Bioressourcen liefernden Entwicklungsländern (Nord-Süd-Konflikt? Biopiraterie?);[8] sei es etwa zwischen globalen Saatgutunternehmen und lokalen Kleinbauern (Biodiversität?).[9]

Vor diesem Hintergrund lohnt sich zunächst ein kritischer Blick auf die rechtsphilosophischen und rechtspolitischen Grundlagen solcher Biopatente. Deren klare Herausbildung erweist sich als unentbehrlich, da erst diese Einsicht es ermöglicht, die Wertmaßstäbe aufzustellen, nach denen die im Einzelfall auf dem Spiel stehenden Interessen ausgeglichen werden müssen.[10]

2. Zur Legitimation von Biopatenten

Im Folgenden sollen daher verschiedene Argumentationslinien der juridischen Legitimation respektive der ethischen Rechtfertigung von Biopatenten untersucht werden. Diese fassen Praxis und Literatur im An-

6 Vergleiche in der vorliegenden Publikation die Beiträge von Müller und Timmermann/Robaey.
7 Vergleiche die Beiträge von Priddat und Brandl.
8 Vergleiche die Beiträge von Brüntrup und Siegemund.
9 Vergleiche den Beitrag von Gelinsky.
10 In Anlehnung an Pedrazzini 1957, 28.

schluss an die grundlegende Studie von Machlup[11] üblicherweise in den vier klassischen Patentrechtstheorien zusammen:[12]

2.1 Naturrechts- oder Eigentumstheorie

Im Zuge der Aufklärung konzipierten Vertreter der aufblühenden Naturrechtslehre analog zum Sacheigentum die Idee des geistigen Eigentums als angeborenes Recht: Jede geistige Schöpfung sei von Natur aus geistiges Eigentum des hervorbringenden Menschen. Diese auf dem naturrechtlichen Eigentumsverständnis fußende *Idee des geistigen Eigentums* fand im Zuge der französischen Revolution in Form der Naturrechts- oder Eigentumstheorie Eingang in den gewerblichen Rechtsschutz.[13]

Die Eigentumstheorie wird seit jeher leidenschaftlich kritisiert und heute weitgehend abgelehnt. So muss sie sich etwa historisch den Vorwurf gefallen lassen, durch die Einordnung als Menschenrecht und die gleichzeitige Vermeidung von mit dem *Ancien Régime* verbundenen Begriffen wie »Monopolrecht« und »Privileg« die wahren Gründe für die Gewährung faktischer Monopolstellungen zu verschleiern.[14] Sodann wurde inhaltlich seit der französischen Revolution zu Recht insbesondere die Vernachlässigung der Unterschiede zwischen körperlichen Gegenständen und immateriellen Ideen leidenschaftlich kritisiert.[15] Im Weiteren ist der

11 Machlup 1961.

12 Zur weiteren Gültigkeit der klassischen Begründungs-/Rechtfertigungstheorien Beier 1970, 1; in neuerer Zeit etwa Kunczik 2007, 56 ff.; Schneider 2010, 111 ff.

13 Präambel der *Loi relative aux découvertes utiles, et aux moyens d'en assurer la propriété à ceux qui seront reconnus en être les auteurs, du 7 janvier 1791*: » [...] toute idée nouvelle dont la manifestation ou le développement peut devenir utile à la société, appartient primitivement à celui qui l'a conçue, et que ce serait attaquer *les droits de l'homme* dans leur essence que de ne pas regarder *une découverte industrielle* comme la propriété de son auteur.« Siehe dazu Kurz 2000, 238 ff.

14 Machlup 1961, 378; Kurz 2000, 239 f.

15 Exemplarisch Jefferson 1813/1977, 529: »If nature has made any one thing less susceptible than all others of exclusive property, it is the action of the thinking power called an idea [...]. Its peculiar character, too, is that no ne possesses the less, because every other possesses the whole of it. He who receives an idea from

Kritik zuzustimmen, dass die mit dem geltenden Patentrecht in verschiedenen Punkten in Widerspruch stehende Theorie – etwa hinsichtlich des mangelnden Schutzes für Entdeckungen (Art. 52 Abs. 2 Bst. a EPÜ 2000; vgl. Art. 1 Abs. 1 PatG), der beschränkten Patentdauer (Art. 14 Abs. 1 PatG) oder der Regelung von Mehrfacherfindungen (Art. 3 Abs. 3 PatG) – nicht zur Rechtfertigung des heutigen Patentsystems herangezogen werden kann.[16] Schließlich lässt sich der Theorie zu den vorliegend interessierenden Fragen der Verteilung und des Interessenausgleichs – insbesondere zum ethischen Verhältnis zwischen geistigem Eigentum und Gemeinfreiheit – nichts entnehmen.[17] Sie basiert auf der – veralteten (siehe dazu 3.) – Grundannahme, dass Erfindungen neue geistige Schöpfungen *ex nihilo* seien[18] und folglich deren Anerkennung als geistiges Eigentum des Erfinders niemandem etwas wegnehmen würde.

2.2 Arbeits- oder Belohnungstheorie

Die Arbeits- oder Belohnungstheorie auf der Grundlage der *zweistufigen Arbeits- und Geldtheorie des Eigentums* von John Locke stellt die Kommodifizierung der erfinderischen Idee in den Mittelpunkt, indem sie die Arbeit des Erfindens über das Patentrecht kommodifiziert. Locke betrachtet – entsprechend den naturrechtlichen Privateigentumstheorien etwa von Hugo Grotius und Samuel von Pufendorf – die Welt als den Menschen gemeinsam von Gott gegeben, so dass ursprünglich im Naturzustand an der Natur keine privaten, ausschließlichen Herrschaftsrechte bestanden

me, receives instruction himself without lessening mine […]. That ideas should freely spread from one to another over the globe, for the moral and mutual instruction of man, and improvement of his condition, seems to have been peculiarly and benevolently designed by nature […].« Ausführlich dazu Machlup 1961, 378; anderer Ansicht Krasser 2009, 35.

16 Kunczik 2007, 58.

17 Vgl. Godt 2007, 517.

18 In diesem Sinne exemplarisch Bundesrat 1950, 999; aus der Praxis etwa BGE 43 II 523; 121 III 125 E. 5d.bb S. 140; siehe auch Calame 2001, 33.

haben.[19] Demgegenüber hat jeder Mensch das Eigentum an seiner eigenen Person sowie an der Arbeit seines Körpers und am Werk seiner Hände.[20]

Gemäß der *Arbeitstheorie zur Aneignung von Eigentum* kann der Einzelne in einem ersten Schritt *Privateigentum zur Selbsterhaltung* aneignen und andere Menschen vom Zugriff auf diesen bestimmten Teil der Natur ausschließen, indem er seine eigene Arbeit mit der Natur vermischt.[21] Exemplarisch sei hierzu ein Fisch im Ozean – *»that great and still remaining common of Mankind«*[22] – erwähnt, der durch den physischen Akt des Fangens dem natürlichen Zustand des Gemeinguts entnommen und in privates Eigentum überführt wird. Dabei gilt es insbesondere zwei Punkte besondere zu beachten. Erstens darf nach Locke – wiederum entsprechend Grotius und Pufendorf – der Einzelne der Natur rechtmäßig nur so viel entnehmen, als er auch zu irgendeinem Vorteil gebrauchen kann, bevor es verdirbt. Was darüber hinausgeht, steht ihm nicht zu und gehört allen.[23] Zweitens gilt die *sufficiency-provisio* als ausdrückliche Schranke der Aneignung von Gemein- zu Privateigentum, wonach jede zulässige Aneignung noch genügend Ressourcen von gleicher Qualität für andere übrig lassen muss. Wenn der Einzelne den anderen so viel übrig lässt, wie diese nutzen können, so nimmt er quasi gar nichts; die Aneignung zum Eigenbedarf stellt demnach keine Benachteiligung für die anderen dar.[24]

Sodann geht gemäß der *Geldtheorie zur Ansammlung von Eigentum* diese ursprüngliche in einem zweiten Schritt in eine *kapitalistische Eigentumsordnung* über. Dies geschieht etwa indem zulässigerweise leicht verderbliche Früchte der Natur gegen weniger verderbliche (etwa der gefangene Fisch gegen Nüsse) und letztere wiederum gegen beständige Dinge (etwa Metall oder Diamanten) getauscht werden. Im Gegensatz zu verderblichen Früchten dürfen beständige Dinge wie Geld unbegrenzt angehäuft werden, ohne dass in Rechte anderer eingegriffen würde. Die

---

19 Siehe Locke 1690, Buch II, Kapitel 5, § 25 f.

20 Locke 1690, Buch II, Kapitel 5, § 27.

21 Locke 1690, Buch II, Kapitel 5, § 28; zur Herleitung des Eigentums aus dem angeborenen Selbsterhaltungstrieb vgl. ders., Buch I, Kapitel 9, § 86; kritisch zur Kategorisierung als Arbeitstheorie Drahos 1996, 41 ff.

22 Locke 1690, Buch II, Kapitel 5, § 30.

23 Locke 1690, Buch II, Kapitel 5, § 31.

24 Locke 1690, Buch II, Kapitel 5, § 33.

Grenze zulässigen Eigentums wird durch eine derartige Vergrößerung des Besitzes nicht überschritten, weil nichts ungenutzt verdirbt.[25]

Diese zweistufige Argumentationslinie benützen die Vertreter der Belohnungstheorie analog zur Begründung von Patentrechten. Sie argumentieren, auch geistiges Eigentum werde durch Arbeit erschaffen und es sei das Recht des Erfinders, die Früchte dieser Arbeit zu genießen. Es sei ein Gebot der Gerechtigkeit, den Erfinder für seine gesellschaftlich nützlichen Mühen zu belohnen, weil er als »Lehrer der Nation« durch die Veröffentlichung seiner Erfindung das technische Wissen steigere und den Fortschritt zugunsten der Allgemeinheit fördere.[26] Dafür gebühre ihm ein angemessener Anteil am Sozialprodukt als gerechte Belohnung; zu deren Sicherung räume die Allgemeinheit dem Erfinder am besten ein Patent, d.h. ein zeitlich beschränktes Recht zur ausschließlichen wirtschaftlichen Verwertung der Erfindung, ein.[27]

2.3 Anreiz- oder Anspornungstheorie

Im Weiteren ist die heute vorherrschende[28] Anreiz- oder Anspornungstheorie – im Gegensatz zu den ersten beiden metaphysischen Theorien – auf die *Wirkung des Patents* ausgerichtet. Sie stellt dem Erfinder durch ein befristetes Monopol eine stabilisierte Gewinnerwartung in Aussicht, um den Anreiz für Forschung und Entwicklung zu erhöhen. Insofern kann die Anreiztheorie als Gegenstück zur Belohnungstheorie angesehen werden: Sie rechtfertigt aus einer *ex ante*-Perspektive das Patentrecht unter utilitaristischen Gesichtspunkten, während letztere aus einer *ex post*-Perspektive das Patentrecht mit Gerechtigkeitserwägungen begründet.

Dabei geht sie von den Annahmen aus, dass industrieller Fortschritt erstrebenswert sei und dass Erfindungen sowie deren industrielle Verwertung für den Fortschritt notwendig seien. Darauf aufbauend wird von

---

25 Locke 1690, Buch II, Kapitel 5, § 46 f.

26 Siehe Kraßer 2009, 37; Kunczik 2007, 56.

27 Siehe Machlup 1961, 377; zur Kritik an der Belohnungstheorie siehe Kunczik 2007, 56 mit Verweis auf Machlup 1961, 381 ff.; Godt 2007, 517 ff.

28 Exemplarisch Bundesrat 2005, 16 f. Vergleiche auch die Umschreibung der Ziele des geistigen Eigentums in Artikel 7 des TRIPS-Abkommens.

ihren Anhängern die These formuliert, dass angesichts des Marktversagens im Bereich der immateriellen Güter (wie Ideen und Erfindungen) vom Markt alleine zu wenig Forschungs- und Entwicklungsanreize geboten würden. So kann ohne zusätzlichen Schutz jeder eine Erfindung benutzen, womit Nachahmer ohne Erfindungskosten ein Produkt zu einem niedrigeren Preis auf den Markt bringen können. Rational handelnde Erfinder wären deshalb gehemmt, in die Forschung zu investieren. Entsprechend würden sowohl die Anzahl der allgemeinnützlichen Erfindungen als auch das Ausmaß ihrer Verwertung ohne zusätzliche Anreize ungenügend sein. Es sei deshalb zwingend notwendig, dass die Gesellschaft den Anreiz für Forschung und Entwicklung erhöhe.[29] Die einfachste, billigste und wirkungsvollste Weise zur Schaffung eines solchen Anreizes sei die Erteilung von Patentrechten.[30] Durch die faktische Verleihung zeitlich befristeter Monopolstellungen stabilisiere der Patentschutz die Gewinnerwartung. Durch diese Investitionssicherung steigere er den Forschungsanreiz, genauer die Bereitschaft in Forschung und Entwicklung zu investieren.

Dieser Grundgedanke der *Innovationsförderung* durch den patentrechtlichen Schutz des geistigen Eigentums liefert zu den vorliegend interessierenden Fragen der Zuteilung und des Ausgleiches nur wenige Anhaltspunkte. Vereinfacht gesagt hängt die Beantwortung der Frage nach der Zulässigkeit von (Bio-)Patenten davon ab, ob diese einen Forschungs- und Entwicklungsanreiz setzen können oder nicht; das ist Thema anderer Beiträge in der vorliegenden Publikation.[31] An dieser Stelle sei lediglich die Frage aufgeworfen, ob sich die Argumentation der Anreiztheorie nicht als paradox erweist: Wenn ohne Aussicht auf Patenterteilung – und die damit stabilisierte Gewinnerwartung – zu wenig Anreize für Forschung und Entwicklung bestehen, verhindern dann bestehende Patente – d.h. Ausschluss der Mitbewerber von der kommerziellen Nutzung der Ergebnisse – nicht gerade (in der Bio- und Gentechnologie teilweise besonders hohe und risikoreiche) Investitionen aller übrigen Mitbewerber auf dem betreffenden Gebiet? Mit anderen Worten besteht unter diesem Blick-

29 Zum Ganzen siehe Kraßer 2009, 34 f.; Kunczik 2007, 57 f.; Calame 2006, 7.

30 Siehe Machlup 1961, 387; kritisch hinsichtlich des biotechnologischen Sektors etwa Godt 2007, 519; Pernicka 2001, 78.

31 Vergleiche die Beiträge von Brandl und Stephan.

winkel latent die Gefahr einer *Tragedy of the Anticommons*, wonach patentrechtlich künstlich verknappte Ressourcen unterbenützt werden, weil umfangreich erteilte Rechte des geistigen Eigentums unter anderem auch die Inhaber gegenseitig blockieren.[32]

2.4 Offenbarungs- und Vertragstheorie

Die Offenbarungstheorie schließlich wird auch als Vertragstheorie bezeichnet, weil sie auf der vertragsrechtlichen Idee eines Austauschs (*do ut des*) zwischen Erfinder und Allgemeinheit beruht. Der Erfinder offenbart sein geheimes Wissen und erhält im Gegenzug ein zeitlich befristetes Monopolrecht auf seiner Erfindung.[33] In diesem Sinne wird die Gewährung des Patentrechts als *gerechte Gegenleistung der Allgemeinheit an den Erfinder* betrachtet, damit dieser auf die Geheimhaltung seiner Erfindung verzichtet.

Demnach beruht auch die Offenbarungstheorie auf der Grundannahme, dass Fortschritt wünschenswert ist. Die mögliche Geheimhaltung von Erfindungen sei fortschrittshemmend, weil so neues technisches Wissen nicht oder erst sehr viel später der Allgemeinheit zugänglich gemacht werde.[34] Damit berücksichtigt die Offenbarungstheorie als einzige, dass Fortschritt nicht bereits durch die Erfindung selbst, sondern erst durch deren Verbreitung erzielt werden kann.[35] In diesem Sinne liege es im Interesse der Allgemeinheit, dass die entsprechenden Informationen nicht zurückgehalten werden. Auch wenn die Allgemeinheit eine patentierte Erfindung – ausgenommen mit Zustimmung des Patentinhabers – erst nach Ablauf des Patentes benützen kann, so kann in der Konzeption der Offenbarungstheorie das offenbarte Wissen schon vorher benützt werden.[36]

32 Siehe dazu grundlegend Heller/Eisenberg 1998, 698 ff.
33 Godt 2007, S. 520.
34 Machlup 1961, 390.
35 Godt, Eigentum 2007, 520.
36 Calame 2006, 7 f.

Auch die Offenbarungstheorie ist unter verschiedenen Punkten erheblicher Kritik ausgesetzt.[37] Vorliegend ist grundsätzlich darauf hinzuweisen, dass der Blickwinkel eines zweiseitigen vertraglichen Austauschverhältnisses zwischen dem Erfinder und der patenterteilenden »Gesellschaft« verengt ist. Er lässt alle übrigen Betroffenen außer Acht. So lässt sich aus der Offenbarungstheorie – über die Frage der je gerechten Gegenleistungen im zweiseitigen Tausch hinaus – nichts zum Interessenausgleich hinsichtlich der übrigen Betroffenen ableiten.

2.5 Ergebnis

Die kurze Darstellung zeigt, dass keine der vier klassischen Theorien für sich alleine das Patentsystem zu rechtfertigen vermag. In der Literatur wird daher jeweils darauf verwiesen, dass die einzelnen Patenttheorien miteinander zusammenhängen und sich gegenseitig ergänzen würden. Nach dem Gesagten lässt die herkömmliche Patenrechtfertigung aber insgesamt – von der Arbeitstheorie abgesehen – Aspekte der Verteilungsgerechtigkeit und des Interessenausgleichs weitgehend außer Acht. Sie basiert auf der Annahme, dass mit der Erteilung von Patenten auf Erfindungen – d.h. neuen geistigen Schöpfungen – ja niemandem etwas weggenommen werde. Diese Sichtweise greift aber in verschiedener Hinsicht zu kurz. Die Zuteilung eines privaten Ausschließlichkeitsrechts für die geistige Leistung der Erfindung beruht auf einem Werturteil, das eine ausgewogene Abwägung der in Frage stehenden Interessen bedingt.[38] Dabei gilt es insbesondere zu beachten, dass heute auch bereits in der Natur Vorhandenes patentierbar ist. Daher soll in einem weiteren Schritt die Unterscheidung zwischen patentierbarer Erfindung und nicht patentierbarer Entdeckung näher untersucht werden, welche ursprünglich die freie Verfügbarkeit auch biologischer und genetischer Ressourcen garantierte.

---

37 Exemplarisch Straus/Moufang 1989, 36 f.; Pernicka 2001, 77.

38 Appel 1996, 161.

3. Erfindung vs. Entdeckung

3.1 Historische Entwicklung

Nach verbreiteter Auffassung beruht der Ausschluss der Entdeckung von der Patentierbarkeit primär auf der Tatsache, dass sie im Gegensatz zur Erfindung objektiv nichts Neues hervorbringe und deshalb nicht schöpferischer Natur sei. Als unerwünschte Folge der Entdeckungspatentierung würde etwas in der Natur bereits Vorhandenes zeitweilig monopolisiert und somit dem Gebrauch durch die Allgemeinheit entzogen. Diese Begründung basiert auf einem bereits von Kant verwendeten Begriffsverständnis, wonach sich die Tätigkeit des Entdeckens (*rezeptiv*) und deren Produkt (etwas *Vorhandenes*) von der Tätigkeit des Erfindens (*schöpferisch*) und deren Produkt (etwas *Neues*) unterscheide.[39] In den ersten modernen, naturrechtlich geprägten Patentgesetzen – dem amerikanischen von 1790[40] und dem französischen von 1791[41] – wurden die Begriffe der »Erfindung« und der »Entdeckung« jedoch noch weitgehend synonym begriffen und verwendet. Bis gegen Mitte des 19. Jahrhunderts hielt dann die begriffliche Differenzierung zwischen der Erfindung und der Entdeckung verbreitet im Patentrecht Einzug.[42] So fand die Abgrenzung auch in das erste deutsche Patentgesetz von 1877[43] und die damalige deutsche Patentrechtsliteratur[44] Eingang.

In der Umgangssprache wird diese Dichotomie weiterhin verwendet und liegt verbreitet der Kritik an Biopatenten zugrunde. Noch im vom Naturrecht und der Begriffsjurisprudenz geprägten klassischen Patentrecht

---

39 Kant 1798/1973, § 57, 224: »Etwas erfinden ist ganz was anderes als etwas entdecken. Denn die Sache, welche man entdeckt, wird als vorher schon existirend angenommen, nur daß sie noch nicht bekannt war, z.B. Amerika vor dem Columbus; was man aber erfindet, z.B. das Schiesspulver, war vor dem Künstler [...], der es machte, noch gar nicht bekannt.«

40 Patent Act of 1790, Ch. 7, 1 Stat. 109 - 112 (April 10, 1790) CHAP. VII. – An Act to promote the progress of useful Arts.

41 Siehe Fn. 13.

42 Beier/Straus 1982, 15 f., Rn. 18 f. m.w.N.

43 Patentgesetz für das deutsche Reich vom 25. Mai 1877.

44 Siehe dazu die Zusammenstellung bei Nack 2002, 158 ff., insbesondere 160 sowie 228 je m.w.N.; vgl. Kuster 1971, 202 ff.; Kuster 1975, 69 ff.

mag sie als Begründung und Abgrenzungskriterium für den Ausschluss der Entdeckung eine bedeutende Rolle gespielt haben. Im aktuellen Patentrecht hingegen hat die Unterscheidung von Erfindung und Entdeckung weitgehend ihre patentrechtliche Relevanz verloren. Die ursprüngliche Dichotomie wurde durch die normative Entkernung des patentrechtlichen Erfindungsbegriffes, insbesondere durch die Ausgliederung schöpferischer Elemente, längst aufgelöst.[45] Die gegenwärtige Umschreibung der *Erfindung als Lehre zum technischen Handeln*[46] steht der Patentierung von in der Natur bereits Vorhandenem keineswegs mehr entgegen.

3.2 Patentierung von bereits Vorhandenem

Auf Basis der Naturstoffrechtsprechung[47] war die Patentierung von bereits Vorhandenem langjährige Praxis des Eidgenössischen Instituts für Geistiges Eigentum (IGE) und des Europäischen Patentamtes (EPA), bevor sie Eingang in die EU-Biopatent-Richtlinie, die Ausführungsordnung zum EPÜ sowie das eidgenössische Patentgesetz gefunden hatte. So hat die insbesondere im Bereich der Bio- und Gentechnologie verschwindende Trennung von wissenschaftlicher Grundlagenforschung und angewandter Industrieforschung im Verlauf der letzten dreißig Jahre grundlegende Auswirkungen auf das Patentsystem gezeigt. Die politisch vorangetriebene Vorverlagerung des Patentschutzes in den Bereich der Entde-

45 Ausführlich Godt 2007, 25 ff., vgl. 480 f.

46 Siehe BGH, Urteil vom 27. März 1969 (»Rote Taube«) BGHZ 52, 74 = GRUR 1969, S. 672; übernommen vom Schweizerischen Bundesgericht im Urteil 4A.12/1995 vom 31. Juli 1996, E. 4 – Hochdruckkraftwerk = sic! 1997, 77: »Lehre zum planmässigen Handeln unter Einsatz beherrschbarer Naturkräfte zur unmittelbaren Erreichung eines kausal übersehbaren Erfolgs«; siehe auch Grosse Beschwerdekammer EPA, G 2/07 – Broccoli/PLANT BIOSCIENCE, Abl. 2012, 130 ff. E. 6.4.2.1, 193; Für die Lehre exemplarisch Bühler 2006, 509; Calame 2006, 6; kritisch hingegen Nack 2002, 176.

47 Zur Naturstoffrechtsprechung siehe BPatG, 28.07.1977, 16 W (pat) 64/75 – »Naturstoffe« = GRUR 1978, 238 m. Anm. Utermann; BPatG, 05.04.1978, 16 W (pat) 45/76 – »Lactobacillus bavaricus« = GRUR 1978, 586; für die Zustimmung in der Literatur anstelle vieler Bühler 2006, 534 f. m.w.N.

ckungen respektive dessen Ausdehnung auf Pflanzen verschärfte zusehends den Zielkonflikt zwischen dem patentrechtlichen Zweck der Fortschrittsförderung und den zahlreichen Bedürfnissen nach Freihaltung genetischer Ressourcen.[48]

Verkürzt lässt sich festhalten, dass sich im Patentrecht einerseits ein teleologischer Erfindungsbegriff[49] – der sich dynamisch der technischen Entwicklung anpassen soll[50] – und andererseits ein starrer, historisch verstandener Entdeckungsbegriff gegenüberstehen. So lässt sich unter Rückgriff auf den technischen Fortschritt der unbestimmte Rechtsbegriff der »Erfindung« als Band, das den Kreis der als patentierbar erachteten geistigen Leistungen abstrakt umfasst, beliebig erweitern. Das führte zur weitgehenden Auflösung der klassischen Grenze zwischen der nicht patentierbaren Entdeckung von Vorhandenem und der patentierbaren Erfindung von neuem. Mit der Ausdehnung des patentrechtlichen Erfindungsbegriffes ist aber nicht nur eine Marginalisierung des Patentierungsausschlusses von Entdeckungen (Art. 52 Abs. 2 Bst. a EPÜ 2000) verbunden. Parallel dazu nahm auch die Bedeutung des Ausschlusses von Pflanzensorten und Tierrassen sowie im Wesentlichen biologische Verfahren zur Züchtung von Pflanzen und Tieren (Art. 53 Bst. b EPÜ 2000; Art. 2 Abs. 2 Bst. b PatG) ab. Illustrativ für diese Entwicklungen ist die sich wandelnde patentrechtliche Qualifikation von Pflanzen:

So verneinte der schweizerische Bundesrat (Regierung) noch im Jahre 1950 die Patentierbarkeit von Pflanzensorten und Verfahren zur Züchtung neuer Pflanzen unter anderem deshalb, weil nach den Patentgesetzen aller Länder nur eigentliche schöpferische Leistungen, nicht aber Entdeckungen patentierbar seien. Alleine den lebenden Pflanzenorganismus beeinflussende technische Kulturverfahren zur Wachstumsförderung und Ertragssteigerung seien patentierbar.[51]

In den Materialien der Teilrevision von 1976 findet sich sodann kein Verweis mehr auf den Entdeckungscharakter von Pflanzen. In Artikel 1a des Patentgesetzes wurde jedoch ein Ausschluss von Pflanzensorten aufgenommen, weil ihnen als Lebewesen in der Regel das Merkmal der

48 Vgl. ausführlich Godt 2007, 15 ff.

49 Siehe Walleser 1963, 1; vgl. Wank 1985, 143; siehe auch Nack 2002, 7.

50 Statt vieler BGHZ 52, 74 – Rote Taube (Fn. 46); Bundesrat 1950, 1003.

51 Bundesrate 1950, 997 ff.

Wiederholbarkeit fehle. Hinsichtlich der Verfahrensansprüche wurden im betreffenden Artikel »im wesentlichen biologische« – *d.h. dem Wesen nach zur Biologie gehörende* – Züchtungsverfahren ausgeschlossen. Lediglich im Wesentlichen technische Verfahren, etwa die Beeinflussung des Wachstums durch Bestrahlung oder Düngemittel, galten als patentierbar.[52]

Nachdem inzwischen – insbesondere mit dem Aufkommen der Gentechnologie – der Hinderungsgrund der fehlenden Wiederholbarkeit weggefallen ist, sprechen heute allein noch historische Gründe für die Beibehaltung des Ausschlusses von Pflanzensorten (Art. 2 Abs. 2 Bst. b Satz 1 PatG).[53] Weiterhin ausgeschlossen bleiben zwar »im Wesentlichen biologische« Züchtungsverfahren (Art. 2 Abs. 2 Bst. b Satz 1 PatG). Als solche gelten nunmehr aber *nur noch vollständig auf natürlichen Phänomenen (Kreuzung, Selektion) beruhende Züchtungsverfahren*. Umfasst das Verfahren einen einzigen für die Zielerreichung notwendigen nichtbiologischen Schritt, ist es patentierbar (vgl. Regel 23b Abs. 5 AO EPÜ). Entsprechend sind bio- und gentechnische Verfahren patentierbar, wobei sich der Schutz auch auf deren unmittelbare Erzeugnisse – etwa eine Pflanzensorte[54] – erstreckt (Art. 2 Abs. 2 Bst. b Satz 2 PatG).

4. Fazit

Nach vorliegender Auffassung trägt die seit den 1980er Jahren politisch vorangetriebene Patenterteilung auf dem Gebiet von Entdeckungen respektive im Bereich von Pflanzen und Saatgut den Bedürfnissen nach Freihaltung solcher genetischer Ressourcen nur ungenügend Rechnung.

Zunächst gehen die klassischen, weiterhin zur Begründung und Rechtfertigung herangezogenen Patenttheorien davon aus, dass solchen Bedürfnissen mit dem Patentierungsausschluss von Entdeckungen entsprochen werde. Insofern liefern sie grundsätzlich kein theoretisches Fundament für Fragen der Knappheit, des Interessenausgleichs und der Verteilungsgerechtigkeit im Zusammenhang mit Saatgutpatenten. Einzige Ausnahme

52 Bundesrat 1976, 68.
53 So Bundesrat 2005, 62.
54 A.a.O., 63 f. mit Verweis auf BGE 121 III 125 S. 131 ff.

bildet die (heute verbreitet abgelehnte) *Arbeitstheorie*, soweit sie mit der Lock'schen *sufficiency-provisio* ein Instrument zur Definition der zulässigen Überführung von Gemeingütern in Privatgüter anbietet.

Sodann ermöglicht die skizzierte Erweiterung des Erfindungsbegriffes samt Vorverlagerung in den Bereich der Entdeckungen Biopatente auch auf Saatgut. Die Auflösung der Abgrenzung zwischen patentierbarer Erfindung und nicht patentierbarer Entdeckung erlaubt letztlich den (gegenüber dem Sortenschutz weitergehenden) patentrechtlichen Zugriff auf traditionell freigehaltene Ressourcen. Nach dem Gesagten kann die theoretische Begründung respektive Rechtfertigung des Patentrechts dabei aber nur wenig zum Ausgleich der involvierten Interessen beitragen. Vor diesem Hintergrund stellt sich die Frage, ob sich allenfalls die Implikationen der *sufficiency-provisio* auf die Erteilung von Biopatenten auf Saatgut übertragen lassen. Inwiefern lässt sich dieses Postulat für die vielschichtigen Diskussionen rund um den Zugang zu solchen genetischen Ressourcen nutzen? Lässt sich daraus etwa für die Ausgestaltung des Züchterprivilegs gewinnen (Art. 9 Abs. 1 Bst. e PatG)?

An dieser Stelle sollen diese Fragen offen gelassen werden, um als Anregung für weitergehende Diskussionen zu dienen. Anderweitige Vorschläge, wie die involvierten Interessen unter Berücksichtigung des patentimmanenten Ziels der Fortschrittsförderung gewahrt werden können, bietet die vorliegende Publikation an anderer Stelle an.[55]

Literaturverzeichnis

Appel, Bernd (1996): Der menschliche Körper im Patentrecht.

Beier, Friedrich-Karl (1970): Die herkömmlichen Patentrechtstheorien und die sozialistische Konzeption des Erfinderrechts, in: Gewerblicher Rechtsschutz und Urheberrecht Internationaler Teil (GRUR Int.) 19, 1 ff.

Beier, Friedrich-Karl/Straus, Joseph (1982): Der Schutz wissenschaftlicher Forschungsergebnisse. Zugleich eine Würdigung des Genfer Vertrages über die internationale Eintragung wissenschaftlicher Ergebnisse.

55 Siehe den Beitrag von *Timmermann/Robaey*.

Bühler, Lukas (2006): Biotechnologische Erfindungen, in: von Büren, Roland/David, Lucas (Hrsg.), Schweizerisches Immaterialgüter- und Wettbewerbsrecht. Vierter Band: Patentrecht und Know-how unter Einschluss von Gentechnik, Software und Sortenschutz, 505 ff.

Bundesrat (2005): Botschaft vom 23. November 2005 zur Änderung des Patentgesetzes und zum Bundesbeschluss über die Genehmigung des Patentrechtsvertrags und der Ausführungsordnung, in: Bundesblatt [BBl] 1 ff.

Bundesrat (1976): Botschaft vom 24. März 1976 an die Bundesversammlung über drei Patentübereinkommen und die Änderung des Patentgesetzes, in: BBl 1976 II 1 ff.

Bundesrat (1950): Botschaft vom 25. April 1950 an die Bundesversammlung über die Revision des Bundesgesetzes betreffend die Erfindungspatente, in: BBl I 977 ff.

Calame, Thierry (2006): Grundlagen, in: von Büren, Roland/David, Lucas (Hrsg.), Schweizerisches Immaterialgüter- und Wettbewerbsrecht. Vierter Band: Patentrecht und Know-how unter Einschluss von Gentechnik, Software und Sortenschutz, 1 ff.

Calame, Thierry (2001): Öffentliche Ordnung und gute Sitten als Schranken der Patentierbarkeit gentechnologischer Erfindungen. Eine Untersuchung des Europäischen Patentübereinkommens und des Schweizerischen Patentgesetzes unter Berücksichtigung des internationalen Rechtsumfelds.

Drahos, Peter (1996): A Philosophy of Intellectual Property.

Godt, Christine (2007): Eigentum an Information. Patentschutz und allgemeine Eigentumstheorie am Beispiel genetischer Information.

Heller, Michael A./Eisenberg, Rebecca S. (1998): Can Patents Deter Innovation? The Anticommons in Biomedical Research, in: Science 280, 698 ff.

Jefferson, Thomas (1813/1977): To Isaac McPherson. 13 August 1813, in: Peterson, Merrill D. (Hrsg.), The Portable Thomas Jefferson, 525 ff.

Kant, Immanuel (1798/1973): Anthropologie in pragmatischer Hinsicht, in: Akademieausgabe, Band VII, 117 ff.

Kraßer, Rudolf (2009): Patentrecht. Ein Lehr- und Handbuch zum deutschen Patent- und Gebrauchsmusterrecht, Europäischen und Internationalen Patentrecht. 6. Auflage.

Kunczik, Niclas (2007): Geistiges Eigentum an genetischen Informationen. Das Spannungsfeld zwischen geistigen Eigentumsrechten und Wissens- sowie Technologietransfer beim Schutz genetischer Informationen.

Kurz, Peter (2000): Weltgeschichte des Erfindungsschutzes. Erfinder und Patente im Spiegel der Zeiten.

Kuster, W. (1971): Über die Möglichkeit einer Definition des Erfindungsbegriffes, in: SJZ 67, 201 ff.

Kuster, W. (1975): Zur Frage der Definition des Erfindungsbegriffes, in: SJZ 71 , 69 ff., 85 ff.

Locke, John (1690/1977): Two Treatises of Government, The Second Treatise of Government: An Essay concerning The True Original, Extent, and End of Civil-

Government, in: Euchner, Walter (Hrsg.), Zwei Abhandlungen über die Regierung, II. Über den wahren Ursprung, die Reichweite und den Zweck der staatlichen Regierung, 200 ff.

Machlup, Fritz (1961): Die wirtschaftlichen Grundlagen des Patentrechts, in: GRUR Int. 10 (1961), 373 ff., 473 ff., 524 ff. [= (leicht gekürzte) deutsche Übersetzung von Machlup, Fritz (1958): An Economic Review of the Patent System. Study No. 15 of the Subcommittee on Patents, Trademarks, and Copyright of the Committee on the Judiciary. United States Senate, 85th Congress, 2nd Session.].

Nack, Ralph (2002): Die patentierbare Erfindung unter den sich wandelnden Bedingungen von Wissenschaft und Technologie.

Pedrazzini, Mario M. (1957): Die patentfähige Erfindung.

Pernicka, Susanne (2001): Wem gehören die Gene? Patente auf Leben für ein neues Wachstumsregime.

Schneider, Ingrid (2010): Das Europäische Patentsystem. Wandel von Governance durch Parlamente und Zivilgesellschaft.

Straus, Joseph/Moufang, Rainer (1989): Hinterlegung und Freigabe von biologischem Material für Patentierungszwecke: patent- und eigentumsrechtliche Aspekte.

United Nations, Department of Economic and Social Affairs, Population Division (2014): Concise Report on the World Population Situation in 2014. [Quelle: http://www.un.org/en/development/desa/population/publications/pdf/trends/Concise%20Report%20on%20the%20World%20Population%20Situation%202014/en.pdf (15.02.2015)].

United Nations, Department of Economic and Social Affairs, Population Division (2013a): World Population Prospects: The 2012 Revision. Highlights and Advance Tables, ESA/P/WP.228. New York. [Quelle: http://esa.un.org/wpp/ Documentation/pdf/WPP2012HIGHLIGHTS.pdf (15.02.2015)].

United Nations, Department of Economic and Social Affairs, Population Division (2013b): World Population Prospects: The 2012 Revision. Key Findings and Advance Tables, ESA/P/WP.227. New York. [Quelle: http://esa.un.org/wpp/ Documentation/pdf/ WPP2012_%20KEY%20FINDINGS.pdf (15.02.2015)].

Walleser, Fritz (1963): Die Patentfähigkeit als rechtsteleologisches Problem.

Wank, Rolf (1985): Die juristische Begriffsbildung.

Wie wirken Pflanzenpatente? Blockade oder Anreiz für Innovation und Diversität?

Michael Stephan

1. *Einführung: Überblick über die Kontroverse*

Patente haben eine ambivalente Wirkung: Einerseits sollen sie Innovationen stimulieren und damit die Grundlage für Wettbewerb und Vielfalt schaffen. Andererseits garantieren Patente Monopolstellungen und können somit Innovationen blockieren und Monokulturen zementieren.

Diese ambivalente Wirkung und insbesondere die ethische Grundsatzfrage, ob Patente und Eigentum auf Leben wünschenswert sind, sind Gegenstand einer sehr kontrovers geführten Debatte über Patente in der Pflanzenzüchtung. Etiketten wie *Seed Wars*, *Biopiraterie* oder *Malthus, Mendel und Monsanto* zeugen hiervon. Die meisten Kontroversen sind »politisch« gefärbt. Wissenschaftlich ausgewogene und vor allem empirisch fundierte Diskurse finden sich nur wenige. Oft findet auch keine isolierte Betrachtung zu Pflanzenpatenten statt. Die Diskussion wird regelmäßig vermischt und auf übergeordneter Ebene als allgemeiner Diskurs um die Patentierung von biologischem Material und biotechnologischen Erfindungen geführt. Jedoch berühren biotechnologische Erfindungen und Biopatente neben Pflanzen und Saatgut auch Tiere, Impfstoffe, Medikamente und Diagnostika. Eine solche Vermischung ist nicht nur mit Blick auf die verschiedenen ethischen Grundsatzfragen problematisch, sondern führt nicht zuletzt deshalb zu wenig Erkenntnisfortschritt, weil sich die Innovationsprozesse damit auch die Patentwirkung in der grünen, roten und gelben Biotechnologie erheblich voneinander unterscheiden.

Ebenfalls wenig zuträglich für den Erkenntnisfortschritt im Diskurs ist die Emotionalität, die in der Debatte vor allem von Ängsten vor dem Macht- und Gewinnstreben von patentierenden Großkonzernen getragen wird. Folgende Zitate illustrieren dies:

> »Das Patentrecht wird zu einem Kraken, der Pflanzen und Tiere als Grundlagen der Welternährung umschlingt und der Kontrolle von Konzernen unterwirft.«[1]
>
> »Die Bewahrung der Schöpfung ist eine gesamtgesellschaftliche Aufgabe, die vor den Gewinnbestrebungen einzelner Gen-Heuschrecken steht.«[2]
>
> »Biopatente sind [...] das Musterbeispiel für einen Funktionswandel des Patentwesens weg von einer Institution, die technische Innovationen stimuliert, die durch den Ablauf der Patente zu intellektuellem Gemeingut werden, hin zur Sicherung möglichst hoher ‚returns on investments' für Patentinhaber.«[3]

In anderen Technologiefeldern jenseits der Biotechnologie werden übrigens ähnliche Debatten geführt. So wenden beispielsweise Kritiker von Patenten auf Softwareerfindungen ein, dass die Schutzrechte einseitig die Position der großen Software- bzw. IT-Konzerne wie *Microsoft*, *Oracle* oder *SAP* stützen.[4] In der Telekommunikations- und Smartphone-Industrie steht die Blockadewirkung von Patenten im Mittelpunkt der Diskussionen. Im Kontext von Patenten auf pharmazeutische Wirkstoffe wird neben der »überzogenen« Monopolwirkung der Rückgriff auf indigene Wirkstoffe unter dem Etikett der Biopiraterie angeprangert. Hilfreiche und kommensurable Argumentationslinien aus diesen Debatten fließen im vorliegenden Beitrag in die Diskussion der Wirkung von Pflanzenpatenten ein.

Ziel des vorliegenden Beitrages ist die sorgfältige und differenzierte Abwägung der positiven und negativen ökonomischen Wirkung von Patenten auf Pflanzenerfindungen: Kritiker von Biopatenten befürchten, dass der Patentschutz und die Schaffung von Monopolrechten zu einer Blockade von Innovation und Wettbewerb und zu einer zunehmenden Konzentration in den Märkten führen werden. In diesem negativen Szenario dominieren wenige Konzerne, insbesondere die »Big Six« (*BASF, Bayer Crop Science, Dow Agri. Science, DuPont, Monsanto, Syngenta*) Angebot und Preise. Die Verfechter von Pflanzenpatenten führen dagegen an, dass Patente Anreize für die Innovationstätigkeit schaffen und die

1 Oliver Then, Greenpeace (Pressemitteilung anlässlich der Grundsatzentscheidung des EPA, ob die Züchtung konventioneller Pflanzen generell patentierbar ist).

2 Markus Söder, Bayrischer Minister für Finanzen, Landesentwicklung und Heimat, anlässlich einer Demonstration gegen das »Schweinepatent« EP 1651777.

3 Kammer für Nachhaltige Entwicklung der Evangelischen Kirche in Deutschland, EKD-Studie »Biopatente und Ernährungssicherung aus christlicher Perspektive« 2012.

4 Vgl. Stephan 2013, 233 ff.

Offenlegung und Diffusion des zugrunde liegenden Wissens bewirken. Patentierung wirkt sich in diesem Szenario positiv auf Innovationstätigkeit, Vielfalt und Wettbewerb aus. Die ethische Grundsatzfrage, ob Patente und Eigentum auf Leben grundsätzlich wünschenswert sind, wird in diesem Beitrag ausgeklammert. Im Mittelpunkt der Betrachtung stehen die (ökonomischen) Auswirkungen von Pflanzenpatenten.

Der vorliegende Beitrag ist wie folgt gegliedert: Kapitel 2 zeigt die veränderten Rahmenbedingungen im Innovationsgeschehen auf, welche zur gestiegenen Relevanz der Patentierung im Pflanzenbau geführt haben. In Kapitel 3 werden in Kürze die Rechtsgrundlagen für Geistiges Eigentum in der grünen Biotechnologie, insbesondere für Pflanzenpatente skizziert. Kapitel 4 stellt dann die ökonomischen Funktionen und Wirkung von Patenten dar. Kapitel 5 vertieft darauf aufbauend die positiven Wirkungen von Pflanzpatenten, während Kapitel 6 diesen dann die negativen Wirkungen gegenüberstellt. Ausgangspunkt der Begründung der negativen Wirkung sind die Besonderheiten des Innovationsprozesses im Pflanzenbau. Statt eines Fazits werden in Kapitel 7 schließlich die wenigen empirischen Erkenntnisse darüber vorgestellt, ob in der Praxis nun die positiven oder negativen Wirkungen von Pflanzenpatenten überwiegen.

2. Veränderte Rahmenbedingungen: Paradigmenwechsel in der Pflanzenzucht

In der Pflanzenzucht hat sich in den vergangenen vierzig Jahren ein technologischer Paradigmenwechsel vollzogen:

> »In the 1970s, [technological] breakthroughs [...] heralded the birth of a worldwide revolution in biotechnology.«[5]

Von einem technologischen Paradigmenwechsel wird in der Innovationsökonomik dann gesprochen, wenn sich durch revolutionäre wissenschaftlich-technologische Fortschritte Diskontinuitäten in der für eine Branche relevanten Wissensbasis ergeben. Ein solcher Paradigmenwechsel führt oftmals auch zu tiefgreifenden Veränderungen in der Branchen-

5 Wright/Pardey 2006, 20.

struktur selbst.[6] Prominentes Beispiel hierfür ist der Übergang von der analogen zur digitalen Fotographie.

Innovationsprozesse im Pflanzenbau waren bis in die 1970er Jahre hinein durch konventionelle Zucht geprägt. Konventionelle Pflanzenzucht basiert auf Erfahrungswissen, Innovationsprozesse in der Zucht verlaufen eher inkrementell, d. h. in kleinen Schritten und kumulativ (aufeinander aufbauend). Neue Züchtungen und Innovationen sind mitunter zufallsbasiert:

> »Conventional plant breeding remains inherently random and slow, constrained by the availability of desirable traits in closely related plant species.«[7]

Infolge des Übergangs zur grünen Biotechnologie und durch den Einsatz gentechnischen Methoden in der Pflanzenzucht hat sich der Verlauf der Innovations- und Zuchtprozesse stark verändert. Mehrere radikale technologische Entwicklungen haben zu diesem Paradigmenwechsel geführt: U.a. die DNA-Sequenzierung, der Einsatz von Markern bei der Selektion von Genomen oder die Gentransformation durch Agrobakterien. Moderner biotechnologisch betriebener Pflanzenbau basiert auf wissenschaftlichen Erkenntnissen. Innovationen werden in viel stärkerem Umfang systematisch und im Labor generiert. Die Geschwindigkeit der Züchtungsprozesse hat deutlich zugenommen und Unsicherheiten bzw. der Raum für den Faktor »Zufall« wurden stark eingedämmt.

> »Green biotech employs the modern tools of genetic engineering to reduce uncertainty and breeding time and to transfer traits from more distantly related plants.«[8]

Eine Schlüsseltechnologie in der modernen Pflanzenzucht ist das sogenannte *Smart Breeding* bzw. die markergestütze Selektion (MAS). MAS ist eine Prozessinnovation, mit der die Pflanzenzüchtung beschleunigt und zielgerichteter erfolgen kann:

> »Früher mussten neue Kreuzungen monatelang heranwachsen, ehe man ihre Qualitäten erkennen, neu kombinieren und testen konnte. Dann begann der Prozess wieder von vorn. So entstand eine Generation nach der anderen. Jetzt schaut man sich die DNA von Millionen Samen an, markiert die Abschnitte mit interessanten

---

6 Stephan 2014, 240 ff.

7 Barrows et al. 2014, 99.

8 Ebd.

Eigenschaften und züchtet zielstrebig nur mit den vielversprechenden Exemplaren weiter.«[9]

Waren die Innovationsprozesse in der traditionellen Pflanzenzucht noch stark erfahrungsgetrieben, so hat sich der Charakter in der modernen Pflanzenzucht dem Verlauf industrieller Innovationsprozesse angenähert, wie sie auch in anderen Branchen, bspw. in der pharmazeutischen Industrie typisch sind. Wissenschaftsgetriebene Innovationsprozesse im Labor erfordern hohe Investitionen in Forschung und Entwicklung. So kommen beim *Smart Breeding* z. B. Hochleistungs-DNA-Sequenzierer zur automatischen Auswertung bzw. Entschlüsselung von Pflanzengenomen zum Einsatz, deren Anschaffung sich pro Stück derzeit auf ca. 1 Mio. USD beläuft (Beispielpreis für einen Illumina HiSeq X Ten-Automaten).

Schätzungen kommen zu dem Ergebnis, dass sich durch den Einsatz von gentechnischen Züchtungsverfahren die Investitionen in Forschung und Entwicklung im Vergleich zur konventionellen Zucht etwa verzehnfacht haben.[10] So investiert z. B. Monsanto, der gemessen am Umsatz weltweit größte Pflanzenbaukonzern, jährlich etwa 1,533 Milliarden USD (2013) in Forschung und Entwicklung (F&E). Zusammen investieren die »Big Six« Pflanzenbauunternehmen fast 6 Milliarden USD in F&E. Abbildung 1 gibt einen Überblick über Umsatz und F&E-Ausgaben der sechs Unternehmen. In Anbetracht solch hoher Investitionen haben die Unternehmen natürlich einen Anreiz, ihre Innovationen mit einem möglichst breiten Patentschutz abzusichern, wie dies in anderen Branchen auch üblich ist. Die Herausforderung durch Pflanzenpatente ist damit nicht nur unmittelbare technische, sondern auch ökonomische Folge des Paradigmenwechsels in der Pflanzenzucht.

9 Grefe 2015, 35.
10 Vgl. Just et al. 2006; Potrykus 2010.

	Unternehmen	Stamm-land	Umsatz	F&E-Ausgaben
1.	Monsanto	USA	14,861	1,533
2.	Syngenta	CH	14,688	1,380
3.	DuPont	USA	11,739	1,057
4.	Bayer Crop Ciences	D	11,244	1,180
5.	BASF	D	8,021	0,782
6.	Dow Agri. Sciences	USA	7,137	0,642
	Summe		**67,690**	**6,574**

Abbildung 1: Umsätze und F&E-Ausgaben der »Big Six« im Pflanzenbau in Mrd.USD (2013)

3. Ökomische Anmerkungen zu den Rechtsgrundlagen der Patentierung in der grünen Biotechnologie

Patente sind Verbietungs- bzw. Ausschließlichkeitsrechte, mit denen der Innovator Andere an der Imitation seiner patentgeschützten Technologie und dem Angebot darauf basierender Produkte hindern kann. Grundsätzlich erstreckt sich der Patentschutz auf Erzeugnisse und Verfahren ‚technischer' Art. Pflanzensorten sowie im Wesentlichen biologische Verfahren zur Züchtung von Pflanzen sind gemäß Art. 53 (b) des Europäischen Patentübereinkommens (EPÜ) von der Patentierung ausgeschlossen. Diese Ausnahme gilt jedoch explizit nicht für »mikrobiologische Verfahren« (Art. 53 (b)). Infolge des skizzierten Paradigmenwechsels und des Übergangs zu biotechnologischen, d. h. mikrobiologischen Verfahren in der Pflanzenzucht, ist die grundsätzliche Ausnahme für Patente im Pflanzenbau hinfällig. Mikrobiologischen Verfahren ist die Eigenschaft der »Technizität« prinzipiell nicht abzusprechen. Die Grundbedingung für eine Patentierung im Pflanzenbau ist damit gegeben. Die Diskussionen um das sogenannte »Brokkoli-Patent« sowie das »Schrumpeltomaten-Patent« machen jedoch deutlich, dass die Grenzen zwischen konventioneller Züchtung und mikrobiologischen Verfahren nicht immer eindeutig verlaufen.[11]

---

11 Vgl. Stephan 2013, 244.

Viele Verfahren kombinieren nämlich sowohl konventionelle als auch mikrobiologische Methoden.

Wie in allen anderen Technologiebereichen auch, müssen drei Bedingungen erfüllt sein, um ein »Pflanzenpatent« zu erhalten[12]: Patente werden in der Pflanzenzucht für technische Erfindungen erteilt, die

1. *neu* sind,
2. auf einer *erfinderischen Tätigkeit* beruhen
3. und *gewerblich anwendbar* sind.

Einige Argumente gegen Pflanzenpatente verneinen die Erfüllung dieser Bedingungen an. Insbesondere die beiden Kriterien der Neuheit und des erfinderischen Schritts werden angezweifelt. Erfindungen in der Pflanzenzucht seien per se nicht neu, da aller Fortschritt auf Naturstoffen beruhe, die in der Natur bereits vorhanden sind. Hierauf ist zu entgegnen, dass biotechnologische Erfindungen dann patentrechtlich »neu« sind, wenn ein bis dato nicht bekannter bzw. identifizierter Naturstoff zum ersten Mal isoliert wird. Ein Patent erhält, wer eine Anleitung schafft, wie dieser Stoff künstlich isoliert oder hergestellt werden kann. Auf die künstliche Substanz (Produktinnovation) oder auf das technische Verfahren (Prozessinnovation), nicht jedoch auf das natürliche Vorkommen des Stoffes bzw. auf seine natürliche Form bezieht sich der Patentschutz.[13]

Ein weiteres formal-inhaltliches Argument gegen Pflanzenpatente verneint die Erfüllung des Patentierungskriterium zum erfinderischen Schritt: Innovationen im Pflanzenbau basierten nicht auf Erfindungen, sondern seien bloße Entdeckungen, zumal alles auf der Grundlage von Naturstoffen entstehe. Nach patentrechtlichen Grundsätzen liegt jedoch dann keine bloße »Entdeckung« vor, wenn ein Naturstoff nicht nur beschrieben wird, sondern darüber hinaus eine zweckgerichtete Anweisung zum technischen Handeln gegeben wird – z. B. wenn ein Naturstoff künstlich isoliert und der Öffentlichkeit so zur Verfügung gestellt wird, dass der Fachmann diesen Stoff immer wieder neu herstellen kann.[14]

---

12 Vgl. Burr/Stephan 2007; §1 Abs. 1 Patentgesetz; Art. 52 EPÜ.
13 Vgl. Burr/Stephan 2007, 47; Haedicke 2011, 124.
14 Haedicke 2011, 125.

Neben diesen formal-inhaltlichen Argumenten, welche die Patentierbarkeit von Pflanzenerfindungen auf juristischer Basis des Patentrechts selbst anzweifeln, gibt es vor allem ethische Argumente gegen Pflanzenpatente. Ein zentrales ethisch begründetes Argument gegen Pflanzenpatente prangert die Verbietungs- bzw. Ausschließlichkeitsrechte an, mit denen durch die Patenterteilung de jure ein Sacheigentum auf Pflanzen und damit Leben gewährt wird. Dem lässt sich entgegengehalten, dass seit jeher an Pflanzen (und Tieren) Eigentumsrechte bestehen, obgleich lange das Sacheigentum im Vordergrund stand.[15] Warum sich ein tradiertes Konzept des materiellen Eigentumsrechts an Pflanzen nicht auf immaterielles Eigentum übertragen lassen sollte, wäre zu diskutieren.

Im Folgenden werden weder die formal-juristischen noch die ethischen Argumente gegen Pflanzenpatente vertieft. Vielmehr soll eine innovationsökonomische Debatte geführt werden. Die innovationsökonomische Diskussion beschäftigt sich im Schwerpunkt mit den positiven und negativen Wirkungen von Pflanzenpatenten auf Innovation, Vielfalt und Wettbewerb.

4. Funktionen und Wirkung von Patenten aus ökonomischer Sicht

Aus gesamtwirtschaftlicher Sicht besitzen Patente zwei Funktionen:

(1) *Anreize* zur Schaffung neuen Wissens: Patente schaffen Anreize, in Forschung und Entwicklung zu investieren und das Risiko von Innovationen einzugehen. Während der Patentlaufzeit hat der Erfinder ein exklusives Recht auf die kommerzielle Verwertung seiner Erfindungsergebnisse und damit die Möglichkeit, entsprechende Monopolgewinne zu erzielen. Die Monopolstellung soll es ermöglichen, die entstandenen Kosten der Forschung und Entwicklung ungestört von Imitatoren zu amortisieren. Ohne eine solche temporäre Monopolstellung wären Unterinvestitionen in Forschung und Entwicklung zu erwarten; es käme zu einem Versagen des Marktes für Innovationen.

(2) Förderung der Verbreitung (*Diffusion*) neuen Wissens: Den exklusiven Rechten des Patentinhabers steht seine Pflicht zur Offenlegung des

15 Haedicke 2011, 122 f.

Patents 18 Monate nach der Patentanmeldung gegenüber. Insofern erscheint das Patent als eine Art Vertrag zwischen dem Anmelder bzw. Patentinhaber und dem Staat, der im Austausch für die Offenlegung der Erfindung ein Monopolrecht gewährt. Ziel der Offenlegung ist aus gesamtwirtschaftlicher Sicht die Diffusion des technologischen Wissens in der Gesellschaft und die Beschleunigung des technologischen Fortschritts. Der Gesellschaft soll die Gelegenheit gegeben werden, von der Erfindung Einzelner zu profitieren.

In der Verbindung beider Funktionen sollen Patente die gesamtwirtschaftliche Innovationstätigkeit stimulieren. Innovationen führen idealerweise zu einem Mehr an Vielfalt. Vielfalt wiederum ist die Grundlage für freien und offenen Wettbewerb zwischen Unternehmen. Diesen positiven Wirkungen sind jedoch die gesamtwirtschaftlichen Kosten entgegenzuhalten, die durch die infolge der Patenterteilung gewährten Monopolstellung entstehen: Monopole können die effiziente Funktionsweise von Märkten beschränken. Die Ökonomie unterscheidet dabei zwischen statischer und dynamischer Effizienz von Märkten.

Patente können die *statische Effizienz* von Märkten beschneiden, indem sie Monopolstellungen schaffen und die Patentinhaber die ihnen dadurch zufallende Marktmacht ausnutzen:

> »Mit Patentschutz kann sich der Innovator wie der Lehrbuchmonopolist verhalten«[16]

In dieser »Lehrbuchsicht« wird der Patentinhaber zur Maximierung seines eigenen Gewinns einen Monopolpreis oder zumindest einen Preis setzen, der über dem Niveau des Marktpreises in einer freien Wettbewerbssituation liegen würde. Durch den höheren Preis kann der Patentinhaber nicht nur seine Forschungs- und Entwicklungskosten decken, sondern auch einen Gewinn erwirtschaften (die sogenannte »Produzentenrente«). Aus Sicht der Nachfrager entsteht jedoch ein Wohlfahrtsverlust (der Verlust an sogenannter »Konsumentenrente«), der sich aus der verlorenen Ersparnis der tatsächlichen Nachfrager und aus dem Konsumausschluss anderer potenzieller Nachfrager zusammensetzt. Denn einige Nachfrager werden infolge des höheren Preises vom Konsum des betreffenden Produktes ausgeschlossen. Dies betrifft insbesondere all jene, die zwar bereit

---

16 Schmidtchen 2007, 16.

wären, den Marktpreis oder noch höhere Preise für das Produkt zu bezahlen, jedoch nicht den vollen (Monopol-)Preis, den der Patentinhaber verlangt. In der Lehrbuchsicht wird der Verlust an Konsumentenrente den Zugewinn an Produzentenrente deutlich übersteigen und in der Summe damit ein Gesamtwohlfahrtsverlust die Folge sein: Aus einer statischen Perspektive, welche die Anreizfunktion von Patenten und damit die langfristige, d. h. dynamische Wirkung auf die Innovationstätigkeit vernachlässigt, führen Patente zu keiner effizienten Marktlösung.

Welche Wirkung haben Pflanzenpatente in der Praxis auf die statische Effizienz im Saatgutmarkt? Auf diese Frage gibt es indirekte Antworten: In den vergangenen Jahren haben nämlich einige empirische Studien die Auswirkung der Einführung von gentechnisch verändertem Saatgut auf Erträge, Preise und Wohlfahrt im Pflanzenbau analysiert.[17] Im Blickpunkt der Studien stehen gentechnisch verändertes Saatgut und Pflanzen der ersten Generation, bei denen die Schädlingskontrolle und die Widerstandsfähigkeit der Pflanzen unter widrigen Bedingungen erhöht werden soll. Darunter fallen z. B. die insektenresistenten Bt-Pflanzen (u. a. Bt-Mais, Bt-Baumwolle, Bt-Sojabohnen) sowie herbizidresistente Pflanzen (u. a. Mais, Baumwolle, Sojabohne und Raps). Da das gentechnisch veränderte Saatgut auch patentrechtlich geschützt ist, lassen sich somit indirekte Schlussfolgerungen auf die Patentwirkung ziehen.

Durch den Einsatz von gentechnisch verändertem und patentiertem Saatgut kam es in den untersuchten Ländern (u. a. USA, Kanada, Spanien, Brasilien, Argentinien, Paraguay, Indien, China und Südafrika) zu Ertragssteigerungen und, trotz gestiegener Preise für das Saatgut, zu deutlichen Preisreduktionen, z. B. bei Mais zwischen 13 und 27 %, bei Baumwolle zwischen 19 und 33 % und bei Sojabohnen zwischen 2 und 65 %.[18] Die gesunkenen Preisen kommen den Verbrauchern zugute und auch die Saatgutkonzerne profitieren durch die höheren Preise für das Saatgut. Wie aber ergeht es den Bauern? Profitieren Landwirte von den Ertragssteigerungen und gesunkenen Produktionskosten durch das gentechnisch veränderte Saatgut, oder stellen sie sich schlechter infolge der gesunkenen

17 U. a. Barrows et al. 2013; Crost et al. 2007; Lapan/Moschini 2004; National Research Council 2010; Godfray et al. 2010; Kathage/Qaim 2012.

18 Für einen Überblick vgl. Barrows et al. 2014, 2013.

Absatzpreise und höheren Kosten für das Saatgut? Auch hierüber geben Studien Auskunft. So kommt z. B. das National Research Council (2010) in einer Kosten-Nutzen-Berechnung zu der Erkenntnis, dass alle Akteure vom Einsatz gentechnisch veränderten Saatguts profitieren, jedoch in unterschiedlichem Ausmaß: Vom gesamten Nutzenzuwachs profitieren Saatgutkonzerne je nach Pflanze und Region zwischen 10 und 70%, die Verbraucher zwischen 6 und 30% (in den USA bis zu 60 %) und die Landwirte zwischen 5 und 40%.

Dieses Bild scheint auf den ersten Blick die These der negativen statischen Effizienzwirkung von Pflanzenpatenten zu widerlegen: Es profitieren nicht nur die Saatgutkonzerne, sondern auch Verbraucher und Landwirte vom Einsatz gentechnisch veränderten Saatguts. Gegen diesen Berechnungen sind jedoch einige Kritikpunkte vorzubringen: (1) Die Ergebnisse variieren enorm von Region zu Region und Pflanze zu Pflanze in Abhängigkeit einer Vielzahl von Faktoren wie bspw. Fruchtbarkeit des Bodens, klimatische Bedingungen etc. (2) Es handelt sich um ökonomische Modellberechnungen, die eine Vielzahl von Faktoren, insbesondere nicht quantifizierbare Effekte durch den Einsatz von Gentechnik, ausblenden (siehe auch Kritikpunkt 6). (3) Die Studien fokussieren sich auf die sogenannten »Blockbuster«, d. h. die kommerziell besonders interessanten Nutzpflanzen; kommerziell weniger interessante Pflanzen werden nicht untersucht. (4) Bei den Wohlfahrtseffekten für die Bauern wird eine aggregierte Betrachtung vorgenommen, es wird nicht zwischen verschiedenen Betriebsgrößen und -typen differenziert. (5) Es gibt Indizien, dass die Vorteile des Einsatzes gentechnisch veränderten Saatguts in der Pflanzenproduktion über die Zeit zurückgehen, z. B. infolge von evolutorisch bedingten Schädlings- oder Unkrautresistenzen. (6) Die langfristigen Auswirkungen durch den Einsatz von gentechnisch verändertem Saatgut auf die Ökosysteme werden in der Modellbetrachtung nicht berücksichtigt.

Die letzten beiden Kritikpunkte leiten über zu einer dynamischen Betrachtungsweise, welche die langfristigen Wirkungen in den Mittelpunkt rückt. Im Folgenden stehen die langfristigen Wirkungen von Pflanzenpatenten im Mittelpunkt der Betrachtung. Während die statische Effizienzbetrachtung die Auswirkung von Patenten auf Preise und Mengen sowie Konsumenten- und Produzentenrente im hier und jetzt, d. h. unter den bestehenden Markt- und Wettbewerbsbedingungen fokussiert, lenkt die Analyse der *dynamischen Effizienz* die Aufmerksamkeit auf die Auswirkungen von Pflanzenpatenten auf die Innovationstätigkeit, die

Veränderung des Wettbewerbs und der Vielfalt in den betroffenen Märkten.

Patente stimulieren Innovationen, gesamtwirtschaftlich durch die Pflicht zur Offenlegung von Wissen und einzelwirtschaftlich durch die Gewährung von Monopolen und Marktmacht. Letzteres impliziert jedoch einen Trade-off, d. h. einen Zielkonflikt. Während Patente einerseits Innovationen und damit Wettbewerb und Vielfalt stimulieren sollen, schaffen sie andererseits Monopole und Marktmacht, die wiederum Wettbewerb und Vielfalt sowie indirekt auch die Innovationstätigkeit beschneiden können. Um diesen Trade-off zu kalibrieren, ist der zeitliche und inhaltliche Schutzumfang von Patenten beschränkt. Die Patentlaufzeit beträgt maximal 20 (in Ausnahmefällen 25) Jahre[19] und der inhaltliche Schutzumfang ist durch die Definition der Patentansprüche begrenzt.[20] Dadurch sind dem Monopol und der Marktmacht des Patentinhabers Grenzen gesetzt. Es kann jedoch zu einer »Unwucht« in dieser Kalibrierung kommen. Eine solche Unwucht kann vereinzelt durch versehentlich zu breit gewährte Patentansprüche entstehen oder aber systemimmanent bedingt sein. Letzteres ist der Fall, wenn Besonderheiten des betreffenden Technologiefeldes bzw. der Innovationsprozesse oder strategisches Verhalten der Patentinhaber das Entstehen einer solchen Unwucht begünstigen.

In den beiden folgenden Abschnitten werden die positiven sowie die negativen Wirkungen von Pflanzenpatenten auf die dynamische Effizienz von Märkten genauer analysiert. Die angesprochenen Besonderheiten des Technologiefeldes bzw. der Innovationsprozesse sowie das strategische Verhalten der Patentinhaber finden dabei besondere Berücksichtigung.

5. Positive Wirkung von Pflanzenpatenten auf Innovation, Wettbewerb und Vielfalt?

Die Verfechter des uneingeschränkten Patentschutzes in der grünen Biotechnologie argumentieren, dass Patente, ähnlich wie in anderen Technologiefeldern, der Innovationstätigkeit von Unternehmen zuträglich sind

19 Burr/Stephan 2007, 95 f.

20 A.a.O, 85.

und den Wettbewerb stimulieren. Aus dieser Perspektive existiert keine Grundlage für eine Sonderbehandlung von Innovationen im Pflanzenbau: Sofern die oben genannten Bedingungen für die Patenterteilung erfüllt sind, sollten Innovatoren uneingeschränkten Schutz genießen. Aufgrund der stark angestiegenen Innovationskosten infolge des technologischen Paradigmenwechsels bieten Pflanzenpatente ihren Eigentümern einen angemessenen Schutz. Es entstehen damit erst die nötigen Anreize, um die hohen Investitionen für Forschung und Entwicklung zu wagen. Pflanzenpatente setzen positive Anreize für Innovationen und stimulieren den (Innovations-)Wettbewerb. Ohne den formalen Patentschutz besteht, in Anbetracht der schmalen Schutzwirkung des Sortenschutzes, die Gefahr von Unterinvestitionen in Forschung und Entwicklung.

In diesem Zusammenhang werden die USA gerne als positiver Präzedenzfall angeführt. Das liberale Schutzrechtsregime und die Patentierbarkeit von Erfindungen in der grünen Biotechnologe haben dort scheinbar zum Wachstum der nationalen Saatgutindustrie beigetragen und dazu geführt, dass sich kleine und mittelständische Unternehmen zu großen, international wettbewerbsfähigen Unternehmen entwickeln konnten. Die Verfechter von Patenten im Pflanzenbau verweisen dabei auch auf andere Branchen, in denen ein liberales Patentregime zum Wachstum der Unternehmen und Stärkung der internationalen Wettbewerbsfähigkeit beigetragen hat, insbesondere in der Software- und Internetbranche.[21]

Als wichtiger Grund wird hierfür, neben der direkten Anreizfunktion, angeführt, dass Patente als Vermögenswerte die Einwerbung von Eigen- und Fremdkapital erleichtern.[22] Patente dienen als wirksame Qualitäts- und Reputationssignale, welche u. a. für kleine Biotech-Start-up-Unternehmen nicht nur bei der Akquisition von Kunden, sondern auch bei der Suche nach Kapitalgebern von Bedeutung sind. Insbesondere bei der Einwerbung von Innovationskapital (Venture Capital) spielen Patente eine wichtige Rolle.[23]

Ein weiteres Argument pro Pflanzenpatente ist die Erleichterung der Gewinnerzielung durch alternative Verwertungsmöglichkeiten. Pflanzen-

---

21 Stephan 2013, 235 f.

22 Vgl. Richardson 1997.

23 Vgl. Mann/Sager 2005.

patente ermöglichen gerade kleinen und mittelständischen Unternehmen, die nicht über die notwendigen Ressourcen zur Eigenverwertung ihrer Patente verfügen, die externe Verwertung des technologischen Wissens über Lizenzvergaben. Insbesondere bei Prozessinnovationen, bei denen der Sortenschutz nicht greift, bilden Patente eine wichtige Vertragsgrundlage für die Lizenzierung. Mit Hilfe der Lizenzierung können neu in den Markt eintretende Biotech-Unternehmen schneller Gewinne erwirtschaften als über die klassische Eigenverwertung in Form der Markteinführung neuer Produkte. Pflanzenpatente wirken sich damit positiv auf innovative Start-up-Aktivitäten aus und stärken den Wettbewerb über die Erleichterung des Markteintritts für Unternehmen durch die Reputations- und Finanzierungsfunktion.[24]

6. Negative Wirkung von Pflanzenpatenten auf Innovation, Wettbewerb und Vielfalt

Gegner von Pflanzenpatenten führen an, dass Pflanzenpatente langfristige Monopole schaffen, den offenen, freien Wettbewerb untergraben und damit Innovationen blockieren und Vielfalt verhindern. Pflanzenpatente stützten einseitig die Wettbewerbsposition der großen Saatgutkonzerne (insbesondere *BASF, Bayer Crop Science, Dow, DuPont, Monsanto, Syngenta*).

Wie lässt sich eine solch mögliche, negative dynamische Effizienzwirkung von Pflanzenpatente erklären? Zwei Begründungszusammenhänge verdienen im Folgenden eine genauere Betrachtung: (1) Einerseits können die besonderen Merkmale des Innovationsprozesses in der Pflanzenzucht dazu führen, dass sich Patente negativ auf die dynamisch Effizienz auswirken. (2) Andererseits können Patentinhaber durch strategisches Verhalten ihre auf dem Patentschutz beruhende Marktmacht zusätzlich erhöhen und so ebenfalls die dynamische Effizienz beschneiden.

24 Vgl. dazu Hall/McGarvie 2006.

6.1 Besondere Merkmale von Innovationen in der grünen Biotechnologie

Sequenzielle und kumulative Innovationsprozesse: Trotz des skizzierten Paradigmenwechsels sind auch in der modernen Pflanzenzucht die vorhandenen genetischen Ressourcen Ausgangspunkt einer jeden neuen Züchtung:

> »Breeding is a cumulative science, and seeds accumulate innovation«[25]

Pflanzenzucht erfolgt meist als Weiterentwicklung von vorhandenem Saatgut und vorhandenen genetischen Ressourcen. Innovationsprozesse verlaufen also sequenziell, d. h. die Züchtungsschritte bauen aufeinander auf und führen zu kumulativen Innovationsprozessen und Technologieentwicklungsverläufen. Dies trifft ebenso auf Prozesstechnologien zu, d. h. auf die modernen Züchtungsverfahren. Gerade die Schlüsseltechnologiefelder unter den modernen Züchtungsverfahren, z. B. die markergestützte Selektion oder der Gentransfer mittels Agrobakterium tumefaciens, sind nicht nur durch einzelne, sondern durch eine Vielzahl von Patenten geschützt.[26] Dadurch besteht die Gefahr, dass nachfolgende Innovationen blockiert werden oder Folgeinnovatoren teure Lizenzen erwerben müssen. Zusammenfassend bleibt festzuhalten, dass in Anbetracht von kumulativ und sequenziell verlaufenden Innovationsprozessen in der Pflanzenzucht Patente nachfolgende Produkt- und Prozessinnovatoren beim notwendigen Zugriff auf vorhandenes Wissen behindern und so die Position der alten Patentrechteinhaber stärken.

Dominanz inkrementeller Innovationen: Beispiele für radikale Innovationen im Pflanzenbau, die von einem Akteur im Zuge einer Erfindung geschaffen wurden, sind selten. Dies trifft sowohl auf Produkt- als auch auf Prozessinnovationen zu. Ein gut dokumentiertes Beispiel für die Dominanz inkrementeller Innovationen ist der Einsatz der markergestützten Selektion, d. h. von Marker-Genen in Züchtungsverfahren. Der Einsatz von Marker-Genen hat sich zu einer Schlüsseltechnologie in der modernen Pflanzenzucht entwickelt und findet auch in der konventionellen Zucht Verwendung. Diese Technologie ist weniger das Ergebnis einer einzelnen

---

25 Wright/Pardley 2006, 21.
26 Vgl. Wright/Pardley 2006, 20 f.

radikalen Erfindung, sondern basiert auf einer Vielzahl an einzelnen, »kleinen« Erfindungen und Weiterentwicklungen. Entsprechend viele Patente finden sich in diesem Technologiefeld:

> »There are many patents claiming different steps of this typical marker experiment«[27]

Die Dominanz inkrementeller Innovationen ist u. a. auf den sequenziellen und kumulativen Charakter der Innovationsprozesse zurückzuführen. Viele Innovationen sind Weiterentwicklungen bestehender Technologien. Für die Patentierung bedeutet diese Dominanz inkrementeller Innovationen, dass die meisten Patente auf kleine Erfindungsschritte erteilt werden. Es besteht somit die Gefahr, dass für »kleine« Erfindungen ein vergleichsweise breiter Patentschutz gewährt wird und dass solche Patente für »triviale« Erfindungen, in Anbetracht des kumulativen und sequenziellen Charakters von Innovationsprozessen, schließlich den weiteren technologischen Fortschritt blockieren.

Dominanz von Kompilation und Simultanität in Innovationsprozessen: Die Dominanz inkrementeller Innovationen wird zudem durch die Praxis des Kompilierens im Genetic Engineering gefördert: In der gentechnischen Entwicklung basieren Innovationen oft auf Kompilation, d. h. der Zusammenstellung separater und bereits existierender Module bzw. Wissensbausteine. Für die Einführung neuer (gentechnisch entwickelter) Pflanzen ist also der Rückgriff auf viele verschiedene und bereits existierende Wissensbestandteile erforderlich. Durch die verbreitete Praxis des Kompilierens wird es im Innovationsprozess nicht immer klar sein, wann und durch wen Innovationen entwickelt wurden.[28] Demzufolge ist auch die richtige Zuordnung formaler Schutzrechte an einzelne Akteure schwierig. Ferner besteht für alle Akteure in der Pflanzenzucht ein schwer kalkulierbares Risiko, durch Schutzrechtsklagen von unerwarteter Dritter Seite konfrontiert zu werden. Im ungünstigsten Fall werden sogar die Falschen mit Biopatenten belohnt.

Hoher Abstraktionsgrad der Patentansprüche: Mit Hilfe von Patentansprüchen wird der Schutzbereich eines Patents eingegrenzt, also das, was als »patentfähig« unter Schutz gestellt werden soll. Da die Reichweite des

---

27 Jorasch 2006, 434.
28 Vgl. Chan 2008.

Schutzbereichs entscheidend ist für den Wert des Patents, kommt der Formulierung von Patentansprüchen eine wesentliche Rolle im Rahmen des Patentanmeldeverfahrens zu.[29] Patentansprüche in Pflanzenpatenten sind deshalb meist sehr allgemein gehalten und beinhalten viel abstrahierende Formulierungen, so dass der Schutzbereich möglichst groß ausgelegt werden kann. Dieser hohe Abstraktionsgrad wird auch durch den wenig gegenständlichen und wissenschaftsgetriebenen Charakter des Technologiefeldes bestärkt. Je abstrakter aber Schutzansprüche formuliert sind, desto schwieriger ist die »Kalibrierung« des richtigen Schutzumfangs; denn ein hoher Abstraktionsgrad erschwert die genaue Begrenzung des Patentanspruches. Die Gefahr, dass bei der Patenterteilung ein übergroßer Schutzumfang gewährt wird, ist bei abstrakten Ansprüchen insbesondere dann sehr groß, wenn es sich um ein vergleichsweise junges Technologiefeld handelt, in dem auch die Patentämter wenig Erfahrung mit der Patentierung und Kalibrierung des Schutzumfangs haben. Diese Gefahr dürfte im Bereiche der grünen Biotechnologie zweifelsohne gegeben sein.

Als *Zwischenfazit* bleibt festzuhalten, dass Patente in kumulativ und sequenziell verlaufenden Innovationsprozessen Folgeinnovationen blockieren können. Bei einer Dominanz von inkrementellen Innovationen besteht überdies die Gefahr, dass der Patentschutz zu breit definiert wird. Diese Gefahr wird durch den hohen Abstraktionsgrad bei der Formulierung von Patentansprüchen noch verstärkt! Im ungünstigsten Fall werden die Falschen mit Patenten belohnt, die Folgeinnovationen blockieren und zudem Rechtsunsicherheit schaffen. In der Praxis hat sich für Patente auf inkrementelle Innovationen, die auf komplementären bzw. sequentiellen Erfindungsschritten basieren und bei denen die gesellschaftlichen Kosten den ökonomischen Nutzen überwiegen, der Begriff »Trivialpatent« etabliert.

Wie sich Trivialpatente auf die dynamische Effizienz von Märkten auswirken, sei am Beispiel eines bekannten Beispiels aus dem Bereich Software und Internet illustriert. Innovationsprozesse im Bereich Software und Internet sind durch viele mit der grünen Biotechnologie vergleichbare

---

29 Vgl. Burr/Stephan 2007, 85 ff.

Merkmale geprägt.[30] Der Fall des U. S.-amerikanischen Patents Nr. 5.960.411, das für die vom Online-Versandhändler Amazon entwickelte »1-Klick-Shopping«-Technologie erteilt wurde, zeigt in anschaulicher Weise auf, welche Wirkung die Patentierung inkrementeller Innovationen auf Wettbewerb, Innovation und insbesondere auf die Rechtsunsicherheit in der Branche haben kann.

Die Patenterteilung Nr. 5.960.411 datiert zurück in die Zeit der ersten kommerziellen Blütephase des Internets (»Web 1.0«) in den späten 1990er Jahren. Am 28. September 1999 erteilte die U. S.-Patentbehörde (USPTO) dem Anmelder Amazon das Patent Nr. 5.960.411 für eine Internet-Softwaretechnologie, welche Einkaufsvorgänge erheblich vereinfachen sollte. Die 1-Klick-Shopping-Technologie ermöglicht es registrierten Kunden im Onlineshop von Amazon, Einkäufe mit einem bzw. wenigen Mausklicks abzuwickeln. 1-Klick-Shopping basiert auf der HTTP-Cookie-Technik, die 1994 von Netscape entwickelt wurde. Cookies speichern Benutzerinformationen, im vorliegenden Beispiel Kundendaten, Rechnungsadresse, Kaufprofile etc. Auf Basis der Patenterteilung erhebt Amazon noch im Oktober 1999 Verletzungsklagen gegen Wettbewerber im Internet-Buch- und Versandhandel, die ähnliche Technologien einsetzen. So erwirkt das Unternehmen im Dezember vor dem U. S.-Bundesgericht eine einstweilige Verfügung gegen den Konkurrenten und Online-Buchhändler Barnes & Noble, dem es untersagt wird, seine Technologie »Express Lane« weiterhin zu nutzen. In der Folge lizensieren zahlreiche Internet-Unternehmen die 1-Klick-Shopping Technologie von Amazon, u. a. Apple. Nach einem zweijährigen Patentrechtsstreit akzeptiert auch Barnes & Noble in 2002 die Zahlung von Lizenzgebühren an Amazon. Anfang der 2000er Jahre mehrte sich die Kritik an der Patenterteilung durch das USPTO. Amazon wird vorgeworfen, durch die Patentierung einer trivialen Erfindung den (Innovations-)Wettbewerb im Internet zu behindern. In der Folge legen mehrere Parteien formale Einsprüche gegen das 1-Klick-Shopping-Patent vor dem USPTO ein. Diese Einsprüche halten dem Patent unberücksichtigten Stand der Technik entgegen, darunter Patente im Bereich elektronischer Bezahlsysteme. In 2006 ordnet das USPTO eine erneute Überprüfung des Amazon-Patents an. Zwar

30 Vgl. Stephan 2013, 243 ff.; Stephan 2012, 34 ff.

bestätigt das U. S.-Patentamt in 2007 die Patentansprüche 6 bis 10 des Amazon-Patents, allerdings werden die Ansprüche 1 bis 5 und 11 bis 26 für nichtig erklärt. Das USPTO deutet ferner an, dass zwei der zentralen Patentansprüche – Nummer 1 und 11 – aufrechterhalten werden könnten, wenn sie in ihrem Geltungsbereich eingeschränkt würden. Amazon erhebt darauf hin keine Beschwerde und erklärt, dass es seine Schutzrechtsansprüche bzgl. der Ansprüche 1 und 11 einschränken wird. Patentschutz soll nicht mehr für alle Online-Bezahlsysteme, sondern nur noch für Bezahlungen gelten, »die über ein Modell mit einem Einkaufswagen« im Internet abgewickelt werden. Im März 2010 wurde das überprüfte und revidierte Patent einschließlich der eingegrenzten Ansprüche 1 und 11 vom USPTO endgültig bestätigt. Fast zehn Jahre der Rechtsunsicherheit im Bereich der Software für Online-Bezahlsysteme wurden damit vorläufig beendet.

6.2 Strategisches Verhalten von Patentinhabern

Diversifikation und Ausdehnung des Patentschutzes auf komplementäre Märkte: Der Pflanzenbau ist durch Komplementaritäten zwischen den Märkten bzw. Marktsegmenten geprägt. Insbesondere zwischen dem Pflanzenschutz und dem Saatgutgeschäft bestehen intensive Wechselwirkungen auf der Ebene der Produkte und Technologien. Sind Märkte durch Komplementaritäten geprägt, so besteht die Gefahr, dass Unternehmen ihren Patentschutz auch auf komplementäre Märkte ausdehnen. Einfach illustrieren lässt sich dies mit den bekannten Fällen, in denen Hersteller von Druckern oder Kaffeemaschinen die Schutzansprüche ihre geistigen Eigentumsrechte auch auf die komplementären Märkte für Druckerpatronen bzw. Kaffeekapseln auszudehnen versuchen. In der Ökonomie spricht man auch von der Kontrolle über sogenannte Sekundärgütermärkte. In diesem Fall können Unternehmen marktbeherrschende Stellungen erlangen und ihre Patente auch innovations- und wettbewerbsblockierende Wirkung in benachbarten, komplementären Märkte entfalten. Bechthold weist explizit darauf hin,

> »dass die Kontrolle von Sekundärmärkten durch biotechnologische Schutzsysteme in Zukunft zum Rechtsproblem werden könnte.«[31]

Als Beispiel führt er das *Round-up*-Patent von *Monsanto* auf ein Totalherbizid an. Das Unkrautbekämpfungsmittel tötet nicht nur Unkraut, sondern auch Nutzpflanzen. In Ergänzung zu dem Totalherbizid bietet Monsanto genetisch modifizierte Sojabohnen, Raps, Baumwolle, Zuckerrüben und andere Samensorten an, die gegen das Totalherbizid resistent sind.[32] Monsanto hält seit den 1990er Jahren auf beide Biotechnologien Patente:

> »Zwar verpflichtet Monsanto schon heute die Erwerber von ‚Round-up Ready'-Samen in einem Patentlizenzvertrag, auf die Samen nur Totalherbizide von Monsanto anzuwenden. Mit Hilfe biotechnologisch erzwungenen Inkompatibilitäten mit den Herbiziden konkurrierender Unternehmen kann ein Hersteller aber auch technisch sicherstellen, dass seine Pflanzensamen nur mit dem hauseigenen Herbizid behandelt werden.«[33]

Der Patentschutz im Herbizidmarkt wird dadurch auf den angrenzenden Markt für Pflanzensamen ausgedehnt.

Dass es sich bei dem *Round-up Ready*-Beispiel von *Monsanto* um keinen Einzelfall handelt, zeigt ein Blick auf die Diversifikationsstrategien der großen Pflanzanbauunternehmen. Betrachtet man die Umsätze der »Big Six« so zeigt die nachfolgende Abbildung 2, dass alle sechs Unternehmen sowohl als Anbieter von Saatgut als auch von Pflanzenschutzprodukten aktiv sind.

---

31 Bechthold 2007, 89.
32 Bechthold 2007, 89.
33 Bechthold 2007, 89 f.

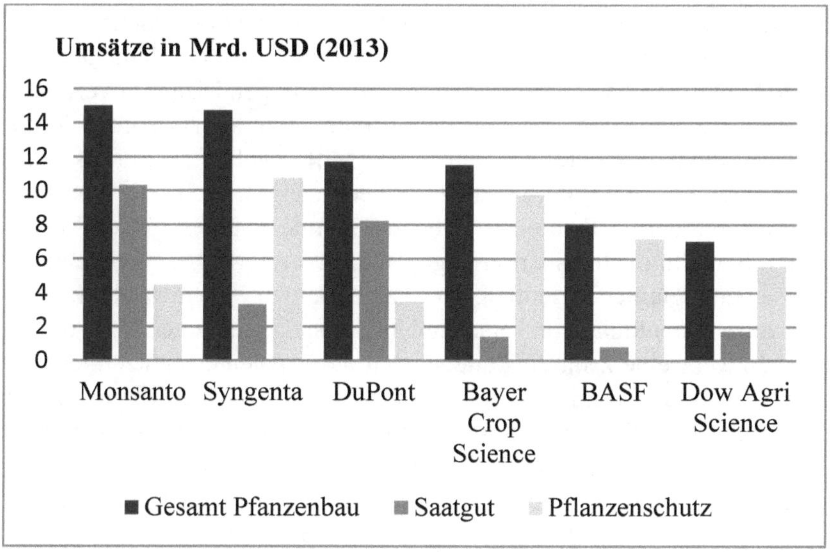

Abbildung 2: Umsätze der »Big Six« in den Bereichen Saatgut und Pflanzenschutz

Zwar lassen sich Umsatzschwerpunkte identifizieren (Monsanto und Du-Pont im Bereich Saatgut bzw. *BASF, Bayer, Dow* und *Syngenta* im Bereich Pflanzenschutz), dennoch gehören alle »Big Six« in jeweils beiden Märkten zu den führenden Anbietern.

Aufbau von Patentnetzwerken und strategischer Einsatz von Basispatenten: Im vorangegangenen Abschnitt wurde dargestellt, dass Innovationsprozesse auch in der modernen Pflanzenzucht sequenziell und kumulativ geprägt sind. Entwicklungsfortschritte verlaufen zumeist inkrementell. Beispiele für radikale Innovationen, sind selten. Schlüsseltechnologiefelder sowohl bei Produkt- als auch bei Prozessinnovationen sind meist durch eine Vielzahl von Patenten geschützt:

> »Introducing a single new genetically engineered crop can require innovations protected by 40 or more individual patents.«[34]

In der Folge entstehen Patentnetzwerke oder -dickichte, die nur schwer zu durchdringen sind. Verteilen sich die Patente auf eine Vielzahl von Wett-

34 Barrows et al. 2014, 114.

bewerbern, so können die oben geschilderten Innovationsblockaden entstehen. Die Markteinführung eines neuen Produkts kann durch die anderen Patentinhaber verhindert werden oder die notwendigen Lizenzen verteuern die Kommerzialisierung. Für die großen innovierenden Akteure, wie die »Big Six«, die jährlich drei- bis vierstellige Millionenbeträge in Forschung und Entwicklung im Pflanzenbau investieren, ergibt sich aber auch die Chance, durch den Aufbau eines eigenen Patentnetzwerkes, gezielt Markteintritts- bzw. Innovationsbarrieren gegen die Wettbewerber zu errichten.

Diese Strategie der Errichtung von Patentdickichten wird zudem durch die gezielte Anmeldung von sogenannten Basispatenten unterstützt, die im Patentnetzwerk eine zentrale Rolle spielen. Basispatente schützen technologische Erfindungen mit generischem Charakter, z. B. Verfahrensschritte auf die im Zuge einer Züchtung in jedem Fall zurückgegriffen werden muss. Bei solchen Prozessinnovationen wird auch von »Plattformtechnologien« gesprochen, die sich – infolge ihres generischen Charakters als Forschungs- und Entwicklungstool – in vielen Bereichen einsetzen lassen. Neben dem kommerziellen Nutzen dieser Basispatente auf Plattformtechnologien steht vor allem ihre Blockadewirkung im Mittelpunkt:

> »The defining attribute of platform technologies is that whereas they generally have no direct commercial value to end users, they are a critical input to developing commercial products.«[35]

Beispiele für solche Basispatente auf Plattformtechnologien finden sich u.a. im Bereich der Verfahren zum gezielten Transfer von Genen, aber auch bei der Genom-Identifikation und -Sequenzierung. Insbesondere dann, wenn Patentnetzwerke gezielt um Basispatente herum aufgebaut werden, fördert dies die Gefahr des Entstehens von Markteintritts- und Innovationsbarrieren.

7. Fazit

Wie wirken Pflanzenpatente? Die Diskussion in den vorangegangenen Abschnitten hat die ökonomische Wirkung von Patenten in der grünen Biotechnologie in den Mittelpunkt der Betrachtung gerückt. In der öko-

35 Pray/Naseem 2005, 108.

nomischen Perspektive gilt es, die positiven Effekte von Patenten auf die gesamtwirtschaftliche Wohlfahrt den negativen Effekten gegenüberzustellen.[36] Bei den Wohlfahrtseffekten fokussiert die Ökonomie die Auswirkungen des Patentschutzes auf die effiziente Funktionsweise von Märkten. Dabei werden kurzfristige und langfristige Wirkungen unterschieden.

Die kurzfristige Sicht, die auch als *statische Effizienzbetrachtung* bezeichnet wird, rückt die Auswirkung von Patenten auf die Preise und Mengen sowie auf die Wohlfahrt von Konsumenten und Produzenten im hier und jetzt, d. h. unter den bestehenden Markt- und Wettbewerbsbedingungen in den Mittelpunkt. Laut Lehrbuchmeinung untergraben Patente die statische Effizienz und Funktionsweise von Märkten, indem sie Monopolstellungen schaffen und der Patentinhaber die ihm zufallende Marktmacht ausnutzt. Zur Maximierung seines Gewinns wird er einen Preis setzen, der über dem Niveau des Marktpreises in einer freien Wettbewerbssituation liegen würde. Aus Sicht der Nachfrager entsteht durch diesen höheren Preis jedoch ein Wohlfahrtsverlust, u. a. auch deshalb, weil einige Nachfrager infolge des höheren Preises vom Konsum des Produktes ausgeschlossen werden. In der Lehrbuchsicht entsteht dadurch ein Gesamtwohlfahrtsverlust. Die Einblicke aus den zahlreichen empirischen Studien zur statischen Effizienzwirkung von Pflanzenpatenten legen jedoch nahe, dass die negative Sicht der ökonomischen Lehrbücher in der Praxis nicht immer zutreffen muss. Denn die Empirie zeigt, dass nicht nur die Patentinhaber, d. h. die Saatgutkonzerne, sondern auch Verbraucher und Landwirte vom Einsatz gentechnisch veränderten Saatguts profitieren; zumindest wenn man sich bei der Beurteilung der Wirkung auf die direkten wirtschaftlichen Einkommenseffekte beschränkt.[37]

Im Zentrum des vorliegenden Beitrags stehen jedoch weniger die kurzfristigen, als vielmehr die langfristigen Auswirkungen von Pflanzenpatenten: In der Analyse der *dynamischen Effizienz* wird die Aufmerksamkeit auf die Auswirkung von Pflanzenpatenten auf die Innovationstätigkeit, die Veränderung des Wettbewerbs und der Vielfalt im Pflanzenbau gelenkt.

---

36 Vgl. Curci 2010.

37 An dieser Stelle sei jedoch noch einmal auf die Kritik an den Studien in Abschnitt 4 hingewiesen.

Dem Patentschutz wird hier zunächst eine positive Wirkung auf die Innovationstätigkeit und Vielfalt zugeschrieben: Patente und die damit einhergehenden exklusiven Verwertungsmöglichkeiten schaffen Anreize, in F&E zu investieren und das Risiko von Innovationen einzugehen. Ohne eine solche temporäre Monopolstellung wären Unterinvestitionen in Forschung und Entwicklung zu erwarten; es käme zum Versagen des Marktes für Innovationen. Insbesondere auch Start-ups in der grünen Biotechnologie profitieren von Patenten, indem diese die Einwerbung von Kapital erleichtern und die externe Verwertung des technologischen Wissens über Lizensierung ermöglichen. Schließlich darf bei der Betrachtung der positiven Effekte nicht vergessen werden, dass Patente die Verbreitung (Diffusion) des neu geschaffenen Wissens fördern: 18 Monate nach der Patentanmeldung muss das zugrunde liegende Wissen veröffentlicht werden. Der Gesellschaft soll die Gelegenheit gegeben werden, von der Erfindung Einzelner zu profitieren, Folgeinnovationen werden ermöglicht und die Vielfalt nimmt weiter zu.

Diesen positiven Wirkungen sind jedoch in der dynamischen Betrachtung auch negative Wirkungen entgegenzuhalten. Im Wesentlichen geht es bei den negativen Wirkungen darum, dass durch Besonderheiten im Pflanzenbau der de facto Schutzumfang von Patenten zu breit angelegt ist und Pflanzenpatente langfristige Monopole schaffen, den offenen, freien Wettbewerb untergraben und damit Innovationen nicht fördern, sondern blockieren und Vielfalt verhindern. Pflanzenpatente, so die Argumentation, stützen einseitig die Wettbewerbspositionen der großen Saatgutkonzerne. Eine solche negative dynamische Effizienzwirkung von Pflanzenpatente lässt sich einerseits durch besondere Merkmale des Innovationsprozesses in der Pflanzenzucht und andererseits durch strategisches Verhalten der Patentinhaber erklären. Bei den besonderen Merkmalen des Innovationsprozesses sind der sequenzielle, kumulative und inkrementelle Charakter von Innovationen, die Praxis des Kompilierens und der hohe Abstraktionsgrad von Pflanzenpatenten hervorzuheben. In kumulativ und sequenziell verlaufenden Innovationsprozessen können Patente Folgeinnovationen blockieren. Bei einer Dominanz von inkrementellen Innovationen besteht überdies die Gefahr, dass der Patentschutz zu breit definiert wird. Diese Gefahr wird durch den hohen Abstraktionsgrad bei der Formulierung von Patentansprüchen noch verstärkt! Im ungünstigsten Fall werden die Falschen mit »Trivialpatenten« belohnt, die Folgeinnovationen blockieren und zudem Rechtsunsicherheit schaffen. Beim strategischen Verhalten der

Patentinhaber wurde zunächst auf die gängige Praxis der Diversifikation in den Pflanzenschutzmarkt hervorgehoben. Viele der großen Saatgutkonzerne sind auch im Markt für Pflanzenschutz unternehmerisch aktiv. Hier besteht die Gefahr, dass die Unternehmen den Patentschutz auf Sekundärmärkte ausdehnen und so über die Kontrolle benachbarter Märkte eine beherrschende Stellung erlangen. Die Gefahr des Aufbaus eines überbreiten Schutzbollwerks besteht auch durch die Strategie des Aufbaus von Patentnetzwerken. Gerade für die großen innovierenden Akteure, wie die »Big Six«, die jährlich drei- bis vierstellige Millionenbeträge in Forschung und Entwicklung im Pflanzenbau investieren, bestehen Anreize, durch den Aufbau eines eigenen Patentnetzwerkes mit zum Teil mehreren hundert Patenten gezielt Markteintritts- bzw. Innovationsbarrieren gegen die Wettbewerber zu errichten.

Überwiegen in der Praxis der grünen Biotechnologie nun die positiven oder die negativen dynamischen Effizienzwirkungen des Patentschutzes? Die meisten der angeführten Argumente lassen sich zwar mit ausgewählten Beispielen und Einzelfallstudien illustrieren. Umfassend angelegte empirische Untersuchungen, welche die Wirkung von Pflanzenpatenten auf die dynamische Effizienz mit großzahligen Datensätzen untersuchen und belegen, gibt es bislang nur sehr wenige. Unbestritten ist sicherlich, dass es in den vergangenen Jahren zu einer starken Konzentration unter den Unternehmen im Markt für Pflanzenbau gekommen ist. Abbildung 3 gibt einen Überblick über die Konzentration sowohl im Saatgut- als auch Pflanzenschutzmarkt. Die »Big Six« zeichnen sich mittlerweile für über 70 Prozent der gesamten Umsätze im Markt für Pflanzenbau verantwortlich.

	Unternehmen	**Saatgut**	**Pflanzenschutz**	**Gesamt Pflanzenbau**
1.	Monsanto	30,4	8,9	17,5
2.	Syngenta	9,4	21,4	17,3
3.	DuPont	24,4	6,8	13,8
4.	Bayer Crop Ciences	3,9	19,4	13,2
5.	BASF	2,4	14,1	9,4
6.	Dow Agri. Sciences	4,8	10,8	8,4
	Summe	**75,3**	**81,4**	**79,6**

Abbildung 3: Weltweite Marktanteile der »Big Six« im Pflanzenbau in % (2013)

Marco und Rausser kommen in ihrer Studie zur Konsolidierung in der grünen Biotechnologie zu der Erkenntnis, dass ein Hauptgrund für die zunehmende Konzentration die blockierende Wirkung des Patentschutzes ist: Viele Akquisitionen und Fusionen werden mit dem Motiv des Patent- und Technologiezugangs getätigt, um Innovationsblockaden durch Wettbewerber zu verhindern:

> »Acquisitions in plant biotechnology may be motivated by the enforcement of patent rights when firms have overlapping technologies; some merger activity may be explained by attempts to avoid mutually blocking technology.«[38]

In der Folge kommt es durch diese Akquisitions- und Fusionstätigkeit aber auch zu einer Konzentration des Patenteigentums, was die oben beschriebene Gefahr durch Patentnetzwerke und -dickichte bestärkt: Die großen Pflanzenbaukonzerne haben nicht nur hohe Marktanteile, sondern verfügen auch über große Patentportfolios. Und dass die Größe des Patentportfolios nicht automatisch zu mehr Vielfalt führen muss, konnte Chan (2011) nachweisen: Die zunehmende Größe des Patentportfolios von Unternehmen hat offensichtlich keinen signifikanten, positiven Einfluss auf die Sortenvielfalt in ihrem Produktprogramm. Dies stützt die These, dass sich gerade die großen Unternehmen, die viel Geld in Forschung und Entwicklung investieren und Patentschutz anstreben, sich auf wirtschaftlich besonders attraktive Sorten fokussieren. Mehr Innovation muss also nicht zwangsläufig zu mehr Vielfalt führen.

In Anbetracht der Dürftigkeit klarer empirischer Belege endet der vorliegende Beitrag deshalb mit einem Appell: Ein unbestrittener Vorteil von Patenten ist die Informationstransparenz. Patentinformationen sind frei zugänglich. Die Wirtschaftswissenschaften haben mittlerweile ein ausdifferenziertes Instrumentarium zur Analyse und Auswertung von Patentinformationen entwickelt. Eine umfassende empirische Analyse der dynamischen Effizienzwirkung von Patenten in der grünen Biotechnologie ist möglich und sollte zukünftig ganz oben auf der Forschungsagenda stehen. Hierfür wäre ein interdisziplinärer Ansatz aus Agrarwissenschaftlern, Mikrobiologen, Ökonomen und Rechtswissenschaftler zielführend und würde auch der weiteren Versachlichung der Debatte dienlich sein.

---

38 Marco/Rausser 2008, 133.

Literaturverzeichnis

Barrows, Geoffrey/Sexton, Steven/Zilberman, David (2013): The Impact of Agricultural Biotechnology on Supply and Land-Use, in: CUDARE Working Paper, 1133, University of California, Berkeley.

Barrows, Geoffrey/Sexton, Steven/Zilberman, David (2014): Agricultural Biotechnology: The Promise and Prospects of Genetically Modified Crops, in: Journal of Economic Perspectives 28, 99 ff.

Bechthold, Stefan (2007): Immaterialgüterrechte und die technische Kontrolle von Sekundärgütermärkten, in: Oberender, Peter (Hrsg.), Wettbewerb und Geistiges Eigentum. 77 ff.

Burr, Wolfgang/Stephan, Michael et al. (2007): Patentmanagement.

Chan, H. Phoebe (2008): Does Sequential Innovation Decline in the Presence of Large Patent Portfolios? Examining Future Variety Creation in the U.S. Agricultural Biotechnology Industry, Working Paper, Wheaton College, Norton (MA).

Chan, H. Phoebe. (2011): Do firms with larger patent portfolios create more new plant varieties in the US agricultural biotechnology industry?, in: Economics of Innovation and New Technology 20, 749 ff.

Crost, Benjamin/Shankar, Bhavani/Bennett, Richard/Morse, Stephen (2007): Bias from farmer self-selection in genetically modified crop productivity estimates: Evidence from Indian data, in; Journal of Agricultural Economics 58, 24 ff.

Curci, Jonathan (2010): The Protection of Biodiversity and Traditional Knowledge in International Law of Intellectual Property.

Godfray, H. Charles J./Beddington, John R./Crute, Ian R./Haddad, Lawrence/ Lawrence, David/Muir, James F./Pretty, Jules/ Robinson, Sherman/Thomas, Sandy M./Toulmin, Camilla (2010): Food Security: The Challenge of Feeding 9 Billion People, in: Science 327, 812 ff.

Grefe, Christian. (2015): Gentechnik hat den Agrarkonzern Monsanto in Verruf gebracht. Jetzt gibt er sich nachhaltig, in: Die Zeit 12, 35 ff.

Haedicke, Maximilian (2011): Patente und Piraten – Geistiges Eigentum in der Krise.

Hall, Bronwyn H./MacGarvie, Megan (2006): The Private Value of Software Patents, Working Paper, 12195, National Bureau of Economic Research.

Jorasch, Petra (2008): Intellectual Property Rights in the Field of Molecular Marker Analysis, in: Lörz, Horst/Wenzel, Gerhard (Hrsg.), Molecular Marker Systems in Plant Breeding and Crop Improvement. 433 ff.

Just, Richard E./Alston, Julian M./Zilberman, David (Hrsg) (2006): Regulating Agricultural Biotechnology: Economics and Policy.

Kathage, Jonas/Qaim, Matin (2012): Economic Impacts and Impact Dynamics of Bt (Bacillus thuringiensis) Cotton in India, in: PNAS 29, 11652 ff.

Kiesel, Kristin/McCluskey, Jill J./Villas-Boas, Sofia B. (2011): Nutritional Labeling and Consumer Choices, in: Annual Review of Resource Economics 3, 141 ff.

Koo, Bonwoo/Nottenburg, Carol/Pardey, Pardey G. (2004): Plants and Intellectual Property: An International Appraisal, in: Science, 306, 1295 ff.

Lapan, Harvey E./Moschini, GianCarlo (2004): Innovation and Trade with Endogenous Market Failure: The Case of Genetically Modified Products, in: American Journal of Agricultural Economics, 86, 634 ff.

Mann, Ronald J./Sager, Thomas W. (2005): Patents, Venture Capital, and Software Start-Ups. University of Texas Law School, Research Paper Nr. 57.

Marco, Alan C./Rausser, Gorden C. (2008): The Role of Patent Rights in Mergers: Consolidation in Plant Biotechnology, in: American Journal of Agricultural Economics 90, 133 ff.

National Research Council (2010), Committee on the Impact of Biotechnology on Farm-Level Economics and Sustainability: Impact of Genetically Engineered Crops on Farm Sustainability in the United States.

Potrykus, Ingo (2010): Regulation must be revolutionized, in: Nature 466, 561 ff.

Pray, Carl E./Naseem, Anwar (2005): Intellectual Property Rights on Research Tools: Incentives or Barriers to Innovation, in: AgBioForum 8, 108 ff.

Richardson, George B. (1997): Economic Analysis, Public Policy and the Software Industry, DRUID Working Paper 97, Copenhagen/Dk.

Schmidtchen, Dieter (2007): Die Beziehung zwischen dem Wettbewerbsrecht und dem Recht geistigen Eigentums, in: Oberender, Peter (Hrsg.): Wettbewerb und Geistiges Eigentum. 9 ff.

Stephan, Michael (2012): Positive und negative Effekte von Softwarepatenten – Lehren für die grüne Biotechnologie, in: Bette, Kristina/Stephan, Michael (Hrsg.): Biodiversität, Geistiges Eigentum und Innovation. 1 ff.

Stephan, Michael (2013): Wie wirken Biopatente? Lehren aus der Softwarepatentierung für die Pflanzenzucht, in: Friedrich, Jan/Halsband, Aurélie/Minkmar, Lisa (Hrsg.): Biodiversität und Gesellschaft, 233 ff.

Stephan, Michael (2014): Theorie der Industrieevolution, in: Burr, Wolfgang (Hrsg.): Innovation – Theorie, Konzepte und Methoden der Innovationsforschung. 220 ff.

Wright, Brian D./Pardey, Philip G. (2006): The evolving rights to intellectual property protection in the agricultural biosciences, in: International Journal of Technology and Globalization 2, 12 ff

Öffentliche Güter als politische Güter: Der Fall gentechnisch modifizierten Saatgutes

Birger P. Priddat

Sollte Gen-Saatgut ein öffentliches Gut werden? Bevor wir das zu klären versuchen, ist es nötig, die Theorie öffentlicher Güter zu skizzieren. Öffentliche Güter sind das Gegenkonzept zu Privatgütern. Saatgut ist traditionell ein Privatgut. Um ein Privatgut in ein öffentliches zu verwandeln, bedarf es starker Gründe.

Öffentliche und meritorische Güter

»Öffentliche Güter« werden in der Ökonomie gegen die »privaten Güter« abgegrenzt. Rein private Verfügungsrechte zeigen den Umstand an, dass alle anderen Personen von dem jeweiligen Verfügungsrecht ausgeschlossen sind. Im Gegensatz dazu sind die öffentlichen Güter durch ein Nicht-Ausschluss-Prinzip charakterisiert. Öffentliche Güter werden gemeinhin vom Staat angeboten (was nicht ausschließt, dass er sie auf dem Markt produzieren lässt); logisch umfassen sie aber alle von Kollektiven erstellte Güter (weshalb oft allgemeiner von »Kollektivgütern« geredet wird, oder, in besonderen Fällen, von *common goods*). Historisch sind die öffentlichen Güter identisch mit allen staatlichen Gütern und Leistungen, d.h. die Äquivalente für die (zwangsweisen) Steuerzahlungen der Bürger. Die Theorie der öffentlichen Güter dient zur Erklärung und Legitimation staatlicher Leistungserstellung. Der Grund für die Produktion öffentliche Güter wird im Marktversagen gesehen.

Doch nicht jedes Marktversagen lässt den Staat öffentliche Güter produzieren. Es muss ein öffentlicher Bedarf vorliegen. Was aber öffentlicher Bedarf (oder genauer: öffentliche Nachfrage) ist, lässt sich nur durch ein politisches Bestimmungsverfahren ermitteln, denn die Kosten der Produktion öffentlicher Güter sind durch die Steuern aufzubringen. Dabei wird unterstellt, dass die Steuerzahler nur den Bedarf an öffentlichen Gütern billigen, der ihnen (allen zusammen) individuelle Vorteile gewährt.

Doch mit dieser engen Definition ist der Bedarf an öffentlichen Gütern allein durch eine Äquivalenz von Steuerzahlungsbereitschaft und öffentlichen Leistungen festgelegt. In einer erweiterten Definition wird eine soziale Komponente eingeführt, die die öffentlichen Güter nicht nur als Leistungsäquivalente für die effektiven Steuerzahler ansieht, sondern die die Verfügungsrechte am öffentlichen Gut auch auf Nichtsteuerzahlern (z.B. »sozial Schwache«) ausweitet, d.h. Umverteilungen einschließt. Die Unterschiede zwischen der äquivalenttheoretischen und der redistributiven Funktion der öffentlichen Güter beruhen auf unterschiedlichen wohlfahrtstheoretischen Kriterien, d.h. auf verschiedenen politischen oder ethischen Standards.

	Ausschluss vom Konsum	**Nichtausschluss vom Konsum**
Rivalität im Konsum	Private Güter	Gemeinschafts-eigentum Allmende-Gut
Nicht-Rivalität im Konsum (*joint consumption*)	Clubgüter	Öffentliche Güter

Der Nicht-Ausschluss vom Konsum bei öffentlichen Gütern definiert im Grunde eine Rechtsposition: Niemand darf, gleich, ob er will, vom öffentlichen Güterkonsum ausgeschlossen werden; was nichts anderes heißt, als dass – im Fall der reinen öffentlichen Güter – *alle* das Recht haben, das Gut zu konsumieren. Allerdings gibt es eine »technische« Eingrenzung, die durch das ökonomische Knappheitspostulat (das zweite öffentliche Güterkriterium) der Nicht-Rivalität im Konsum besonders bezeichnet wird.

Die (*rechtliche*) Möglichkeit, ein öffentliches Gut zu konsumieren, wird nämlich erst dann gewährleistet, wenn die (*ökonomische*) Angebotsdimension so ausgelegt ist, dass keiner der Konsumenten den anderen am Konsum desselben öffentlichen Gutes behindert. Erst durch diese zusätzliche

Bedingung ist gewährleistet, dass die Rechtskomponente der Theorie öffentlicher Güter auch ökonomisch realisiert werden kann. Der normative Charakter der Theorie öffentlicher Güter erweist sich gerade in dieser spezifischen Kombination rechtlicher und ökonomischer Momente im Gutsbegriff: Das Nicht-Rivalitäts-Prinzip ist insofern die ökonomische Komponente der öffentlichen Güter, als sie den Realisationsgrad der rechtlichen öffentlichen Güterlichkeit des Nicht-Ausschlusses vom Konsum angibt. Weil öffentliche Güter für den allgemeinen Konsum frei sind, aber dennoch knapp sein können (wie z.B. Brückenüberfahrten – nicht alle passen gleichzeitig auf die Brücke), werden zusätzliche Regulierungen eingeführt, wie z.B. Gebühren. Benutzungsgebühren sind jedoch keine Marktpreise, sondern Lenkungsinstrumente (wenn sie z.B. für Stoßzeiten im Verkehr höher ausfallen als bei verkehrsschwachen Zeiten).

Damit zeigt sich, dass im Begriff des öffentlichen Gutes ökonomische, rechtliche und ethische Komponenten enthalten sind; die ethische Komponente wird sofort evident an der Frage, wer vom Konsum öffentlicher Güter nicht ausgeschlossen werden soll oder darf. »Reine öffentliche Güter« definieren einen Verfügungsrechtsanspruch für alle Staatsbürger; da aber die Menge der Steuerbürger kleiner ist als die Menge aller Staatsbürger, ist das allgemeine Verfügungsrecht des Konsums *sui generis* mit einer Redistribution der Einkommen verknüpft (indirekt auch im Fall der indirekten oder Verbrauchssteuern). Für alle diejenigen Fälle, in denen »spezifische öffentliche Güter« für spezifische Verfügungsrechtskollektive definiert werden, ist die Frage der Verteilung dieser Verfügungsrechte in einem noch stärkeren Maße davon abhängig, welche ethischen und/oder politischen Standards gelten.

Diese Frage, wer für die öffentlichen Güter welche ethischen Standards setzt, ist nicht unabhängig von dem politischen Verfahren der Budgetverteilung zu beantworten. Üblicherweise geht man davon aus, dass die Wirtschaftssubjekte als politische Wähler die Qualität und Dimension der Bereitstellung von öffentlichen Gütern bestimmen. Hier aber treten etliche Probleme auf: Zum einen wählen die Wähler kompakte Bündel von öffentlichen Güter, d.h. immer auch einen Anteil an öffentlichen Gütern, den sie nicht präferieren. Zum anderen sind die gewählten Regierungen nicht verpflichtet, alle versprochenen öffentlichen Güter-Bereitstellungen auch tatsächlich zu realisieren. Zum dritten sind die tatsächlichen Budgetverhandlungsprozesse durch Partei- und Lobbyinteressen beeinflusst, die es schwierig machen, die letztlich verwirklichten öffentlichen Güter als Ausdruck der Wählerpräferenzen zu interpretieren. Das Problem der Nachfragebestimmung der öffentlichen Güter ist in der Ökonomie noch ungelöst, die Vorstellungen der Theorie der öffentlichen Güter sind modell-theoretische Fiktion. Man hat inzwischen Vorschläge entwickelt, für die Budgetprozesse Verfahrensregeln vorzuschlagen, die durch gesonderte Verfassungsreferenden von den Bürgern gewählt werden. Der Sinn dieser Vorschläge besteht darin, das – ethische – Problem, welche Wohlfahrtskriterien gelten sollen, als gesonderte Bürgerpräferenz zu erfragen, um dem politischen Geschäft der sich wechselseitig steigernden Bedienung von Gruppeninteressen Einhalt gebieten zu können.

Eine andere Variante der ethischen Bestimmung von öffentlichen Gütern ist in der Theorie meritorischer Güter vorgetragen worden. Meritorische Güter sind jene Leistungen und Güter, die der Staat einzelnen Individuen oder sozialen Gruppen zuteilt (oder, im Fall der demeritorischen Güter, zu erhalten untersagt), um anreizsetzend oder verhaltensregulierend einzugreifen. Aktuell redet man von *nudging*. Problematisch ist das besondere Recht des Staates, die meritorischen Güter ohne ausdrückliche politische Legitimation bereitzustellen. Da aber praktisch sehr viele staatliche Leistungen den Charakter von meritorischen Gütern haben, lassen sich die öffentlichen Güter als Spezialfall der meritorischen Güter klassifizieren, bei denen eine politisch-öffentliche Zustimmung vorliegt. Dadurch ist aber beim Spezialfall *merit good* die Legitimation der öffentlichen Güter durch die politischen Wahlverfahren hinfällig. Richard A. Musgrave, der – neben Paul Samuelson – die Theorie öffentlicher Güter vollständig ausgearbeitet hatte, versuchte die problematischen meritorischen Güter dadurch zu erklären, dass sie »Gemeinschaftsbedürfnisse« zum Ausdruck bringen.

»Gemeinschaftsbedürfnisse« unterscheiden sich von Präferenzen auf öffentliche Güter darin, dass sie keiner individuellen Wahl zwischen privaten und öffentlichen Bedürfnissen entstammen, sondern auf normativen, d.h. kulturell gewachsenen Kollektivbedürfnissen beruhen, die zu realisieren der Staat unabhängig von besonderen Präferenzartikulationen legitimiert sein kann. Diese Konzeption erinnert an ältere Vorstellungen einer allen Individuen gemeinsamen Sittlichkeit, der die Individuen zuzustimmen grundsätzlich bereit sind (z.B. aus kultureller Tradition oder Staatsräson). Doch ist auch diese Begründung der meritorisch-öffentlichen Güter anfällig für eine illegitime Staats- und Budgetpraxis, denn es bleibt völlig unentschieden, ob *die ex-post*-Akzeptanz der Bürger zu den meritorischen Gütern auf gemeinwohlorientierter Zustimmung beruht oder auf dem Faktum, dass der Staat (bzw. das Parteiensystem) sowieso die Macht hat, Leistungsentscheidungen unabhängig vom Bürgerwillen durchzusetzen, um negative externe Effekte zu vermeiden. Auch bleibt die Frage, ob das unterstellte Ethos heute noch allgemein gilt, und ob es nicht zweckmäßiger ist, neue institutionelle Arrangements einzuführen, die die Redistributionskomponente wieder stärker an äquivalenztheoretische Kriterien zurückzubinden. Doch stehen sich dann zwei »Gerechtigkeiten« gegenüber: die soziale und die Leistungsgerechtigkeit – ein theoretisch unlösbares Problem.

Ist Saatgut ein öffentliches Gut?

Saatgut ist traditionell ein Teil der Ernte, der nicht konsumiert wird, um im nächsten Jahr säen zu können. Als Saatgut ist es eine Rücklage und ein Investitionsobjekt. Alles, was der Bauer auf seinem Grund und Boden erntet, gehört ihm. Hat ein Bauer kein Saatgut oder nicht genügend, kauft er auf dem Saatgutmarkt.

Er sucht das Saatgut aus, was zu seinem Boden passt und am fruchtbarsten ist. Von Boden zu Boden ist das unterschiedlich, bis man durch chemische Düngung etwaige Unterschiede ausgleichen konnte. Durch Saatzucht wurden immer wieder neue, Ertrag bringende Saaten entwickelt und auf dem Saatgutmarkt ver- und gekauft. Wir befinden uns weiterhin in der Privatgutabteilung der Wirtschaft. Doch wäre das eine verkürzte Analyse. Der Acker wird nicht nur gedüngt, sondern durch Gifte möglichst schädlingsfrei gehalten. Moderner Ackerbau hat nicht nur die Produktionskosten (Personal + Investitionen in Maschinerie) und eventuell den Zukauf von Saatgut, gerade von neuen Züchtungen, einzurechnen, sondern auch die Kosten der Düngung und der Schädlingsbekämpfung (nicht zu vergessen die manchmal hohen Bewässerungskosten). Das Endprodukt entsteht aus einer Kombination von drei verschiedenen Gütermärkten inklusive Investitionen. Die Qualität des Ackerproduktes ist abhängig von der Qualität des Saatgutes bzw. seiner relativen Produktivität. Und, bei manchen Pflanzungen, vom Wasserangebot.

Dabei betrachten wir bisher nur das Produkt und seine generischen Anteile. Der Produktionsprozess allerdings erzeugt darüber hinaus noch negative interne und externe Effekte: langfristige Senkung der Ertragskraft in Abhängigkeit zur Fruchtbarkeit des Bodens, Senkung der Diversität der Ackerökologie und ihrer Umgebungen, Eintrag von Giftstoffen (Düngung, Pestizide) in die Früchte bzw. Ackerbauprodukte, Breitbandvernichtung von Insekten und Tieren durch Pestizide etc. Wir sehen, dass wir die eindeutige Privatgut-Dimension bereits verlassen müssen, um den Nexus von Ackerproduktionen einzuschätzen. Wir befinden uns in einem ökologischen Kontext, der zusätzliche Kosteneffekte erzeugt, d.h. ökonomisch bereits anderes bewertet werden muss als lediglich für die unmittelbaren Kostenaufwendungen. Zu den Marktdimensionen des Produktes (Investitions-, Saatgut-, Dünger-, Schädlingsbekämpfungsmittel- und Wasser-Märkte) kommen die ökologischen Kosten, die nicht in Kosten und Preis der Bauern eingehen. In der ökologischen Dimension sind wir nicht mehr im reinen Privatgüterbereich. Um es genauer zu sagen: Die »Früchte« des Bauern bleiben privat, aber die Externalitäten werden zum öffentlichen Objekt (nicht sogleich zum Gut: das wird es erst, wenn man die Internalisierung der externen Effekte gesondert »herstellen« muss).

Gentechnisches Saatgut

Gentechnisch verändertes Saatgut ist erst einmal nichts anderes als ein Züchtungsprodukt, nur das dieser Prozess biochemisch verläuft. Ökonomisch ist die »Gen-Saat« neu zu bewerten, weil sie nicht einfach nur eine höhere Produktivität durch Verbesserung der Fruchtbarkeit anbietet, sondern weil sie den Nexus der verschiedenen Faktoren neu kalibriert: Die »Gen-Saat« ist nicht *sui generis* fruchtbarer, sondern wegen höherer Resistenz gegen Schädlinge. Nicht nur das Saatgut selber wird verbessert, sondern das Saatgut/Umwelt-Verhältnis. Ökonomisch sinken dadurch die Kosten für Pestizide/Herbizide. Die erhöhten Kosten für den Gen-Saatgutkauf müssen durch die höhere Produktivität überkompensiert werden.

Der Erfindung des »Gen-Saatgutes« ist eine Nebenfolge der Pestizid-Entwicklung in den USA. Anlass war die Tatsache, dass nur bestimmte Schädlingsbekämpfungsmittel eingesetzt werden konnten, um die Kulturpflanzen selbst nicht zu schädigen. Solche Mittel waren nicht besonders effektiv. Es gab zwar radikalere Mittel (*Glyphosat*), aber die Ackerfrucht selber starb dabei. *Monsanto* musste, um dieses Mittel verkaufen zu können, zugleich ein Saatgut entwickeln, das gegen das totale Pestizid resistent war: der Anlass der Erfindung des genetisch modulierten Saatgutes. Fortan konnte *Monsanto* Pestizid- und Saatgutabsatz kombiniert forcieren, d.h. seinen Markt vergrößern. Wenn sie vorher das Mittel nur zwischen den Ernten verwenden konnten, konnten die Bauern es jetzt auf die reifenden Pflanzen sprühen. Mehr Ernten pro Jahr wurden möglich. Positiv wird das als *green biotechnology* vermarktet. Zugleich gab es »Gen-Saatgut«, das ein insektentötendes Bt-Protein enthielt.

Weil beide Komponenten – modifiziertes Saatgut und reduzierte Pestizid-Mengen – kombiniert effektiv wirkten, konnte auf Fruchtwechsel, Ruhezeiten etc. verzichtet werden, gepaart mit riesigen Monokulturen. Womit man nicht gerechnet hatte, war die Tatsache, dass auch das Unkraut mit der Zeit resistent wurde gegen das Pestizid. Je stärker die Unkräuter in die Felder wachsen, umso teurer wird die Agrarproduktion: Man muss häufiger Pestizide sprühen und hat Mühe, das schnell wachsende resistente Unkraut aus den Feldern zu entfernen. Wir haben es also mit einem evolutiven Zyklus zu tun. Das, was die Unkräuter kombiniert vernichten sollte, evoziert deren Wachstum (was inzwischen Widerstand gegen »Gen-Saatgut« auch in den USA hervorruft). Als Gegenmittel wird Diversität, Wiedereinführung von Fruchtfolgegestaltung etc. erörtert – das ganze Repertoire des ökologischen Landbaus.

Market design von genetisch modifiziertem Saatgut

Neu ist das *market-design* des »Gen-Saatgutes«. Gentechnisch verändertes Saatgut wird mit der Vertragsklausel verkauft, kein eigenes Saatgut für den nächsten Fruchtzyklus zu verwenden. Die Bauern müssen bei der Firma nachkaufen. Folgende Merkmale sind charakteristisch:

1. Das gentechnisch veränderte Saatgut ist, als patentiertes Gut, ein Monopolgut, das nicht durch andere Saaten substituiert werden kann (oder nur mit hohen Wechselkosten). Es ist teurer als normales Saatgut (wegen der Forschungs- und Entwicklungskosten). Die Firmen können Monopolpreise realisieren. Der Vorteil: höhere Erträge, geringe Anfälligkeit gegen Ungeziefer. Wenn die relativen Kostenanstiege durch höhere Erträge und dadurch höhere Einnahmen überkompensiert werden, lohnt sich der Einsatz ökonomisch.

2. Insoweit ist die »Gen-Saat« ein privates Gut, das auf atypischen, d.h. auf Monopolmärkten gehandelt wird. Allerdings gibt es eine systemische Implosion: Die Schädlinge, die die »Gen-Saat« abhalten oder reduzieren soll, werden über die Zeit resistent – gegenüber der »Gen-Pflanze« wie gegenüber den eingesetzten Pes-

tiziden. Der Produktivitätseffekt schwindet; die Kosten bleiben; Umstellungskosten sind hoch. Wir sehen, dass es nicht um das Saatgut *sui generis* geht, sondern um ein komplexes Produkt: um eine Relation von resistenter Pflanze und radikalem Pestizid. Das ist das endgültige Produkt. Deshalb ist es nicht einfach, das private Gut »Gen-Saat« in ein öffentliches Gut zu verwandeln. In Deutschland ist »Gen-Saatgut« verboten; aber die Relation Saatgut/Pestizide ist unabhängig von der Gen-Markierung prekär. Die Pestizide können bei uns allerdings nur zwischen den Aussaaten verwendet werden. Auch hier nimmt der Einsatz von Herbiziden zu. Wir haben ein Problem mit dem Schadstoffeintrag in die Böden. Das ist kein Saatgutthema, sondern ein Herbizid-Thema. Und zwar ein negativer externer Effekt der Nutzung. Ebenso der dadurch erfolgende Eingriff in die Biodiversität.

3. Aber das »Gen-Saatgut« hat noch andere Folgen: Es gibt – die Wissenschaft ist hier uneins – mögliche negative externe Effekte auf umliegende Felder, andere Pflanzen und Tiere. Negative externe Effekte erzeugen Kosten, die weder auf den Bauern noch auf die Herstellerfirma des »Gen-Saatgutes« zurückfallen.

4. Man könnte es andersherum formulieren: Das eigentliche Gut ist das radikale Herbizid, das produktiv nur mit dem genetisch geänderten Saatgut zusammen erfolgreich verkauft werden kann. Deshalb weist die Forderung, die negativen externen Effekte des »Gen-Saatgutes« dadurch zu beheben, indem man es zu einem öffentlichen Gut erklärt, sachlich in eine falsche Richtung. Es geht letztlich um die Regulation des Herbizid-Gebrauchs. Das öffentliche Gut, das man hier anspielt, bestünde im Schutz vor Überdüngung bzw. vor überdimensionierten toxischen Eintrag in die Böden.

Forschungen sind im Prinzip öffentliche Güter, die von anderen kopiert und verwendet werden sollen und dürfen. Patente schützen das geistige Eigentum an Erfindungen; d.h. die Firmen erhalten eine Monopolsituation auf die Laufzeit des Patents. Das ist ein Wettbewerbsargument unter Produzenten.

Die Bauern können »Genmais« z.B. nicht kopieren oder selber erforschen. Sie kaufen sich in ein Produktivitätsversprechen ein, zu höherem als normalem Konkurrenzpreis. Ihre Substitutionskompetenz sinkt. Aber das sind erst einmal normale Marktvorgänge: Wenn jemand sich *Apple*-Laptops kauft, kauft er sich in eine spezielle Technologie ein, mit Folgekosten und wiederum kostenträchtigen Umstellungen. So wie man sich bei *Apple*-Konsum auf eine gewissen Pfadabhängigkeit begibt, so auch beim Einkauf von »Gen-Mais«. Niemand ist genötigt, dieses Saatgut zu kaufen; aber wenn die Produktivitätseffekte überwiegen, ist die Neigung hoch.

Wann kommt das öffentliche-Gut-Argument?

Erst die möglichen negativen externen Effekte stellen die »Gen-Güter« in den Erörterungsfokus öffentlicher Güter. Indem Nachbarfelder möglicherweise durch »Gen-Saat« negativ beeinträchtigt werden (Ungeziefer zieht herüber), oder indem Herbizide erhöht herüberwehen oder Tiere aussterben, die gar keine Schädlinge sind, werden Überlegungen laut, das »Gen-Gut« als (Teil-) Öffentliches Gut zu behandeln, indem man die Nichtausschluss-vom-Konsum-Regel hochfährt. Niemand darf durch »Gen-Güter« in seiner Produktion oder in seinem Konsum unfreiwillig beeinträchtigt werden.

Das liegt daran, dass das »Gen-Gut« ein Hybrid ist: Nur der Form nach ein Saat-Gut, stellt das »Gen-Gut« einen Nexus von Saatgut (S), veränderter Genetik (G), gemindertem (und potentiell wieder ansteigendem) Pestizideintrag (P) und spezifischer Umwelt (U) dar. In der S/G/P/U-Komplexion ändert sich die G/U-Relation. Entweder ist der Hybrid schädlingsresistent, dann wandern die Schädlinge in die »Nicht-Gen-Äcker«. Oder aber er ist pestizid-resistent, dann diffundiert das Pestizid in die Nachbarfelder. Als dritte Variante verändert die G/U-Relation andere Teile der Umwelt.

Hybrid ist es, weil es wesentlich ein Privatgut bleibt, dessen Externalitäten es in die Erörterungszone des Öffentlichen treiben. Aber was nützt es, »Gen-Saat« zum öffentlichen Gut zu erklären? Umgedreht wird ein Schuh daraus: dass landwirtschaftliche Diversität ein öffentliches Gut bleibt und dass alle Beeinträchtigungen reguliert werden. Man erreicht dann Eintrittsbarrieren für scheinbar gemeinschädliche Güter – eine rechtliche Schranke. Das so herzustellende öffentliche Gut bestünde darin, den Nichtausschluss von Diversität zu gewährleisten.

Als Allmende-Gut würde es voraussetzen, die externen Effekte zu internalisieren, d.h. Verabredungen über den Herbizideinsatz, über Abstände von »Gen-Saat-Felder« zu »Nicht-Gen-Saat-Feldern« etc. zu treffen und einzuhalten. Von einem reinen öffentlichen Gut unterscheidet es sich dadurch, dass für ein zusammenhängendes Areal Regeln gelten, deren Einhaltung überwacht und deren Nichteinhaltung sanktioniert werden. Es entstehen *monitoring-costs.* Denn wir haben es weiter mit privaten Gütern zu tun, die über eine Areal-Verfassung die Internalisierungsvorgänge kontrollieren und so erst ein Privatgut/öffentliches Gut-Hybrid erzeugen.

Als *common good* erfordert es eine Organisation, die insofern atypisch wäre, da sie gemeinsame Verfügungsrechte aller Bauern in dem Areal erfordert, d.h. z.T. Ausschluss von Privatgütern bzw. privaten Verfügungsrechten. Das wird nur unter besonderen Bedingungen realistisch sein.

Meines Erachtens geht es nicht darum, das »Gen-Saatgut« als öffentliches Gut zu verhandeln, sondern – im weiter gefassten ökologischen Kontext – den gesamten Produktionsprozess und seine Folgen als öffentliche Angelegenheit zu werten. Es ist eine agrarwirtschaftspolitische Frage, eng verknüpft mit der ökologischen oder Umwelt-Frage. Dann haben wir es *prima facie* mit ähnlichen Fragen zu tun, die sich vorher – vor der Erfindung des »Gen-Saatgutes« – bereits bei der Düngung, Schädlingsbekämpfung und Biodiversität zeigten. Nur jetzt in einem erweiterten Kontext: dass das spezifische »Gen-Saatgut« eigenständige Externalitäten aufweist bis hin zur Frage der Beeinflussung menschlicher Gesundheit (ich muss darauf hinweisen, dass das eine offene Forschungsfrage ist, aber signifikant genug, um sie zu erörtern).

Als Ökonom kann ich diese Fragen nicht beantworten, aber ihre Ergebnisse in den Produktionsnexus einstellen, der hier bedacht werden muss. Der Verdacht beruht darauf, dass beim »Gen-Saatgut« das Maß an Externalität erweitert wird gegenüber den bisherigen Agrartechnologien. Die Hypothesen laufen darauf hinaus, dass »Gen-Saatgut« Folgen zeitigt, die Tiere, Insekten und Menschen selber modifizieren. Ich weiß, dass das offene Fragen sind; aber bevor sie geklärt werden können, muss die freie Zulassung von Gen-Ackertechnologien schärfer geprüft werden.

Hier liegt der signifikante Unterschied zu bisherigen Züchtungen vor. Ich weiß, dass man sich schnell in Verdachtslogiken bewegt; aber solange der Verdacht nicht wirklich ausgeräumt ist, wäre jede Freigabe zumindest bedenkenswert. Auch bei Privatgütern geht es um Nutzen, der – gegen mögliche Schäden gerechnet – positiv bleiben muss: Im Nahrungsmittelbereich haben wir z.T. bereits Schranken errichtet (die das öffentliche Gut »Gesundheit« betreffen); ebenso z.B. *in analogiam* bei den vorgeschriebenen Sicherheitstechnologien bei Automobilen etc.

Aber noch etwas anderes ist bedeutsam: die Ackerkultur – das älteste ökonomische Projekt der Menschheit – ändert sich. Die Bauern nehmen die Saat für die nächste Fruchtfolge nicht mehr aus den Früchten der ersten Folge, sondern kaufen sie jeweils neu von »Gen-Saat-Produzenten«. Hier wird ein altes Kulturmodell (*cultura* – Hege und

Pflege) abgebrochen und in einen industriell-wissensökonomischen Kontext transponiert. Drei Themen sind zu bedenken:

1. Die »Gen-Saat-Pflanzen« sind auf die Dauer nicht resistent. Die Bauern kommen in eine Pfadabhängigkeit von den Herstellern und deren Forschungen. Abnehmende Resistenz bedeutet abnehmende Produktivität. Hier sind die Verträge genauer zu untersuchen: Welche *exit-option* haben die Bauern? Welche Folgen hätte ein *exit*? Sind ihre Böden »verseucht« oder modifiziert? Wie leicht können sie auf eine andere Saat-Diversität wieder umschalten? Gibt es dafür Versicherungen? Welche Haftungen bestehen?

2. Das heißt auch: Wie können Bauern auf andere Produkte/Produktionen umschalten, wenn sich die Marktpreise für die bisher angepflanzten Früchte nicht mehr lohnen? Die gleichen Fragen: Sind die Böden dafür noch geeignet, z.B. aufgrund eines anderen Pestizideintrags bei »Gen-Saat«?

3. Die Herstellung von »Gen-Saat« betreibt Monopole, d.h. sie haben eigene Preispolitiken. Wie konkurrieren die verschiedenen Anbieter? Kann man von einem zum anderen wechseln? Mit welchen Wechselkosten?

Gegen Monopole setzt die Ökonomie gewöhnlich auf Konkurrenz. Aber können Konkurrenten schnell und flexibel auftreten? Wie forschungsintensiv ist eine solche Herstellung mit welchem Kapitalaufwand? Wir haben es mit zwei Konkurrenz-Modellen zu tun: Sowohl mit einer Konkurrenz verschiedener »Gen-Saat«-Hersteller untereinander, als auch mit einer Konkurrenz von »Nicht-Gen-Saaten«: Haben sie den Vorteil höherer Produktivität? Ist dieser Vorteil nachhaltig? Und zu welchen Kosten?

Aber ein anderes Modell wäre denkbar: staatliche Konkurrenz. Die Staaten können Gentechnologie-Forschung betreiben und ihre Ergebnisse als öffentliches Gut an die Bauern abgeben. Gleichsam eine andere Form der Subvention (nicht monetär direkt, sondern indirekt). Zumindest das Saat-Nachkauf-Problem wäre dann geändert, und die privaten »Gen-Saat«-Anbieter könnten nur durch bessere Qualität bestehen – alle anderen Themen/Externalitäten weggerechnet. Das wäre dann ein öffentliches Gut.

Aber bleiben wir realistisch: Das Problem der großflächigen Massenproduktion in Monokulturen bestand längst vor der grünen Gentechnologie. Das diversitätspolitische Thema existierte schon vor der Einführung von »Gen-Saatgut«; das »Gen-Saatgut« ist nur ein neuer Auslöser einer Reflexion auf unsere Landschafts- und Agrarpolitik. Mit einer etwaigen Limitation oder gar Verbot der gentechnischen Agrarwirtschaft bleiben die anderen Themen bestehen. Die deutschen Ackerflächen sind begrenzt; natürlich spielen hier Effizienzthemen eine Rolle: Wie maximiert man den Ertrag? Agrarpolitische Strategien könnten – im Globalisierungskontext –

anders planen: Dass man die Agrarüberschüsse Afrikas und anderer Länder hier einführt. Aber dann setzen wir Anreize, auch dort die Produktivität zu erhöhen, also auch auf gentechnische Saaten zurückzugreifen. Wir würden – als »gen-freie Zone« – das Problem nur verlagern. Wir müssten die Diversitätsprogramme als *global public good* einführen – eine realpolitische Utopie?

Alles, was wir bei uns vielleicht als Begrenzung des Themas durchsetzen, ist – global betrachtet – ein Luxusthema: Wir würden somit *Clubgüter* einführen, die nur uns zugänglich sind, aber andere Länder ausschließen. Wenn wir bei uns eine »Gen-Saat«-begrenzende Agrarpolitik durchsetzen, behandeln wir die Agrarproduktion als ein nationales öffentliches Gut, das aber – gegen die Schwellenländer und die ärmeren – ein sie exkludierendes Clubgut wäre. Jede solche Produktivitätsbegrenzung unserer Wirtschaft öffnet notwendig den Import anderer Agrarerzeugnisse (vorausgesetzt, unsere Einfuhrzollpolitiken ändern sich). Sonst hätten wir lediglich den Effekt der Verteuerung unserer deutschen/europäischen Agrarprodukte – eine Tendenz, die die Politik auf die Dauer nicht durchhalten würde und gentechnisch veränderte Saat-Produkte über den Import hereinlassen müsste. Die höhere Produktivität ausländischer Agrarproduzenten würde die Preise senken, so dass unsere Bauern gezwungen wären, selber auf Gentechnologie umzusteigen, um noch angemessene Einkommen zu erwirtschaften; bzw. die Differenz würde weiterhin vom Staat subventioniert. Man könnte sogar behaupten, dass die längst betriebene Agrarsubventionspolitik der EU bereits einen öffentliches-Gut-Charakter hätte, indem sie die Bauern vor Produktivitätskonkurrenzen schützt. Damit indirekt auch vor Gen-Saatgut-Investitionen. Aber durch nationale Politiken kommen wir aus dem globalen Zyklus nicht heraus.

Wenn man eine ökonomische Einschätzung haben will, werden Nutzen/Kosten gerechnet. Jede Limitation/Verbot wird ökonomisch als Produktivitätshemmung betrachtet. Die Ökonomie ist nicht blind gegenüber Externalitäten. Aber sie rechnet: Sind die Vorteile des Diversitätsschutzes größer als die gleichzeitig damit forcierten Produktivitätsminderungen? Die Ökonomie nötigt die Politik (und die Wissenschaft, die die Politik berät), Nutzen und Kosten abzuwägen. In diesen Prozessen sind – man muss den Politikprozess realistisch betrachten – die Lobbys bzw. Interessen zu beachten, die sich bei den Gesetzesformulierungen durchsetzen können. Es nützt wenig, Konzepte zu ersinnen, die ideal funktionieren, aber kaum Chancen haben in den laufenden Politikprozessen. Die Fragen, die uns hier bewegen, sind Fragen einer *politischen Ökonomie*, keine Fragen der Ökonomie allein.

Was ist das Ergebnis? Saatgut – genmanipuliert oder nicht – ist ein privates Gut. Allein die externen Effekte sind öffentlichkeitsthematisch. Sie sind aber vielfältiger als nur »gen-zentriert«. Düngung, Pestizide/Herbizide, Wasser sowie die Anfälligkeit von Monokulturen sind die großen Themen. Das mögliche öffentliche Gut ist ein agrarpolitisches Strategem: Welche Diversitätspolitik soll gelten? Es geht hier nicht um Güter im engen Sinn, sondern um komplexe Prozesse, die vielfältig verschränkte Politiken/Gesetze erfordern. Und diese müssen rückgekoppelt werden auf die globalen Prozesse, da wir nationalpolitisch wenig bewirken: Das, was wir bei uns verbieten bzw. regeln, kann durch Importe umgangen werden. Das ökonomische Kernthema ist Produktivität. Diese lässt sich durch Verbote nicht heben, sondern nur durch Alternativen. Was sind also produktivitätsgerechte Alternativen zum »Gen-Saatgut«?

Literaturverzeichnis

Dickel, Sascha (2014): Paradoxe Natur. Plädoyer für eine postromantische Ökologie, in: TTN-Info 1 7, 1 ff.

Ekardt, Felix/Hennig, Bettina (2015): Ökonomische Instrumente und Bewertungen von Biodiversität.

Howlett, Michael/Layrock, David (2014): Regulating Next Generation Agri-Food Biotechnologies: Lessons from European, North American, and Asian Experiences.

Just, Richard E./Alston, Julian, M./Zilberman, David (Hrsg.) (2009): Regulating Agricultural Biotechnology. Economics and Policy.

Laxminarayan, Ramanan/Malani, Anup/Howard, David (2008): Extending the Cure: Policy Responses to the Growing Threat of Antibiotic Resistance.

Onstad, David W. (2013): Insect Resistance Management: Biology, Economics, and Prediction.

Priddat, Birger (1992): Zur Ökonomie der Gemeinschaftsbedürfnisse: Neuere Versuche einer ethischen Begründung der Theorie meritorischer Güter, in: Zeitschrift für Wirtschafts- und Sozialwissenschaft 112, 239 ff..

Priddat, B.P. (2008): Öffentliche Güter als politische Güter, in: Zeitschrift für öffentliche und gemeinwirtschaftliche Unternehmen 31, 152 ff.

Raney, Terri/Pingali, Prabhu (2004): Private Research and Public Goods: Implications of. Biotechnology for Biodiversity. ESA Working Paper No. 07.

Streit, B. (2007): Was ist Biodiversität? Erforschung, Schutz und Wert biologischer Vielfalt.

Traufetter, Gerald (2014): Unkraut vergeht nicht, in: Der SPIEGEL Nr. 30/7, 76 ff.

Wozniak, Chris A. / McHughen, Alan (2012): Regulation of Agricultural Biotechnology: The United States and Canada

Entstehung privater Eigentumsrechte an Weiterentwicklungen von Weizensaat in den USA und Deutschland

Maria K. Gerullis

1. Saatgut als Ressource

Die Allokation von Ressourcen innerhalb und zwischen Gesellschaften unterliegt von jeher Steuerungsprozessen menschlichen Verhaltens. Um diese Koordinierungs- und Kontrollleistung zu erbringen, greifen kapitalistische Systeme zur Verteilung von Ressourcen auf Marktsignale (Preise) und Rechtsansprüche (u.a. private Eigentumsrechte) zurück. Saatgut stellt, als hauptsächliches Produktionsmittel für Nutzpflanzen, eine für den menschlichen Verbrauch wesentliche genetische Ressource dar. Es verfügt über besondere Eigenschaften, welche die Kontrolle und Koordinierung dieser Ressource beeinflussen: Saatgut entwickelt und vervielfältigt sich selbst weiter. Für den Produktionsprozess von Nahrungsmitteln und nachwachsenden Rohstoffen bedeutet dies, dass Saatgut Produktionsmittel, Produktionstechnologie und meist auch Produktionsertrag ist. Und auch bei der Weiterentwicklung von Saatgut ist das Saatgut – je nach Züchtungsmethode – Produktionsmittel, Produktionstechnologie und Produktionsertrag. (Siehe Abbildung 1)

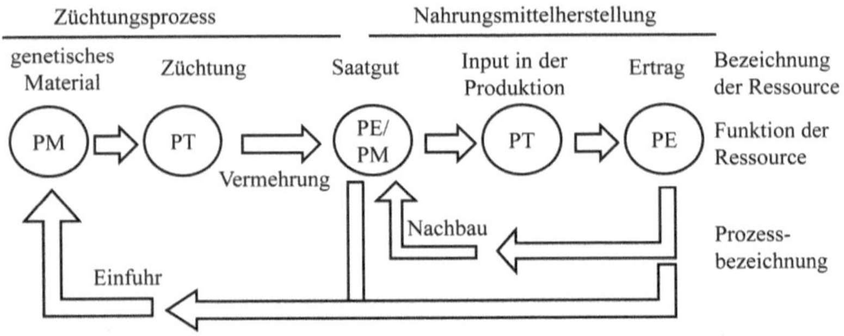

Abb: Ressourcenfluss des Saatguts

Zwei weitere Eigenschaften von Saatgut sind einerseits der Nutzen, welcher gezogen werden kann, ohne diesen notwendigerweise für andere zu mindern[1] und andererseits die Leichtigkeit mit der Andere von dieser Nutzung ausgeschlossen werden können.[2] Für den folgenden Beitrag ist entscheidend, dass der aus Saatgut gezogene Nutzen sowie die Möglichkeit zur Weiterentwicklung für Andere auch nach der Konsumtion be-stehen bleibt. Beispielsweise hat man mit dem Kauf von Weizenkörnern schon das potentielle Produktionsmittel für die nächste Generation erworben und muss dies nicht erneut kaufen. Daher ist der Ausschluss einer weiteren Nutzung mit immensem Aufwand verbunden, während die marginalen Kosten für den Nachbau annähernd null sind.[3] So kann jeder Landwirt mit dem Anbau seines Weizens gleichzeitig auch sein Saatgut für das nächste Jahr bereitstellen ohne zusätzliche Kosten im Produktionsprozess fürchten zu müssen. Würde eine Kontrollinstanz jedoch ver-suchen, den Landwirt davon abzuhalten, sein Saatgut selbst herzustellen, so wäre dies mit erheblichen Kosten verbunden, da die Kontrolle über den ganzen Produktionsverlauf hinweg allumfassend ausgeübt werden müsste.

1 Oftmals wird dieser Prozess als »Nichtrivalität« bezeichnet, vgl. Wigger 2004, 33 ff. Ostrom 2005, 25 f, verfeinert diesen Begriff in Zusammenhang mit natürlichen Ressourcen indem sie ihn als *Subtrahierbarkeit an Nutzen* bezeichnet, um eine mögliche Gradation und nicht einen absoluten Zustand zum Ausdruck zu bringen.

2 Vgl. Ostrom 2005, 24 f.

3 Vgl. Brandl 2012, 310.

Private Eigentumsrechte regeln die Nutzung von Gütern und Ressourcen für Akteure innerhalb einer Gesellschaft meist indem sie dem Besitzer die exklusive Nutzung garantieren.[4] Aus Sicht der Neuen Institutionenökonomik haben private Eigentumsrechte in kapitalistisch geprägten Systemen[5] einen wesentlichen Anteil an der Verteilung von Ressourcen und somit an der Allokation von Saatgut. Dennoch ist es falsch anzunehmen, dass private Eigentumsrechte an Saatgut schon immer existierten und für jede Art von Nutzung erschöpfend und eindeutig bestimmt sind. Im Folgenden wird anhand der historischen Fälle der USA[6] und Deutschland[7] gezeigt, dass private Eigentumsrechte im Saatgutsektor erst dabei sind zu entstehen. Dabei wird am Beispiel von Weizen illustriert, wie sich das System der Weiterentwicklung von Saatgut ab 1800 bis zur Verabschiedung der jeweiligen Gesetze strukturell und quantitativ entwickelte. Harold Demsetz'[8] jüngere *Ökonomische Theorie der Eigentumsrechte* soll hierfür als theoretischer Rahmen dienen. Demsetz[9] geht davon aus, dass die Entstehung privater Eigentumsrechtssysteme als Mechanismus der Ressourcenallokation im Wesentlichen von drei Faktoren beeinflusst wird: Organisatorische Komplexität, Kompaktheit des sozialen/geographischen Rahmens und Produktivität der Ressourcenallokation. In meinem Beitrag möchte ich Demsetz'[10] Hypothese zu diesen drei Faktoren für den Saatgutsektor, speziell für die Weizenzüchtung in den USA und Deutschland, überprüfen. In Abschnitt 2 soll die Theorie zuerst erläutert werden, um sie anschließend in Abschnitt 3 zu diskutieren. Abschnitt 4 stellt schließlich ein Resümee dieser Betrachtung dar.

---

4 Vgl. Alchian/Demsetz 1973, 19.

5 Systeme, die eine »kapitalistische Reinform«, in der sämtliche Lebensbereiche über private Eigentumsrechte und perfekten Wettbewerb geregelt sind gibt es nicht, vgl. Kloppenburg 2004.

6 Mit »USA« ist die geographische Ausdehnung der Vereinigten Staaten von Amerika innerhalb der jeweiligen politischen Grenzen gemeint.

7 Mit »Deutschland« ist im vorliegenden Beitrag im Zeitraum von 1800-1913 die geographische Ausdehnung des Deutschen Reiches um 1913 gemeint. Für 1913 bis 1945 wird die jeweilige politische Ausdehnung hergenommen. Für die Zeit nach 1945 dann das Gebiet der Bundesrepublik in den Grenzen von 1953.

8 Vgl. Demsetz 2002.

9 Ebd.

10 Ebd.

2. Entstehung privater Eigentumsrechte nach Demsetz

Demsetz‘[11] *Ökonomische Theorie der Eigentumsrechte* beschäftigt sich mit der Gestaltung von Eigentumsrechtssystemen und der daraus folgenden (politisch gesteuerten) Nutzung von Ressourcen. In der neoklassischen Theorie ist eindeutig und umfassend definierter Besitz eine der impliziten Annahmen, auf denen das Modell des perfekten Wettbewerbs beruht.[12] Demsetz erläutert, wie wichtig es ist für die Verteilung von Ressourcen ist, ob die Kontrolle und Koordinierung *kollektiv* über den Staat oder *privat* durch Individuen erbracht wird.[13] Private Eigentumsrechte legitimieren die Nutzung einer Ressource durch einzelne Akteure.[14]
Die Verabschiedung gesetzgebender Richtlinien, die Individuen ein exklusives Recht der Nutzung an einer Sache oder geistigem Eigentum garantieren, kann daher als »Entstehungszeitpunkt« privater Eigentumsrechte gewertet werden. Demsetz geht davon aus, dass mit zunehmendem technologischen Wandel und fortschreitender Spezialisierung leistungsfähigere Systeme vonnöten sind, die besser mit der wachsenden Produktivität einer Ressource zurechtkommen.[15] Demsetz postuliert, dass Systeme, die auf privatem Besitz beruhen, ebendiese Leistungsfähigkeit eher erbringen als Systeme, die auf kollektivem Besitz basieren.[16] Daher stellt er die Hypothesen auf, dass mit Zunahme der Produktivität sowie der Zunahme der Komplexität und der gleichzeitigen Abnahme der Kompaktheit des Ressourcenallokationsproblems zwangsläufig private Eigentumsrechtssysteme entstehen. In den folgenden Abschnitten werden die Konzepte, die hinter diesen drei Hypothesen stehen, erklärt und auf den Saatgutsektor übertragen. In Abschnitt 3 werden die historischen Fälle zur Überprüfung der Hypothesen herangezogen.

---

11 Ebd.

12 A.a.O., 653-57.

13 A.a.O.

14 Alchian/Demsetz erklären inwiefern Eigentumsrechte die soziale Anerkennung des Verhaltens einzelner innerhalb der Gesellschaft darstellen; vgl. 1973, 17 ff.

15 Vgl. Demsetz 2002, 17 ff.

16 A.a.O.

2.1 Strukturelle Indikatoren des Saatgutsektors

Die Konzepte, die hinter organisatorischer Komplexität und Kompaktheit stehen, beziehen sich auf die strukturelle Ebene der Saatgutproduktion und werden daher im Folgenden zusammen erklärt und gemeinsam analysiert. Für Demsetz sind es zwei Kriterien, die den Grad der Kompaktheit bestimmen: Erstens die Anzahl jener, die am Allokationsprozess beteiligt sind.[17] Zweitens die soziale/geographische Nähe der beteiligten Personen. *Sehr kompakt* wäre nach Demsetz eine Situation, in der die einzelnen Personen identifizierbar sind bzw. die jeweiligen Personen über die Effekte der Nutzung der Ressourcen Bescheid wissen und untereinander zukünftige/vergangene Reziprozität annehmen.[18] Im Gegensatz dazu wird der Austausch von Gütern und Rechtsansprüchen unter Unbekannten – also eine Koordination über den Markt – als *schwach kompakte* Situation gewertet.[19] Demsetz nimmt an, dass die Entwicklung von einem *kompakten* zu einem *schwach kompakten* System zur Entstehung privater Eigentumsrechte an einer Ressource führt.[20]

Demsetz' Definition der organisatorischen Komplexität ist ein der Kompaktheit beigeordnetes Konzept. Organisatorische Komplexität beschreibt den Grad der Dispersion einer Ressource entlang der Produktionskette.[21] Nimmt die Anzahl der Stufen einer Produktionskette durch Spezialisierung zu, so liegt der Verbrauch von Ressourcen entlang dieser Produktionskette unter Kontrolle vieler verschiedener Individuen. Die auf diese Weise steigende, organisatorische Komplexität verlangt laut Demsetz nach einem Koordinierungssystem, welches innerhalb kürzester Zeit konsistente Kontrollentscheidungen hervorbringt.[22] Diese Entscheidungen werden von verschiedenen Personen getroffen. Innerhalb kleiner autarker Kollektive kann ein solches Koordinierungssystem über direkte Kommunikation beteiligter Akteure laufen. In einem spezialisierten System hingegen müssen, laut Demsetz, Kontrollentscheidungen schneller getroffen

17 Ebd.
18 A.a.O., 661.
19 Ebd.
20 A.a.O.
21 Ebd.
22 Ebd.

werden als dies der Fall wäre, wenn alle Beteiligten einzeln miteinander kommunizieren würden.[23] Demsetz entwirft die Hypothese, dass nur Systeme basierend auf Marktsignalen (Preise) mit zunehmender organisatorischer Komplexität zurechtkommen können und damit einhergehend legale Systeme entstehen, die auf privaten Eigentumsrechten basieren.[24] Ein System direkter Beziehungen, koordiniert über kollektiv verwaltete Rechte, wird so ersetzt durch ein marktwirtschaftliches System, koordiniert über private Eigentumsrechte.

Bezogen auf die Saatgutherstellung kann die Produktionskette für kommerzielle Produzenten in vier Schritte unterteilt werden: (1) Entwicklung, (2) Vermehrung (3) Aufbereitung (4) Vermarktung und Distribution.[25] Für diesen Beitrag wird der Fokus auf die ersten beiden Schritte gelegt. In einer Situation mit niedriger organisatorischer Komplexität heißt das, dass die Kontrolle über Saatgut nur durch den einzelnen Landwirt und seine Entscheidungen zur Vermehrung und Weiterentwicklung beeinflusst werden. Gleichzeitig stellt dies auch eine Situation hoher Kompaktheit dar, wenn der Landwirt im Zuge der Nahrungsmittelproduktion Saatgut zum Eigenverbrauch und/oder Austausch auf lokaler Ebene herstellt. Kauft der Landwirt von einem Züchter, wird ein Teil der Kontrollgewalt über die Weiterentwicklung des Saatgutes an den Züchter abgegeben. Der Landwirt wählt an dieser Stelle nur noch das Saatgut aus, welches die gewünschten Attribute hat.[26] Die organisatorische Komplexität hat sich somit erhöht, da nun eine Prozessstufe an den Züchter ausgelagert wurde. Soll man die Kompaktheit dieser Situation beurteilen, muss man zusätzlich in Betracht ziehen, wie weit entfernt Züchter und Landwirt entlang ihrer sozialen und geographischen Dimensionen sind. Sitzt der Züchter beispielsweise in einem anderen Land und ist dem Landwirt nicht weiter bekannt, so kann man von *schwacher Kompaktheit* ausgehen. Ist der Züchter der Nachbar des Landwirts, also weder anonym noch weit entfernt, kann man von *starker Kompaktheit* ausgehen – zumindest von stärkerer als in der vorher beschriebenen Situation. Demsetz argumentiert, dass mit zunehmender Spezialisierung die organisatorische Komplexität

23 Ebd.

24 Ebd.

25 Vgl. Fernandez-Cornejo 2004, 28 f.

26 A.a.O., 28 f.

zunimmt und die Kompaktheit abnimmt. Gleichzeitig erklärt er, dass mit der Spezialisierung auch die Produktivität zunimmt.[27]

2.2 Produktivität des Saatgutsektors

Demsetz geht davon aus, dass der Ertrag, der eine Gesellschaft produktiver als eine andere macht, aus der Generierung von Überschüssen entsteht, die über die Versorgung des Einzelnen hinausgehen.[28] Hohe Produktivität kreiert daher auf gesellschaftlicher Ebene die Nachfrage nach einem Koordinierungssystem, welches diese Überschüsse innerhalb der Gesellschaft verteilt. Demsetz nennt die moderne Landwirtschaft als Paradebeispiel für diesen Mechanismus.[29] Der einzelne Landwirt produziert mehr Nahrungsmittel als er für sein eigenes Überleben braucht. Gleichzeitig benötigt diese erhöhte Produktivität ein System zur Verteilung seiner Produkte. Demsetz geht davon aus, dass unter produktiveren Rahmenbedingungen der Druck, über ein effektives Verteilungssystem zu verfügen, höher wird.[30] Bei hoher Produktivität bleibt dieses Allokationssystem nur über private Eigentumsrechte funktionsfähig.[31] Deshalb nimmt Demsetz an, dass bei erhöhter Produktivität private Eigentumsrechte zur Verteilung von Ressourcen notwendig werden.

In Bezug auf die Produktion und Weiterentwicklung von Saatgut, insbesondere bei Getreide, bedeutet dies, dass die Produktivität der Saatgut- und Getreideherstellung relevant ist. Zur Überprüfung der aufgestellten Produktivitätshypothese sollte man im Idealfall die Produktivität der Saatgutherstellung und Weiterentwicklung, sowie die daraus resultierenden landwirtschaftlichen Erträge in Betracht ziehen. Es ist sehr schwer, diesen individuellen Effekt, *ceteris paribus*, von Produktionssteigerungen beigeordneter landwirtschaftlicher Produktionsmittelsektoren zu trennen.[32]

27 Vgl. Demsetz 2002.
28 A.a.O., 663.
29 Ebd.
30 A.a.O.
31 A.a.O., 663.
32 Alston 2010, 9 ff. beschreibt dieses Problem der Zuordnung im Zusammenhang mit der Forschungsrentabilität im Agrarbereich.

Außerdem gibt Wieland zu bedenken, dass die Weiterentwicklung von Saatgut nie isoliert von ihrem Umfeld stattfindet.[33] Saatgut, das mehr Nährstoffe aufnehmen kann, ist beispielsweise eine Voraussetzung für die Leistungssteigerung durch erhöhte Düngemittelausbringung. Die Weiterentwicklung der Pflanze ist insofern eine notwendige Bedingung, welche erst dazu führt, dass Eigenschaften in Verbindung mit anderen Produktionsmitteln zu Tage treten. Erschwerend kommt hinzu, dass Daten, die notwendig wären, um isolierte Effekte zu errechnen, über die betrachteten Zeiträume nur spärlich vorhanden sind. Daher wurde im vorliegenden Text, um Aussagen zur Produktivität der Rahmenbedingungen zu treffen vor allem die Hektarproduktivität von Weizen betrachtet. Wenn möglich, wurden diese Informationen um die Produktivität des Saatgut- und Getreidesektors ergänzt. Im Folgenden Abschnitt soll untersucht werden, ob Demsetz‘ Hypothesen auf den Saatgutsektor, speziell die Weizenproduktion in den USA und Deutschland zutreffen.

3 Entwicklung des Saatgutsektor in den USA und Deutschland

Als Indikator der Entstehung von privaten Eigentumsrechten an Weizensaat ziehe ich für die folgende Analyse die Verabschiedung von Gesetzen heran, die in den USA bzw. Deutschland jeweils erstmalig exklusive Rechte für die Kommerzialisierung der Weiterentwicklungen von Weizensaat festlegen. 1970 wurde in den USA der *Plant Variety Protection Act*[34] (PVPA) verabschiedet, der erstmalig private Eigentumsrechte an Saatgut sich sexuell fortpflanzender Sorten erlaubte.[35] Auf diese Weise wurde erstmals für neue, unterscheidbare und uniforme Weizenkultivare eine gesetzliche Grundlage für geistiges Eigentum geschaffen.[36] Entscheidend für die Unterscheidbarkeit zu anderen Sorten waren hier identifizierbare morphologische, physiologische oder andere Charakteristika, wie beispielsweise die bei Weizen typischen Mahl- und Backeigenschaften.[37] In

33 Vgl. Wieland 2004, 24.
34 Vgl. PVPA 2006.
35 Vgl. Kloppenburg 2004, 130.
36 Vgl. Fernandez-Cornejo 2004, 21.
37 Vgl. PVPA 2006, 8.

Deutschland wurde 1953 mit dem *Gesetz über Sortenschutz und Saatgut von Kulturpflanzen*[38] erstmals ein Gesetz zum Schutz von geistigem Eigentum an Weiterentwicklungen von Saatgut verabschiedet. Das Saatgutgesetz regelte neben dem Sortenschutz auch den Saatgutverkehr in Westdeutschland. Bedingung für die Erteilung des Sortenschutzes war, ähnlich wie später im PVPA geregelt, die Unterscheidbarkeit und Uniformität der Sorte. Außerdem war in Deutschland das Bestehen des »landeskulturellen Wert[es]« [39] ausschlaggebend für die Anwendung des Sortenschutzes. Im Folgenden soll die Entwicklung der organisatorischen Komplexität, Kompaktheit und Produktivität des Saatgutsektors in der Zeit vor der Verabschiedung der jeweiligen Gesetze nachgezeichnet werden.

3.1 Strukturelle Indikatoren des Saatgutsektors in den USA und Deutschland

Zu Beginn des 19. Jahrhunderts waren sowohl im Gebiet des späteren Deutschen Reichs als auch in den Territorien der jungen amerikanischen Republik Siedler und Landwirte damit beschäftigt, Saatgut für den eigenen Verbrauch herzustellen. Bei Weizensaat lief dieser Prozess über Einbehalten eines Teils der Ernte als Saatgut für das nächste Jahr. Dieser Nachbau an Weizensaat zeichnete sich durch niedrige organisatorische Komplexität, (siehe Abbildung 2), und hohe Kompaktheit aus, da einerseits die Dispersion des Saatgutes kaum über den eigenen Hof hinaus ging, andererseits die Anzahl der involvierten Personen gering blieb. Das Saatgut wurde immer in derselben geographischen Region wiedereingesetzt und die direkte Wertschöpfung fand nur beim Landwirt in einer Prozessstufe statt.

In den USA gestaltete sich die Weiterentwicklung der Weizensorten im weiteren Verlauf des 19. Jahrhunderts auf zwei Wegen. Erstens wurde Weizen aus der ganzen Welt über Einwanderer und per Direktive des *U.S. Patent Office* (USPO) in die USA eingeführt.[40] Ab 1836 importierte die

38 Vgl. Saatgutgesetz.

39 Für den landeskulturellen Wert war entscheidend, dass die Sorte wirtschaftlichen Nutzen erbringt, siehe §2 des Saatgutgesetzes.

40 Vgl. Kloppenburg 2004, 51 ff.

US-Regierung Saatgut aus der ganzen Welt und gab dies umsonst an die Landwirte weiter. Ziel dieser Strategie war es, produktive Pflanzen zu finden, die sich in den Bedingungen der *Neuen Welt*[41] zurecht finden konnten.[42] Carleton nennt als Beispiele die Sorten *Meditarranean* (eingeführt 1819), *Purplestraw* (1822) und *White Australian* (1850).[43] Wie viele Personen genau an dieser weltweiten Saatguteinfuhr beteiligt waren, ist schwer abzuschätzen, denn während das USPO bis zur Zeit der Gründung des amerikanischen Landwirtschaftsministeriums (USDA) federführend war, wurde ebenso die *U.S. Navy* für die Einfuhr eingespannt. Des Weiteren ging die Distribution über Kongressabgeordnete an die Landwirte in ihren Wahlbezirken.[44] Außerdem taten sich vereinzelte Landwirte als Züchter hervor und entwickelten über Massen- oder Einzelpflanzenselektion neue Sorten aus den Vorhandenen.[45] Das wohl populärste Beispiel ist hierbei die Entwicklung des *Red Fife*, der 1842 durch David Fife entdeckt wurde und im 20. Jahrhundert Vater vieler amerikanischer Winterweizenkultivare wurde.[46] Der gesamte Weiterentwicklungsprozess der damaligen Zeit war auf Grund der hinzugefügten Prozessstufen (siehe Abbildung 2), organisatorisch hoch komplex. Gleichzeitig war das System durch die geographische Dispersion um den gesamten Erdball wenig kompakt.

Das Ende des 19. und der Anfang des 20. Jahrhunderts war in den USA geprägt durch die Gründung von *Land-Grant Universities*[47] (LGU) und *State Agricultural Experiment Stations*[48] (SAES), akademische Einrichtungen, die sich unter anderem mit der Weiterentwicklung von Saatgut be-

---

41 Die Heterogenität der geoklimatischen Bedingungen (Bodenqualität, Niederschlag und Temperaturschwankungen) innerhalb der USA stellten für damalige Weizensorten ein erhebliches Produktivitätshindernis dar laut Olmstead/Rhode 2002.

42 Vgl. Kloppenburg 2004, 50 ff.

43 Vgl. Carleton 1930.

44 Vgl. Kloppenburg 2004, 61 ff.

45 Vgl. Carleton 1930, 53 ff.

46 Die Liste der einzelnen Sorten ist sehr viel länger, da die meisten Sorten sich sehr schnell als ungeeignet herausstellten. Vgl. dazu Olmstead/Rhode 2002 und Olmstead/Rhode 2004.

47 Vgl. Morrill Act 1862.

48 Vgl. Hatch Act 1887.

schäftigten. Im Zusammenhang mit Weizensaatgut wurde seit dem *Morrill Act* die Weiterentwicklung von Weizen vor allem durch die öffentliche Hand getragen. Die LGUs und SAESs entwickelten durch systematische Selektionsverfahren neue Weizensorten, abgestimmt auf ihre jeweilige Region, und gaben Neuerungen an die Landwirte weiter.[49] In den Jahren nach 1915 wurden die *Crop Improvement Associations* (CIA) gegründet, die auf gemeinnütziger Basis die verbesserten Sorten der SAES/LGUs vermehrten und unter zertifiziertem Siegel an die Landwirte weiterverkauften. Sie übernahmen die Rolle der Vermehrung und Verteilung neuer Sorten nachdem sich kurz nach 1900 die Kongressabgeordneten aus dem Verteilen freien Saatgutes zurückzogen. Diese zusätzliche Stufe in der Herstellung von Saatgut führte zu einer gleichermaßen hohen organisatorischen Komplexität bei der Weiterentwicklung von Weizensaatgut. Gleichzeitig blieb, durch die Einfuhr neuen genetischen Materials aus der ganzen Welt, die Kompaktheit des Systems weiterhin sehr niedrig. Seit der Wiederentdeckung der Mendelschen Gesetze musste man sich beim Import genetischen Materials weniger auf den Zufall verlassen. Von da an waren die Wissenschaftler der LGU/SAESs gezielter auf der Suche nach Pflanzen mit bestimmten Charakteristika, die diese durch Einkreuzen zu neuen Sorten weiterzuentwickeln versuchten.[50] Für Weizensaatgut blieb dieses System der Saatgutforschung durch den öffentlichen Sektor weitgehend bis 1970 bestehen.

Die organisatorische Komplexität des Weiterentwicklungsprozesses vor Ort nahm zu. Weiterentwicklungen konnten nun nicht mehr durch den Landwirt allein durchgeführt werden. Dieser Zustand organisatorischer Komplexität blieb in den USA bei Weizensaat bis 1970 erhalten, da sich die Privatwirtschaft bis dahin kaum in die Weizenzucht einmischte[51], siehe Abbildung 2. »Züchter« waren insofern neben den CIAs nur für die Vermehrung von Weizensaat zuständig, siehe ebenso Abbildung 2. Trotzdem fällt auf, dass zwischen 1862 und 1900 die organisatorische Komplexität fast ebenso hoch war wie in der Zeit von 1930 bis 1970. Entsprechend verhält sich die Kompaktheit des Saatgutsektors in Bezug auf

49 Vgl. Kloppenburg 2004, 80 ff.
50 A.a.O., 77-83.
51 Vgl. Fernandez-Cornejo 2004, vii.

Weizen. Einerseits lag noch im Jahr 1982 die Nachbauquote für Weizen in den USA bei 90%[52], andererseits fand die Weiterentwicklung von Weizen ab 1915 fast gänzlich an den Universitäten mit eingeführtem genetischem Material statt. Diese wiederum verteilten neue Sorten über ein mehr oder weniger lokales Netzwerk an gemeinnützigen Organisationen in verschiedenen Regionen. So blieb die Kompaktheit zwar in Teilen des Systems niedrig, das gesamte System hingegen war jedoch ab 1836 nicht mehr kompakt. Allgemein wurde der Weizensaatgutsektor zwischen 1800 und 1970 in den USA weniger kompakt und organisatorisch komplexer.

Im späteren Deutschen Reich gestaltete sich zum Anfang des 19. Jahrhunderts die Weiterentwicklung der Weizensorten anders als in den USA. Während 94% aller Betriebe in klein- bis mittelbäuerlichen Verhältnissen die lokalen Landrassen[53] anpflanzten, waren die Pioniere der deutschen Getreidezüchtung »Agrarunternehmer«.[54] Für sie stellte die biologische Weiterentwicklung eine von vielen Maßnahmen zur Maximierung des Gewinns aus ihren Großbetrieben dar.[55] Meist stammten diese Unternehmer, die sich gleichwohl selbst als »Landwirte« verstanden, aus Ost- und Mitteldeutschland.[56] Auch sie führten aus dem Ausland – vor allem England – zuerst Getreidesaatgut ein, gingen dann aber schnell zu eigenen Züchtungen durch Einzelpflanzen- und Massenselektion und später Kreuzungen über.[57] Fand sich so eine erfolgreiche Sorte, wurde sie zuerst lokal und schließlich international verkauft.[58] Auf diese Weise hatte sich bis zum Ende des 19. Jahrhunderts in Deutschland eine prosperierende mitteldeutsche Saatzuchtindustrie herausgebildet.[59] Im süddeutschen Raum wurde bis zum Ende des 19. Jahrhunderts noch auf Landrassen zurückgegriffen, welche die Bauern für sich selbst weiterentwickelten. Erst mit der Gründung der Saatzuchtanstalten, beispielsweise die *Bayerische*

---

52 A.a.O., 26.

53 Landrassen sind aus der heutigen Perspektive Formengemische verschiedenster Getreidevarietäten, die nach dem Ort ihrer Herkunft benannt sind und eher an extensive Landwirtschaft angepasst waren, vgl. Wieland 2004, 32 f.

54 A.a.O., 35.

55 A.a.O., 34-42.

56 A.a.O.

57 A.a.O., 77 f.

58 A.a.O.

59 A.a.O., 31-42 und 77.

Saatzuchtanstalt, gegründet 1902[60], gingen die Bauern Süddeutschlands langsam dazu über, weiterentwickelte Sorten in ihren Produktionsprozess aufzunehmen.[61] So wurden hier auf Grund der im Vergleich zum mittel- und ostdeutschen Raum sehr unterschiedlichen Böden und klimatischen Bedingungen mit wissenschaftlicher Unterstützung neue Sorten aus vorhandenen Landrassen gezüchtet.[62] Die organisatorische Komplexität der Weizenzucht war in Süddeutschland höher als in Mitteldeutschland, wo die Züchter ihr Saatgut direkt verkauften. Im Süden war der Produktionsprozess organisatorisch komplexer, da in Zusammenarbeit mit den wissenschaftlichen Saatzüchtern auf die Verhältnisse abgestimmte Sorten entwickelt wurden.[63] Gleichermaßen unterschied sich die Kompaktheit des Saatgutsektors in Mittel- und Süddeutschland. Die Agrarunternehmer aus Mittel- und Norddeutschland versandten schon früh ihre erfolgreichen Sorten in die ganze Welt und waren aktiv beim Import genetischen Materials, ein Vorgehen, das die Kompaktheit des Systems gerade um die Jahrhundertwende minderte. Die süddeutschen Wissenschaftler hingegen waren damit beschäftigt, Sorten zu finden, die vor allem lokal erfolgreich waren und somit in einem kompakteren System zirkulierten. Grundsätzlich war das akademische Interesse an der Pflanzenzüchtung innerhalb der Agrarwissenschaften recht gering und wurde bis in die 1880er nicht wirklich verfolgt.[64] Erst der Erste Weltkrieg änderte dies. Er hatte verheerende Auswirkungen auf die deutsche Landwirtschaft und somit auch auf die Saatgutzüchtung. Die Zeit zwischen den Kriegen war geprägt durch einen Mangel an Liquidität seitens der Bauern und schlug sich negativ im Saatgutmarkt nieder.[65] Die Landwirte gingen vermehrt zum Nachbau über, während der öffentliche Sektor seine neuen Sorten zumeist an bestimmte private Züchter umsonst abgab.[66] Letzteres erhöhte die organisatorische Komplexität der Saatgutallokation in der gesamten Weimarer Republik, siehe Abbildung 2. Wie sich dies auf die Kompaktheit des Systems aus-

---

60 A.a.O., 84 f.
61 A.a.O.
62 A.a.O., 93.
63 A.a.O.
64 Ebd.
65 Vgl. Flitner 1995, 47 f.
66 A.a.O., 48 f; Wieland 2004, 151 ff.

wirkte, kann kaum beurteilt werden, da Indikatoren zur geographischen Ausprägung der Saatgutimporte und die Anzahl der beteiligten Personen nicht bekannt sind.

Nach der Machtergreifung Hitlers wurde der gesamte Saatgutmarkt durch die Nationalsozialisten neugeordnet: Die private Saatgutwirtschaft wurde ausschließlich mit der Vermehrung von Saatgut bestimmter Sorten beauftragt, während die akademischen Institute für Pflanzenzüchtung Saatgut weiterentwickeln sollten.[67] In diesem Zusammenhang wurde auch neues Weizensaatgut durch verschiedene Expeditionen ins »Dritte Reich« eingeführt.[68] Im Gegensatz zum Ersten Weltkrieg brachte die Nachkriegszeit des Zweiten Weltkriegs kaum strukturelle Umbrüche verglichen mit der Zeit vor 1933. Lediglich die vier Jahre direkt nach dem Krieg waren geprägt von der Saatgut- und Lebensmitteleinfuhr durch die Alliierten.[69] Diese Flut an Weizen wurde nach kurzer Zeit durch Drosseln der Importe wieder weniger und die deutschen Saatgutzüchter, die mit ihrem Saatgut in den Westen geflohen waren, gingen dazu über, erneut den Sortenschutz zu diskutieren, wie er vor der Machtergreifung prägend war.[70] Die Zeit zwischen 1949 und 1953 war strukturell ähnlich der vor 1933: Die öffentlichen Einrichtungen übernahmen einen Großteil der Forschungsarbeit in Bezug auf die Weiterentwicklung von Saatgut, während die Züchter diese Kultivare weiter vermehrten und an die Landwirte verkauften. Die organisatorische Komplexität der Saatgutzüchtung war, im Vergleich zu ihren Anfängen im 19. Jahrhundert, gestiegen, siehe Abbildung 2. Gleichzeitig war der Saatgutsektor mit der Einfuhr von genetischen Ressourcen aus dem Ausland weniger kompakt geworden.

67 Vgl. Wieland 2004.
68 Vgl. Flitner 1995, 69-73.
69 A.a.O., 126.
70 A.a.O., 158 f.

Abbildung 2: Struktur des Systems zur Weiterentwicklung von Weizensaat in den USA und Deutschland

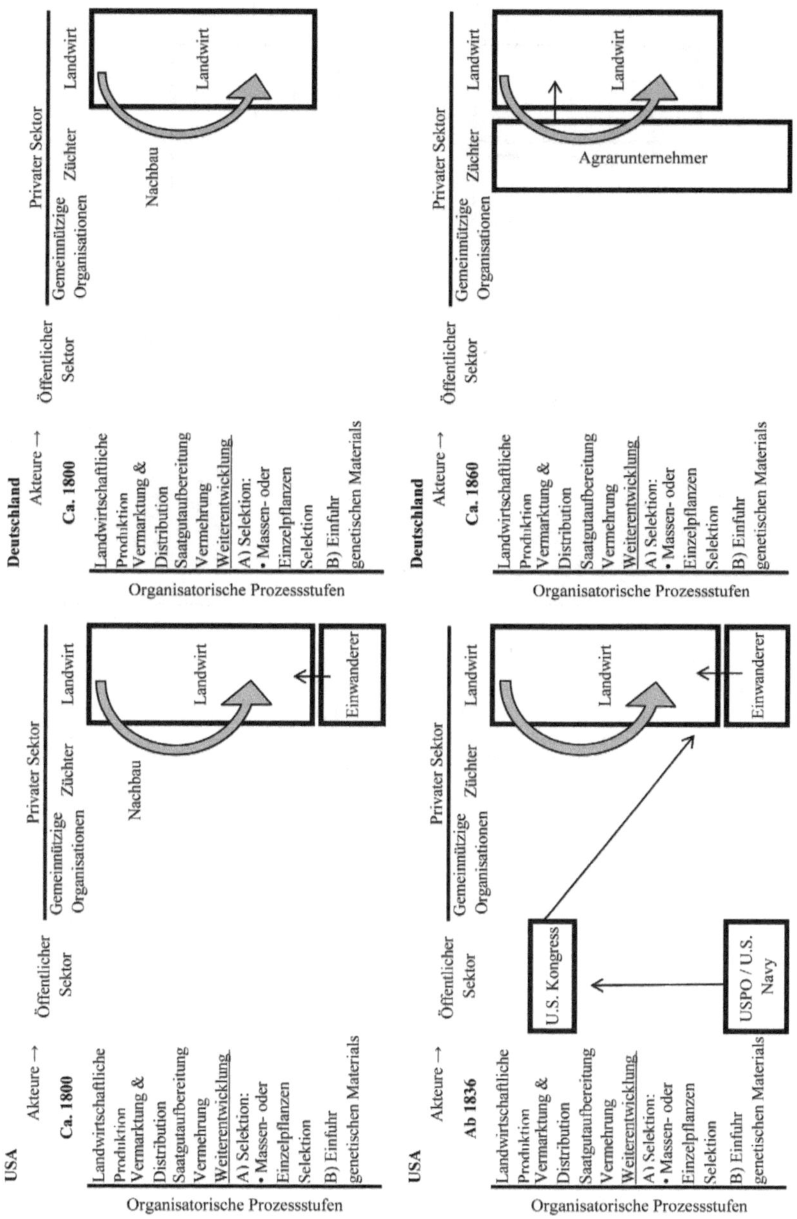

Fortsetzung Abbildung 2

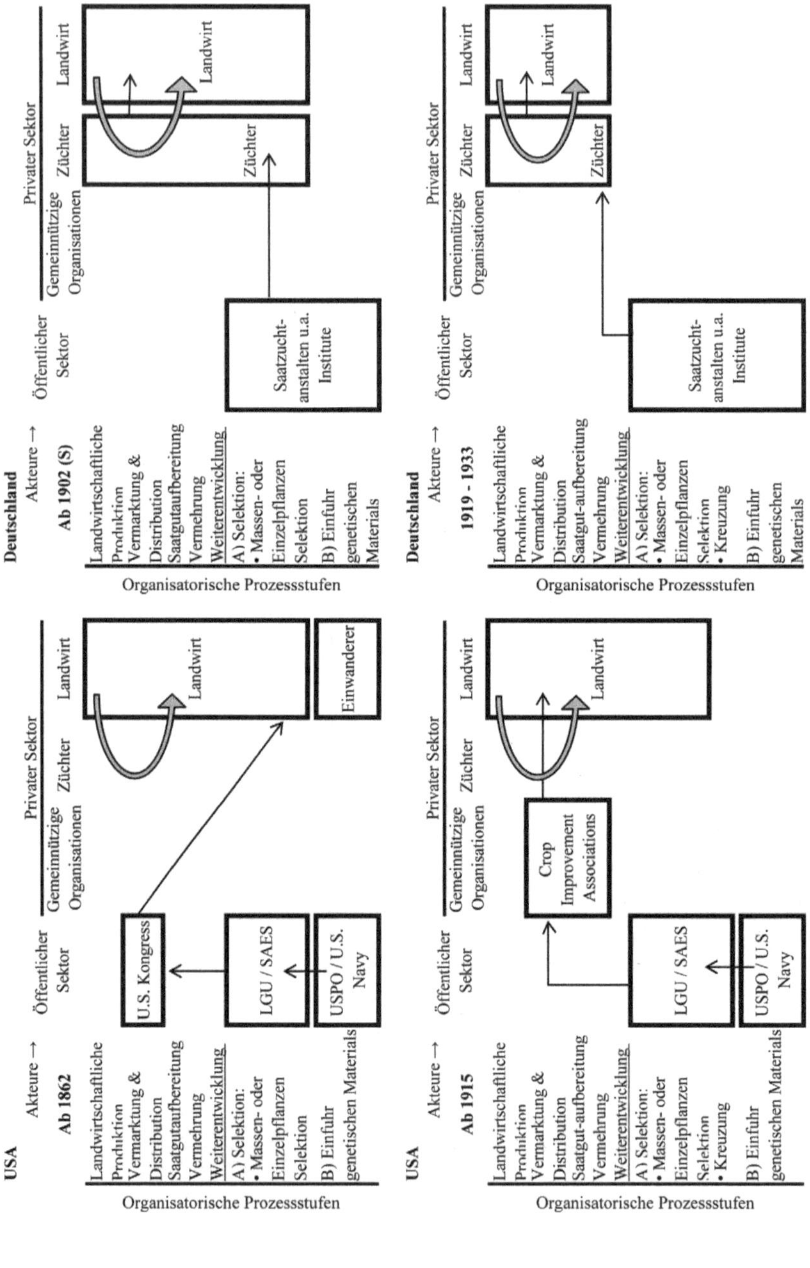

Fortsetzung Abbildung 2

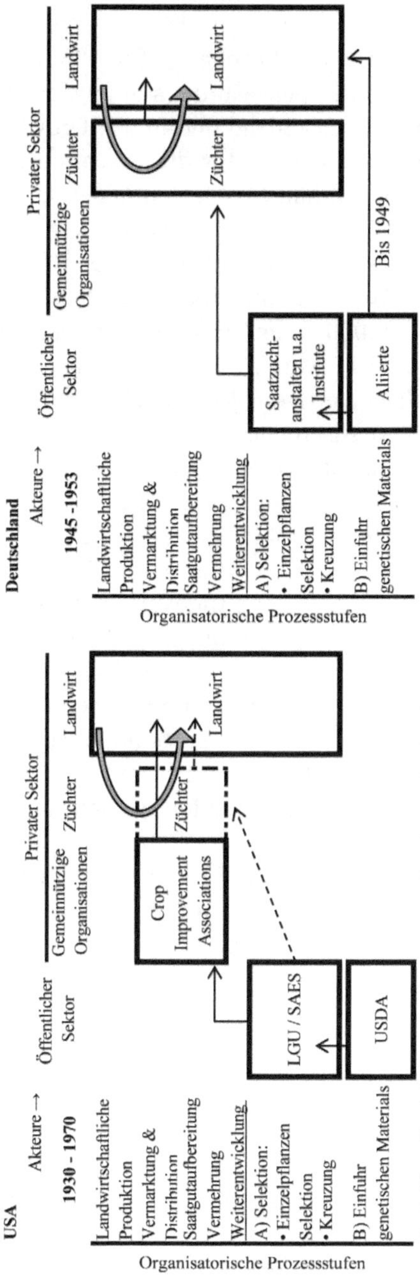

S = Süddeutschland; Pfeile stellen den Ressourcenfluss dar; gestrichelte Pfeile stellen alternative Wege des Ressourcenfluss dar; gestrichelte Kästen weisen auf Akteure hin, die nur eine marginale Rolle gespielt haben. Quelle: Eigene Darstellung

3.2 Produktivität des Saatgutsektors in den USA und Deutschland

Über die Struktur des Saatgutsektors bezogen auf die Weizenzucht hinaus, die im vorhergehenden Teil untersucht wurde, soll im Folgenden die *Produktivität* von Weizensaat in Deutschland und in den USA betrachtet werden, um die mengenmäßige Dimension für die beschriebenen Strukturen darzustellen. Anfang des 19. Jahrhunderts waren in den USA Einfuhr und Sortenweiterentwicklung durch den einzelnen Bauer sehr eng miteinander verzahnt. Die amerikanische Regierung nutzte »über ihre Bauern« das ganze Land als Versuchsfläche für eingeführtes Saatgut. Allein im Jahr 1849 wurden in den USA 60,000 Saatgutpakete aller Art zum Nachbau an die Landwirte verschickt. 1897 waren es knapp über 22 Mio. Pakete.[71] Jährlich erhobene Zeitreihendaten von Weizenhektarerträgen sind in den USA erst ab dem Jahr 1866 zu erhalten. Wie in Abbildung 3 illustriert, schwankte der durchschnittliche Hektarertrag zwischen 1866 und 1940 um 9 dt/ha, bis er in den 1940ern anfing, anzusteigen. Wie Olmstead und Rhode hervorheben, führt die Betrachtung der Weizenerträge pro Hektar auf Grund ihrer vermeintlichen Stagnation zwischen 1866 und 1940 oft zu dem Trugschluss, dass kaum biologische Innovation in dieser Zeit stattgefunden hat.[72] Das Gegenteil ist der Fall. Die Weiterentwicklung des Weizensaatgutes machte es überhaupt erst möglich, in den verschiedensten Regionen der USA Weizen anzubauen und in der Folgezeit das Ertragsniveau trotz Schädlingsbefall und Pflanzenkrankheiten zu halten.[73] Olmstead und Rhode zeichnen daher die nord- und westwärts Bewegung des Weizengürtels anhand der zurückgelegten Meilen nach, um die sich das Zentrum der Weizenproduktion verschoben hat.[74] 1839 lag das Weizenzentrum in West Virginia. Bis 1869 bewegte es sich um 430 Meilen bis nach Indiana und allein im Zeitraum 1889 bis 1899 bewegte sich das Weizenzentrum um 173 Meilen.[75] Außerdem beschreiben Olm-

71 Vgl. Kloppenburg 2004, 56 ff.

72 Vgl. Olmstead/Rhode 2002; Olmstead/Rhode 2004, 43 f.

73 Vgl. Olmstead/Rhode 2004, 45 ff.

74 A.a.O.

75 Zwischen 1839 und 1909 wurden insgesamt 921 Meilen zurückgelegt von West Virginia bis Nebraska, A.a.O., 58 f.

stead und Rhode[76] exemplarisch die verschiedenen Verluste, die durch die einzelnen Pflanzenkrankheiten oder Schädlinge verursacht wurden. Beispielsweise hat Getreideschwarzrost durchschnittlich 5-10 Prozent der Ernten im ausgehenden 19., frühen 20. Jahrhundert verdorben.[77] Die Hessenfliege war allein im Staat New York in den Jahren 1849 bis 1859 für 44% der Ernteausfälle verantwortlich.[78] Die Innovationen an resistenten Weizensorten waren somit Teil eines koevolutionären Zyklus mit ihren-Feinden«.[79] Die Weizensorten dieser Zeit bildeten nicht nur die Basis für Neuzüchtungen des 20. Jahrhunderts[80], sondern waren auch produktiver als man es aus den Hektarerträgen der damaligen Zeit herauslesen kann. Unter der kontrafaktischen Annahme, dass nach 1839 keine weiteren biologischen Innovationen stattgefunden haben, errechnen Olmstead und Rhode, dass die Erträge im Jahr 1909 um 46% niedriger gewesen wären.[81] Betrachtet man die Meilenverschiebung des Weizenzentrums und die Einfuhr zusammen, zeichnet sich im Jahrzehnt vor 1900 eine Spitze ab, die man in den Hektarerträgen nicht direkt sieht, die aber auf eine besonders hohe Produktivität in der Züchtung hinweist.

Ab den 1940ern stieg der Anteil an kurzstrohigen Sorten, die sich durch höhere Erträge auszeichneten, sodass 1969 40% der Weizenfläche mit diesen Sorten bestellt wurde.[82] Kurz nach dem Zweiten Weltkrieg wurden dann die ersten Halbzwergsorten eingeführt, die sich durch höhere Erträge und einen besonders guten Düngemittelumsatz auszeichneten.[83] Generell lässt sich beobachten, dass die Einfuhr neuen genetischen Materials stetig anstieg und nur während den beiden Weltkriegen vorübergehend zurückgefahren wurde. Bis 1970 lag die Zahl der durch die USDA registrierten Neuerwerbungen zwischen 40-50,000 jährlich.[84] Zwischen 1919 und 1969 verdoppelte sich auch die Anzahl an Weizensorten, die in den USA ange-

---

76 Vgl. Olmstead/Rhode 2004.
77 A.a.O., 47.
78 A.a.O., 51.
79 A.a.O., 46 f.
80 A.a.O.
81 Vgl. Olmstead/Rhode 2002, 959.
82 Vgl. Dalrymple 1988, 31.
83 Vgl. Knudson 1990, 212.
84 Vgl. Kloppenburg 2004, 160.

pflanzt wurde.[85] Bis 1970 hatte sich so der durchschnittliche amerikanische Weizenertrag von 7 dt/ha (1866) auf 20 dt/ha (1970) erhöht.[86] Für den Betrachtungszeitraum ist daher die Produktivität für die Weiterentwicklung von Weizensaatgut gestiegen. Gleichzeitig ließ die Einfuhr genetischen Materials nicht nach.

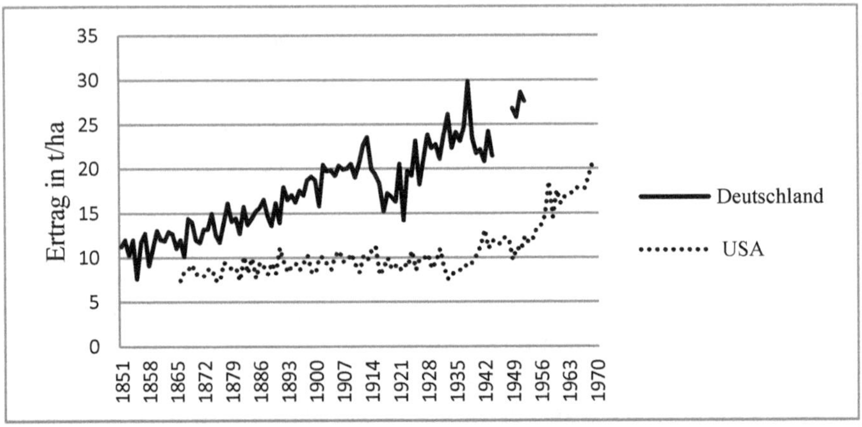

Abb: Hektarerträge für Weizen in den USA und Deutschland[87]

Die Produktivität des deutschen Weizensaatguts präsentiert für den betrachteten Zeitraum einen steileren Trend in den Hektarerträgen. Um 1800 lag auf der Fläche des späteren Deutschen Reiches der Hektarertrag bei ungefähr 10 dt/ha. Durchgehende Zeitreihendaten zu Ertrag und Fläche sind für Deutschland ab 1849 vorhanden – mit Ausnahme der Jahre 1945 bis 48.[88] Betrachtet man die deutschen Hektarerträge für Weizen von 1850 bis 1953, so fällt ins Auge, dass die Erträge pro Fläche fast stetig steigen. Nur die Zeit der beiden Weltkriege weist negative Verwerfungen in die-

85 Vgl. Dalrymple 1988, 24.

86 National Agricultural Statistics Service 2014.

87 Quelle: Daten zu Deutschland sind aus der Studie von Metz 2005 und liegen vor als GESIS Datensatz. Daten zu den USA stammen vom National Agricultural Statistics Service 2014 und sind in dt/haumgerechnet worden. Für diesen Beitrag wurde auf Kohärenz mit dem Inhalt geachtet, die exakten Gebietsabgrenzungen sind in den jeweiligen Metadaten beschrieben.

88 Metz 2005.

sem Trend auf, siehe Abbildung 3. Auch in Deutschland wurden seit den 1840ern »in größerem Umfang«[89] ertragreiche Sorten eingeführt, jedoch quantifiziert Wieland diese Zahl nicht weiter. Es wurden Sorten aus England, Schottland und Frankreich eingeführt, die ab den 1850ern im Deutschen Saatguthandel erhältlich waren.[90] In den 1870ern war beispielsweise *Squearheadweizen* (Dickkopfweizen), der ca. ein Jahrzehnt zuvor in Yorkshire entdeckt wurde, beliebt. Die Saatguteinfuhr wurde nicht mit dem gleichen Enthusiasmus wie in den USA betrieben, da die eingeführten Sorten oft die Erwartungen nicht erfüllten. Für die englischen Sorten waren die Temperaturschwankungen des süddeutschen Klimas zu hoch und konnten kaum erfolgreich ausgewintert werden.[91] Daher ist davon auszugehen, dass die Produktivität der deutschen Weizenzucht bis zur Jahrhundertwende vor allem von mittel- und norddeutschen Pflanzenzüchtern vorangetrieben wurde. Ab den 1890ern bis zum Ersten Weltkrieg war die private Saatgutzüchtung für einige ein sehr lohnendes Geschäft. Der Züchter Ferdinand von Lochow konnte beispielsweise von seinem *Petkuser Roggen* bis zu 8000 t jährlich absetzen.[92] Nach dem Ersten Weltkrieg lagen die Hektarerträge für Weizen 34% unter dem Vorkriegsniveau (eigene Berechnungen; Vergleiche 1913 zu 1919-23 in Abbildung 3), denn es fehlte an Dünge- und Pflanzenschutzmitteln.[93] Durch die Inflation der Nachkriegsjahre geriet die deutsche Landwirtschaft in eine prekäre Situation, in der sich die meisten Landwirte das teurere Originalsaatgut nicht mehr leisten konnten. So war in der Folgezeit ein erheblicher Nachfrageschwund für Originalsaatgut zu verzeichnen.[94] Dafür florierte zu dieser Zeit das Geschäft mit nachgebautem Saatgut. 60-70% der damals 450 im Handel befindlichen »Neuzuchten« an Getreide erwiesen sich als nicht unterschiedlich von bereits bekanntem Saatgut.[95] Zwischen 1925 und 1933 stiegen die Hektarerträge für Weizen über das Vorkriegsniveau auf durch-

---

89 Wieland 2004, 24.

90 Die quantitative Menge, in der dies geschah, ist heute nicht mehr bestimmbar A.a.O., 34.

91 Ebd.

92 A.a.O., 41 f.

93 A.a.O., 148.

94 A.a.O., 152.

95 A.a.O., 151.

schnittlich 22 dt/ha, siehe Abbildung 3. Nach dem Zweiten Weltkrieg wurde der Wiederaufbau durch die Alliierten auch im Agrarsektor vorangetrieben.[96] Mit der Gründung der Bundesrepublik waren 1949 die Hektarerträge für Weizen fast wieder auf Vorkriegsniveau gestiegen. Auch der Saatgutsektor erholte sich nach Kriegsende wieder. Direkt nach dem Krieg waren große Mengen an Handelssaatgut aus dem Ausland importiert worden, während die heimische Produktion über die Saatzentralen in Hamburg und Stuttgart koordiniert wurde.[97] Obwohl die massenhaften Importe anfangs Schwierigkeiten bereiteten, überstand die Zusammenarbeit der praktischen Züchter mit der wissenschaftlichen Pflanzenzüchtung überraschend bruchlos das Ende des Nationalsozialismus.[98]

Der Sortenschutz wurde in der Bundesrepublik in einem Umfeld der wiedererstarkten Saatgutwirtschaft verabschiedet.[99] Der direkte Saatgutbedarf an Weizen lässt sich für die Zeit zwischen 1800 und 1950 in Deutschland nicht eindeutig bestimmen. Soweit bekannt, lag der Saatgutbedarf aller pflanzlichen Produkte um 1800 auf der Fläche des späteren Deutschen Reiches bei 2,2 Mio. t Getreideeinheiten (GE) und entsprach ungefähr 10,4% der Bruttobodenproduktion. Ab 1883 war der Saatgutbedarf fast doppelt so hoch (4,2 Mio t. GE), während der prozentuale Anteil an der Bruttobodenproduktion stetig abnahm.[100] 1949 lag der prozentuale Anteil der Bruttobodenproduktion den Saatgut ausmachte bei 4,9%. Aus diesen Zahlen kann man eine erhebliche Produktivitätssteigerung herauslesen. Wie in Abbildung 3 illustriert, stiegen über denselben Zeitraum die Hektarerträge für Weizen in Deutschland, mit Ausnahme der Verwerfungen während und nach den beiden Weltkriegen, von durchschnittlich 11 dt/ha (1850) auf 27 dt/ha (1953). Daher kann man davon ausgehen, dass auch in Deutschland im betrachteten Zeitraum die Produktivität der Weizenzucht erheblich anstieg.

96 Vgl. Schmidt 1955.
97 Vgl. Flitner 1995, 125.
98 Flitner, 1995, 126.
99 Vgl. Schmidt 1955, 159.
100 Vgl. Bittermann 1956.

4. Resümee

Um 1800 war sowohl in den USA als auch im späteren Deutschen Reich die Struktur der Weizensaatherstellung und -weiterentwicklung durch hohe Kompaktheit und niedrige organisatorische Komplexität geprägt, da beide Prozesse in einer einzigen Wertschöpfungsstufe stattfanden. Gleichermaßen war die Hektarproduktivität von Weizen niedrig. Bis zur Verabschiedung der jeweiligen Gesetze, die Züchtern geistiges Eigentum an ihren Neuzüchtungen gaben, nahmen Produktivität und organisatorische Komplexität in beiden Ländern zu. Im gleichen Zeitraum nahm die Kompaktheit in beiden Regionen ab. Wenngleich die Art und Weise mit der sich der jeweilige Saatgutsektor veränderte unterscheidet, so kann man doch Demsetz' Hypothesen zur Entstehung privater Eigentumsrechte nicht ablehnen. Lediglich die Richtung der Indikatoren zur Jahrhundertwende in den USA lässt Raum für begründete Zweifel an Teilen seiner Theorie. Das gesamte System zur Weiterentwicklung von Weizensaatgut war schon damals organisatorisch hoch komplex, etwa durch die Anzahl der involvierten Akteure sowie durch die geographische Dispersion des Saatgutes wenig kompakt. Augenscheinlich stieg zu dieser Zeit die Produktivität anhand der Hektarerträge nicht im Vergleich zu den 30 Jahren zuvor. Zieht man jedoch den Aufwand der Einfuhr, der um 1897 eine Spitze erreichte, und die Meilenverschiebung im Weizenzentrum in Betracht, so kann man sagen, dass auch damals sämtliche Indikatoren in die von Demsetz angenommene Richtung weisen. Dies wiederum stellt in Frage, ob das Entstehen privater Eigentumsrechte tatsächlich eine notwendige Bedingung systemischer und quantitativer Natur darstellt. Vielmehr fällt auf, dass in den USA der öffentliche Sektor, vor allem bei Weizen, sehr viel früher und intensiver in die Saatgutzüchtung eingegriffen hat und somit wesentlich die Beschaffenheit des Systems beeinflusste. In Deutschland hingegen wurde bis nach dem Ersten Weltkrieg vor allem durch Initiative aus dem privaten Sektor Weizensaat weiterentwickelt. Lediglich die beiden Weltkriege führten zu Verwerfungen in diesem System. Mit der wiedererstarkten Saatgutwirtschaft wurde geistiges Eigentum an Saatgut kurze Zeit später eingeführt. Dies legt die Frage nahe, inwiefern neben der quantitativen Dynamik, der organisatorischen und soziogeographischen Systemstruktur, auch die Rollen der Akteure bei der Entstehung von privaten Eigentumsrechtsregimen entscheidend sind. Es besteht daher weiterer Forschungsbedarf der Saatgutwirtschaft unter der Perspektive eines sozial-ökologischen

Systems, bei dem nicht allein der produktive Druck über die Allokation von Saatgut entscheidet, sondern auch die Rolle der Akteure und in diesem System mit beachtet wird. Diese Art der Betrachtung könnte in ihren Ergebnissen der zukünftigen Regulierung der Saatgutwirtschaft und dem Setzen von Züchtungsziele dienen. Auf der methodischen Ebene kann man außerdem den Schluss ziehen, dass bei der Erforschung der Saatgutwirtschaft nicht nur die üblichen Messgrößen wie Hektarerträge, sondern auch andere Maßeinheiten (wie am historischen Beispiel der Meilenverschiebung gezeigt) zur Beschreibung dieser Systeme in Betracht gezogen werden können.

Literaturverzeichnis

Alchian, Armen A./Demsetz, Harold (1973): The property right paradigm. The Journal of Economic History 33, 16 ff..

Alston, Julian M. (2010): The Benefits from Agricultural Research and Development, Innovation, and Productivity Growth. OECD Food, Agriculture and Fisheries Papers 27.

Bittermann, Eberhard (1956 [2008]): Die landwirtschaftliche Produktion in Deutschland, 1800 bis 1950.

Brandl, Barbara (2012): Saatgut als Ware. Die Aneignung und Kommodifizierung von Wissen durch Rechte des Geistigen Eigentums am Beispiel des Saatgutsektors, in: Grimm, Herwig/Schleissing, Stephan (Hrsg.), Grüne Gentechnik: zwischen Forschungsfreiheit und Anwendungsrisiko, 309 ff.

Carleton, Ball (1930): The History of American Wheat Improvement. Agricultural History 4, 48 ff.

Dalrymple, Dana G. (1988): Changes in Wheat Varieties and Yields in the United States, 1919-1984, in: Agricultural History 62, 20 ff.

Demsetz, Harold (2002): Toward a theory of property rights II: The competition between private and collective ownership, in: The Journal of Legal Studies 31, 653 ff.

Fernandez-Cornejo, Jorge (2004): The seed industry in US agriculture: An exploration of data and information on crop seed markets, regulation, industry structure, and research and development. United States Department of Agriculture. Agriculture Information Bulletin 768.

Flitner, Michael (1995): Sammler, Räuber und Gelehrte. Die politischen Interessen and pflanzengenetische Ressourcen 1895–1995.

Kloppenburg, Jack Ralph Jr. (2004): First the seed - The political economy of plant biotechnology, 1492 - 2000.

Knudson, Mary K. (1990): The role of the public sector in applied breeding R&D: the case of wheat in the USA. Food Policy 15, 209 ff.

Metz, Rainer (2005 [2005]): Säkulare Trends der deutschen Wirtschaft. GESIS Köln.

Olmstead, Alan L./Rhode, Paul W. (2002): The red queen and the hard reds: Productivity growth in American wheat, 1800–1940, in: The Journal of Economic History 62, 929 ff.

Olmstead, Alan L./Rhode, Paul W. (2004): Biological Innovation in American Wheat Production. Science, Policy, and Environmental Adaption, in: Schrepfer, Susan/Scranton, Philip (Hrsg.), Industrializing Organisms - Introducing Evolutionary History, 43 ff.

Ostrom, Elinor (2005): Understanding institutional diversity.

Schmidt, Hubert G. (1955): Postwar Developments in West German Agriculture, 1945-1953. Agricultural History 29, 147 ff.

National Agricultural Statistics Service (2014): Quick Stats - Survey Data on Wheat - 1866-2014.

Wieland, Thomas (2004): »Wir beherrschen den pflanzlichen Organismus besser... « Wissenschaftliche Pflanzenzüchtung in Deutschland, 1889-1945.

Wigger, Berthold U. (2004): Grundzüge der Finanzwissenschaft.

Konzentration des Saatgutsektors durch Biopatente? Eine politökonomische Analyse der Dynamiken im Saatgutsektor

Barbara Brandl

Einleitung

Die zunehmende Stärkung und Ausweitung von Immaterialgüterrechten[1] ist ein globaler Prozess, der in verschiedenen Branchen ab den 1980er Jahren zu beobachten ist.[2] Doch in wenigen anderen Sektoren stößt die Vergabe von Patenten auf solch massiven Widerstand wie in der Landwirtschaft. Die Patentierung von Saatgut, einzelnen Genen oder Züchtungsverfahren wird von gesellschaftlichen Initiativen, Bauernverbänden, jedoch auch von mittelständischen Züchtungsunternehmen kritisch beurteilt. Die Einführung von Biopatenten wird dabei verdächtigt, die Abhängigkeit der Landwirte[3] von transnationalen agrochemischen Konzernen durch die Illegalisierung des bäuerlichen Nachbaus von Saatgut zu fördern. Eine Situation, welche durch die zunehmende Marktkonzentration im Saatgutsektor – also das Entfallen von immer mehr Marktanteilen auf immer weniger Unternehmen – noch verstärkt wird.

So fand ab den 1980er Jahren, zunächst in den Vereinigten Staaten, dann auch auf globaler Ebene, ein starker Konzentrationsprozess statt. Dieser vollzog sich sowohl vertikal (also durch Übernahme von mittelständischen Pflanzenzüchtungsbetrieben durch agrochemische Konzerne) als auch horizontal (also durch das Aufkaufen von anderen chemischen

---

1 Den Begriff des Immaterialgüterrechts nutze ich anstelle desjenigen des »geistigen Eigentums«, da letzterer einem naturrechtlichen Zusammenhang verpflichtet ist und daher eine verfehlte Analogie zum Sacheigentum herstellt.

2 Rhoten / Powell 2007.

3 Aus Gründen der Lesbarkeit verwende ich – jeweils wechselnd – immer nur eine Geschlechterbezeichnung. Selbstverständlich sind jedoch immer beide Geschlechter gemeint.

Firmen oder Biotechnologieunternehmen).[4] Binnen weniger Jahre verwandelte sich der globale Saatgutsektor in ein Oligopol mit wenigen dominanten Unternehmen. Besaßen 1985 die neun größten Konzerne einen Marktanteil von 12,7% am weltweiten Saatgutmarkt, waren es 1996 schon 16,7%. Bis zum Jahr 2009 radikalisierte sich die Konzentration auf diesem Markt stetig weiter, so dass der Umsatz der drei größten Konzerne (*Monsanto, DuPont, Syngenta*) einen Marktanteil von 34% ausmachte.[5]

In meinem Beitrag unterziehe ich den postulierten Zusammenhang zwischen der Einführung von Biopatenten und dem Auftreten von Konzentrationstendenzen im Saatgutmarkt einer kritischen Analyse. Dabei werde ich zunächst einen Überblick über die Erklärungen geben, die in der agrarökonomischen Literatur über diesen Zusammenhang zu finden sind. In einem zweiten Schritt stelle ich die vorgestellten empirischen Ergebnisse in einen größeren Zusammenhang. Dabei werde ich in Anlehnung an Schumpeter[6] argumentieren, dass Innovation in gewisser Hinsicht immer eine Zerstörung von Strukturen mit sich bringt. Anders gesagt vollzieht sich der Wandel von Institutionen (wie der des Immaterialgüterrechts) koevolutionär zur Technologieentwicklung. Die Entstehung von Marktkonzentration im Saatgutsektor erscheint in dieser Perspektive wenig verwunderlich: Aus evolutionsökonomischer Perspektive wird postuliert, dass sich durch Innovationsprozesse effizient produzierende Firmen durchsetzen, die dann (mindestens zeitweise) eine marktbeherrschende Stellung erlangen und somit Einfluss auf ihre (institutionelle) Umwelt nehmen können. Da Biopatente in der europäischen Landwirtschaft bisher noch eine untergeordnete Rolle spielen und demzufolge empirische Studien kaum verfügbar sind, beziehen sich meine Ausführungen größtenteils auf den US-amerikanischen Saatgutsektor. Ich werde jedoch auf der erarbeiteten Grundlage mit einer Einschätzung über den deutschen Saatgutsektor schließen.

---

4 Schenkelaars/Vriend/Kalaizandonakes 2011; Kalaitzandonakes/Magnier/ Miller 2011.

5 Ebenda, 18.

6 Schumpeter 1993

Forschungsstand: Konzentration des Saatgutsektors durch Patente?

In der agrarökonomischen Literatur über die Rolle von Biopatenten im Konzentrationsprozess des Sektors lassen sich zwei Argumentationslinien ausmachen: Erstens wird Marktkonzentration als ein Ergebnis von Komplementaritäten gesehen, die im Produktionsprozess auftreten. Zweitens wird die Unsicherheit, die mit der Vergabe von Biopatenten einhergeht, für die Konzentrationstendenzen verantwortlich gemacht, da in der Folge ein Anreiz entsteht, Unternehmen mit der gewünschten Technologie aufzukaufen.

Eine in besonderem Maße wegweisende Studie stammt von Graff, Rausser und Small[7]. Diese argumentieren, dass die Restrukturierung des Saatgutsektors vor allem auf das Zusammenspiel von Effekten der Komplementarität und hohen Transaktionskosten zurückzuführen sei.

Die Komplementaritäten im Produktionsprozess entstehen durch das Angewiesensein auf unterschiedliche Technologien. So basiert die Herstellung von transgenem Saatgut auf der Kombination von drei unterschiedlichen Ressourcen: Erstens auf Prozess- und Forschungstechnologien (wie etwa Transformationsmethoden), zweitens auf spezifischen Transgenen und drittens auf ertragsstarken Sorten. Diese Ressourcen stehen dabei in einem komplementären Verhältnis zueinander, was bedeutet, dass der Mehrbesitz einer Ressource auch den Wert der andern beiden Ressourcen steigert. So wird ein spezifisches Transgen (wie etwa ein Gen, welches Pflanzen resistent gegen Herbizide macht) umso wertvoller, je mehr Sorten ein Unternehmen besitzt, in welche dieses Gen eingebracht werden kann. In diesem Sinne entsteht durch die spezifische Situation in der Herstellung transgener Pflanzen für Unternehmen ein Anreiz, sich den Zugang zu den drei benötigten Technologien zu sichern.

Diesen Zugang zu der benötigten Technologie oder Ressource kann ein Unternehmen dabei auf unterschiedliche Weise bewerkstelligen. Graff et al. stellen diese Möglichkeiten mithilfe eines Kontinuums dar: Auf der einen Seite steht die vollständige Integration der Firma, welche die jeweilige Technologie bereithält, durch schlichtes Aufkaufen des Unternehmens. Auf der anderen Seite steht die Nutzung der gewünschten Tech-

7 Graff/Rausser/Small 2003.

nologie durch die Vergabe von nichtexklusiven Lizenzen.[8] Das jeweilige Unternehmen entscheidet sich für diejenige Möglichkeit, welche die geringsten Transaktionskosten mit sich bringt. Dabei wird die Höhe der Transaktionskosten durch die institutionellen Rahmenbedingungen, wie etwa das Immaterialgüterregime oder die Branchenstruktur, (mit)bestimmt. Entscheidend ist hierbei weniger die konkrete Ausgestaltung der Immaterialgüterrechte als vielmehr die Wechselwirkung dieser Rechte mit der Technologie. So zeigen etwa Hall und Ziedonis[9] am Beispiel der Halbleiterindustrie in den Vereinigten Staaten, dass die Stärkung des Patentrechts in den 1980er Jahren zu einer vertikalen Desintegration der Branche führte. Die Stärkung des Patentrechts verringerte also in diesem Fall die Transaktionskosten, da die Unternehmen nun einfacher wechselseitige Lizenzvereinbarungen treffen konnten. Die Stärkung des Patentrechts führte in der Halbleiterbranche demnach zu einer strukturellen Begünstigung von spezialisierter Forschung; auch der Markteintritt von neuen Unternehmen wurde erleichtert.

In der Pflanzenbiotechnologie hingegen ist ein gegenteiliger Effekt zu beobachten. Hier entstand durch die Durchsetzung starker Immaterialgüterrechte ein Anreiz, die Unternehmen, welche komplementäre Technologien oder Ressourcen bereitstellen, aufzukaufen. Zu einem ähnlichen Ergebnis kommt der dänische Ökonom Cedric Schneider.[10] Auf der Grundlage einer quantitativen Analyse von europäischen Patentdaten vermochte er zu zeigen, dass Patente in der Pflanzenbiotechnologie zu einem Anreiz führten, diejenigen Unternehmen aufzukaufen, welche gewünschte Technologie bereithielten, anstatt sich diese durch Lizenzvereinbarungen zu sichern. Schneider argumentiert, dass Patente in der Pflanzenbiotechnologie grundsätzlich nur schwer zu definieren sind und deswegen ein hohes Maß an Unsicherheit auftritt. Empirisch zeigt sich diese Unsicherheit an den hohen Einspruchsraten[11] sowie daran, dass der Erfolg dieser Einsprüche sehr viel höher ist als in andern Patentklassen. Eine Studie auf Grundlage der US-amerikanischen Patentstatistik bestätigt diese Hypo-

---

8 Graff/Rausser/Small 2003, 351.

9 Hall/Ziedonis 2001.

10 Schneider 2010.

11 Grundsätzlich zu Einspruchsraten als Indikator in der Patentstatistik vgl. Harhoff/Reitzig 2004.

these: Die Autoren zeigen, dass viele Zusammenschlüsse in der Saatgutbranche durch Konflikte über unsichere Patentrechte motiviert waren.[12]

Ein besonders illustrativer Fall für die Unsicherheit, die mit der Praxis der Patentierung in der Pflanzenbiotechnologie einhergeht, ist etwa die Transformationsmethode[13] des *Agrobakteriums tumefaciens*[14]. Diese Technologie wird als Plattformtechnologie bezeichnet, da sie für den Endnutzer keinen direkten ökonomischen Wert hat, jedoch ein kritischer Faktor für die Entwicklung neuer kommerzieller Produkte ist.[15] Aufgrund der Schlüsselstellung dieser Technologien versuchen Unternehmen bereits in einem frühen Stadium möglichst viele Patente anzumelden. Es entstehen sogenannte »Patentdickichte«[16], durch die die Transaktionskosten für alle beteiligten Unternehmen steigen. So gibt es allein um das Agrobakterium *tumefaciens* 300 Patente.[17] Wie entscheidend diese Methode für die Möglichkeit der Innovation im Bereich der Pflanzenbiotechnologie ist, zeigt das Beispiel Japan. Japanische Labore hatten aufgrund fehlender Rechte keinen Zugang zur Agrobakterium-Methode. Zwar hatten sie eigene Transformationstechnologien entwickelt, jedoch benötigten sie auch für diese Technologien bestimmte Promotoren und Markergene, auf die jedoch die Firma *Monsanto* Patente hielt. Diese war auch nach langwierigen Verhandlungen nicht bereit, die entsprechenden Promotoren und Markergene den japanischen Laboren durch Lizensierung zu Verfügung zu stellen. Diese Situation führte (neben anderen Gründen) in der Folge dazu, dass Japan den Anschluss an entscheidende Innovationen im Bereich der Pflanzenbiotechnologie verlor.[18]

---

12 Marco/Rausser 2008.

13 Transformationsmethoden sind Methoden, mit denen DNA in pflanzliche Zellen gebracht werden kann, also genau jene Methoden, mit denen transgene Pflanzen hergestellt werden. Es gibt eine ganze Reihe an Transformationstechnologien, die wichtigsten außer Agrobakterium sind Biolistische Transformation und die Protoplastentransformation.

14 *Agrobakterium tumefaciens* ist ein pflanzenpathogenes Bodenbakterium, welches durch das Ti-Plasmid DNA in eine pflanzliche Wirtszelle bringt. Die infizierte Zelle integriert dann die bakterielle DNA in das pflanzliche Genom.

15 Pray/Naseem 2005, 108.

16 Haedicke 2008.

17 Jefferson 2006, 36.

18 Pray/Naseem 2005.

Eine evolutionsökonomische Perspektive auf Innovation und Konzentration

Im vorangegangen Absatz habe ich die beiden in der agrarökonomischen Literatur dominanten Argumentationslinien (Komplementarität und Unsicherheit) für die Erklärungen des Zusammenhangs zwischen der Vergabe von Biopatenten und dem Entstehen von Konzentrationstendenzen herausgearbeitet. Im nun folgenden Absatz werde ich die vorgestellten empirischen Ergebnisse in einen größeren Zusammenhang stellen.

Wie bereits angemerkt, begreife ich Innovation als einen Prozess, mit dem in gewisser Hinsicht immer die Zerstörung von Strukturen verbunden ist. In Anlehnung an Schumpeter legten die Ökonomen Nelson und Winter 1982 in ihrem Werk *An Evolutionary Theory of Economic Change* eine eindrucksvolle Analyse der Rolle von Technologieentwicklung für ökonomisches Wachstum vor.[19] Sie begreifen hierin Innovation als die Fähigkeit von Unternehmen, sich durch Änderung ihrer internen Routinen an ihre Umwelt anzupassen.[20] In dieser Perspektive bedeutet Innovation also die koevolutionäre Entwicklung von Technologien und Institutionen.[21] Im Zuge dieses Anpassungsprozesses treten bei den erfolgreichen (d.h. bei den im Markt verbleibenden) Firmen *Learning by doing* oder andere dynamische Effekte auf, die zu steigenden Skalenerträgen[22] führen.[23]

Die Dynamiken, welche durch steigende Skalenerträge in Ökonomien entstehen, werden in neoklassischen Modellen dabei nicht ausreichend zur Kenntnis genommen[24], was zu einem unzureichenden Verständnis des Zusammenhangs von Innovation und Wettbewerb führt. So geht die neoklassische Wirtschaftstheorie seit Wahlras von einem Modell aus, in welchem sich die Märkte auf ein Gleichgewicht zubewegen, in dem viele Firmen im Markt sind, von denen jedoch keine den Preis beeinflussen

19 Nelson/Winter 1982.

20 Bowles 2006.

21 Hall/Soskice 2001.

22 Skalenerträge sind die Einsparungen, die bei Massenproduktion entstehen, etwa durch den Einsatz nichtmenschlicher Arbeitskraft. Skaleneffekte bewirken, dass die Produktionskosten pro Stück sinken je mehr produziert wird.

23 Mazzucato 2013.

24 Arrow 2000.

kann (da für alle gilt: Preis = Grenzkosten). Demgegenüber argumentieren evolutionsökonomische Ansätze, dass industrielle Technologien in hohem Maße pfadabhängige Dynamiken in Gang setzen. Anders gesagt: Es setzen sich effizient produzierende Firmen durch, die dann (mindestens zeitweise) eine marktbeherrschende Stellung aufweisen und somit auf ihre (institutionelle) Umwelt Einfluss nehmen, was ihre Position wiederum verstärkt. In diesem Sinne ist das Auftreten von Konzentrationstendenzen in einem Sektor keineswegs ein unvorhersehbares, zufälliges Ereignis, sondern vielmehr das Ergebnis von Innovation. Der Prozess der beschriebenen Koevolution von Technologieentwicklung und Institutionen lässt sich dabei besonders eindrücklich am Saatgutsektor nachvollziehen.

Die Anforderungen an Pflanzenzüchtung in Industriegesellschaften und die Entstehung von Immaterialgüterrechten

Um die Rolle von Patenten bzw. Immaterialgüterrechten und deren Auswirkung auf den Saatgutsektor zu verstehen, ist es hilfreich, sich zunächst mit der Dynamik innerhalb dieses Sektors auseinanderzusetzen. So ist die Entstehung eines kommerziellen Saatgutsektors eng mit der Industrialisierung der Landwirtschaft verwoben. Dabei war die Erhöhung der landwirtschaftlichen Produktivität in der Gründungsphase der Industrienationen eines der wichtigsten innenpolitischen Ziele.[25] Erstens sollte der hohe Anteil der in der Landwirtschaft beschäftigten Menschen reduziert werden, da Arbeitskräfte in den neu entstehenden Fabriken gebraucht wurden. Zweitens hatten Industrieunternehmerinnen wie Arbeiter ein Interesse an niedrigen Lebensmittelpreisen. Und drittens sollte der agrarische Sektor als Absatzmarkt für industrielle Güter erschlossen werden.[26] Einer der wichtigsten Faktoren, die zur Erhöhung der landwirtschaftlichen Produktivität beitrugen, war die Verwissenschaftlichung des landwirtschaftlichen Produktionsprozesses. So entstanden zu Beginn des 19. Jahrhunderts zahlreiche Agrarfakultäten an den Universitäten. Die Entwicklung von ertragreicherem Saatgut war in diesem Kontext eine der zentralen Heraus-

25 Friedmann/McMichael 1989.
26 Lutz 1989; Sauer 1990; Kenney et al 1989.

forderungen, auf die in den verschiedenen Nationalstaaten mit unterschiedlichen institutionellen Lösungen geantwortet wurde. Während in koordinierten Ökonomien[27] wie etwa Deutschland mit staatlichen Geldern die Forschungs- und Entwicklungsaktivitäten der mittelständischen Pflanzenzüchtungsbetriebe unterstützt wurden, setzten die Vereinigten Staaten vor allem auf den Aufbau von öffentlich finanzierten Versuchsstationen und Agrarfakultäten.[28] Korrespondierend dazu bildeten sich unterschiedliche Regime der Regulierung von Immaterialgüterrechten heraus.[29] Das im deutschen Saatgutsektor dominierende Immaterialgüterrecht, der Sortenschutz, divergiert in vielerlei Hinsicht von der U.S.-amerikanischen Variante. Das Sortenrecht ist ein branchenspezifisches Immaterialgüterrecht, das den kooperativen Strukturen des deutschen Sektors Rechnung trägt und diese unterstützt. Die Vereinigung der deutschen Pflanzenzüchter setzte sich bereits in den 1920er Jahren erfolgreich für die staatliche Umsetzung von Sortenschutzbestimmungen ein.[30] Diese, im Vergleich zu anderen Ländern, sehr frühe Etablierung eines Immaterialgüterrechts im Saatgutsektor begünstigte die Zurechenbarkeit von Innovationen; oder anders gesagt: Den deutschen Züchtungsbetrieben gelang es früh, sich auf dem Markt einen Namen zu machen. Das 1953 in der BRD verabschiedete und bis heute[31] gültige Sortenschutzgesetz bezog sich auf diese frühen Entwürfe.

In den Vereinigten Staaten fehlte zunächst ein Immaterialgüterrecht im Saatgutsektor[32]. So wurde erst 1970 der *Plant Variety Protection Act* er-

---

27 Hall / Soskice 2001.

28 Kloppenburg 1988.

29 Brandl/Paula/Gill 2014.

30 Harwood 2012; Wieland 2004.

31 Seit 1994 gilt neben dem deutschen Sortenschutz auch eine EU-Regelung für den gemeinschaftlichen Sortenschutz, durch den ein EU-weit geltender gewerblicher Rechtsschutz für neu gezüchtete Pflanzensorten erteilt werden kann. Seit diesem Zeitpunkt gilt das deutsche Sortenschutzrecht parallel zum EU-Recht.

32 Zwar wurde in den Vereinigten Staaten 1930 der *Plant Patent Act* erlassen, jedoch konnten mit diesem nur »sich vegetativ vermehrende Pflanzen« geschützt werden, was praktisch alle landwirtschaftlich genutzten Kulturarten ausschloss, da sich diese durch Samen – also generativ – vermehren. Vegetative Vermehrung bezeichnet die Vermehrung von Pflanzen durch Pflanzenteile wie etwa Stecklinge, Wurzeln oder Ableger – eine Praxis, die vor allem bei Zierpflanzen angewen-

lassen, ein dem Sortenschutz ähnliches Regime, welches jedoch die Landwirte mit größeren Rechten ausstattete. Diese konnten nicht nur ihr Saatgut nachbauen, sondern es auch verkaufen. Die lange Abwesenheit eines formalen Immaterialgüterrechts im Saatgutsektor der Vereinigten Staaten kann als komplementär zu der damaligen institutionellen Struktur begriffen werden. In den Vereinigten Staaten wurde Forschung und Wissenschaft im Kontext des Kalten Krieges als öffentliches Gut bereit gestellt[33], weswegen die Durchsetzung von Immaterialgüterrechten nicht nötig war. Die Ertragssteigerung der inländischen Landwirtschaft wurde ebenso wie die *Grüne Revolution* als »Waffe« im Kalten Krieg begriffen.[34]

Vor diesem Hintergrund bildete sich eine Arbeitsteilung zwischen öffentlichen und privaten Institutionen heraus. Die öffentlich geförderten Universitäten beschäftigten sich mit Grundlagenforschung vor allem auf dem Gebiet der Genetik und entwickelten Saatgut in den kommerziell weniger interessanten Kulturarten, vor allem selbstbefruchtendes[35] Getreide wie Weizen oder Gerste, sowie einige Gemüse- und Obstarten[36]. Dieses Saatgut wurde dann privaten Vermehrungsfirmen kostenlos zur Verfügung gestellt.[37] Private Unternehmen dagegen spezialisierten sich vor allem auf das kommerziell interessante Hybridsaatgut[38] für große Anbauflächen, also vor allem auf Mais und Baumwolle.

---

det wird. Zudem waren auch Knollenpflanzen (wie etwa Kartoffeln) von diesem Gesetz ausgeschlossen.

33 Slaughter/Rhoades 1996; Kleinman 1995; Unger 2006; Reynolds 2010.

34 Perkins 1997; Wright 2012.

35 Bei den meisten selbstbefruchtenden Getreidearten ist eine Hybridisierung ökonomisch nicht sinnvoll. Was zur Folge hat, dass weiterhin Liniensorten gezüchtet werden, die Bauern ohne Ertragseinbußen jedes Jahr wieder neu aussäen können.

36 Welsh/Glenna 2006.

37 Kloppenburg 1988.

38 Hybridsaatgut entsteht durch die Kreuzung zweier reinerbiger Inzuchtlinien. Dieses ist dann in der ersten Generation besonders ertragreich; zudem sind die Pflanzen aufgrund ihrer Homogenität sehr gut für den Einsatz von Maschinen geeignet. In der zweiten Generation ist dieser Effekt jedoch nicht mehr vorhanden. Dadurch ist das Saatgut mit einem integrierten »Kopierschutz« ausgestattet, weshalb die Bauern gezwungen sind, jedes Jahr neues Saatgut zu kaufen, sofern sie keine Ertragseinbußen riskieren wollen.

Die Herausbildung eines biotechnologischen Saatgutsektors und die Rolle von Patenten

Die beschriebene Situation der Saatgutentwicklung änderte sich in den 1980er Jahren zunächst vor allem in den Vereinigten Staaten nachhaltig. Dafür waren wechselseitig beeinflussende Entwicklungen verantwortlich, nämlich erstens die Veränderung der traditionellen Pflanzenzüchtung durch die Erkenntnisse der Molekularbiologie, sowie zweitens der Umbau des US-amerikanischen Universitätssystems, welcher eine grundlegende Änderung des Immaterialgüterregimes mit sich brachte. Am Ende dieser Transformation war aus einem von mittelständischen Züchtungsbetrieben dominierten Sektor mit breiten öffentlichen Forschungsaktivitäten ein Sektor mit wenigen dominanten Konzernen (wie etwa *Monsanto* oder *Bayer*) und vorwiegend privat finanzierter Forschung geworden.[39]

Durch die Erkenntnisse der Molekularbiologie, die ab den späten 70er Jahren nach und nach auch in die Pflanzenbiologie einzogen, veränderte sich die Wissensbasis in der Saatgutentwicklung. Dominierten in der traditionellen Pflanzenzüchtung Innovationsprozesse, die vor allem auf implizitem, handwerklichem Wissen basierten, so gewann nach und nach explizites, wissenschaftliches Wissen an Bedeutung. Durch den Einzug biotechnologischer Methoden gelang es den Züchtungsprozess besser an die Vorgaben von industriellen Kontexten (Arbeitsteilung, Spezialisierung, möglichst geringe Abhängigkeit von einzelnen Mitarbeitern) anzupassen. In der traditionellen Züchtung hing der Erfolg eines Saatgutunternehmens sehr stark von einzelnen Personen – den Züchtern – ab. Dies lag zum einen an der langen Dauer der Entwicklung neuer Sorten (z.T. über 15 Jahre), zum anderen jedoch auch daran, dass Innovation in der Pflanzenzüchtung vor allem von handwerklichem Geschick und damit implizitem Wissen abhing, welches nur durch praktische Übung erworben werden konnte. Zwar besitzen Züchter in der Regel eine biologische Ausbildung/Studium, jedoch hängt der Züchtungserfolg nach wie vor von sauberer, kontinuierlicher Arbeitsweise sowie dem sogenannten »Züchterblick«

39 Diese Beschreibung trifft, wie in der Einleitung bereits angemerkt, vor allem auf den US-amerikanischen Saatgutsektor zu. Die Entwicklung des deutschen Saatgutsektors unterschiedet sich jedoch von diesem Kontext in vielerlei Hinsichten (vgl. hierzu ausführlich: Brandl/Paula/Gill 2014).

ab. Erst durch die Erkenntnisse der Molekularbiologie und deren Anwendung in der Züchtungsforschung änderte sich die skizzierte Situation: Durch molekularbiologische Methoden konnte die holistische, stark an einzelne Personen gebundene Arbeitsweise der klassischen Pflanzenzüchtung (teilweise) durch reduktionistische, stärker auf Technologie setzende Praktiken ersetzt werden. Durch den Einsatz molekularbiologischer Methoden in der Züchtung wurde es nicht nur möglich, transgene Pflanzen herzustellen, es wurde auch eine stärker auf explizitem Wissen basierende Art der Züchtung hervorgebracht – die markergestützte oder Präzisionszüchtung.[40] Der Einsatz von molekularen Markern hatte auf den Züchtungsprozess folgenschwere Auswirkungen: Der gesamte Prozess der Züchtung wurde deutlich komplexer. Sam Eathington et al[41] zeigen in einer Studie über das Züchtungsprogramm von *Monsanto*, dass sich durch den Einsatz von molekularen Markern die Datenmenge im Züchtungsprozess um 700% erhöhte. Durch die Explizierung des zur Züchtung notwendigen Wissens konnte der Züchtungsprozess innerhalb der Unternehmen zunehmend arbeitsteiliger organisiert werden.

Ein zweiter Faktor, der die Transformation des Saatgutsektors vorantrieb, war der radikale Umbau der öffentlichen Forschungsförderung in den Vereinigten Staaten. Entscheidend hierfür war die zunehmende wirtschaftliche Schwäche der USA in den 1970er Jahren, die auf die globale Diffusion der in den Vereinigten Staaten entwickelten Technologien in andere Länder zurückgeführt wurde – speziell zu den Konkurrenten Deutschland und Japan.[42]

Auf der Diskursebene traten mit dem Ende des Kalten Krieges die Metaerzählungen vom Kampf gegen Hunger und Krankheit zunehmend in den Hintergrund und wurden von der neoliberalen Rhetorik vom »Stand-

---

40 Diese Züchtungsverfahren werden auch *Smart Breeding* genannt (SMART = *S*election with *M*arkers and *A*dvanced *R*eproductive *T*echnologies). Bei *Smart-Breeding*-Verfahren wird bei der Auswahl der Pflanzen auf Genmarker gesetzt. Mithilfe kurzer, künstlich hergestellter DNA-Schnipsel (*Primer*) kann die Pflanzenzüchterin schon in einem sehr frühen Stadium erkennen, ob im Genotyp einer Pflanze die gewünschte Genvariante vorhanden ist. Im Gegensatz zur traditionellen Züchtung sind *Smart-Breeding*-Verfahren daher sehr viel zeitsparender.

41 Eathington et al 2007.

42 Baumol/Nelson/Wolff 1994.

ortwettbewerb in der Globalen Wissensökonomie« abgelöst.[43] Das politische Ziel zu Zeiten des Kalten Krieges Allianzen unter anderem durch die staatlich finanzierte Produktion von nicht-proprietärem Wissen zu schmieden, war dem Interesse gewichen, den eigenen Standort durch Technologieentwicklung attraktiv in einer globalen Wissensökonomie zu machen.[44]

Das zentrale Instrument der künstlichen Verknappung von Wissen war die Durchsetzung und Stärkung der Immaterialgüterrechte. Als besonders entscheidend hierfür gilt der 1980 erlassene *Bay-Dole Act*. Dieser ermöglichte staatlichen Universitäten Patente anzumelden sowie auch die Patentierung von Ergebnissen der Grundlagenforschung. Dieses Gesetz wurde durch nachfolgende gerichtliche Entscheidungen ergänzt. Für den Saatgutsektor besonders wegweisend war dabei erstens die Entscheidung *Diamond vs. Chakrabarty* von 1980, durch welche die Patentierung von Lebewesen möglich wurde[45], und zweitens der Fall *ex parte Hibberd*, mit welchem die Vergabe von *utility patents* für Saatgut ermöglichte wurde.[46] Das Patentrecht löste das vorhergehende Immaterialgüterregime – den Sortenschutz [*Plant Variety Protection*[47]] zunehmend ab. Die Praxis der Patentierung ist dabei vor allem in der biotechnologischen Saatgutentwicklung dominant, in der traditionellen Pflanzenzüchtung werden Innovationen nach wie vor meist durch das schwächere Immaterialgüterrecht, den Sortenschutz, gesichert. Dies ist zum einen darauf zurückzuführen, dass der aufwendigere und teurere Prozess der Anmeldung eines Patents sich meist nur für das preislich höherwertige transgene Saatgut lohnt.[48] Zum anderen ist die Voraussetzung für eine Patentanmeldung die Beschreibung der Erfindung in wissenschaftlichen Kategorien (wie etwa

43 Slaughter/Rhoades 1996.

44 Scotchmer 2004.

45 Rhoten / Powell 2011.

46 Evenson, 2000.

47 Im US-amerikanischen Saatgutsektor gelten derzeit parallel drei verschiedene Arten des Immaterialgüterrechts. *Plant Variety Protection* und *Plant Patent* Zertifikate ergänzen einander und sind in etwa mit dem deutschen Sortenschutz vergleichbar. Die eigentliche Patentierung von Saatgut oder Genen wurde jedoch erst durch die Einführung der *utilty patent*s im Saatgutsektor möglich (United States Congress Office of Technology 1989).

48 Moschini 2010.

DNA Sequenzen). Diese fällt in der biotechnologischen Saatgutentwicklung weit leichter als in der klassischen Züchtung. So reicht für die Beantragung von Sortenschutz die Einreichung des Saatguts der neu entwickelten Sorte.

Die Stärkung der Immaterialgüterrechte sowie die molekularbiologischen Erkenntnisse, welche eine Industrialisierung der Züchtung ermöglichten, steigerten die finanzielle Attraktivität des Saatgutsektors, sodass in den 1980er Jahren die agrochemischen Konzerne, wie etwa *Monsanto* oder *Bayer*, damit begannen, kleine und mittelständische Züchtungsbetriebe aufzukaufen. Neben den genannten Gründen war es noch ein weiterer Faktor, der die Transformation befeuerte: Das bald zu erwartende Ende des herkömmlichen Pestizidsystems. So war zum einen eine steigende Anzahl von Unkräutern entstanden, die resistent gegen die eingesetzten Pestizide waren, zum anderen waren die chemischen Pflanzenschutzmittel zunehmend der massiven Kritik der Umweltbewegung ausgesetzt. Beide Faktoren bedingten steigende Entwicklung- und Zulassungskosten für Herbizide und Pestizide.[49] In diesem Sinne versprach die Investition der agrochemischen Konzerne in den Saatgutsektor eine vielversprechende Option insofern durch transgene Pflanzen eine neue, »ökologischere« Form des Pflanzenschutzes möglich wurde.

Mit der Einführung von stärkeren Immaterialgüterrechten ging gleichzeitig ein struktureller Vorteil für große Unternehmen einher. So ist der formale Besitz eines Patentes im Hinblick auf die private Aneignung von Wissen wenig ergiebig, wenn ein Unternehmen nicht zugleich die Ressourcen aufbringen kann, dieses formale Recht in der alltäglichen sozialen Praxis durchzusetzen. Schubert et al.[50] zeigen etwa am Beispiel des Saatgutkonzerns *Monsanto*, welcher gigantische Überwachungsapparat (in der Form von landwirtschaftlichen Beraterinnen) nötig ist, um Bäuerinnen dazu zu bringen, für die von ihnen verwendete Technologie (in diesem Fall herbizidtolerantes Rapssaatgut) zu bezahlen. Jedoch ist auch auf höherer politischer und gerichtlicher Ebene der kontinuierliche Einsatz von Ressourcen nötig, um die Entscheidungen hinsichtlich von Immaterialgüter-

49 Bijman 2001.
50 Schubert et al 2011.

rechten im Sinne der Konzerne zu lenken, wie Pechlaner[51] ebenfalls am Beispiel der Saatgutmärkte zeigt. Umgekehrt hilft Unternehmensgröße jedoch auch, Immaterialgüterrechte durchzusetzen. Patente führen notwendigerweise zu Überlappungen und unscharfen Rändern – in andern Worten zu Patentkonflikten. Wenn man nun als großes Unternehmen viele dieser Patente zusammenlegen kann, hat man – jedenfalls im Vergleich zu kleinen Unternehmen – relativ kürzere Außengrenzen bei den Wissensclaims zu verteidigen und ist entsprechender weniger angreifbar. Aufgrund des breiteren Portfolios ist auch das Prozesskostenrisiko geringer.[52]

Ausblick: Übertragbarkeit der Ergebnisse auf den deutschen Saatgutsektor?

In den letzten beiden Abschnitten habe ich argumentiert, dass sich Institutionen und Technologien in einem koevolutionären Prozess entwickeln. Dabei habe ich im Besonderen die Verwobenheit der Grünen Biotechnologie mit einem starken Immaterialgüterregime und dem damit verbunden strukturellen Vorteil von großen Unternehmen herausgestellt. In diesem Sinne möchte ich schlussfolgern, dass Patente auf Erfindungen in der Pflanzenbiotechnologie zwar nicht unmittelbar zur Marktkonzentration führen, diese aber gleichwohl unterstützen. Es waren und sind die großen agrochemischen Konzerne, die ausreichend finanzielle Mittel zur Verfügung haben, größere Aktivitäten in Forschung und Entwicklung (F&E) dauerhaft und selbstständig zu unterhalten. Dabei waren und sind sie darauf angewiesen, Technologielinien zu etablieren und diese gegen die Konkurrenz zu behaupten. Über Grundlagenpatente konnte und kann die damit verbundene Oligopolbildung einfacher bewerkstelligt werden.

In meinem Beitrag habe ich betont, dass sich in historischer Perspektive das Immaterialgüterregime komplementär zur Branchenstruktur und dem dominierenden Innovationstyp im Saatgutsektor entwickelt hat. Seit den späten 1970er Jahren fand jedoch eine Stärkung und globale Vereinheitlichung des Immaterialgüterrechts statt[53], die bedeutende Auswirkungen auf

51 Pechlaner 2012.
52 Haedicke 2008.
53 Rhoten / Powell 2007.

den Saatgutsektor hatte. Diese Entwicklung begann zunächst in den Vereinigten Staaten durch eine Reihe von wegweisenden Entscheidungen des *Supreme Courts* sowie schließlich mit dem *Bay-Dole Act*[54] und breitete sich in der Folge vor allem durch das 1994 erlassene TRIPS[55]-Agreement weltweit aus.[56] Auch die Immaterialgüterrechte im Saatgutsektor glichen sich in den letzten Jahren an. So können seit 1998 auch in der EU Patente[57] in der Pflanzenbiotechnologie angemeldet werden. Derzeit sind diese jedoch ökonomisch weit weniger bedeutsam als in den Vereinigten Staaten, denn der überwiegende Anteil der in der EU verliehenen Patente in der Pflanzenbiotechnologie betrifft die Herstellung transgener Organismen (im Jahr 2013 waren dies 90 % der Patentanmeldungen beim Europäische Patentamt)[58]; transgenes Saatgut wird jedoch im europäischen Kontext derzeit nicht in nennenswertem Umfang angebaut. Desweiteren sind die Patente des Europäischen Patentamts im Bereich der Pflanzenbiotechnologie weniger umfassend, so können in der EU keine Patente auf Sorten verliehen werden, sondern nur auf einzelne Gene, Teile von Genen (wie etwa Promotoren) oder Züchtungsverfahren.

Trotz des bisher zögerlichen Einzugs der Biopatente in die Praxis der europäischen Saatgutentwicklung bleibt die Warnung, dass die Homogenisierung des Immaterialgüterrechts regional gewachsenen Normenstrukturen und den heterogenen Funktionserfordernissen unterschiedlicher Branchen entgegenwirkt.[59] Das Immaterialgüterregime ist in diesem Fall nicht mehr komplementär zur Branchenstruktur und dem vorherrschenden Typ von Innovationen, sondern privilegiert einen bestimmten Unternehmens- und Innovationstyp, nämlich große Firmen, die auf vorwiegend explizite Innovationen[60] setzen und sich die hohen Bürokratie- und F&E-kosten leisten können.

---

54 Godt 2007.

55 *Agreement on Trade-Related Aspects of Intellectual Property Rights* (dt. Übereinkommen über handelsbezogene Aspekte der Rechte des geistigen Eigentums)

56 Sell 2003.

57 Verabschiedung Richtline 98/44/EG vom Europäischen Parlament und dem Rat am 6. Juli 1989 über den rechtlichen Schutz biotechnologischer Erfindungen.

58 Deutscher Bundestag 2014.

59 Böschen et al 2013.

60 So entstehen vor allem in der Pflanzenbiotechnologie hohe Kosten, um implizites Wissen in explizites Wissen zu verwandeln, etwa durch großangelegte Testreihen

Literaturverzeichnis

Arrow, Kenneth (1962): Economic Welfare and the Allocation of Resources for Invention, in: National Bureau Committee for Economic Research (Hrsg): The Rate and direction of inventive activity : economic and social factors - a conference of the Universities-National Bureau Committee for Economic Research and the Committee on Economic Growth of the Social Science Research Council, 609 ff.

Baumol, William J./Nelson, Richard R./Wolff, Edward N (1994): Convergence of productivity: Cross-national studies and historical evidence.

Bijman, Jos (2001): AgrEvo: From Crop Protection to Crop Production, in: AgBioForum 4, 20 ff.

Böschen, Stefan/Brandl, Barbara/Gill, Bernhard/Spranger, Philipp/Schneider, Michael (2013):Innovationsförderung durch geistiges Eigentum? Passungsprobleme zwischen unternehmerischen Wissensinvestitionen und den Schutzmöglichkeiten durch Patente, in Grande et al (Hrsg): Neue Governance der Wissenschaften.

Bowles, Samuel (2006): Microeconomics.

Brandl, Barbara/Paula, Katrin/Gill, Bernhard (2014) Spielarten des Wissenskapitalismus.Die Kommodifizierung von Saatgut in den USA und in Deutschland, in: Leviathan 42, 539 ff.

Deutscher Bundestag (2014): Bericht über die Auswirkungen des Patentrechts im Bereich der Biotechnologie unter anderem hinsichtlich ausreichender Technizität sowie hinsichtlich der Auswirkungen im Bereich der Pflanzen- und Tierzüchtung.

Eathington, Sam/Crosbie, Theodore/Reiter, Robert Edwards Marlin/Bull, Jason (2007): Molecular Markers in a Commercial Breeding Program, in: Crop Sci 47, 154ff.

Evenson, Donald (2000): Patent and Other Private Legal Rights for Biotechnology Inventions, in: Santaniello, Vittorio/ Evenson, Donald/ Zilberman, David/ Carlson, Gerald A.(Hrsg.):Agriculture and Intellectual Property Rights: Economic, Institutional, and Implementation Issues in Biotechnology, 12 ff.

Friedmann, Harriet/McMichael, Philip (1989): Agriculture and the State System. The Rise and the Decline of National Agricultures, 1870 to the Present, in: Sociologia Ruralis 29, 93 ff.

Godt, Christine (2007): Eigentum an Information. Patentschutz und allgemeine Eigentumstheorie am Beispiel genetischer Information.

zu zeigen, welche DNA Sequenz für eine bestimmte phänotypische Ausprägung verantwortlich ist.

Graff, Gregory/ Gordon, Rausser C./Small Arthur A. (2003): Agricultural Biotechnology's Complementary Intellectual Assets, in: The Review of Economics and Statistics 85, 349 ff.

Haedicke, Maximilian (2008): Innovationssteuerung durch Patente im Bereich der Biotechnologie, in: Otto Depenheuer (Hrsg.), Geistiges Eigentum: Schutzrecht oder Ausbeutungstitel. Zustand und Entwicklungen im Zeitalter von Digitalisierung und Globalisierung, 111 ff.

Hall, Bronwyn/Zidonis, Rosemarie (2001): The Patent Paradox Revistited: an Empirical Study of Patenting in the U.S. semiconductor Industry 1979 -1995, in: RAND Journal of Economics 32, 101 ff.

Hall, Peter A./Soskice, David W. (2001): Varieties of capitalism: The institutional foundations of comparative advantage.

Harhoff, Dietmar, und Markus Reitzig (2004). Determinants of Opposition against EPO Patent Grants - The Case of Biotechnology and Pharmaceuticals, in: International Journal of Industrial Organization 22, 443 ff.

Harwood, Jonathan (2012): Europe's green revolution and others since the rise and fall of peasant-friendly plant breeding.

Jefferson, Richard (2006): Science as Social Enterprise: The CAMBIA BiOS Initiative, in: Innovations 1.

Kalaitzandonakes, Nicholas/Magnier, Alexandre/Miller, Douglas (2011): A Worrisome Crop? Is there a Market Power in the US Seed Industry?, in: Regulation 20, 20 ff.

Kenney, Martin/Lobao, Linda/Curry, James/Goe, Richard (1989): Midwestern Agriculture in the US Fordism, in: Sociologia Ruralis 29, 131 ff.

Kleinman, Daniel L. (1995): Politics on the endless frontier: postwar research policy in the United States.

Kloppenburg, Jack R. (1988): First the Seed: The Political Economy of Plant Biotechnology.

Lutz, Burkhard (1989): Der kurze Traum immerwährender Prosperität.

Marco, Alan C./Rausser, Gordon (2008): The Role of Patent Rights in Mergers: Consolidation in Plant Biotechnology, in: American Journal of Agricultural Economics 90, 133 ff.

Mazzucato, Mariana (2013): The Entrepreneurial State: Debunking Public Vs. Private Sector Myths.

Moschini, GianCarlo (2010): Competition Issues in the Seed Industry and the Role of Intellectual Property, Working Paper, Iowa State University, Department of Economics.

Nelson, Richard R./Winter, Sidney G. (1982) An Evolutionary Theory of Economic Change.

Pechlaner, Gabriela (2012): Corporate crops: Biotechnology, agriculture, and the struggle for control.

Perkins, John H. (1997): Geopolitics and the Green Revolution: Wheat, Genes, and the Cold War.

Pray, Carl/Naseem, Anwar (2005): Intellectual Property Rights on Research Tools: Incentives or Barriers to Innovation? Case Studies of Rice Genomics and Plant Transformation Technologies, in: AgBioForum 8, 108 ff.

Reynolds, David (2010): Science, Technology, and the Cold War, in: Cambridge Histories Online.

Rhoten, Diana/Powell, Walter (2011): Public Research Universities. From Land Grant to Patent Grant Institutions, in: Diana Rhoten/Craig J. Calhoun (Hrsg.), Knowledge matters.The public mission of the research university, 319 ff.

Rhoten, Diana/Powell, Walter W. (2007): The Frontiers of Intellectual Property: Expanded Protection versus New Models of Open Science, in: Annual Review of Law and Social Science 3, 345 ff.

Schenkelaars, Piet/Vriend, Huib/Kalaizandonakes, Nicholas (2011): Drivers of Consolidation in the Seed Industry and its Consequences for Innovation, COGEM.

Schneider, Cédric (2010): The battle for patent rights in plant biotechnology: evidence from opposition fillings, in: The Journal of Technology Transfer 36, 565 ff.

Schubert, Johannes/Gill, Bernhard/Böschen, Stefan (2011): Having or Doing Intellectual Property Rights? Transgenic Seed on the Edge Between Refeudalisation and Napsterisation, in: European Journal of Sociology 22, 407 ff.

Schumpeter, Joseph A. (1993) Kapitalismus, Sozialismus und Demokratie.

Scotchmer, Susann (2004): The political economy of intellectual property treaties, in: Journal of Law, Economics, and Organization 20, 415 ff.

Sell, Susan K. (2003): Private power, public law: The globalization of intellectual property rights.

Slaughter, Sheila/Rhoades, Gary (1996): The Emergence of a Competitiveness Research and Development Policy Coalition and the Commercialization of Academic Science and Technology, in: Science, Technology, & Human Values 21, 303 ff.

Unger, Corinna R. (2006): Cold War Science: Wissenschaft, Politik und Ideologie im Kalten Krieg, in: Neue Politische Literatur 51, 49 ff.

United States Congress Office of Technology (1989): New Developments in Biotechnology: Patenting Life, Report, U.S. Congress. Office of Technology Assessment [Quelle: http://digital.library.unt.edu/ark:/67531/metadc39951/m1/2/, (19.8.2014)].

Welsh, Rick/Glenna, Leland (2006): Considering the Role of the University in Conducting Research on Agri-Biotechnologies, in: Social Studies of Science 36, 929 ff.

Wieland, Thomas (2004): Wie beherrschen wir den pflanzlichen Organismus besser. Wissenschaftliche Pflanzenzüchtung in Deutschland, 1889 -1945.

Wright, Brian D. (2012): Grand missions of agricultural innovation.The need for a new generation of policy instruments to respond to the Grand Challenges, in: Research Policy 41, 1716

Fragen der Patentierung im Forschungsalltag am Beispiel der Entwicklung krankheitsresistenter Nutzpflanzen

Sebastian Pfeilmeier

Pflanzenkrankheiten als Herausforderung für Forschung und Landwirtschaft

Der vorliegende Artikel versucht die Frage der Patentierung in ihren Auswirkungen auf den Forschungsalltag zu diskutieren. Als Ausgangsbeispiel dient hierfür ein konkretes Projekt des *Sainsbury Laboratory* in Norwich (Großbritannien), das sich mit dem Erreger der Kraut- und Knollenseuche, *Phytophthora infestans*, auseinandersetzt: Als Mitte des 19. Jahrhunderts in Irland die Kraut- und Knollenseuche mehrfach zum Ausfall der jährlichen Kartoffelernte und daraufhin zu großer Hungersnot führte, hatte dies lokale und globale Folgen. Über eine Million Iren starb zwischen 1845 und 1852 auf Grund von Nahrungsmittelmangel und eine weitere Million emigrierte in die Vereinigten Staaten von Amerika.[1] Die verheerende Auswirkung der Kraut- und Knollenseuche in Europa war zudem eine treibende Kraft in der Entstehung der Pflanzenpathologie als eigenständige wissenschaftliche Disziplin.[2] Die Forschung zur Interaktion zwischen Pflanze und Schädlingen bzw. Krankheitserregern beschäftigt sich mit der Entstehung und Ausbreitung von Pathogenen sowie Resistenz- und Anfälligkeitsfaktoren von Pflanzen, der evolutionären Entwicklung beider Organismen und den Folgen für die Landwirtschaft. Darüber hinaus werden Phänomene beschrieben und Modelle erarbeitet, die für die Biologie im Allgemeinen relevant sind.[3]

---

1 Kinealy 1995.
2 Gordon and Leveau 2010.
3 Ebd.

Pflanzenkrankheiten stellen auch im 21. Jahrhundert eine große Herausforderung für die Landwirtschaft dar. Die globale Verbreitung von Erregern und die landwirtschaftliche Anbaupraxis in Monokulturen bieten gute Bedingungen für das epidemische Auftreten von Krankheiten und Schädlingen. Der Scheinpilz *P. infestans* verursacht auch heute noch weltweit Ernteverluste im Wert von geschätzten sechs Millionen Euro pro Jahr.[4] Die Kontrolle derartiger Pflanzenkrankheiten wurde lange Zeit vorwiegend über einen extensiven Einsatz von Pestiziden im Feld zu erreichen versucht. Züchtungen fokussierten in diesem Zeitraum hauptsächlich auf die Selektion von Sorten mit hohem Ertrag. In jüngerer Zeit aber ist es ein durchaus vielversprechendes Züchtungsziel, Resistenzgene von verwandten Arten in die entsprechende Kultursorte einzukreuzen und so genetische statt chemischer Kontrolle über eine Krankheit zu erlangen. So kann die Übertragung von Resistenzgenen aus verwandten Wildarten eine effektive Strategie für beständigen Schutz vor Krankheitsepidemien und Reduktion von Ernteverlusten sein.[5] Zudem trägt diese Vorgehensweise zu einer »nachhaltigen Intensivierung« der Landwirtschaft bei, in der die Erträge für eine wachsende Weltbevölkerung gesteigert und gleichzeitig die Auswirkungen auf die Umwelt minimiert werden können.[6]

Die wissenschaftlichen Erkenntnisse über die Zusammenhänge von Pflanze-Pathogen-Interaktionen bieten zahlreiche Ansatzpunkte zur Züchtung resistenter Nutzpflanzen und Entwicklung neuer Anbausysteme. Die Herausforderung für die Züchtung ist es zum einen wirkungsvolle Resistenzgene aufzuspüren und zum anderen diese in die ertragreiche Kultursorte einzubringen. Nicht zuletzt ist es durch technologischen Fortschritt und Erkenntnisse der Genetik und Molekularbiologie möglich geworden, durch anwendungsorientierte Forschung das Wissen aus dem Labor in die landwirtschaftliche Pflanzenzüchtung zu übertragen.[7]

Ausgehend von der Grundlagenforschung hat die Forschungsgruppe um Professor Jonathan Jones am *Sainsbury Laboratory* in Norwich eine moderne Kartoffelsorte mit Resistenzgenen aus verwandten Wildarten erzeugt, die sich im Feldversuch bereits resistent gegen die Kraut- und

4 Haverkort et al. 2008.
5 Jones 2001.
6 Godfray and Garnett 2014.
7 Dangl et al. 2013, Ronald 2014.

Knollenseuche zeigte. Anhand dieses Beispiels soll im Folgenden die Übertragung von Erkenntnissen aus der Forschung in konkrete Projekte für die Landwirtschaft erläutert und auf weiterführende Möglichkeiten und Herausforderungen von Transferprojekten dieser Art eingegangen werden. Eine besondere Stellung nehmen hierbei so genannte *Public-Private-Partnerships* (PPPs) ein: Viele Züchtungsprojekte werden in Zusammenarbeit von privaten Unternehmen, Stiftungen und öffentlichen Forschungseinrichtungen umgesetzt. Wenn Stiftungen oder staatlich geförderte Universitäten mit privaten Unternehmen kooperieren, erwachsen durch die zumeist unterschiedlichen Interessen spezifische Herausforderung im Umgang mit geistigen Eigentumsrechten.

Co-Evolution von Pflanzen und Pathogenen

Bakterien, Pilze, Scheinpilze (*Oomycetes*) und Viren sind typische Erreger von Pflanzenkrankheiten und haben sich auf bestimmte Pflanzenarten als Wirt spezialisiert. Umgekehrt gibt es innerhalb jeder Pflanzenart eine vererbbare genetische Variation, die individuellen Pflanzen Resistenz gegen ein bestimmtes Pathogen verleiht. Da auch in der Pathogenpopulation genetische Variation herrscht, die durch Fortpflanzung immer wieder neu kombiniert wird, können neue, virulente Erregersubtypen auftreten, die vormals resistente Pflanzen erfolgreich infizieren. Resistenzen sind daher *nicht absolut*, sondern immer in einem zeitlichen und räumlichen Kontext zu sehen. Zwischen den interagierenden Organismen, der Wirtspflanze und dem Pathogen, erfolgt eine wechselseitige evolutionäre Anpassung. Die Ausbildung von Resistenzen in der Pflanze führt zur Selektion von Eigenschaften des Pathogens, welche die Virulenz wiederherstellen. Die Co-Evolution von Pflanze und Pathogen lässt sich daher als ein »evolutionäres Wettrüsten« beschreiben, bei dem das Pathogen die Pflanze mit immer neuen Virulenzfaktoren herausfordert und die Pflanze entsprechende Abwehrmechanismen entwickelt.[8] Auf diese Weise hat sich ein großes Repertoire von Genen für Abwehrrezeptoren in der Wirtspflanze bzw. virulenten Effektorproteinen im Pathogen angehäuft. Beispielsweise wur-

8 Dangl et al. 2013.

den im Genom einer sequenzierten Kartoffelsorte über 400 Kandidaten für Resistenzgene und im Genom des Pathogens *P. infestans* entsprechend viele Effektorproteine gefunden.[9]

In einer natürlichen Pflanzenpopulation treten Epidemien selten auf, da es an einem bestimmten Standort eine hohe genetische Diversität an Resistenzgenen gibt. Selbst wenn eine individuelle Pflanze anfällig gegenüber Pathogentypen ist, sind die meisten benachbarten Pflanzen resistent, da sie andere Resistenzgene tragen. In der Landwirtschaft besteht die Population jedoch aus genetisch identischen Pflanzen. Daher bietet sie ideale Bedingungen für die Verbreitung von Pathogenen, welche die Erkennung durch Sorten-spezifische Resistenzgene umgehen.[10]

Der grundlegende Zusammenhang zwischen pflanzlichen Resistenzgenen und den komplementären Erkennungsstrukturen in Pathogenen wurde bereits in den 1940er Jahren beschrieben.[11] Die molekularen Mechanismen, wie Rezeptoren bestimmte Moleküle des Pathogens erkennen und die Pflanze daraufhin eine Abwehrreaktion über komplexe Signalübertragungswege in Gang setzt oder evolutionäre Konzepte der wechselseitigen Entwicklung von Pflanze und Pathogen wurden hingegen erst in den letzten fünfzehn Jahren detailliert beschrieben und sind weiterhin Gegenstand aktueller Forschung.[12]

Translationale Biologie – der Wissenschaftler als Erfinder

Translationale Biologie bezeichnet die Umsetzung von Erkenntnissen der Grundlagenforschung in Verfahren zur Steigerung der landwirtschaftlichen Produktivität.[13] Neue Technologien wie Genomsequenzierung und -*editing* haben die Forschung in Molekularbiologie, Physiologie und Genetik von Pflanzen vorangetrieben.[14] Beispielsweise können die Methoden zur genetischen Modifikation (und teilweise auch das Wissen der Grund-

9 Potato Genome Sequencing Consortium 2011.
10 Jones 2001.
11 Flor 1971.
12 Jones and Dangl 2006, Dangl et al. 2013.
13 Alfred et al. 2014.
14 Comai 2014.

lagenforschung) aus der Modelpflanze *Arabidopsis thaliana* auf Nutzpflanzen angewendet werden.[15]

Kurze Geschichte der Pflanzenzüchtung

Eine genetische Verbesserung von Pflanzen hat bereits mit dem Beginn der Landwirtschaft und der Domestizierung von Nutzpflanzen vor 10.000 Jahren begonnen. Durch die Erkenntnisse der Vererbungslehre konnten Pflanzenzüchter des 20. Jahrhunderts auf neue Möglichkeiten in der Züchtung von ertragreichen Sorten zurückgreifen. Grundlegend für die Züchtung ist die genetische Variation innerhalb einer Pflanzenart, so dass die gewünschten Merkmale aus einer Population selektioniert werden können. Die Erzeugung von Variation, d.h. Mutationen oder anderen Veränderungen im Erbgut der Pflanze kann auf verschiedene Weisen erfolgen, durch natürliche oder gezielte Kreuzung von verwandten Arten oder auch durch chemische Behandlung oder Bestrahlung von Saatgut. Die Meisten derzeit angebauten Nutzpflanzen wurden durch eine dieser Methoden genetisch verändert. Da die Variationen zufällig erfolgen und Kreuzungsprozesse je nach Pflanzenart sehr lange dauern und nicht immer durchführbar sind, ist die Züchtung von Nutzpflanzen ein arbeitsintensiver und langwieriger Prozess. In den letzten zwanzig Jahren wurden technische Verfahren etabliert, die die Züchtung von Pflanzen schneller, präziser und effektiver machen. Dabei kommen Erkenntnisse und Methoden der Molekularbiologie zum Einsatz, mit deren Hilfe entweder direkt in das Erbgut der Pflanze eingegriffen wird (Gentechnik) oder indirekt Pflanzen mit günstigen Genkombinationen ausgewählt werden (z.B. Marker-gestützte Selektion). Mit neueren Technologien wie *Genomediting* kann sehr spezifisch in das Erbgut von Pflanzen eingegriffen werden und können gezielt Gene entfernt werden. Auf diese Weise ist es möglich genetische Variation ohne die Übertragung von Genen zu erzeugen und dieses Wissen gezielt für Hochleistungssorten anzuwenden.[16]

15 Ronald 2014.
16 Voytas and Gao 2014.

Die Anwendung technologischer Züchtungsverfahren in Verbindung mit dem Wissen über Pflanzen-Pathogen-Interaktion auf molekularer und organismischer Ebene, sowie über Populationsdynamik und Pathogenevolution lassen den Wissenschaftler zum Ingenieur werden und in einem zielgerichteten Ansatz Resistenzgene in Kultursorten einbringen. *Engineering crop resistance* ist das Stichwort der translationalen Forschung in der Pflanzenpathologie.[17] Die Übertragung der Erkenntnisse und Verfahren von Modelpflanzen auf agronomisch relevante Nutzpflanzen kann je nach Pflanzenart eine unterschiedlich große Herausforderung darstellen und erfordert biologisches Fachwissen, experimentelles Können und technische Ausstattung. Vielfach wird hierbei die Meinung vertreten, dass die Möglichkeiten der modernen Pflanzenzüchtung bislang nicht adäquat wahrgenommen worden und ihre Potentiale gerade mit Blick auf die Landwirtschaft bisher weitgehend ungenutzt geblieben sind.[18]

Übertragung von Resistenzgenen gegen Kraut- und Knollenfäule auf Kartoffelpflanzen

In Europa gezüchtete Kartoffelsorten weisen eine sehr geringe genetische Vielfalt auf, da sie auf wenige aus Südamerika importierte Sorten zurückgehen und vielfach durch Inzucht fortgepflanzt wurden. Sie sind daher sehr anfällig für Pflanzenkrankheiten.[19] Die Kontrolle von Schädlingen und Pathogenen wird in der konventionellen Landwirtschaft mit Fungiziden und Insektiziden erreicht und ist mit zusätzlichem Arbeitsaufwand und Kosten für Chemikalien, Maschinen und Treibstoff verbunden. Wildwachsende Verwandte der Kartoffel (*Solanum tuberosum*) sind eine Quelle für Resistenzgene, jedoch ist die Kreuzung mit ertragreichen Kartoffelsorten, die in der Landwirtschaft angebaut werden, schwierig und extrem langwierig auf Grund der komplexen Struktur des Erbguts. Die am besten erforschte Wildart *Solanum bulbocastanum* besitzt verschiedene Resistenzgene gegen *P. infestans*, kann jedoch nicht direkt mit der

17 Dangl et al. 2013.
18 Alfred et al. 2014, Ronald 2014.
19 Haverkort et al. 2009.

Kultursorte gekreuzt werden.[20] Züchtung kann nur über mehrere Zwischenstufen erfolgen und ist damit sehr zeitaufwendig. In einem Gemeinschaftsprojekt der Universität Wageningen (Niederlande) und privaten Züchtungsunternehmen hat das Einkreuzen eines einzelnen Resistenzgens in die Kultursorten *Bionica* und *Toluca* über 40 Jahre gedauert.[21] Wie schnell die Resistenz von einem der vielen Subtypen des Pathogens überwunden wird, wie es in der Vergangenheit häufig geschah, ist ungewiss. Zudem hat es sich als extrem schwierig herausgestellt, gewünschte Merkmale für Krankheitsresistenz einzukreuzen ohne vorteilhafte Kombinationen anderer Gene zu zerstören. Der Einsatz gentechnischer Verfahren ermöglicht die direkte Übertragung von Resistenzgenen in die Kultursorte in kurzer Zeit und bietet die Möglichkeit effektiven Schutzes über lange Zeit aufrecht zu erhalten.[22] Einige Resistenzgene sind gegen mehrere Stämme des Pathogens wirksam und können nicht so einfach vom Pathogen umgangen werden. Mit Hilfe von experimentellen Verfahren können Resistenzgene zunächst auf ihre Wirksamkeit getestet werden, um die wirksamsten für die Züchtung zu priorisieren. Mit gentechnischen Ansätzen können mehrere Resistenzgene gleichzeitig in eine Kultursorte übertragen werden, was den Selektionsdruck auf das Pathogen gegen die einzelnen Gene reduziert und damit dauerhaften Schutz verspricht.[23] Wichtig ist jedoch, dass genetisch verbessertes Saatgut in strategische Anbausystemen integriert wird, da der Effekt von Resistenzgenen möglicherweise zu gering ist, nur gegen ein Pathogen gerichtet ist oder die Resistenz schnell überwunden wird.[24]

In einem Projekt der Arbeitsgruppe von Professor Jonathan Jones am *Sainsbury Laboratory* in Norwich wurden verschiedene Resistenzgene in verwandten Wildarten identifiziert und ihre Wirksamkeit im Schutz gegen *P. infestans* gezeigt.[25] Mit Hilfe von gentechnischen Verfahren wurde ein Resistenzgen in die Kartoffelsorte *Desiree* übertragen. Anschließende Feldversuche zeigten einen wirksamen Schutz gegen die in Großbritanni-

20 Ebd.
21 Ebd.
22 Haverkort et al. 2008.
23 Zhu et al. 2012.
24 Tabashnik et al. 2008, Gilbert 2013.
25 Jones et al. 2009.

en vorkommenden Pathogenstämme von *P. infestans*.[26] Einen ähnlichen Ansatz wählte das Unternehmen *BASF* bei der Züchtung der Kartoffelsorte *Fortuna*, bei der über gentechnische Verfahren zwei Resistenzgene übertragen wurden und wirksamer Schutz gegen *P. infestans* gezeigt werden konnte. Das Projekt wurde jedoch kurz vor der Markteinführung mit Hinweis auf die gesellschaftlichen Widerstände gegen gentechnisch veränderte Pflanzen in Europa und damit verbunden Kosten aufgegeben.[27] Das Projekt aus dem *Sainsbury Laboratory* demonstriert, dass Erkenntnisse und Methoden aus dem Labor in der Erzeugung transgener Kartoffelpflanzen, die ein zusätzliches funktionales Resistenzgen tragen, praktische Anwendung in der Landwirtschaft finden und den Einsatz von Agrarchemikalien verringern könnten.

Das Aufspüren von Resistenzgenen in verwandten Wildarten hat dabei bereits zu zahlreichen Patentanmeldungen von Industrie und öffentlichen Forschungsinstituten sowohl hinsichtlich der Methode[28] als auch der Verwendung der Gensequenz geführt. Im Rahmen des Forschungsprojekts zur Identifizierung von Resistenzen gegen Kraut- und Knollenfäule wurden in Kollaboration mit Wissenschaftlern der Universität Wageningen mehrere Gene identifiziert und isoliert. Zudem wurde auf die Verwendung dieser Gene zur Züchtung resistenter Kartoffelsorten Patentschutz angemeldet[29] und über ein IP-Managementbüro an eine US-Agrarfirma lizensiert.[30] Im Folgenden soll daher die Frage diskutiert werden, welche Rolle Patentierungen im Forschungsalltag spielen.

26 Jones et al. 2014.
27 BASF 2012.
28 Rommens et al. 2000.
29 Jones et al. 2009, Vossen et al. 2011.
30 Plant BioScience Ltd Newsletter 16/2010. Die Resistenzgene wurden bei der Züchtung der zweiten Generation der *Innate*-Kartoffel von JR Simplot verwendet.

Geistige Eigentumsrechte in der akademischen Forschung

Patente garantieren den Schutz geistigen Eigentums und verleihen dem Erfinder[31] privilegierte Rechte über seine Erfindung. Die Grundidee des Patentsystems ist es, Innovationen und technischen Fortschritt für das gesellschaftliche Wohl zu unterstützen und den Urheber für seine Erfindung zu belohnen, indem ihm über einen begrenzten Zeitraum exklusive Rechte zur Nutzung der Erfindung bzw. Ausschlussrechte Dritter zugesprochen werden. Ziel ist es also, eine Balance zwischen den Interessen der Öffentlichkeit und jenen des Erfinders zu schaffen.

In der Pflanzenzüchtung garantiert der deutsche Sortenschutz dem Züchter die Rechte an der Vermarktung neuer Sorten, erlaubt aber anderen Züchtern das Saatgut als Ausgangsmaterial für weitere Züchtungen zu verwenden. Patente auf biotechnologische Züchtungsverfahren oder auf die Verwendung eines spezifischen Gens für ein Merkmal sind hier restriktiver: In Deutschland ist zwar die Forschung und Züchtung mit den Pflanzen, nicht aber an dem patentgeschützten Merkmal erlaubt. Inwiefern Patente auf Pflanzen, biologische Prozesse oder Gensequenzen möglich sein sollen, ist in der Öffentlichkeit umstritten.[32]

Auch an Universitäten und Instituten für Grundlagenforschung vieler Industrieländer wird häufig ein Patentschutz auf Forschungsergebnisse angemeldet, um eine kommerzielle Verwertung zu ermöglichen. Neben Forschung und Lehre hat sich der Technologietransfer als dritte wichtige Aufgabe von Universitäten entwickelt.[33] Dieser neue Auftrag bringt Veränderungen und Fragen bezüglich der Strukturen und dem (Selbst-)Verständnis akademischer Wissenschaft mit sich. Stellt die Tendenz der Patentierung akademischer Forschung eine besondere Form der *Exzellenz* dar? Wie lassen sich Wissenschaft, die durch Informationsaustausch und Autonomie geprägt ist, und das Patentwesen, das für Einschränkung und Kommerzialisierung steht, vereinbaren? Und wie können öffentlich-finanzierte Forschungseinrichtungen ihrer gesellschaftlichen Verantwor-

31 Es sind hier und im Folgenden sowohl weibliche als auch männliche Personen gemeint.

32 Grefe 2011.

33 Mersch 2013, S.368.

tung im Umgang mit Patenten und der daraus folgenden wirtschaftlichen Macht gerecht werden?

Kommerzialisierung der Forschung politisch erwünscht

In den USA wurde in den 1980er Jahren mit dem *Bayh-Dole-Act* die gesetzliche Grundlage für die kommerzielle Verwertung von Forschungsergebnissen an der Universität gelegt, indem Universität und Wissenschaftler direkt von der Patentierung profitieren. In Deutschland wurde (viel später) mit der »Verwertungsoffensive« des Bundesministeriums für Bildung und Forschung 2001 versucht, das Bewusstsein für die Patentierung von Forschungsergebnissen zu erhöhen und den Wissenschaftlern administrative Beratung bei der Anmeldung von Patenten bereitzustellen. Damit die Möglichkeiten der ökonomischen Verwertung der akademischen Forschung frühzeitig erkannt werden, gehören Technologietransferabteilungen mittlerweile als ein fester Bestandteil zu einer jeden modernen Universität.

Zugleich vergeben staatlich finanzierte Förderorganisationen wie die Deutsche Forschungsgemeinschaft[34] oder der *Biotechnology and Biological Sciences Research Council*[35] in Großbritannien gezielt Fördergelder für Transferprojekte, wenn Universitäten oder Forschungsinstitute mit privaten Unternehmen kooperieren, um marktreife Produkte zu entwickeln. Die kommerzielle Verwertung akademischer Forschung über Patentlizenzen oder Unternehmensgründungen ist ausdrücklich erwünscht und kann sich zu einer Einnahmequelle der Universität entwickeln bzw. neue Wirtschaftssektoren für die Gesellschaft erschließen.[36] Private Investoren sollen Drittmittel für die Forschung bereitstellen, die Rechte an den gemeinsam entwickelten Produkten sind vertraglich zwischen den beteiligten Parteien geregelt. Um öffentliche Forschungseinrichtungen hat sich nicht nur räumlich mit der Ansiedelung von *Start-Up*-Unternehmen in Forschungsparks, sondern auch wirtschaftlich ein eigener Dienstleistungssektor für Technologiemanagement etabliert, der von immer neuen Inno-

34 Deutsche Forschungsgemeinschaft 2014.
35 Biotechnology and Biological Sciences Research Council 2014.
36 Benkler 2004.

vationen und Patentanmeldungen aus den akademischen Organisationen lebt.

Trotz der wissenschaftspolitischen Legitimität und länderübergreifenden Förderung wird die Tendenz des Patentierens akademischer Erfindungen kritisch betrachtet und die Angleichung von Strukturen und Handlungszwängen zwischen Wirtschaft und Wissenschaft beklagt.[37] Aus ökonomischer Perspektive sind Patente ein wichtiger Baustein für den Aufbau eines neugegründeten Unternehmens, da der Patentschutz einen zeitlichen Freiraum garantiert, in dem die Erfindung entwickelt und zur Marktreife gebracht werden kann. Ein Patentportfolio wirkt wie ein Gütesiegel, es erhöht den Marktwert der Firma und ist ein wichtiges Argument, um neues Kapital bei Investoren für hohe Forschungsaufwendungen und teure Zulassungskosten einzuwerben.

Im historischen Vergleich mit anderen Wissenschaften wie Physik oder Chemie war die Biologie lange Zeit zurückhaltend bezüglich der kommerziellen Nutzung wissenschaftlicher Erkenntnisse oder es war ihr nicht möglich entsprechende Produkte zu entwickeln. Mit der zunehmenden Routine in der experimentellen Handhabung von Genen und ihren Funktionen treten zu dem empirisch-experimentellen Charakter der Biologie auch synthetische Merkmale hinzu. Technische Verfahren in der Molekularbiologie erlauben es, gezielt neue biologische Produkte von Molekülen bis Organismen herzustellen, die auch ein wirtschaftliches Potential aufweisen. Historisch betrachtet ist der Technologietransfer und das Patentieren im akademischen Bereich kein neues Phänomen, sondern ein fester Bestandteil der akademischen Tätigkeit. Studien zu der Erfindertätigkeit an den Instituten der Kaiser-Wilhelm-Gesellschaft verzeichnen beispielsweise ab 1924 eine Zunahme der Patentanmeldungen der Gesellschaft.[38]

Wissenschaft zwischen Publikation und Patentierung

Einerseits ist der Wissensaustausch mit Kollegen und der Öffentlichkeit ein zentrales Element der akademischen Forschung, andererseits kann die

37 Schachman 2006.
38 Hartung 1996.

vorzeitige Bekanntmachung von Ergebnissen eine Patentanmeldung auf Grund mangelnder Neuheit ungültig machen. Die Berücksichtigung von Patentierungsmöglichkeiten ist für den Wissenschaftler eine Herausforderung im *Zeitmanagement*, da er primär an der Publikation seiner Forschungsergebnisse interessiert und der Druck sich in der wissenschaftlichen *Community* zu etablieren sehr hoch ist. Prinzipiell können bei vorrausschauender Planung Publikation und Patentanmeldung parallel erfolgen und stehen nicht notwendigerweise miteinander in Konflikt.[39] Damit stellen Patentanmeldungen kein grundsätzliches Risiko für das Funktionieren der akademischen Wissenschaft dar. Interessanterweise erfordert die technische Beschreibung einer Erfindung für die Patentanmeldung eine ebenso detaillierte wissenschaftliche Dokumentation und experimentelle Erläuterung des biologischen Sachverhalts wie die Publikation in einem Fachjournal. Der zusätzliche experimentelle Arbeitsaufwand hält sich daher in Grenzen. Dennoch ist festzuhalten, dass der Prozess der Patentanmeldung juristische Expertise benötigt und für eine Forschergruppe nur mit zusätzlicher Unterstützung und strategischem Management möglich ist. Der Aufbau entsprechender Strukturen und administrativer Abteilungen an Universitäten und Instituten ist daher essentiell, um Veröffentlichung und Patentierung reibungslos zu koordinieren.

Mittlerweile gehört es zum professionellen Auftreten eines Wissenschaftlers und zum »verantwortlichen« Umgang mit Forschungsergebnissen, diese nach Möglichkeiten der Kommerzialisierung auszuleuchten. Wie erfolgreich dies gelingt, hängt dabei stark von den individuellen Fähigkeiten der Person ab. Patentierende Wissenschaftler zeichnen sich oftmals durch ein internationales und sektorübergreifendes Netzwerk aus, das ihnen Kontakte, Reputation und Finanzierungsmöglichkeiten bietet. Diese Wissenschaftler sind als Ideen- und Projektmanager zu verstehen, die eine Patentierung als zusätzliche Option in ihren Auswertungsstrategien für Forschungsergebnisse mitlaufen lassen.[40]

Die Motivation des Wissenschaftlers seine Forschungsarbeit zu patentieren bzw. zu kommerzialisieren kann sehr vielfältig sein. Der Drang mit seiner Expertise etwas »Nützliches« für die Gesellschaft tun zu wollen, die

---

39 Schachman 2006.
40 Mersch 2013, S.373.

Neugierde auf eine neue Unternehmung und letztendlich auch Geld und Anerkennung für die Arbeit zu erhalten können hierbei eine Rolle spielen. Der rechtliche Inhaber von Patenten aus dem Labor ist vertraglich festgelegt und in der Regel die Forschungseinrichtung; dennoch erhält der Erfinder häufig einen Bonus oder ist an den Einkünften aus Lizenzen beteiligt. Patentanmeldungen erhalten einen Platz in der Publikationsliste des Wissenschaftlers als Anzeichen produktiver Forschung. In einschlägigen Fachzeitschriften gibt es eigene Rubriken für unternehmerische Biotechnologie und Neuigkeiten rund um das Patentwesen.[41] Daraus lässt sich schließen, dass die angemeldeten und erteilten Patente mittlerweile als eine besondere Form der Exzellenz eines Wissenschaftlers bzw. der Hochschule betrachtet werden. Jedoch stellt die bloße Anzahl der Patentanmeldungen einen oberflächlichen und teuren Indikator dar, da er nichts über die Qualität aussagt und die langfristige Aufrechterhaltung des Patentschutzes für eine Erfindung kostenintensiv ist.

Interessanterweise ist in den USA bereits ein Rückgang der akademischen Patentierung wahrzunehmen. Eine mögliche Erklärung für diese rückläufige Tendenz liegt darin, dass die Patentaktivitäten in den für die Selbst- und Fremdwahrnehmung wichtigen Universitätsrankings nicht berücksichtigt werden und damit der Anreiz zum Patentieren indirekt gemindert ist.[42]

Transferprojekte in *Public-Private-Partnerships (PPP)*

Staatliche Fördergelder stehen nicht unbegrenzt zur Verfügung, daher sind Wissenschaftler angehalten, zusätzliche Fördermittel für ihre Forschung einzuwerben. Anwendungsorientierte Transferprojekte eignen sich dabei gut, um private Investoren anzuwerben. An Universitäten und Forschungsinstituten findet experimentelle Forschung in einem anwendungsorientierten Bereich statt, der auch für private Unternehmen interessant sein kann.

Bei dem Transfer von Resultaten der Grundlagenforschung in die Industrie gibt es verschiedene Vorgehensweisen. Erfolgt die Lizenzierung

41 Z.B. Nature Biotechnology (http://www.nature.com/nbt/index.html).
42 Mersch 2013, S.375.

von patentgeschützten Erfindungen an der Universität durch ein externes Patentbüro hat der Wissenschaftler meist keinen Einfluss auf die Verwendung seiner Erfindung und der Kontakt zwischen Forschungsgruppe und Unternehmen ist eher indirekt. Zudem stellen die Einnahmen aus Lizenzgebühren für die akademische Erfindung im Gesamtbudget der Forschungsausgaben einen unerheblichen Bruchteil dar.

Eine andere Möglichkeit des Technologietransfers der Pflanzenforschung sind direkte Kooperationen auf Basis einer PPP. Für ein Züchtungsprojekt, das in der landwirtschaftlichen Praxis erfolgreich ist, benötigt es mehr als technische Expertise, da auch Marktstrukturen, Versorgungswege und andere Faktoren berücksichtigt werden müssen. In PPPs können die Vorzüge der verschiedenen Akteure genutzt werden: Forschungseinrichtungen liefern innovative Ideen und die notwendige Expertise und technische Ausstattung während der private Sektor finanzielle Unterstützung bereitstellt und den Entwicklungsprozess zur Marktreife koordiniert. Geistige Eigentumsrechte sind für Unternehmen und Kapitalgeber dabei ein wichtiger Teil des Geschäftsmodells und Anreiz für Investitionen und Engagement. In diesem Sinne sind Patente für eine anwendungsorientierte Forschung notwendig, um sich den Standards und Umgangsformen von Industrie und Wirtschaft anzunähern.

Fairer Technologietransfer durch humanitäre Lizenzen

In vielen Züchtungsprojekten spielen hierbei Stiftungen eine wichtige Rolle. Sie verbinden ihre (humanitären) Interessen mit der Förderung anwendungsorientierter Pflanzenforschung. Beispielsweise unterstützt die *Bill and Melinda Gates Foundation* zahlreiche Projekte in Entwicklungs- und Schwellenländern wie etwa die Entwicklung und Verbreitung von stresstolerantem Reis in Afrika und Südostasien.[43] Die *Rockefeller Foundation* war maßgeblich daran beteiligt, die zweite Generation von *Golden Rice*, einem Reis mit erhöhtem Gehalt von Provitamin A, zu erzeugen. Weitere Projekte sind in Entwicklungshilfeprogramme westlicher Staaten integriert

43 Ronald 2014.

und finden in Kooperation mit lokalen Partnern in den ent-sprechenden Ländern statt.[44]

Die Rechte am geistigen Eigentum sind in diesen PPPs meist individuell geregelt und abhängig von den Interessen der beteiligten Partner und daher vielfältiger und flexibler gestaltet als in privaten Unternehmen. Obgleich die Aussicht auf Erträge aus investiertem Kapital in den meisten Fällen bei einer Patentanmeldung eine Rolle spielt, sind Stiftungen und akademische Forschungseinrichtungen im Gegensatz zu Unternehmen nicht primär gewinnorientiert, sondern haben sich gesellschaftlichen Aufgaben verpflichtet. Daher können die Rechte am geistigen Eigentum selbstbestimmten Leitlinien folgen.

Beispielsweise ist die *Two Blades Foundation* eine Stiftung, die Forschungs- und Entwicklungsprogramme für die Züchtung dauerhafter Resistenzen in Nutzpflanzen unterstützt. Ein besonderes Augenmerk liegt auf der Züchtung für die Subsistenzwirtschaft in Entwicklungsländern.[45] Auf Grundlage der von *Two Blades* finanzierten Forschung wurden zahlreiche Züchtungen und technologische Innovationen über Patente geschützt und auch an interessierte Partner in den Industrieländern lizenziert. Mit dieser Strategie wird versucht die Anwendung und Verbreitung genetischer Ressourcen und Technologien voranzubringen und gleichzeitig neues Kapital zu erhalten, um den Urheber der Erfindung zu entlohnen und neue Investitionen in Forschung und Entwicklung zu tätigen. Im Grundsatz wird ein *kooperativer* Umgang mit Patenten verfolgt. Um zu verhindern, dass die Nutzung einer neuen Technologie blockiert wird, werden keine Exklusivlizenzen vergeben. Zudem erfolgt die Lizenzierung unter bestimmten Auflagen, beispielsweise dürfen einzelne Resistenzgene nur in Kombination miteinander in eine Pflanze eingebracht werden, um dauerhaften Schutz gegen Pathogene zu gewährleisten. Geschützte Technologien oder genetische Ressourcen sollen kostenfrei für Forschungsprojekte in Entwicklungsländern zur Verfügung gestellt werden.[46] Neben der Lizenzierung zur Nutzung von geschützten Resistenzgenen oder Technologien werden direkte Kooperationen mit Unternehmen angestrebt, um

44 Ebd.

45 Siehe unter: http://2blades.org/.

46 Ebd.

einerseits Forschung und Entwicklung zu finanzieren und andererseits eine effektive Umsetzung in der Landwirtschaft zu gewährleisten. Daher wurde in einem Projekt zur Züchtung von dauerhafter Resistenz gegen Rostpilze von Soja für den südamerikanischen Markt die Zusammenarbeit mit einem großen Saatgutkonzern gewählt. Die Verwendung der gemeinsam entwickelten Pflanzen soll für die Subsistenzwirtschaft unentgeltlich zur Verfügung gestellt werden.[47]

Eines wird deutlich: Staatlich finanzierte Züchtungsprojekte alleine können nicht die vielfältigen Ansprüche nach neuen Pflanzensorten abdecken. Zudem wird verhältnismäßig wenig Geld in Forschung und Züchtung von Nutzpflanzen wie Maniok oder Sorghum investiert, die als wichtiges Grundnahrungsmittel in Entwicklungsländern dienen. Viele Projekte werden in PPPs effektiv umgesetzt, da die Vorzüge der einzelnen Partner genutzt werden können. Der Anreiz für private Unternehmen liegt dabei im Wissenstransfer und der kommerziellen Nutzung der Forschungsergebnisse. Da Grundlagenforschung an Universitäten und Forschungsinstituten häufig über öffentliche Gelder finanziert wird, besitzen sie einen gesellschaftlichen Auftrag. Eine Möglichkeit diesem gerecht zu werden, ist der aktive Einsatz und die Anwendung von Forschungsresultaten zu *humanitären Zwecken*. Hierfür ist es wichtig, dass akademische Organisationen die Rechte an ihren Erfindungen behalten und damit Einfluss auf ihre Verwendung nehmen können.[48] Viele Universitäten wirken mit selbstauferlegten Leitlinien dem Trend entgegen, neue Technologien ausschließlich an einige wenige Unternehmen zu lizenzieren, die den Saatgutmarkt kontrollieren. Die *Rockefeller Foundation* und die *McKnight Foundation* haben gemeinsam beispielsweise mit öffentlichen Instituten in den USA die Organisation PIPRA (*Public Intellectual Property Resource for Agriculture*) gegründet, die Forschungseinrichtungen unterstützt, damit sie ihre Rechte am geistigen Eigentum ihrer Forschung behalten und für humanitäre Zwecke einsetzen können.[49] Da neue Technologien im Agrarsektor und die Züchtung innovativer Pflanzensorten meist für eine konkrete Anwendung oder Zielgruppe bestimmt sind, können die geistigen

47 Dupont-Pioneer 2014.

48 Godt et al. 2012.

49 Atkinson et al. 2003.

Eigentumsrechte auf biologisches Material oder Technologien vielfach zum Einsatz kommen und verschiedene Zwecke verfolgen. Firmen und Organisationen, die den Ansatz von PIPRA unterstützen, können Mitglied werden. Damit behalten sie den Anspruch für die kommerzielle Verwendung der geistigen Eigentumsrechte auf biologisches Material oder Technologien, stellen diese aber zusätzlich für Entwicklungsprojekte zur Verfügung. Auch die Resistenzgene gegen Kraut- und Knollenfäule aus dem *Sainsbury Laboratory* folgen den PIPRA-Richtlinien und können für humanitäre Projekte verwendet werden.

Fazit

Der modernen Pflanzenforschung stehen neue technologische Verfahren zur Verfügung, um das Wissen aus der Grundlagenforschung in anwendungsorientierten Transferprojekten in die Landwirtschaft zu übertragen. Eine Möglichkeit, Pflanzenkrankheiten auf dem Feld zu kontrollieren, ist die Übertragung von Resistenzgenen von verwandten Wildarten in die jeweilige Kultursorte. Genetische Kontrolle der Krankheit reduziert Anwendung von Chemikalien, spart Kosten und vermindert negative Auswirkungen auf die Umwelt. Während traditionelle Züchtungsmethoden zahlreiche Nachteile mit sich bringen und extrem zeitaufwändig und arbeitsintensiv sind, stellen Technologien wie Gentechnik oder *Genomediting* alternative Verfahren dar, die gewünschten Merkmale gezielt in verschiedene Pflanzensorten zu übertragen. Samenbanken und wildwachsende Artverwandte stellen einen Fundus an möglichen Resistenzgenen gegen verschiedene Krankheiten bereit, jedoch ist die Identifikation von wirksamen und dauerhaften Resistenzgenen nicht trivial und erfordert besondere Expertise über Pflanze-Pathogen-Interaktionen und entsprechende technische Ausstattung zur Umsetzung und experimentellen Analyse.

Verfahren zur Entdeckung und Verifikation effektiver Resistenzgene, sowie deren Übertragung in Pflanzensorten können über Patente geschützt werden. Die Patentierung und Lizenzierung von Forschungsergebnissen wird von Universitäten und Forschungsinstituten in zunehmendem Maße und mit professioneller Unterstützung externer Dienstleistungsunternehmen für das Management geistiger Eigentumsrechte praktiziert. Die Funktion von Patenten für den Wissenschaftsbetrieb ist dabei nicht eindeutig zu beschreiben. Für den sektorübergreifend vernetzten Wissenschaftler bieten Patente die Möglichkeit, sich eine industrielle Reputation aufzubauen. Dabei behindern Patentierungsaktivitäten nicht zwangsläufig die akademische Forschungspraxis. Für die akademischen Forschungseinrichtungen sind registrierte Patente ein Gütesiegel für erfolgreiche Forschungsarbeit, ein Beleg für die Mitgestaltung der Gesellschaft und nicht zuletzt eine Einnahmequelle durch Lizenzvergabe. Da die Einkünfte aus Lizenzgeschäften nur geringfügig zum Forschungsetat beitragen und Patente für Universitätsrankings nicht berücksichtigt werden, wird auf dieser Organisationsebene indirekt der Anreiz zur Förderung von Patentanmeldungen genommen.

Kooperationen mit privaten Unternehmen und/oder Stiftungen sind für viele Wissenschaftler reizvoll, da Fördergelder direkt für die Forschung in einem konkreten Projekt bereitgestellt werden. Auf diese Weise werden viele Transferprojekten zur innovativen Züchtung von Nutzpflanzen angestoßen. Patente und Lizenzen für Technologien und genetische Ressourcen können dabei in beiden Richtungen relevant sein: PPPs können wertvollen Zugang zu patentgeschützten Technologien und genetischen Ressourcen ermöglichen, andererseits können aus diesen Kooperationen neue Patente entstehen und gewinnbringend lizenziert werden. In der Wirtschaft stellen Patente eine Art Gütesiegel für Unternehmen und Marktstrategien dar. Besonders in Märkten, die für große Saatgutkonzerne nicht profitabel sind und in denen wenig öffentliche Fördergelder existieren, spielen PPPs eine entscheidende Rolle bei Technologieentwicklung und Züchtungsforschung etwa in Entwicklungsländern. Der Umgang mit Patenten in Wohlfahrtsstiftungen und akademischen Organisationen folgt anderen Leitlinien als in Unternehmen und ist bisweilen explizit darauf ausgelegt, Züchtungsprojekte für humanitäre Zwecke anzustoßen. Entscheidend ist hierbei, dass Universitäten und Forschungsinstitute nicht auf die geistigen Eigentumsrechte an ihrer Forschung verzichten, sondern via Patentierung durchaus auf die Nutzung der Erfindung Einfluss nehmen können.

Literaturverzeichnis

Alfred, J./Dangl, J.L./Kamoun, S./McCouch, S.R. (2014): New horizons for plant translational research. PLoS Biology 12.

Atkinson, R.C./Beachy, R.N./Conway, G./Cordova, F.A/Fox,M.A./Holbrook, K.A., Klessig, D.F./McCormick, R.L./McPherson, P.M./Rawlings, H.R., (2003): Intellectual property rights. Public sector collaboration for agricultural IP management. Science 301, 174 ff.

BASF (2012): Pressemitteilung 16.01.2012. [Quelle: https://www.basf.com/group/corporate/de/function/conversions:/publish/content/products-and-industries/ bio-technology/images/P109-PlantBiotechnology.pdf (20.09.2014)].

Biotechnology and Biological Sciences Research Council (2014): [Quelle: http://www.bbsrc.ac.uk/organisation/mission.aspx (15.12.2014)].

Benkler, Y. (2004): Intellectual property. Commons-based strategies and the problems of patents. Science 305, 1110 ff.

Comai, L. (2014): Genome elimination: translating basic research into a future tool for plant breeding. PLoS Biology 12.

Dangl, J.L./Horvath, D.M./Staskawicz, B.J. (2013): Pivoting the plant immune system from dissection to deployment. Science 341, 746 ff.

Deutsche Forschungsgemeinschaft (2014). [Quelle: http://www.dfg.de/foerderung-/grundlagen_rahmenbedingungen/erkenntnistransfer/index.html (15.12.2014)].

Dupont-Pioneer (2014): Pressemitteilung vom 02.02.2014. [Quelle: http://www.-pioneer.com/home/site/about/news-media/news-releases/template. COTENT/guid.-13243860-4B1C-72FA-A 560-FBCA3D8BD907 (15.12.2014)]

Flor, H.H. (1971): Current Status of Gene-for-Gene Concept. Annu Rev Phytopathol 9.

Gilbert, N. (2013): Case studies: A hard look at GM crops. Nature 497, 24-26.

Godfray, H.C./Garnett, T. (2014): Food security and sustainable intensification. Philosophical transactions of the Royal Society of London Series B, Biological sciences, 369 ff.

Godt, C./Wagner-Ahlfs,C./Tinnemann, P. (2012): Equitable Licensing – den Zugang zu Innovationen sichern, in: Helfrich, S.; Heinrich Böll Stiftung (Hrsg.): Commons. Für eine neue Politik jenseits von Markt und Staat. Bielefeld, 500 ff.

Gordon, T.R./Leveau, J.H. (2010): Plant pathology: a story about biology. Annu Rev Phytopathol 48, 293 ff.

Grefe, C. (2011): Wem gehört der Brokkoli?, DIE ZEIT 01/2011. Hamburg.

Hartung, G. (1996): Erfindertätigkeit von Autoren aus Instituten der Kaiser-Wilhelm-Gesellschaft 1924 bis 1943. Patentstatistiken in der historischen Analyse von Instituten der Kaiser-Wilhelm-Gesellschaft, in: vom Brocke, B., und Laitko, H. (Hrsg.): Die Kaiser-Wilhelm- /Max-Planck-Gesellschaft und ihre Institute. 521ff.

Haverkort, A.J./Boonekamp, P.M./Hutten, R./Jacobsen E./Lotz, L.A.P./Kessel, G.J.T./ Visser, R.G.F./van der Vossen, E.A.G. (2008): Societal Costs of Late Blight in Potato and Prospects of Durable Resistance Through Cisgenic Modification. Potato Res 51, 47 ff.

Haverkort, A.J./Struik, P.C. /Visser, R.G.F./Jacobsen, E. (2009): Applied Biotechnology to Combat Late Blight in Potato Caused by Phytophthora Infestans. Potato Res 52, 249 ff.

Jones, J.D./Foster, S.J./Chu, Z./Park, T.H./Van, D.V.E.A.G./Pel, M.A./Visser, R.G.F. (2009): Late blight resistance genes and methods. Patent application WO2009013468 A2.

Jones, J.D. (2001): Putting knowledge of plant disease resistance genes to work. Curr Opin Plant Biol 4, 281 ff.

Jones, J.D./Witek, K./Verweij, W./Jupe, F./Cooke, D./Dorling, S./Tomlinson, L.,/Smoker, M./ Perkins, S./Foster, S. (2014): Elevating crop disease resistance with cloned genes. Philosophical Transactions of the Royal Society of London Series B, Biological sciences 369.

Jones, J.D.G./ Dangl, J.L. (2006): The plant immune system. Nature 444, 323 ff.

Kinealy, C. (1995): This great calamity: the Irish famine 1845-52.

Plant BioScience Ltd Newsletter 16/2010. [Quelle: http://www.pbltechnology.com/static/tiny_mce/plugins/filemanager/files/Newsletters/PBL_News_No_16.pdf (15.12.2014)].

Potato Genome Sequencing Consortium (2011): Genome sequence and analysis of the tuber crop potato. Nature 475, 189 ff.

Rommens, C.M.T./ Swords, K.M.M./ Yan, H./Zhang, B. (2000): A new method of identifying non-host plant disease resistance genes. Patent application WO2000012736 A2

Ronald, P.C. (2014): Lab to farm: applying research on plant genetics and genomics to crop improvement. PLoS Biology 12.

Schachman, H.K. (2006): From «publish or perish« to «patent and prosper«. J Biol Chem 281, 6889 ff.

Tabashnik, B.E./Gassmann, A.J./Crowder, D.W./Carriere, Y. (2008): Insect resistance to Bt crops: evidence versus theory. Nat Biotechnol 26, 199 ff.

Vossen van D.V.E.A.G./ Allefs, J.J.H.M./ Muskens, M.W.M. (2011): A gene from Solanum bulbocastanum conferring resistance to Phytophthora infestans. Patent application EP2330206 A1.

Voytas, D.F./Gao, C. (2014): Precision genome engineering and agriculture: opportunities and regulatory challenges. PLoS Biology 12.

Zhu, S., Li, Y./Vossen, J.H./Visser, R.G./Jacobsen, E. (2012): Functional stacking of three resistance genes against Phytophthora infestans in potato. Transgenic Res 21, 89 ff

Die Rolle der Biodiversität in der praktischen Pflanzenzüchtung

Bettina Müller

Herausforderungen an die Pflanzenzüchtung

Durch die ständig wachsende Weltbevölkerung, der erkennbaren Klimaveränderung und dem gleichzeitigen Schwinden der landwirtschaftlich nutzbaren Fläche steht die Pflanzenzüchtung vor der großen Herausforderung, ertragsstärkere Sorten zu züchten, die sowohl eine wachsende Bevölkerung nachhaltig ernähren wie auch mit den veränderten klimatischen Bedingungen zurechtkommen können. Die gestiegenen Herausforderungen an die Planzenzüchtung sowie die Bedeutung der genetischen Diversität um diesen Herausforderungen zu begegnen, sollen im Folgenden am Beispiel der Zuckerrübe exemplarisch erörtert werden.

Genetische Vielfalt kann innerhalb einer Spezies oder innerhalb unterschiedlicher Subspezies einer Art auftreten. Kreuzungen sind innerhalb dieser Subspezies möglich. Der Genpool der Zuckerrübe (*Beta vulgaris*) umfasst einen primären, sekundären und tertiären Pool (Graphik 1). Der primäre Genpool beinhaltet die Arten *Beta vulgaris subsp. vulgaris*, *subsp. maritima*, *subsp. adenensis*, *Beta macrocarpa* und *Beta patula*. Kreuzungen innerhalb dieser Subspezies sind untereinander möglich. Der sekundäre Genpool umfasst die Arten *Beta corolliflora*, *Beta macrorhiza*, *Beta lomatogana*, *Beta trigyna* und *Beta nana*. Kreuzungen zwischen einigen Spezies des sekundären Genpools und des primären Genpools sind möglich, jedoch nicht bei allen. *Beta nana* ist zum Beispiel nicht verkreuzbar mit einer Spezies aus dem primären Genpool. Kreuzungen zwischen dem primären und dem tertiären Genpool sind sehr schwer, da die Vertreter des tertiären Genpools (*Patellifolia patellaris*, *Patellifolia procumbens* und

Patellifolia webbiana) selbststeril sind.[1] Ein Beispiel für eine erfolgreiche Kreuzung zwischen dem primären und tertiären Genpool ist jedoch die Kreuzung von *Beta vulgaris* mit *Patellifolia procumbens*, mittels der die Nematodenresistenz gegen *Heterodera schachtii* in *Beta vulgaris* eingekreuzt wurde.

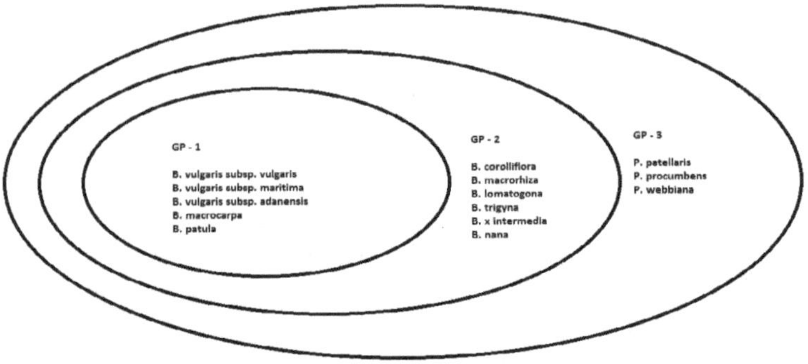

Einteilung des genetischen Pools der Zuckerrübe nach Frese 2010 in GP-1 (primärer Genpool), GP-2 (sekundärer Genpool) und GP-3 (tertiärer Genpool)

Die unterschiedlichen Spezies kommen in unterschiedlichen Habitaten in Europa vor. Die Wildformen der Beta-Spezies haben ihr Verbreitungsgebiet von der Südspitze Schwedens, Dänemark, Irland über die westatlantische Küste bis hin zu den Kapverdischen Inseln. In westöstlicher Richtung liegt das Verbreitungsgebiet von den Kanarischen Inseln über den gesamten Mittelmeerraum, den Balkanländern bis hin nach Indien. In den unterschiedlichen Habitaten hat man Arten gefunden, die spezifische Resistenzen gegen bestimmte Krankheiten aufweisen und verstärkt in den einzelnen Gebieten vorkommen. Zum Beispiel treten Populationen mit Resistenzen gegen die Krankheit *Rizomania* gehäuft in Frankreich, Dänemark und Italien auf. Während Populationen mit Resistenzen gegen *Cercospora beticola* verstärkt in der italienischen Poebene zu finden sind.

Durch die Einkreuzungen von genetischen Ressourcen konnten erfolgreich mehrere große Krankheitsprobleme der Zuckerrübe eingeschränkt

1 Jassem 1992, 58.

werden. Anhand eines Beispiels der Zuckerrübenzüchtung soll die Wichtigkeit des Erhalts der genetischen Vielfalt dargestellt werden.

BNYVV, der Erreger der *Rizomania*, ist ein bodenbürtiger Virus, der die Ausbildung der Rübenwurzel drastisch beeinträchtigt. Dieses Virus wurde ab 1980 in den deutschen Anbaugebieten beobachtet und breitete sich rasant in den darauffolgenden fünfzehn Jahren aus. Die Dimension des Problems lässt sich erahnen, wenn man bedenkt, dass damals der Anbau von Zuckerrüben grundsätzlich in Frage gestellt wurde.

Resistente Zuckerrübenlinien wurden in Italien, Dänemark sowie in den USA gefunden. Aufgrund der Einkreuzung dieser Linien wurde wieder ein wirtschaftlicher Anbau von Zuckerrüben möglich, wenn auch anfänglich ein geringeres Leistungsniveau als bei den damaligen Standardsorten zu akzeptieren war. Zwischen 1980 und 1985 wurde die Sorte *Rizor* von *SES Italien* gezüchtet, die eine qualitative Resistenz gegen *Rizomania* besitzt. Ebenso wurde in dieser Zeit in Kalifornien die Herkunft der genetischen Ressource *Holly*, die unter dem Namen *Rz1* bekannt ist, in einer *Beta maritima* beschrieben. Beide Ressourcen sind die hauptsächlichen Resistenzgene, die in den genetischen Pool der Zuckerrübe eingekreuzt wurden. Neben diesen wurden vier weitere Rizomaniaquellen im Laufe der letzten 30 Jahre diagnostiziert: *Rz2, Rz3, Rz4* und *Rz5*. Von denen *Rz2* und *Rz3* ihren Ursprung in Dänemark haben. Nur durch diese Resistenzquellen war es möglich, Wege zu finden, die Krankheit zu bekämpfen.[2]

Dies zeigt, dass genetische Vielfalt und die Erhaltung der Breite innerhalb eines Genpools sehr wichtige Aspekte sind, um genetische Ressourcen gegen neue Krankheiten zu finden. Man kann aber auch genetische Ressourcen aufbewahren, die genetisches Material für neue zukünftige Zuchtziele wie zum Beispiel Trockenstress bieten. Dies ist jedoch nur möglich, wenn die Spezies der unterschiedlichen genetischen Pools verfügbar und zum Beispiel in Genbanken nutzbar gemacht werden können. Rechtliche Vereinbarungen und politische Regelungen müssen geschaffen werden, die einen einfachen und idealerweise kostenfreien Zugang zu den genetischen Pools der Genbanken erlauben, um die vorhandene Biodiversität nutzen zu können.

2 Biancardi, 2012,185

Der lange Weg zu einer neuen Sorte

Am Beispiel der Zuckerrübe soll aufgezeigt werden, wie lange es dauert bis eine gewünschte genetische Ressource eingekreuzt wird und bis aus den neuen Linien eine Sorte entsteht, die zugelassen und verkauft werden kann. Bei der Zuckerrübe handelt es sich um eine Hybridfrucht, die aus drei Komponenten besteht: dem CMS (weibliche sterile Linie), dem Maintainer (weibliche fertile Linie) und dem Bestäuber (männliche fertile Linie). Maintainer und Bestäuber müssen in einem eigenen Züchtungsvorgang verbessert werden. Alle drei Komponenten (Linien) zusammen ergeben dann die neue Sorte.

Genetische Ressourcen der Zuckerrüben werden zum Beispiel bei den Genbanken des IPK Gatersleben, dem Vavilov Institut, Sankt Petersburg und am USDA (*U.S. Department of Agriculture*) gelagert und können dort bestellt werden. Weitere Sammlungen an genetischen Ressourcen sind jedoch auch beispielsweise in Skandinavien über NordGEN oder am tschechischen Agrarinstitut Prag zu finden. Die genetischen Ressourcen der europäischen Genbanken sind zum momentanen Zeitpunkt über eine Standardtransfervereinbarung und unter Vereinbarung einer freiwilligen Zahlung zugänglich.

Es gibt zwei internationale Übereinkommen, die den Zugriff auf genetische Ressourcen regeln. Zum einen die internationale Biodiversitätskonvention, CBD (*Conventional Biological Diversity*) mit dem *Nagoya Protokoll* (NP) und zum anderen das *International Treaty* (IT) mit der Standardtransfervereinbarung (SMTA). Beide Systeme haben als Ziel, den Zugriff auf genetische Ressourcen wie auch die Gewährung von Leistungen gegenüber den Geberländern zu regeln. Beide Systeme verfolgen das gleiche Ziel, unterscheiden sich aber in einigen Punkten.

International Treaty of Foods and Agriculture (Treaty)

Diese Vereinbarung wurde 2004 von der FAO ausgehandelt und ist der gegenwärtige Regelungskomplex für pflanzengenetische Ressourcen; der im Einklang mit den Zielen der internationalen Biodiversitätskonvention steht. Insgesamt 66 Kulturarten werden durch diesen Vertrag geregelt. Alle wichtigen Kulturarten, wie zum Beispiel Zuckerrübe, Weizen, Kartoffeln, Mais, Roggen und Sonnenblumen, sind Bestandteil der Vereinbarung, des sogenannten *Annex I*. Nicht Bestandteil des *Annex I* sind hingegen Gemüse und Zierpflanzen.

Die Unterzeichnung einer Standardtransfervereinbarung reicht dabei aus, um den Erhalt der genetischen Ressourcen zu bestätigen sowie zu vereinbaren, dass ein bestimmter Prozentsatz des Umsatzes der Sorte freiwillig an die Inhaber der genetischen Ressource gezahlt wird. Die Standardtransfervereinbarung ist für jedes Land dieselbe. Der definierte Prozentsatz als Zahlung muss dann gezahlt werden, wenn eine Sorte vermarktet wird, die diese genetische Ressource beinhaltet. Wenn der Züchter die neue Sorte der Allgemeinheit zu Forschungs- und Züchtungszwecken zur Verfügung stellt, was durch das Züchtungsprivileg gegeben ist, ist der Züchter von den Zahlungen freigestellt. Ein weiterer Vorteil der Standardtransfervereinbarung ist, dass der Prozentsatz fest definiert ist und dadurch die notwendigen Zahlungen vorhersehbar sind. Weiterhin ist festgelegt, dass der Bezieher der genetischen Ressourcen keine Schutzrechte auf die genetische Ressource per se hat. Dies bezieht sich jedoch nicht auf neue Sorten deren Bestandteil die genetische Ressource ist.

Internationale Biodiversitätskonvention (CBD)

Ein weiteres Regelungssystem ist die internationale Biodiversitätskonvention. Diese trat im Dezember 1993 in Kraft und ist ein internationales Umweltabkommen. Mittels des *Nagoya Protokolls* sollen die Ziele der Biodiversitätskonvention (CBD) umgesetzt werden. Dieses Protokoll ist seit dem 12. Oktober 2014 in Kraft. Es regelt den Zugang zu genetischen Ressourcen und den Vorteilsausgleich für den Erhalt der genetischen Ressource. Das Protokoll sieht vor, dass der Zugang zu genetischen Ressourcen mit dem jeweiligen Ursprungsland – also dem Land, in dem die Ressourcen gefunden wurden – ausgehandelt werden muss. Das bedeutet, dass für jede einzelne Accession, die man von einer Genbank erhält, eine bilaterale Vereinbarung mit dem Geberland getroffen werden muss. Das Protokoll sieht keinen zu bezahlenden definierten Geldbetrag oder Prozentsatz des erzielten Umsatzes vor. Dieser muss mit jedem einzelnen Geberland vereinbart werden. Ein weiterer zentraler Aspekt des *Nagoya Protokolls* ist die Gewährleistung einer vollständigen Rückverfolgung und Dokumentation über die Verwendung der genetischen Ressource in einem bestimmten Zeitraum. Der Nutzer der genetischen Ressource muss dokumentieren, wo er die genetische Ressource verwendet hat und sich auch Kontrollen unterziehen, in denen die Dokumentation überprüft wird. Gleichfalls muss der Nutzer auch die vollständige korrekte Rückverfolgung der Ressource sicherstellen.

Die Vereinbarung des CBD gilt für alle Kulturarten, wohin gegen im *Treaty* nur 66 Kulturarten vertreten sind. Der Zugriff auf genetische Ressourcen mittels des *Treaty* ist deutlich einfacher als mit der Vereinbarung des *Nagoya Protokolls*. Durch die bilateralen Vereinbarungen und Kontrollmaßnahmen wird der Zugriff auf genetische Ressourcen erschwert.

Hat der Züchter die genetische Ressource aus einer Genbank erhalten, kann diese über Rückkreuzung in eine Elitelinie eingeführt werden. Am Anfang wird die genetische Ressource mit einer Elitelinie verkreuzt. Alle positiv selektierten Linien, die die Eigenschaft der genetischen Ressource aufweisen, werden im nächsten Jahr erneut mit der Elitelinie verkreuzt. Dieses Verfahren wird solange wiederholt bis nur noch die gewünschte Eigenschaft der genetischen Ressource in der Elitelinie vorhanden ist. Dieser Vorgang kann in der Zuckerrübe bis zu sechs Jahren dauern. Danach kann die Kreuzung zwischen genetischer Ressource und Elitelinie zum ersten Mal auf ihre Leistung geprüft werden und nach positiver Selektion im eigentlichen Züchtungsprozess genutzt werden (Tabelle 1).

Jahr	Rückkreuzung
1	P1* x P2
1-2	Marker
2	F1 x P2 → F1BC1
2-3	Marker
3	F1BC1 x P2 → F1BC2
3-4	Marker
4	F1BC2 x P2 → F1BC3
4-5	Marker
5	Produktion Samenträger F1BC3 x Tester
6	Leistungsprüfung der F1BC3 x Tester

Rückkreuzungsprozess der Zuckerrübe
P1: Linie mit genetischer Ressource, P2: Elitelinie, F1: Erste Filialgeneration, BC: Rückkreuzung

Nach der Überführung der genetischen Ressource in die Elitelinie folgt der eigentliche Züchtungsprozess, der abhängig von der Komponente jedenfalls fünf Jahre oder noch länger dauern kann. Das Einkreuzen einer genetischen Ressource in eine Bestäuberlinie bis zum ersten Saatgut in der Basisproduktion kann daher frühestens nach zwölf Jahren erfolgen. Aufgrund dieses hohen Zeitbedarfs können nur sehr wenige genetische Ressourcen in die kommerzielle Pflanzenzüchtung aufgenommen werden. Die kontinuierliche Erweiterung des Genpools ist jedoch von entscheidender Bedeutung, um die Agrobiodiversität nachhaltig zu erhalten.

Sortendefinition und -zulassung

Die Entwicklung einer neuen Sorte nimmt sehr viel Zeit in Anspruch. Die Kosten, die während dieser Zeit anfallen, müssen mit der Sorte refinanziert werden. Daher wurden zum Schutz des geistigen Eigentums des Pflanzenzüchters die Sortenzulassung und der Sortenschutz eingeführt, der die Sorte vor Nachahmung schützen soll.

Um eine Sorte vermarkten zu dürfen, muss eine Sorte in Deutschland zugelassen sein. Sie kann dabei auch den Sortenschutz erhalten. In Deutschland werden die Prüfungen zur Sortenzulassung vom Bundessortenamt durchgeführt. Das Bundessortenamt prüft die geforderten Parameter wie Unterscheidbarkeit zu anderen zugelassenen Sorten, Beständigkeit in der Reproduktion und Homogenität innerhalb einer Sorte wie auch den sogenannten landeskulturellen Wert. Landeskultureller Wert ist gegeben, wenn eine neue potentielle Sorte in einem wichtigen Merkmal mindestens gleich, besser aber einer anderen Sorten überlegen ist. Nur dann wird diese potentielle Sorte offiziell als neue Sorte zugelassen und eingetragen. Die Prüfung beim Bundessortenamt beträgt zwei Jahre. Die Sorte wird dann mit einer Sortendefinition zugelassen. Die Sortenzulassung umfasst die ganze Pflanze per se und nicht nur einzelne Teile der Pflanze.

Das sogenannte Züchterprivileg erlaubt anderen Züchtern die Sorte zu Forschungszwecken zu benutzen. Dies hat den Hintergrund, dass aktiv verhindert werden soll, dass es zu einer Einengung des genetischen Pools eines jeden Züchters kommt, was mit einem Verlust an genetischer Vielfalt gleichzusetzen wäre.

Biopatente

Neben dem Sortenschutz gibt es die Möglichkeit, einzelne Teile der Sorte mittels eines Patentes zu schützen. Dadurch sollen pflanzen-züchterische Erfindungen durch einen Erzeugnis- oder Verfahrensschutz geschützt werden. Für die Erteilung eines Patents müssen drei Kriterien erfüllt sein: Erstens, es muss sich um eine neue Erfindung handeln (und nicht um eine pflanzenzüchterische Entdeckung), zweitens muss diese gewerblich anwendbar und drittens wiederholbar sein. Der Patentinhaber besitzt ein Ausschließlichkeitsrecht auf dieses Patent – jedoch kein Eigentumsrecht.[3]

Für die Patenterteilung muss eine vollständige, wissenschaftliche Dokumentation vorgelegt werden, die schildert, wie das Patent hergestellt werden kann. Nach der Erteilung kann dieses Patent dann ausschließlich vom Patentinhaber genutzt werden. Das Patent kann jedoch vom Patentinhaber an weitere Personen lizensiert werden. Dabei kann es zu Forderungen seitens des Patentinhabers kommen, die vom Interessenten oft nicht zahlbar sind.[4]

Ein Beispiel für ein erfolgreiches Patent bei der Zuckerrübe ist das Patent auf die glyphosattolerante Zuckerrübe.

Diskussion

Der Zugriff auf genetische Ressourcen ist wichtig für die erfolgreiche Züchtung von angepassten und ertragsstarken Sorten. Der Erhalt dieser genetischen Ressourcen hat daher einen sehr hohen Stellenwert für die Pflanzenzüchtung. Die Einkreuzung genetischer Ressourcen mittels des klassischen Rückkreuzungsprogramms ist jedoch sehr zeitaufwändig: wie am Beispiel der Zuckerrübe gezeigt, zwölf Jahre, um die genetische Ressource in einer neuen Sorte zu etablieren.

Der Zugang zu genetischen Ressourcen wird zurzeit zwischen den privaten Pflanzenzüchtern, der Forschung und den Bereitstellern der genetischen Ressourcen kontrovers diskutiert. Die Geberländer fordern eine

---

3 Herring, 2013.
4 Herring, 2013.

Zahlung für die Bereitstellung der genetischen Ressourcen. Zwei Systeme wurden dazu etabliert, die den Zugang zu genetischen Ressourcen auch aus finanzieller Sicht regeln sollen, das CBD und das *Treaty* (Tabelle 2). Insbesondere durch die Regelung des *Nagoya Protokolls* innerhalb des CBD wird der Zugang zu genetischen Ressourcen deutlich erschwert. Diese Regelung ist dem *Treaty* übergeordnet und allgemein gültig.

Für die Abfrage von einigen Akzessionen der Zuckerrübe, die in der Genbank des IPK Gatersleben gelagert sind, muss zum Beispiel innerhalb des *Treaty* eine Standardtransfervereinbarung unterzeichnet werden. Mit der Standardtransfervereinbarung erhält man unterschiedliche Akzessionen aus unterschiedlichen Ländern. Mit dieser Vereinbarung gelten für alle angeforderten Accessionen die gleichen Vertragsvereinbarungen, unabhängig aus welchem Land diese kommen.

Beim *Nagoya Protokoll* muss mit jedem Geberland ein Vertrag über den Zugang zur genetischen Ressource und über die Höhe der Vorteilszahlung vereinbart werden. Für den Nutzer können diese im Augenblick der Abfrage der Accession nur schwer vorhersehbar sein. Die Systematik dieses Protokolls ähnelt einem Patent. Das Geberland kann die Nutzung der genetischen Ressource gegebenenfalls verweigern. Ein weiterer Punkt – ähnlich zu einem Patent – ist die vollständige Dokumentation über traditionelles Wissen und den Einsatz der genetischen Ressource im Rahmen des *Nagoya Protokolls*. Eine genetische Ressource kann nur dann genutzt werden, wenn die vollständige Dokumentation der genetischen Ressourcen auf Richtigkeit überprüft wurde.

Das Geberland ist nicht immer gleich dem Land, wo die Accession beschrieben wurde. Dies kann zu Schwierigkeiten führen, wenn in Genbanken nur die Information über das Geberland angegeben ist und nicht nachvollzogen werden kann, welches Land die Ursprungsquelle war. Sofern in den Genbanken oder seitens des Geberlandes die Dokumentation nicht vollständig ist, kann diese genetische Ressource eventuell nicht mehr genutzt werden. In so einem Fall kann ein Teil an genetischer Vielfalt nicht mehr genutzt werden, da die Dokumentation nicht vollständig ist – diese genetische Vielfalt ist damit verloren.

Der Zugang zu genetischen Ressourcen wird auch im Hinblick auf das Züchtungsprivileg erschwert. Es gibt die Möglichkeit unter dem *Treaty*, Sorten zu Forschungszwecken zur Verfügung zu stellen; ohne verpflichtet zu sein, eine Vorteilszahlung zu leisten. Diese Option wird beim *Nagoya Protokoll* bisher nicht berücksichtigt. Dies bedeutet: Sofern ein Züchter eine Sorte seines Mitbewerbers für Forschungszwecke nutzen möchte, muss der Pflanzenzüchter die vollständige Dokumentation seines Mitbewerbers erfragen. Diese wird er nicht ohne große finanzielle Aufwände bekommen. Er muss zudem seinem Mitbewerber sein Interesse an der Sorte bekunden. Im *Nagoya Protokoll* wird durch die nicht Berücksichtigung des Züchtungsprivilegs ein ähnliches System aufgebaut wie bei den Patenten. Nur durch erwartungsgemäß erhebliche Zahlungen wird der Gebrauch der Sorte des Mitbewerbers möglich und es wird damit auch der Gebrauch dieser Vielfalt eingeschränkt. Es besteht damit die Möglichkeit, den Mitbewerber in seiner Arbeit zu blockieren beziehungsweise nur einen eingeschränkten Austausch zu zulassen.

Dies wäre eine besondere Belastung für kleine und mittelständische Pflanzenzüchter. Erhebliche Zahlungen für die genetischen Ressourcen würden anfallen. Neben diesen Kosten entstehen jedoch auch noch sehr große finanzielle und personelle Aufwände für die Ausgestaltung der bilateralen Verträge wie aber auch für die Überprüfung der vollständigen Dokumentation der genetischen Ressourcen. Kosten, die bei diesem Prozess für jeden einzelnen Pflanzenzüchter entstehen, ergeben sich durch den Aufbau einer Datenbank, die Dokumentation der Rückverfolgung, die Pflege der Datenbank sowie durch den Arbeitsaufwand, die Verträge mit jedem einzelnem Geberland eventuell jedes Jahr erneut auszuhandeln, zu dokumentieren und zu kontrollieren. Die Entwicklung eines Datenbanksystems sind einmalig auftretende Kosten, aber die Dokumentation und die Rückverfolgung und eventuell sich daraus ergebende Reiseaufwendungen sind immer wieder auftretende Kosten. Bei diesen ist es schwer vorhersehbar, wie hoch diese Kosten in verschiedenen Jahren sein werden.

Für kleine und mittelständische Pflanzenzüchtungsunternehmen kann es eine sehr große Herausforderung werden, hohe Budgets für genetische Ressourcen per se und für das notwendige Dokumentationssystem aufzubringen. Eine Möglichkeit für kleine und mittelständische Pflanzenzüchter wäre es, gemeinsame Datenbanksysteme zu führen und eine gemeinschaftliche Organisation zu gründen, die den Erhalt und Zugriff der genetischen Ressourcen verwaltet, rückverfolgt und dokumentiert. Jedoch ist hier zu hinterfragen, ob Pflanzenzüchter der gleichen Kulturart dazu bereit sind, eine gemeinsame Organisation zu finanzieren. Diese Option würde im Zweifel nur unter Züchtungsunternehmen unterschiedlicher Kulturarten möglich sein.

Die natürliche genetische Drift ist eine zufällige Veränderung einer Allelfrequenz im genetischen Pool einer Population. Insbesondere bei kleinen Populationen oder bei Wildquellen können diese genetische Veränderungen zu einem Verlust an genetischer Variation und damit zu einem Verlust an Biodiversität führen. Die Einführung des *Nagoya Protokolls* wird zusätzlich dazu führen, dass es zu einem Verlust an Biodiversität kommt. Da die genetischen Ressourcen ab diesem Zeitpunkt vorsichtiger und nur bei einer vollständigen Dokumentation in Zuchtprogrammen eingesetzt werden können. Dies führt zu einem weiteren Verlust an Biodiversität in den genetischen Pools der Zuchtprogramme. Es widerspricht dem eigentlichen Ziel des internationalen Biodiversitätsabkommens die vermehrte Nutzung der Biodiversität unter dem Aspekt einer gerechten Vorteilszahlung zu gewährleisten und zu fördern.

Die Biodiversität innerhalb der genetischen Pools muss erhalten werden, aber auch nutzbar bleiben für die praktischen Pflanzenzüchter, und zwar ohne große finanzielle Aufwände. Dies gilt insbesondere im Hinblick auf die zahlreichen künftigen, eingangs geschilderten Herausforderungen in der Pflanzenzüchtung und ihren sich daraus ergebenden neuen Zuchtzielen.

	CBD	IT (Treaty)
Zugang	Vorherige Zustimmung & gegenseitiges Einvernehmen	Aus dem MLS unter SMTA Bedingungen
Vertragsvereinbarungen	bilateral	SMTA – keine Notwendigkeit der Vereinbarung
Zahlungen	Bilateral verhandelt,nicht vorhersagbar	SMTA - vorhersagbar
Anhäufung der Leistungszahlungen	Wenn unterschiedliche GR in einer Sorte, Zahlungen für beide GR separat	Wenn unterschiedliche GR in einer Sorte, Zahlung nur einmal.
Sorgfalt und Kontrollen	Ja	nein
Rückverfolgbarkeit	Ja	Ja
Eingeschlossenes Material	Alle Kulturarten	Kulturarten aus Annex 1

Tabelle 2: Gegenüberstellung Internationale Biodiversitätskonvention (CBD) und internationales Vertrag über genetische Ressourcen zur Ernährungssicherheit und Landwirtschaft (IT).

Literatur

Biancardi Enrico/Panella Leonard W./Lewellen, Robert T., (2012): Beta maritima: Origin of beets.

Cai, Daguang/Kleine, Michael/Kifle, Sirak/Harloff, Hans-Joachim/Sandal, Niels N./Marcker, Kjeld A./Klein-Lankhorst, Rene M./Salentijn, Elma M.J./Lange, Wouter/Stiekema, Willem J./Wyss, Urs/Grundler, Florian M. W/Jung, Christian (1997): Positional cloning of a gene for nematode resistance in sugar beet, Science 275, 832 ff.

Frese, Lothar (2010): Conservation and access to sugarbeet germplasm. Sugar Tech 12, 207 ff.

Heijbroek, W./McFarlane, JS./Doney DL., (1977): Breeding for toleranace to beet-cycst eelworm Heterodera schachtii Schm. In sugar beet. Euphytica 26: 557 ff.

Herring, Eva Maria. (2013): Biopatentierung und Sortenschutz, Dissertation Universität Münster.

Jassem, B. (1992): Species relationship in the genus Beta as revealed by crossing experiments. In International Beta Genetic Resources Network. A report on the 2nd International Beta Genetic Resources Workshop held at the institute for Crop Science and Plant Breeding, Braunschweig, ed. L. Frese. 24-28 June 1991. International Crop Network Series No. 7. IBPGR Rome.

Savitsky, Helen. (1975): Hybridization between Beta vulgaris and B. procumbens and transmission of nematode (Heterodera schachtii) resistance to sugar beet. Can J. Genetic Cytol 17, 197 ff.

Patente auf Pflanzen aus Sicht der Ökologischen Züchtung und Landwirtschaft

Eva Gelinsky

Einleitung

Biopatente, insbesondere Patente auf Nutzpflanzen sind seit Jahren nicht nur in der Öffentlichkeit umstritten. Auch innerhalb der Pflanzenzüchtungsbranche gehen die Meinungen auseinander, wie weit der privatrechtliche Schutz reichen darf, was als technische Innovation gelten soll und ob das aus dem Sortenschutz bekannte Züchterprivileg in ähnlicher oder gleicher Weise auch im Patentrecht zu verankern ist. In der öffentlichen Diskussion wahrgenommen werden vor allem die Forderungen der großen Saatgutunternehmen nach einem starken und umfassenden Patentschutz und die häufig eher patentkritischen Positionen der Interessenverbände, wie z. B. die des Bundesverbands Deutscher Pflanzenzüchter (BDP), in der auch mittelständische Unternehmen organisiert sind. Kleine ökologische Züchtungs- und Saatgutunternehmen, eine Branche, die noch immer als Nischenmarkt gilt, finden mit ihrer Kritik dagegen kaum Gehör. Diese Unternehmen, so wird vermutlich angenommen, sind – verglichen mit den ganz Großen auf dem Saatgutmarkt – nicht nur ökonomisch »klein«; sie sind, weil sie sich in einem ganz anderen Marktsegment bewegen, auch gar nicht unmittelbar von Biopatenten betroffen. Doch stimmt dieser Eindruck? Richtig ist, dass diese Unternehmen selbst keine Patente anmelden. Sie arbeiten auch nicht mit patentierten, z. B. gentechnischen Verfahren. Die Schlussfolgerung, sie wären nicht von den Auswirkungen der Patente auf biotechnologische Erfindungen betroffen, ist allerdings falsch.

So haben auch diese »kleineren« Unternehmen mit Rechtsunsicherheiten zu tun, auch sie müssen Zeit und finanziellen Aufwand in Patentrecherchen investieren. Die Wirkungen von Biopatenten beschränken sich jedoch nicht nur auf die Ebene einzelner Unternehmen. Patente sind ein entscheidender Faktor für die fortschreitende Konzentration auf dem Saatgutmarkt, die wiederum Folgen für die ganze Wertschöpfungskette im Bereich der Lebensmittelproduktion hat. Als besonders gravierend aber ist zu bewerten, dass Patente inzwischen den dringend erforderlichen Paradigmenwechsel in der Landwirtschaft nicht nur be- sondern zunehmend auch verhindern.

Im ersten Teil dieses Beitrags soll kurz erläutert werden, was ökologische Züchtung ist, welche Bedeutung sie für die ökologische Landwirtschaft hat und worin sie sich grundsätzlich von konventioneller Züchtung unterscheidet. Im zweiten Teil wird gezeigt, dass auch kleine Unternehmen, die selbst keine Patente anmelden, mit verschiedenen Fragen und Problemen konfrontiert sind, die aus der wachsenden Bedeutung des Patentschutzes im Bereich der Pflanzenzüchtung resultieren. Abschließend soll dargestellt werden, dass Patente, weil sie in einem zunehmenden Maße die weitere Entwicklungsrichtung der Züchtung und Landwirtschaft bestimmen, gesellschaftliche Folgen haben, über die kritisch diskutiert werden sollte.

Ökologische versus konventionelle Pflanzenzüchtung

Die Biolandwirtschaft ist auf geeignete Sorten und Anbaumethoden angewiesen. Es werden robuste Pflanzen benötigt, die stabile Erträge mit guter Qualität liefern. Denn ungünstigen Anbaubedingungen wie z. B. geringere Nährstoffverfügbarkeit auf ärmeren Böden oder dem Befall durch Krankheiten und Schädlinge, wird im Ökolandbau bewusst nicht mit chemisch-synthetisch hergestellten Dünge- und Pflanzenschutzmitteln begegnet. Da ökologisch gezüchtetes Saatgut immer samenfest (nachbaufähig) ist, kann die daraus entstehende Saat auch im nächsten Jahr wieder ausgesät und weiter züchterisch bearbeitet werden.

Ein wesentliches Unterscheidungsmerkmal zur konventionellen Züchtung ist der Umgang mit dem Thema geistige Eigentumsrechte. Aus Sicht der ökologischen Züchtung und des Biolandbaus sind Sorten ein Kulturgut, also immer gemeinnützig und sollten kein privates Eigentum eines einzelnen Züchters oder eines Unternehmens sein. Als Kultur- oder Gemeingut sollten Sorten/Pflanzen deshalb auch immer frei für künftige Züchtungen zur Verfügung stehen. Gerade weil der Großteil der in der ökologischen Landwirtschaft verwendeten Sorten heute noch aus konventioneller Züchtung stammt (also ursprünglich für andere Nutzenanforderungen, nämlich die der industriellen Landwirtschaft gezüchtet wurde), wird der weitere Ausbau einer eigenen Pflanzenzüchtung als äußerst wichtig erachtet. Vor allem weil in der konventionellen Züchtung zunehmend gen- und biotechnologische Verfahren zur Anwendung kommen und der Patent- gegenüber dem Sortenschutz an Bedeutung gewinnt, ist inzwischen anerkannt, dass eine eigenständige Weiterentwicklung der ökologischen Landwirtschaft nur mit einer eigenständigen Züchtung möglich sein wird.

> Die Züchtung neuer Sorten wird in der Biolandwirtschaft – gemäß den Grundsätzen dieses Landwirtschaftsmodells – *ganzheitlich* betrachtet; »das heißt, nicht nur die gezüchtete Sorte, sondern auch der Prozess der Sortenentwicklung sollte den Grundsätzen des Ökolandbaus entsprechen.«[1]

Zu berücksichtigen sind Kriterien

> »wie die Wahrung der Integrität der Pflanzen, die Erhöhung der genetischen Diversität, die Einhaltung der Kreuzungsbarrieren sowie die Interaktionen der Pflanze mit dem lebendigen Boden und dem Klima.«[2]

Aufgrund dieses umfassenden Ansatzes werden gentechnisch veränderte Organismen im Ökolandbau ausgeschlossen, da hier isolierte DNA gegebenenfalls auch über Artgrenzen hinweg ausgetauscht wird, wie es natürlicherweise nicht möglich wäre. Aber auch andere, bislang nicht kennzeichnungspflichtige Methoden, wie die Protoplastenfusion, *in-vitro*-Vermehrung, Mutationsauslösung oder Hybridzüchtung werden kritisch beurteilt oder sind für den Ökolandbau bereits verboten worden.

In den letzten Jahren konnten sich einige kleinere und größere Initiativen und Unternehmen im Bereich der ökologischen Pflanzenzüchtung erfolgreich am Markt etablieren. Die Finanzierung der eigenen Arbeit erfolgt einerseits über den Verkauf biogezüchteter Sorten, andererseits aber auch durch die Unterstützung von Stiftungen wie z. B. dem Saatgutfonds der *Zukunftsstiftung Landwirtschaft.*

Im Zentrum der Kritik: Patente auf konventionell gezüchtete Pflanzen

In den Anfangsjahren des kritischen Patentdiskurses – nach Verabschiedung der EU-Biopatentrichtlinie Ende der 1990er Jahre – hatte das Thema

1 Messmer et al. 2012, 4.
2 Ebd.

Patente aus Sicht der ökologischen Land- und Lebensmittelwirtschaft noch nicht die Relevanz, die es heute hat. Dies liegt vor allem daran, dass es in den 1990er Jahren vor allem um Patente auf *gentechnisch veränderte* Pflanzen ging. Hier schien weniger die Frage – handelt es sich tatsächlich um eine technische Innovation – strittig zu sein. Kritisiert wurde die Gentechnik vor allem wegen möglicher Gesundheits- und Umweltrisiken und noch nicht (oder kaum) wegen den damit verbundenen geistigen Eigentumsrechten. Heute stehen dagegen – im Übrigen nicht nur für den Biobereich, sondern auch für konventionell arbeitende Züchtungsunternehmen – Patente auf *konventionell gezüchtete* Pflanzen im Zentrum der Kritik. Dies hat erstens mit der umstrittenen Rechtslage zu tun und dass trotz eindeutiger politischer Signale[3] Patente in diesem Bereich erteilt werden.[4] Zweitens sind es die erteilten Patente selbst, die – aufgrund ihrer Reichweite[5] oder der offensichtlichen Trivialität der technischen Innovation[6] – in die (auch öffentliche) Kritik geraten. Drittens sind – wenn man den Markt für Gemüse betrachtet – bereits heute über 50% der in der EU registrierten Tomaten-, Paprika- und Blumenkohlsorten in der Hand von nur zwei Konzernen (*Monsanto* und *Syngenta*).[7] Vor diesem Hintergrund wird be-

---

3 Zum Beispiel hat das Europäische Parlament das Europäische Patentamt im Mai 2012 aufgefordert, keine Patente mehr auf konventionell gezüchtete Pflanzen/Tiere zu erteilen (vgl. Entschließung des Europäischen Parlaments vom 10. Mai 2012 zur Patentierung von im wesentlichen biologischen Verfahren (2012/2623(RSP)).

4 Then/Tippe 2014.

5 Beispiel: Patent EP 2 134 870 B1 (*Monsanto*, erteilt Februar 2014). Betroffen sind wilde und gezüchtete Sojapflanzen aus Asien und Australien. Für die konventionelle Züchtung beansprucht *Monsanto* ein Monopol auf die Verwendung von mehreren 100 Genvarianten, die bei diesen Pflanzen natürlicherweise vorkommen.

6 Beispiel: Patent EP 1597965, das 2013 einer Tochterfirma des US-Konzerns *Monsanto* erteilt wurde (*Seminis*). Das Patent erstreckt sich auf konventionell gezüchteten Brokkoli, der laut Patent leichter mit Maschinen geerntet werden kann, weil der Kopf von etwas höherem Wuchs ist. Patentiert wurden das Saatgut und der »abgetrennte Brokkolikopf« sowie »Brokkolipflanzen, die in einem Brokkolifeld gezogen werden«.

7 Nach einem 2012 veröffentlichten Report (Richter 2012, 8) kontrolliert *Monsanto* bereits 36 Prozent des Saatguts bei Tomaten, die beim Europäischen Amt für Sortenschutz registriert sind. Zudem gehören Monsanto 32 Prozent des Saatguts bei Paprikasorten und 49 Prozent der Blumenkohlsorten. Ein zweiter großer

fürchtet, dass gerade Patente auf konventionell gezüchtete Pflanzen (oder Pflanzeneigenschaften) die Konzentration auf dem Saatgutmarkt weiter befördern.

Wirkungen von Biopatenten auf kleinere (ökologische) Züchtungsunternehmen

Wie oben bereits erwähnt wurde, melden ökologische Züchtungsunternehmen aus grundsätzlichen Erwägungen selbst keine Patente an. Konkrete Beispiele von Patentverletzungsklagen sind der Autorin nicht bekannt. Auch haben bislang keine Lizenzverhandlungen zur Nutzung patentgeschützter Verfahren oder Pflanzeneigenschaften stattgefunden. Trotzdem müssen sich inzwischen nicht nur die kleineren Firmen aus dem Biobereich, sondern auch größere, konventionell arbeitende Unternehmen mit den Wirkungen der zunehmenden Patentierung auseinandersetzen.[8]

Rechtsunsicherheiten

Dass Rechtsunsicherheiten inzwischen zur Arbeit eines Züchters gehören, kann zunächst am Beispiel der »Sack-Lizenzen« (engl. *bag tag*) gezeigt werden, die in den USA inzwischen weit verbreitet sind,[9] vereinzelt aber auch in Europa zur Anwendung kommen. Zur Illustration ein konkreter Fall aus der Schweiz: Im Rahmen eines Sonnenblumenprojekts hat ein Biozüchter, vor allem zur Sichtung der auf dem Markt befindlichen Sorten, Saatgut der Firmen *DuPont Pioneer* und *Syngenta* bezogen. Obwohl

---

Konzern im Bereich der Gemüsezüchter, *Syngenta*, besitzt 26 Prozent des Saatguts bei Tomaten, 24 Prozent bei Paprika und 22 Prozent bei den Blumenkohlsorten. Im Ergebnis kontrollieren *Monsanto* und *Syngenta* zusammen bereits mehr als 50 Prozent der gehandelten Sorten bei diesen drei Gemüsearten.

8 Franck 2012, 122 f.

9 »Such licenses are now in common use for grain crops in the U.S. by Monsanto, DuPont, Syngenta, and Dow, and surely others. Seminis, a vegetable seed company owned by Monsanto, has developed and deployed a streamlined version of its license suitable for printing on a consumer-sized seed packet.« (Kloppenburg 2013, 7)

im Hinblick auf den Sorten- und Patentschutz die Rechtslage eigentlich klar ist – in der Schweiz ist in beiden Gesetzen ein »Züchterprivileg« verankert – wird in den auf den Saatgut-Tüten aufgedruckten Texten behauptet, dass die Weiterzucht mit den betreffenden Sorten grundsätzlich verboten sei. *Pioneer* leitet dies aus einem (anscheinend) existierenden Patentschutz ab,[10] *Syngenta* setzt einfach Verwendungsbeschränkungen fest und stiftet durch widersprüchliche Formulierungen zusätzlich Verwirrung.

So behauptet *Pioneer*: »Das in dieser nicht gewerblichen Samenprobe enthaltene Material ist patentrechtlich geschützt und Eigentum der *Pioneer Overseas Corporation* (»Pioneer«) bzw. wird von dieser in Lizenz gehalten.« Selbst wenn diese Aussage richtig wäre, was wegen nicht öffentlich ohne weiteres zugänglicher Lizenzvereinbarungen schwer überprüfbar ist: Das Verbot der Weiterzucht und der Forschung mit dem in der Tüte enthaltenen Material kann *Pioneer* – rein rechtlich – nicht aussprechen. Trotzdem wird der Empfänger des Saatgutes – der sich mit dem Öffnen des Beutels mit dem Inhalt der ausführlich dargelegten Nutzungsbedingungen einverstanden erklärt – »ausdrücklich dazu verpflichtet«, dass er die Samen, Pollen, Pflanzenteile, Pflanzen und Körner nicht für die Züchtung oder für Forschungszwecke verwendet. Dies wird sogar mehrfach betont (Saatgutprobe der Sonnenblumensorte PR64H42). Auf der Saatgut-Tüte von *Syngenta* heißt es:

> »Für dieses Produkt gelten Verwendungsbeschränkungen. (...) Durch Öffnen des Sacks und Verwenden des darin enthaltenen Saatguts bestätigen Sie, dass Sie sich dazu verpflichten, diese Verwendungsbeschränkungen einzuhalten.« Wer weiter liest, wird unsicher, was er mit dem Saatgut überhaupt noch tun darf, ohne rechtlich belangt zu werden: »Die Verwendung des Saatguts für die Produktion von Saaten für die Wiederaussaat, Forschung, Zucht, molekulare oder genetische Charakterisierung oder Erbgutanalyse ist streng verboten, es sei denn, dies ist ausdrücklich gesetzlich erlaubt.«[11]

Unklarheit herrscht in vielen Fällen auch über die Reichweite von Patenten. So wird immer wieder erst im Einspruchsverfahren geklärt, ob es sich beispielsweise um ein Herstellungs- oder Arbeitsverfahren handelt. Dies kann Auswirkungen auf Züchtungsentscheidungen haben und zur Wahl

10 Trotz intensiver Recherche konnte kein entsprechendes Patent ausfindig gemacht werden.

11 Saatgutprobe der Sonnenblumensorte *Aurasol*.

von weniger geeigneten Sorten führen, bei denen größere Rechtssicherheit besteht.[12]

Mit der Zunahme der Patentierung im Bereich der Pflanzenzüchtung und der Ausbreitung eines undurchsichtigen »Patentdickichts«,[13] wird es wahrscheinlicher, dass Züchter bestehende Patente übersehen und mit einer Verletzungsklage rechnen müssen. Als unübersichtlich erscheinen vor allem überlappende und sich in einzelnen Bereichen akkumulierende Ansprüche. Als besonders problematisch müssen in diesem Zusammenhang Patente auf Gene betrachtet werden:

> »Patente werden auf DNA-Sequenzen erteilt, deren Funktionen kaum bekannt sind; Gene sind in ihrer Anzahl begrenzt und es ist extrem schwierig, um Genpatente herum zu forschen; ein einzelnes Gen kann viele Funktionen haben, und viele Patente erstrecken sich auf alle Funktionen, auch jene, die erst noch von Dritten entdeckt werden.«[14]

Interviews, die im Rahmen einer vom Zentrum für genetische Ressourcen an der Universität Wageningen herausgegebenen Studie mit Vertretern der

---

12 Feindt 2010a, 23.

13 Feindt 2010b, 20/Wissenschaftlicher Beirat beim Bundesministerium für Wirtschaft und Technologie 2007,15. Der wissenschaftliche Beirat beim Bundesministerium für Wirtschaft und Technologie hat in seinem Gutachten »Patentschutz und Innovation« bereits 2007 darauf hingewiesen, dass die eingereichten Patentanmeldungen zunehmend untereinander vernetzt seien: »Anmelder gehen verstärkt dazu über, Bündel von relativ ähnlichen Anmeldungen einzureichen, um ihre Patentportfolios aufzubauen. Während üblicherweise aus einer Prioritätsanmeldung an einem nationalen Patentamt eine Patentanmeldung am EPA abgeleitet wird, ist die Zahl von EPA-Anmeldungen mit Bezug auf eine gemeinsame Priorität stark angestiegen« (A.a.O., 11). Daraus könnten regelrechte »Minenfelder« (ebd.) entstehen, die die Kosten – zum Beispiel in Einspruchsverfahren – stark ansteigen ließen. Herring 2013, 140 gibt zu bedenken, dass es gerade im Bereich der Pflanzenzüchtung sehr wahrscheinlich sei, »dass verschiedene Firmen Patente auf einzelne Gensequenzen halten, die allesamt für die Züchtung einer neuen Sorte von Interesse sind.« Vor allem die »extensive Erteilung von Patenten auf pflanzliche Gensequenzen«, die sich seit einigen Jahren beobachten lasse, könne zur Folge haben, »dass ein einzelnes Produkt oder ein biotechnologischer Prozess einer Vielzahl von Patentansprüchen unterliegt, die in aller Regel von unterschiedlichen Patentinhabern gehalten werden.« (A.a.O., 184) Dadurch steige das Risiko, dass bestimmte genetische Informationen praktisch nicht mehr genutzt werden könnten, »weil Lizenzgebühren und Transaktionskosten den Zugang unverhältnismäßig erschweren.« (Ebd.)

14 See 2008, 143, zit. nach Feindt 2010b, 20.

Züchtungsbranche geführt wurden, zeigen, dass sich vor allem kleine und mittlere Züchtungsbetriebe durch ein »Patentdickicht« in ihrer Arbeit bedroht sehen. Aus Sicht der großen Konzerne – mit ihren großen Rechtsabteilungen – besteht dagegen kaum Rechtsunsicherheit oder diese kann – mittels eigener Recherchen – behoben werden:

> »A frequently heard and frequently opposed remark is that patent rights generate a 'patent thicket', impenetrable to biotechnologist or breeder. The complaint is that so many patents, so much uncertainty about the precise description of the protected subject matter and the boundaries of the rights as long as these have not been confirmed in an opposition, together with large number of applications still awaiting handling by the patent office, make it impossible to establish with certainty whether certain techniques can be used. Experts with a lot of experience in patents argue that this fear of the patent system is mainly caused by inexperience and lack of knowledge that risk assessments may well be made, and that 'thickets' do not exist. But for companies with little experience and insufficient capacity to acquire sufficient experience such a thicket is certainly a reality.«[15]

Steigende Kosten

Je unübersichtlicher das »Patentdickicht«, desto wichtiger sind kontinuierliche Recherchen und juristische Beratungen. Kleinere Unternehmen haben hierfür weder die finanziellen Mittel, noch die entsprechende Expertise, weshalb sich viele seit Jahren auf die ehrenamtliche Tätigkeit von Nicht-Regierungsorganisationen wie *Kein Patent auf Leben* verlassen. Beim Bundessortenamt in Hannover wird seit 2012 zwar eine Recherche im Bereich der Pflanzenpatente durchgeführt, jedoch sind die Daten nicht öffentlich zugänglich.

Nicht nur in den USA, sondern auch in Europa scheint sich die Praxis durchgesetzt zu haben, nach der Patente auch im Zweifelsfall erteilt werden (*First patent, ask later*). Die genauere Prüfung und Klärung der Patente wird dem Einspruchsverfahren überlassen. Den Einspruchs- und Nichtigkeitsverfahren kommt deshalb eine besondere Bedeutung zu. Da die monetären und zeitlichen Kosten von Patentanfechtungen jedoch er-

15 Louwaars et al. 2009, 45.

heblich sind, werden kleinere Unternehmen dieses Instrument, wenn überhaupt, nur in Einzelfällen nutzen können.

Die Patentierung von Züchtungsverfahren und genetischem Material kann zu einem so genannten *Lock-in*, einer Behinderung oder Blockierung der weiteren Züchtungsentwicklung führen.[16] Wenn bestimmte Verfahren oder Methoden patentiert sind, müssen andere Züchter auf alternative Verfahren ausweichen oder eine Lizenz kaufen, sofern diese überhaupt angeboten wird. Das in einigen nationalen Patentgesetzen verankerte Züchterprivileg löst dieses Problem nicht. Zum einen kann der ursprüngliche Patentinhaber die Vermarktung des von Dritten züchterisch bearbeiteten Saatguts untersagen. Zum anderen wird, wenn die Vermarktung nicht unterbunden wird, eine Lizenzzahlung fällig. Auf diese Weise können innerhalb weniger Züchtungsgenerationen die Lizenzgebühren in einer Weise kumulieren, dass der Erwerb bzw. die Arbeit mit patentiertem Pflanzenmaterial (oder Verfahren) wirtschaftlich nicht mehr vorteilhaft wäre.

Wirkungen von Biopatenten auf die Züchtung und die weitere Entwicklung der Landwirtschaft

Doch sind die hier angesprochenen Wirkungen auf die Unternehmen *primär* eine Folge der zunehmenden Biopatentierung oder wird durch die Biopatentierung nur eine Entwicklung verschärft, die mit der *Struktur des Züchtungsmarktes* zu tun hat? Seit ca. Mitte der 1990er Jahre ist die gewerbliche Pflanzenzüchtung endgültig zu einem wettbewerbsfähigen Geschäftsfeld der Kapitalakkumulation geworden; eine entscheidende Voraussetzung dafür war die Verabschiedung der Biopatentrichtlinie.[17] Diese

---

16 Feindt 2010a, 28 f.

17 Wie u. a. in einer Studie der niederländischen Kommission COGEM 2011 ausgeführt wird, hat die Möglichkeit, Forschungs- und Züchtungsergebnisse zu patentieren, Kapital von branchenfremden Unternehmen aus dem Bereich der pharmazeutischen und chemischen Industrie angezogen. Damit haben sich auch in der Pflanzenzüchtung die entsprechenden Renditeerwartungen dieser Branchen etabliert. Mit dem Kapitalzufluss konnten darüber hinaus Investitionen in Forschung und Entwicklung finanziert und neue biotechnologische Verfahren etabliert werden, die allein mit Erlösen aus dem Sortenschutz nie hätten entwickelt werden können (ebd. sowie Franck 2012, 122).

Entwicklung hat Auswirkungen auf die Ziele der Pflanzenzüchtung und die Beziehungsstrukturen zu anderen Marktteilnehmern, verändert aber auch die Machtverhältnisse auf dem Saatgutmarkt und in der Landwirtschaft sowie der Ernährungsindustrie insgesamt.[18] So bringt es der Kampf um Marktanteile beispielsweise mit sich, dass das Ausgangsmaterial der Züchtung, aber auch Sorten/Pflanzen, deren Schutz abgelaufen ist, unter Verschluss gehalten werden. Auch findet kaum offener Austausch untereinander statt; weder über laufende noch über vergangene Züchtungsprogramme.[19] Die weitere Züchtung mit geschützten Sorten wird auch dadurch behindert, dass mit einigen der biotechnologisch erzeugten Pflanzen aus *biologischen* Gründen keine Weiterentwicklung mehr möglich ist.[20]

Während es kleinere Unternehmen in diesem Umfeld immer schwerer haben, dreht sich das Sortenkarussell bei den großen Firmen immer schneller.[21] Welche Art von Pflanzen aber wird hier gezüchtet? Sind oder werden es jene seit Jahren versprochenen »Superpflanzen« sein, die einen wesentlichen Beitrag zur Bekämpfung des Welthungers liefern und zur Vorsorge gegen die Folgen des Klimawandels eingesetzt werden können? Fest steht, dass die Züchtung bei den größeren bis großen Firmen bereits jetzt biotechnologisch (und damit kapitalintensiv) ist. Noch erscheint die »klassische« Gentechnik ein vielversprechendes, weil lukratives Geschäftsfeld zu sein, wobei hier der Trend – aus unterschiedlichen Gründen (Resistenzbildung bei Unkräutern und Schadinsekten, aber auch auslaufende Patente) – zum *Stacken* verschiedener Eigenschaften (*Events*) geht. Daneben wurden in den letzten Jahren weitere biotechnologische Verfahren entwickelt, die sich bislang in einer rechtlichen Grauzone zwischen

18 Erklärung von Bern 2014.

19 Flitner 1995, 260.

20 Bei den so genannten CMS-Hybriden, die im Gemüsebereich (v. a. bei Kohlarten, Chicoree) inzwischen überwiegen, wird das Verfahren der Protoplastenfusion angewendet, um die erbliche Pollensterilität (*cytoplasmatic male steriliy* = CMS) des Rettichs auf verschiedene Kohlarten zu übertragen. Dieses Verfahren erleichtert und beschleunigt die Züchtung von Hybriden, hat aber zur Folge, dass die so entstandenen Pflanzen aufgrund der Pollensterilität nicht zur Weiterzucht verwendet werden können.

21 Gemüsesorten bleiben in Europa heute nur noch 2 bis maximal 3 Jahre auf dem Markt, bevor sie durch neue Sorten ersetzt werden.

konventioneller und gentechnischer Züchtung befinden und an denen auch europäische Saatgutkonzerne ein großes Interesse zeigen.[22]

Der inzwischen erreichte Grad der »Technisierung« der Züchtung aber offenbart einen Teufelskreis, dem sich weder die ganz großen, noch die kleineren Unternehmen entziehen können. So verlangt die technologische Entwicklung zwar einerseits einen hohen Kapitalvorschuss; andererseits ermöglicht sie – gerade auch mit Hilfe der Patente – den Marktführern und frühen Innovatoren beträchtliche Gewinne. In der *Konkurrenz* der Unternehmen entsteht daraus der Druck, beständig in der technologischen Entwicklung zumindest mitzuhalten, eigene biotechnologische Labore und Forschung zu betreiben und dementsprechend immer wieder erneut zu investieren. Die daraus resultierenden Produkte wiederum müssen zum einen umsatzstark sein, was nur wenige sind, wie man an der Gentechnik sieht, und andererseits zugleich – wenn sie zum entsprechenden *return on investment* beitragen sollen – mit Hilfe von Patenten geschützt und so gewinnbringend wie möglich vermarktet werden. Diese Entwicklung begünstigt demnach die Erzeugung weniger, einheitlicher und weit verbreiteter Sorten- beziehungsweise Pflanzeneigenschaften wie die Herbizidresistenz.[23] Es ist also davon auszugehen, dass die Biopatentierung zu einer (weiteren) Reduzierung der verfügbaren Diversität in der Züchtung und der Nutzung pflanzengenetischer Ressourcen führen wird.

Die zu Beginn gestellte Frage, ob auch kleinere Unternehmen von den Entwicklungen im Patentbereich betroffen sind, kann vor dem skizzierten Hintergrund klar bejaht werden. Noch wichtiger aber scheint zu sein, dass durch diese Entwicklungen gesellschaftlich anerkannte und geforderte – Stichwort *Weltagrarbericht*[24] – Alternativen in der Züchtung und Land-

22 Gelinsky 2013; Vogel 2012.

23 Bauer 1993, 263.

24 Der Weltagrarbericht *Agriculture at a Crossroads* (dt.: Landwirtschaft am Scheideweg) wurde 2008 vom Weltagrarrat (*International Assessment of Agricultural Knowledge, Science and Technology for Development*, Abk. IAASTD) veröffentlicht. Unter dem Motto »Weiter wie bisher ist keine Option« wird darin das Wachstumskonzept der industriellen Landwirtschaft einer kritischen Prüfung unterzogen. Inzwischen gehören die wesentlichen Botschaften des Weltagrarberichtes zum Standard wissenschaftlicher und institutioneller Analyse: Dass es auf die Kleinbauern und -bäuerinnen ankommt, dass Hunger letztlich nur vor Ort zu überwinden ist, dass eine Vielfalt agroökologischer Maßnahmen benötigt wird

wirtschaft nicht nur massiv be-, sondern zunehmend auch verhindert werden. Anstatt die Weiterentwicklung einer vergleichsweise kostengünstigen – weil konventionellen bzw. nicht biotechnologischen – Züchtung und parallel dazu alternative Anbauformen zu fördern, wird immer einseitiger auf die Verwendung von teurem Hochleistungssaatgut plus Agrarchemie gesetzt. Mit fatalen Folgen für Menschen, Tiere und Umwelt.

> »Das gegenwärtige Paradigma des Intensiv-Anbaus wird den Herausforderungen des neuen Jahrtausends nicht mehr gerecht. Um zu wachsen muss die Landwirtschaft lernen zu sparen und zu erhalten«,

schreibt inzwischen kein geringerer als der indische »Vater der Grünen Revolution« M. S. Swaminathan in der Einleitung zu der programmatischen Schrift der Welternährungsorganisation FAO *Save and Grow.*

Literaturverzeichnis

Bauer, Carsten (1993): Patente für Pflanzen – Motor des Fortschritts? Umweltrechtliche Studien 15.

COGEM (Commissie Genetische Modificatie) 2011: Drivers and Consolidation in the Seed Industry and its Consequences for Innovation. [Quelle: www.cogem.net-/index.cfm/en/publications/publicatie/drivers-of-consolidation-in-the-seed-industry-and-its-consequences-for-innovation (02.01.2015)]

Entschließung des Europäischen Parlaments vom 10. Mai 2012 zur Patentierung von im wesentlichen biologischen Verfahren (2012/2623(RSP) [Quelle: www.europarl-europa.eu/sides/getDoc.do?pubRef=-//EP//TEXT+TA+P7-TA-2012-0202+0+DOC+XML+V0//DE (02.03.2015)]

Erklärung von Bern, Forum Umwelt und Entwicklung, Misereor (Hrsg., 2014): Agropoly – Wenige Konzerne beherrschen die weltweite Lebensmittelproduktion. [Quelle:www.evb.ch/fileadmin/files/documents/Shop/EvB_Agropoly_DE_Neu-auflage_2014_140707.pdf (20.12.2014)].

FAO (2011): Save and Grow. A policymaker's guide to the sustainable intensification of smallholder crop production. [Quelle: www.fao.org/ag/save-and-grow/ (15.01.2015)].

Feindt, Peter H. (2010a): Politische Aspekte der Biopatentierung. In: Schriftenreihe der Rentenbank 25, 7 ff.

---

und sowohl in widerstandsfähige, lokale Agrarsysteme investiert werden muss, als auch in das dafür nötige traditionelle und moderne Wissen.

Feindt, Peter H./Beirat für Biodiversität und Genetische Ressourcen beim BMELV (2010b): Biopatente – eine Gefährdung für Nutzung und Erhaltung der Agrobiodiversität? Stellungnahme des Beirats für Biodiversität und genetische Ressourcen beim Bundesministerium für Ernährung, Landwirtschaft und Verbraucherschutz. [Quelle: www.bmelv.de/SharedDocs/Downloads/Landwirtschaft/Tier/ Tierzucht-Tierhaltung/Gutachten-Biopatente.html (20.12.2014)].

Flitner, Michael (1995): Sammler, Räuber und Gelehrte: Die politischen Interessen an pflanzengenetischen Ressourcen, 1895-1995.

Franck, Stephanie (2012): Biopatente – eine Gefahr für die Biodiversität? in: Bette, Kristina/Stephan, Michael (Hrsg.): Biodiversität, Geistiges Eigentum und Innovation. Aktuelle Herausforderungen und Kontroversen in der wissensbasierten Bio-Industrie. 113 ff.

Gelinsky, Eva (2013): Geistige Eigentumsrechte im Bereich der neuen Pflanzenzuchtverfahren. Literaturübersicht und Einschätzungen im Auftrag der Eidgenössischen Ethikkommission für die Biotechnologie im Ausserhumanbereich (EKAH).

Herring, Eva Maria (2013): Biopatentierung und Sortenschutz. Komplementäres Schutzregime oder konfliktträchtiges Spannungsverhältnis. Europäische Hochschulschriften, Reihe II Rechtswissenschaft, Band 5467.

IAASTD (Hrsg.) (2008): Agriculture at a Crossroads. International Assessment of Agricultural Knowledge, Science and Technology for Development. Global Report. [Quelle: http://www.weltagrarbericht.de/fileadmin/files/weltagrarbericht/IAASTD Berichte/GlobalReport.pdf (15.01.2015)].

Louwaars, Niels/Dons, Hans/Overwalle, Geertrui van/Raven, Hans/Arundel, Anthony/Eaton, Derek/Nelis, Annemiek (2009): Breeding Business: The Future of plant breeding in the light of developments in patent rights and plant breeder's rights. CGN Report 2009-14, CGN Center for Genetic Resources, University of Wageningen.

Messmer, Monika/Wilbois, Klaus-Peter/Baier, Cris/Schäfer, Freya/Arncken, Cristine/ Drexler, Dora/Hildermann, Isabell (2012): Techniken der Pflanzenzüchtung. Eine Einschätzung für den ökologischen Landbau.

Richter, Toralf (2012): Strukturen und Entwicklungen des Schweizer und internationalen Marktes für Saatgut am Beispiel ausgewählter Gemüsesorten. [Quelle: www.evb.ch/fileadmin/files/documents/Lebensmittelindustrie/Saatgutmarkt_TopLineReport_27082012.pdf (15.01.2015)].

Then, Christoph/Tippe, Ruth (2014): Vor der Entscheidung. Europäische Patente auf Pflanzen und Tiere.

Vogel, Benno (2012): Neue Pflanzenzuchtverfahren. Grundlagen für die Klärung offener Fragen bei der rechtlichen Regulierung neuer Pflanzenzuchtverfahren.

Wissenschaftlicher Beirat beim Bundesministerium für Wirtschaft und Technologie (2007): Patentschutz und Innovation. Gutachten Nr. 1/2007. [Quelle: www.bmwi.de/BMWi/Navigation/Ministerium/Beiraete/wissenschaftlicher-beirat-veroeffentlichungen.html (20.12.2014)].

Alternativen zu geistigem Eigentum: Sorten als *Commons* denken[1]

Gregor Kaiser

»Wir haben es satt!« Alljährlich im Januar, so auch 2015, findet zum Auftakt der *Grünen Woche* eine Großdemonstrationen gegen die bestehende Landwirtschaftspolitik statt, organisiert von einem breiten Bündnis landwirtschaftlicher und zivilgesellschaftlicher Organisationen und Verbände.[2] Vorausgegangen war im Herbst 2014 ein großer Kongress in Berlin, auf dem die Zukunft der Landwirtschaft spektrenübergreifend diskutiert wurde.[3] Bereits im Frühjahr 2014 demonstrierte die Junge *AbL* (Arbeitsgemeinschaft bäuerliche Landwirtschaft) mit einer Treckerfahrt für eine vielfaltsfördernde europäische Saatgutpolitik und somit gegen die sich zu dieser Zeit abzeichnende Tendenz, den Handel mit Saatgut weiter zu reglementieren und Vielfalt weiter einzuengen.[4] Die TeilnehmerInnen der

---

1 Dieser Text basiert auf einem Diskussionspapier, welches der Autor zusammen mit Silke Helfrich zur der Internationalen Konferenz »EU Seed policy and legislation Challenges for Producers, Consumers and Citizens: Who will own the seeds?«, am 22. Januar 2014 in Brüssel verfasst hat. Es ist unter der Lizenz CC-BY-SA-3.0 u.a. zu finden unter http://www.vielfalt-wald.de/commons_saatgut_bruessel_2014.pdf. Darüber hinaus sind auch Kapitelabschnitte der Dissertation des Autors (Kaiser 2012) übernommen worden.

2 www.meine-landwirtschaft.de. Bei den Demonstrationen nehmen z.B. neben Bäuerinnen und Bauern und Umweltschützern auch VerbraucherschützerInnen und VeganerInnen teil. Dass die Vorstellungen über die Ausrichtung einer nachhaltigen Landwirtschaft hier nicht spannungsfrei sind, liegt auf der Hand.

3 Allerdings ohne die traditionellen Verbände der Landwirtschaft. So kritisieren der Deutsche Bauernverband und ihm nahe stehende Organisationen die Bewegung scharf (vgl. Homepage des DBV oder Westfälisches Wochenblatt 4/2015).

4 www.saatgut-tour.de. Die in 2013/14 diskutierte Novelle des EU-Saatgutrechts liegt derzeit auf Eis. Durch die Neuwahl der EU-Kommission im Herbst 2014 und neue Schwerpunktsetzungen ist noch nicht abzusehen inwiefern das Thema weiter bearbeitet wird.

Demonstrationen, des Kongresses oder der Treckerfahrt demonstrier(t)en gegen strikten Sortenschutz und Patente auf Pflanzensorten und Tiere. Darüber hinaus beton(t)en sie, dass die gesamte Landwirtschaft im Umbruch ist und alles – Tierhaltung, Pflanzenzüchtung, Eigentumsrechte, Düngung, Agrospritproduktion, (Welt-)Ernährung, etc. – in einem Gesamtkontext betrachtet werden muss, und nicht einzelne Aspekte losgelöst voneinander. Ein *Weiter so*, auch in Forschung und Entwicklung, erscheint als keine realistische Option, vor allem im Hinblick auf die prognostizierte Steigerung der Weltbevölkerung und des Klimawandels. Diese Aussage ist schon 2008 im Weltagrarbericht[5] deutlich geworden, der im Übrigen immer noch nicht von der deutschen Bundesregierung als Handlungsgrundlage anerkannt worden ist.

Vier Dinge sind für eine produktive Landwirtschaft und für einen diversifizierten, möglichst regionalen Anbau entscheidend: Fruchtbare Böden, gute Sorten, viel Wissen und eine große Biodiversität. Und alle vier schwinden. Der Flächenverbrauch und die Flächenversiegelung gehen immer weiter und nehmen der Landwirtschaft wichtige Produktionsflächen. Böden erodieren, verschlechtern sich und werden zusätzlich für Agrospritproduktion in Anspruch genommen. Seit der Einführung des Saatgutverkehrsgesetzes und des Sortenkatalogs in den 1930er Jahren ist in Deutschland ein Großteil der Nutzpflanzensorten verschwunden und ein dramatischer Rückgang der Kulturpflanzenvielfalt bleibt festzustellen. Durch den Sortenschutz und die zunehmende Patentierung genetischer Ressourcen wird dieser Trend verstärkt und die Züchtung konzentriert sich auf immer weniger möglichst global einsetzbare Fruchtarten und Sorten. Nur mit kostspieliger Züchtung, starken geistigen Eigentumsrechten, Gentechnologie und *Smart Breeding*, so das eingleisige Argument, lasse sich für die Zukunft genügend vorsorgen und die Basis schaffen für eine ausreichende Ernährung. Diese Strategie basiert darüber hinaus auf einer stark inputorientierten und erdölfokussierten Landwirtschaft: Ohne Düngemittel, Pestizide und Treibstoff funktioniert nicht viel. Das Wissen der BäuerInnen und indigenen Völker um traditionelle Sorten, deren Lagerung, Anbau, Vermehrung und Nutzung, schwindet immer mehr, es wird nicht Wert geschätzt und geachtet.

---

5 IAASTD, 2009

Handfeste politische und wirtschaftliche Interessen sind hier im Spiel. Jack Kloppenburg bezeichnet die Aneignung der genetischen Ressourcen als ursprüngliche Akkumulation und als ersten notwendigen Schritt zur kapitalistischen Durchdringung des landwirtschaftlichen Sektors. Die Bäuerinnen und Bauern müssen von ihren Produktionsmitteln enteignet werden, damit Unternehmen diese auf kapitalistischen Märkten handeln können und Saatgut zur Ware wird:

> »But because the seed is a living and reproducible package of DNA, the endpoint of one cycle of production merely sets the stage for the next. Seed is grain is seed is grain; (…) The seed is the biological nexus of farm-level production.«[6]

Eine ganze Reihe internationaler Abkommen ist in den vergangenen Jahren abgeschlossen worden, die sich mit diesem Themenkomplexes beschäftigen: *The Future Control of Food* – so der Titel eines Buches von Geoff Tansey und Tasmin Rajotte – beschäftigt sowohl die Welthandelsorganisation (TRIPS, AoA), die FAO (*International Treaty*), die *World Intellectual Property Organization* (WIPO) als auch die Umweltabkommen der Vereinten Nationen (CBD). Individuelle geistige Eigentumsreche, Patente, Sortenschutz und auch geographische Herkunftsangaben sind ein zentrales Element,[7] den Kern der landwirtschaftlichen Produktion, das Saatgut, zu kontrollieren, zu regulieren und die Bäuerinnen und Bauern den Marktentwicklungen auszusetzen. Das Konfliktpotential ist enorm; *Seed Wars* ist eine Beschreibung der aktuellen politischen Konflikte um die Grundlagen der Ernährung.[8]

Doch bei den Grundlagen unserer Ernährung ist Eingleisigkeit genau das Gegenteil dessen, was wir brauchen: Diversität! Sie wurde und wird vom dominierenden Zucht- und Landwirtschaftsbetrieb reduziert, durch hochgradige Arbeitsteilung parzelliert und im Wettbewerb um die »effizi-

---

6 Kloppenburg 2004, 37.

7 Auch züchtungsinterne Entwicklungen haben zu der Trennung von Pflanzenzüchtung und landwirtschaftlicher Produktion beigetragen: Zum einen entwickelte sich seit dem 19. Jahrhundert eine Arbeitsteilung zwischen wissenschaftlicher Züchtung und produzierenden Bauern; zum anderen sind die Entwicklung der Hochertragssorten /Hybridsorten und auch die GURTS-Technologien (genetic use restriction technologies, genetische Sterilität nach einmaligem Keimen) biologische Eigentumsregulierungen, da ein Nachbau nicht mehr möglich ist.

8 Aoki 2008.

enteste« Lebensmittelproduktion »wegoptimiert«. Auch diesem Problem ist nicht durch Änderungen an Patentrecht und Sortenregistrierungsverordnungen beizukommen.[9] Das Problem ist grundsätzlicher Natur. Für die zukünftige Ernährung ist es absolut zentral, Saatgutvielfalt zu erhalten, wieder zu vermehren und gleichzeitig möglichst vielen Nutzern und Nutzerinnen offen zu halten. Daher muss auch die Eigentumsfrage immer wieder neu gestellt werden. Vor allem das Patentrecht aber auch das Sortenschutzrecht müssen hinterfragt und Alternativen entwickelt werden, die eine Sortenzüchtung ohne individuelle geistige Eigentumsrechte aber im Sinne der Gemeingüter ermöglichen.

Im Folgenden soll eine kurze Kritik an Patent- und Sortenschutzrecht dargestellt werden, bevor Alternativen zum Schutz geistiger Eigentumsrechte vorgestellt und diskutiert werden.

Patentrecht und Sortenschutz – zwei Seiten einer Medaille?

> »Patente auf Pflanzen sind nicht nur von einem ethischen Standpunkt aus fragwürdig, sie verstärken auch den Konzentrationsprozess im Saatgutmarkt, haben einen negativen Einfluss auf die Innovation und stellen ein Risiko für die Ernährungssicherheit dar«.[10]

Dieser Satz der *Erklärung von Bern* und von *Pro Species Rara* fasst zusammen, was durch viele Studien herausgearbeitet wurde. Aufgrund der Tatsache, dass derzeit Entwicklungsländer große Nettoimporteure von Technologie aus den Industrieländern sind, legt das aktuelle Faktenmaterial den Schluss nahe, dass die Globalisierung des geistigen Eigentumsschutzes zu einem bedeutenden zusätzlichen monetären Nettotransfer aus den Entwicklungs- in die Industrieländer führen wird.[11] Unternehmen aus Nordamerika, Europa, Japan und China besitzen die weit überwiegende Mehrheit der globalen Patente. Dies hat natürlich auch automatisch ei-

---

9 Dies ist auch den meisten AktivistInnen und VertreterInnen von NGOs klar, die sich mit den aktuellen Gesetzgebungen (z.B. EU-Saatgutrechtsreform) beschäftigen. Deren Aktivitäten sollen keineswegs in Frage gestellt werden.

10 EvB, PSR 2014.

11 CIPR 2002.

nen Lizenzgeldtransfer in diese Länder zur Folge. Nach Schätzungen von Weltbank-ExpertInnen kommen auf die Entwicklungsländer durch die Umsetzung der WTO-TRIPS-Verpflichtungen Mehrzahlungen für Lizenzgebühren in Höhe von rund 60 Mrd. US-Dollar jährlich zu. Andere Berechnungen kommen zu dem Schluss, dass die sechs größten Industrieländer in Zukunft wegen TRIPS jährliche Mehreinnahmen von ca. 41 Mrd. US-Dollar verbuchen können – die USA 19 Mrd. US-Dollar und Deutschland 6,8 Mrd. US-Dollar.[12]

In den vergangenen zwanzig Jahren ist eine zunehmende Konzentration der Unternehmen sowohl der Saatgut- und Chemie- als auch der Pharmaindustrie zu beobachten; die Kontrolle, Macht und Marktdominanz einiger weniger Firmen nimmt immer mehr zu.[13] Bereits vor acht Jahren schrieben Fowler und Falcon:

> » ...the plant genetics industry is now heavily concentrated in a half-dozen major firms that hold substantial numbers of key patents on germplasm. They also have IP coverage of the related enabling technologies....[T]he control of patents and seed distribution networks exercised by these companies has substantially increased the barriers to entry for new firms in the field of germplasm development«.[14]

Philipp H. Howard, Professor an der *Michigan State University*, hat eine Graphik zusammengestellt, in dem die derzeit sechs größten Unternehmen(skomplexe) – *Monsanto, Bayer, Du Pont, Syngenta, Dow* und *Limagrain* – in ihrer Unternehmensstruktur dargestellt sind. Die Größe der Kreise ist proportional zu dem Saatgut-Weltmarktanteil des jeweiligen Unternehmens:[15] *Monsanto* z.B. ist den vergangenen 15 Jahren zum weltweit größten Hersteller von Saatgut (Weltmarktanteil von 27% in 2007) und fünftgrößten Hersteller von Agrarchemikalien (Weltmarktanteil 9%, 2007) aufgestiegen. Der Umsatz stieg von 1995 bis 2013 um ca. 80% von 15 Mrd. DM[16] auf 14,86 Mrd. US-$[17]. Unter den ersten fünf Agro-

---

12 Frein 2007, Kaiser 2012.

13 ETC Group 2008, Mammana 2014.

14 Tansey 2008, 9.

15 Philip H. Howard: Seed Industry Structure, 1996-2008, (11.10.2010), ebenfalls publiziert in: Sustainability 2009, *1* (4), 1266-1287.

16 Der Spiegel, 15/1997, http://www.spiegel.de/spiegel/print/d-8693991.html, (27.01.2011).

17 Wikipedia, http://de.wikipedia.org/wiki/Monsanto, (27.01.2015).

chemiekonzernen sind auch *Dow, BASF, Syngenta* und *Bayer* zu finden. Wegen dieser Konzentrationsprozesse wird, auch von Befürwortern einer freien Marktwirtschaft, befürchtet, dass Marktmonopole entstehen und kein oder nur noch eingeschränkter Wettbewerb möglich ist.[18] Des Weiteren befürchten diese AutorInnen mangelnden Fortschritt in der Züchtung, Konzentration auf wenige, profitable Fruchtarten und Sorten oder, so die *Zukunftsstiftung Landwirtschaft*, allgemein nachteilige Auswirkungen auf eine nachhaltige Agrarwirtschaft.[19]

Darüber lassen sich auch noch wissenschaftsinterne Gründe anführen, die die Patentierung von Gensequenzen in Frage stellen. So ist wissenschaftlich schon lange umstritten, was denn genau unter einem Gen zu verstehen sei und durch die Wechselwirkungen mit anderen Gensequenzen und Umwelteinflüssen können die Funktionen einer solchen Sequenz nicht allein durch die Ermittlung und Beschreibung der DNA bestimmt werden.[20]

Der Blick in der Diskussion über die Sinnhaftigkeit des Schutzes individueller geistiger Eigentumsrechte, speziell des Patentrechts, muss allerdings auch über den Bereich der Pflanzenpatente hinausgehen. Betriebswirtschaftlich betrachtet, scheinen die Anmeldung und Verwertung von Patenten eine Notwendigkeit. Ziel eines jeden Unternehmens ist es Gewinne zu machen und diese zu maximieren. Lassen sich durch die Lizenzeinnahmen F&E-Ausgaben refinanzieren und durch das alleinige Vermarktungsrecht Produkt- ggf. auch Marktmonopole erreichen, steigert dies den Umsatz und bestenfalls auch den Gewinn eines Unternehmens:

> »Doch leider glauben Unternehmer und Aktionäre allzu oft, dass ihre betriebswirtschaftlichen Profite auch volkswirtschaftlich ein Segen sein müssten. Menschlich ist es naheliegend von sich auf andere zu schließen. Trotzdem ist es falsch«.[21]

Denn die Gewinne bzw. Mehreinnahmen der Einen sind die Ausgaben der Anderen: Lizenzgebühren und Anwaltskosten müssen aufgebracht werden, um Produkte und Verfahren nutzen oder eine Verletzung von Rechten Dritter auszuschließen; Produktkosten sind aufgrund einer Monopolstel-

18 vgl. z.B. Louwaars/ Hans Dons et al. 2009; Schaffnit-Chatterjee 2009.
19 Zukunftsstiftung Landwirtschaft/ Stiftung »Eine Welt – Eine Zukunft«2009; auch Howard 2009.
20 Vgl. Gelinsky 2013; Kay 2005.
21 Herrmann 2013: 164.

lung erhöht und zwingen die Verbraucher, einen erhöhten Aufwand zu betreiben; oder aber die Diffusion von Wissen und Innovation innerhalb einer Gesellschaft ist gehemmt und der gesellschaftliche Fortschritt wird verlangsamt. Markteintrittsbarrieren und Marktkonzentrationen sind die Folge.[22] Boldrin und Levine (2008: 11) kommen daher zu dem Schluss, dass

> »[o]ur examination of the data shows no evidence that intellectual monopoly leads to more creativity and innovation«.

Hinter der Einführung eines Patentrechts standen historisch betrachtet immer industrie- und machtpolitische Interessen.

Auch der landwirtschaftliche Sortenschutz wird kritisiert, insbesondere die Entwicklungen in der UPOV seit den späten 1980 Jahren und die Verabschiedung der UPOV-Akte von 1991 sowie deren Umsetzung in europäisches bzw. nationales Recht. Während viele KritikerInnen die Anfänge des Sortenschutzes noch tolerieren, da durch Züchterprivileg und Landwirtevorbehalt für einen Ausgleich der Interessen gesorgt wurde, ist mit der verstärkten Annäherung an das Patentrecht mit UPOV 91 für viele eine Grenze überschritten. Insbesondere weil nun auch immer mehr Entwicklungsländer dazu gedrängt werden, UPOV 91 in ihren nationalen Rechtssystemen umzusetzen, um TRIPS-konforme *sui generis* Regeln für den pflanzlichen Sortenschutz zu implementieren.[23]

Anforderungen an Pflanzenzüchtung und Landwirtschaft

Pflanzenzüchtung hat unwidersprochen dazu beigetragen, dass in den vergangenen Jahrzehnten bedeutende Ertragszuwächse zu verzeichnen gewesen sind, insbesondere bei den Sorten, für die sich schnell ein kommerzieller Markt und eine Arbeitsteilung zwischen ZüchterInnen und LandwirtInnen etabliert haben (Mais, selbstbefruchtendes Getreide, Soja, Zuckerrüben, einige Gemüsesorten). Durch die angewandten Züchtungs-

---

22 Vgl. Hebenstreit/Minkmar 2013: 224ff.

23 Vgl. dazu z.B. auch die Diskussion um die Nachbaugebühren in Deutschland. Z.B. Wullweber 2004; Kaiser 2012.

methoden sind allerdings biologische Eigenschaften des Saatguts z.T. eingeschränkt und, wie schon geschildert, Vielfalt reduziert worden: Hybridsaatgut, welches bei vielen Sorten den Markt dominiert, sowie gentechnisch verändertes Saatgut, welches patentiert ist, können nicht nachgebaut werden und verlangen von den LandwirtInnen einen jährlichen Neukauf ihres Saatguts. Im und für den ökologischen Landbau werden hingegen samenfeste und damit nachbaufähige Sorten entwickelt. Dies ist auch eine grundlegende Voraussetzung für die Betrachtung der Sorten als Teil der *global commons* der Menschheit und der Achtung der *Farmers Rights*, die im Rahmen des Internationalen Saatgutvertrags kodifiziert sind.

Züchtung ist ein kraft- und zeitraubender Prozess. Er dauert im Schnitt 10 Jahre und verschlingt viel Geld. Private Mittel (von Einzelpersonen und Unternehmen) fließen ebenso in die ökologische Züchtung wie Spenden sowie Gelder öffentlicher bzw. gemeinnütziger Organisationen. Ökologische Züchtung ist dennoch unterfinanziert! Sie hängt im Wesentlichen an den Herzen und am Durchhaltevermögen einiger Pioniere. Dieses strukturelle Problem ist *ein* Grund, warum sich auch in der Ökozüchtung die in der konventionellen Züchtung weit verbreitete Überzeugung durchgesetzt hat, dass es ohne Lizenzgebühren nicht geht. Lizenzgebühren jedoch generieren sich aus Verwertungsmonopolen auf Sorten -aus Eigentumsrechten auf die Sorten.

Die meisten an ökologischer Züchtung interessierten Beteiligten wollen aber im Prinzip, dass Sorten »frei« bleiben – so wie in den vergangenen 5000 Jahren. *Frei* in dem Sinne, dass sie idealerweise niemandem allein gehören sollten, was selbstredend Verwertungsmonopole ausschließt. Und *frei* in dem Sinne, dass Kultursorten stets zum Wohle der Allgemeinheit weitergenutzt und entwickelt werden dürfen. Dieser Gedanke beinhaltet aber auch – und das ist wichtig – dass nicht jede und jeder alles mit »freiem« Saatgut (hier synonym zu »Sorten« gebraucht) machen darf.

In den internationalen Verträgen, die die Nutzung pflanzengenetischer Ressourcen regeln,[24] hieß es bis 1992: Genetische Ressourcen sind das gemeinsame Erbe der Menschheit. Daraus leiteten einige Unternehmen je-

24 Internationale Verträge, die sich mit Saatgut und Eigentumsrechten beschäftigen sind z.B.: der Internationale Saatgutvertrag (www.planttreaty.org) und sein Vorläufer das *International Undertaking*; die Biodiversitätskonvention (www.cbd.int) sowie das UPOV-Abkommen (www.upov.org).

doch die Freiheit ab, sich auf der ganzen Welt an Saatgut und genetischen Ressourcen zu bedienen, ohne jemandes Einverständnis zu erbitten. Zugleich meldeten sie auf die Ergebnisse der eigenen Züchtung Schutzrechte an, so dass selbige nicht mehr »frei« genutzt werden konnten. Oder anders gesagt: Das internationale Recht arbeitet(e) mit einem Freiheitsbegriff, der die private Verfügung über eine Sorte – etwa durch einen Züchter oder ein Unternehmen – erlaubte.

Seit der Biodiversitätskonvention 1992 findet diese Freiheit ihre Schranken im so genannten *Access & Benefit Sharing*. Der individuellen Verfügung waren somit Schranken gesetzt, allerdings innerhalb eines konzeptionellen Rahmens, der sich nicht von der Idee individueller Eigentumsrechte an Sorten zu lösen vermochte.[25]

Es bedarf einer Stärkung des Gedankens der Freiheit im Sinne eines nachhaltigen, zukunftgerichteten Handelns, das die Rechte der NutzerInnen *und* EntwicklerInnen von genetischen Ressourcen/Sorten sowie die jahrhundertewährende Sortengeschichte gleichermaßen im Blick hat und wieder eine engere Verzahnung der Tätigkeiten der Züchter mit jenen der Bäuerinnen und Bauern bewirkt. Es bedarf eines Freiheitsverständnisses, das das individuelle mit dem kollektiven Interesse zu verbinden vermag. Dieses Verständnis ist in der Idee von Sorten als *Commons* geborgen.

Commons & Copyleft statt Monopole

Seit einigen Jahren hat sich, nicht nur im Kontext der Landwirtschaft, eine breite Debatte zur Wiederaneignung der Gemeingüter, das heißt zur gemeinschaftlichen Nutzung von Ressourcen und Wissen entwickelt. Aufbauend auf den Arbeiten von Elinor Ostrom und gestärkt durch den ihr verliehenen Nobelpreis für Wirtschaftswissenschaften 2009 sind unzählige Publikationen und Projekte entstanden, die Regeln der gemeinschaftlichen Nutzung von Ressourcen erforschen, auf neue Bereiche anwenden und täglich aufs Neue experimentieren. Mittlerweile hat sich auch in Deutschland statt des Begriffs der »Gemeingüter« jener der *Commons* etabliert:

25 Vgl. zu diesem ganzen Komplex z.B. Kaiser 2012; Kloppenburg 1988/2004; Tansey, Geoff/ Rajotte, Tasmin 2008.

Commons existieren aber nicht aus sich selbst heraus, sie werden *gemacht*. Der Begriff beschreibt ein komplexes Zusammenspiel von Ressourcen, Gemeinschaften/Netzwerken und des sich »Kümmerns«, des *commoning*. Wiesen, Wälder, Parks, Wissen, öffentliche Plätze, biologische Vielfalt oder Sorten können (und sollten) als *Commons* organisiert, gepflegt und entwickelt werden.[26]

Etwas als *Commons* zu organisieren ist aber nicht zwingend geeignet, jeglichen Missbrauch zu verhindern. Es geht bei *Commons* weniger um das Verhindern von etwas als um das Ermöglichen freier Nutzung und Weiterentwicklung der entsprechenden Sache. »Sorten als *Commons*« meint also nichts anderes als dafür zu arbeiten, dass Sorten allen zur Mehrung des Gemeinwohls und der Kulturpflanzenvielfalt zur Verfügung stehen, dass sie niemandem allein gehören und dass eine Form gefunden wird, für Sortenzüchtung und -pflege kollektiv Verantwortung zu übernehmen.

Nur ein Regelungssystem, das auf dem Grundgedanken beruht, dass Sorten als *Commons* zu verstehen, zu pflegen, zu nutzen und zu schützen sind, bewahrt vor Monopolisierung und setzt die gemeinwohlverpflichtenden Schranken. Sorten sind nicht *res nullius*, also *niemandes Gut*, an dem sich jeder nach Gutdünken bedienen und das er beliebig nutzen kann. *Commons* brauchen Schutz! Das gemeinsame Nutzungsrecht an kollektiven Ressourcen kann nicht einfach dem Zufall oder dem *good will* Einzelner überlassen werden. Im Folgenden sollen einzelne Beispiele diskutiert werden.

Sortenschutz & Züchtungsfinanzierung einmal anders

Sorten als *Commons*

Prinzipieller Grundgedanke von Sorten als *Commons* heißt: Sorten sind im doppelten Sinne frei. Sie gehören niemandem allein und dürfen stets zum

26 Vgl. für Beispiele: HBS/Helfrich 2009.

Wohle der Allgemeinheit weitergenutzt und entwickelt werden.[27] Die Sorten brauchen Schutz vor Vereinnahmung und (Re)Privatisierung. Und zwar nicht Sortenschutz wie wir ihn kennen, sondern Schutz der Sorten als *Commons* – z.B. vor Sortenpiraterie. Das Multilaterale System des *International Treaty* geht hier in die richtige Richtung. Der Zugang zu Züchtungsmaterial wird für einen großen Teil der Nahrungs- und Futterpflanzen gewährleistet und auch die LandwirtInnen bekommen ihre historischen Leistungen durch ein multilaterales *Benefit Sharing* honoriert.[28] Dieser internationale Ansatz müsste nun auf regionale bzw. nationale Strukturen herunter gebrochen werden. Entscheidend für den Ansatz Sorten als *Commons* ist es aber, auf Einkommensmodelle zu setzen, die individuelle Eigentumsrechte *nicht* voraussetzen. Das bedeutet auch, Einkommensmöglichkeiten sind *nicht* an Lizenzgebühren zu koppeln, weil Sorten *niemandem allein gehören* – also auch nicht dem Züchter oder der Züchterin. Aber *Commons* brauchen Finanzierung – ist diese nicht gewährleistet, kann Züchtung nicht funktionieren und wird auch der öffentliche Zugang nicht funktionieren. Die Züchtungsfinanzierung ist demnach möglichst marktunabhängig zu organisieren, das heißt: nicht an den Äquivalententausch zu koppeln, denn je mehr Einkommensmöglichkeiten nicht vom direkten Verkauf des Saatguts abhängen, umso freier – im oben skizzierten Sinne – sind alle NutzerInnen. Eigentumsrechte an Sorten setzt dieses Modell nicht voraus. Voraussetzung dafür ist eine ver-

---

27 Wissen (und Sorten) zu teilen oder weiterzugeben allein genügt nicht. Alle Dokumentationen über Züchtung gehören unter das *Copyleft*. Doch, so ein Einwand: »Wir brauchen auch einen anderen 'Stempel' für das Material selbst. Nicht nur für die Dokumentation.« Man unterscheidet also zwei verschiedene Regelungssystemen: Schöpferische Sortenbeschreibungen, Dokumentationen usw. fallen unter das Urheberrecht (so wie andere Werke und Software auch) und werden damit *automatisch* geschützt. Sie können durch ein *Copyleft* also frei gegeben werden. Technische und biologische Verfahren jedoch (wie im Falle der Züchtung) werden erst *nach aktiver Registrierung* (hier Sortenzulassung, anderswo Patente) geschützt und nicht automatisch. Der Schutz besteht bei weitem nicht so lange wie beim Urheberrecht. *Copyleft* macht bei Verfahren also keinen Sinn.

28 Der *Treaty* hat positive Ansätze, stellt sich aber auch nicht entschlossen gegen die Patentierung genetischen Materials. Darüber hinaus funktioniert er noch nicht, so dass im Sept 2013 während einer Sitzung des *Governing Body* der Beginn für Verhandlungen zur Reform des MS beschlossen wurde (siehe z.B. EvB/PSR 2014).

nünftige staatliche Finanzierung der Züchtung und Züchtungsforschung und neu-strukturierte Entscheidungsfindungsverfahren, welche Forschung zu welchem Zweck betrieben wird.

General Public Licence for Plant Genetic Resources (GPL-PG)

Eine GPL-PG, 1999 von Michaels erstmals vorgeschlagen, kann den Zugang zu Zuchtmaterial erleichtern und gleichzeitig dafür Sorge tragen, dass neue Forschungsergebnisse ebenfalls frei zugänglich bleiben. Neue Pflanzenzüchtungen müssen nach dieser GPL-PG veröffentlicht und der Allgemeinheit zur Verfügung gestellt werden, das Ausgangsmaterial muss benannt sein. Andere Züchter dürfen mit den so gezüchteten Sorten und Verfahren weiter arbeiten, ohne Lizenzgebühren zahlen oder eine Erlaubnis einholen zu müssen. Bedingung ist aber, dass sie ihre Ergebnisse wiederum unter einer GPL-PG zur Verfügung stellen. Der öffentlich zugängliche, kostenfreie Genpool würde so sukzessive erweitert. Vergleichbar ist diese Herangehensweise den aus dem Urheberrecht bekannten *Creative Commons* Lizenzen.

Einen ersten Schritt in Richtung *Open Source Seeds* haben im April 2014 ForscherInnen der Universität Wisconcin getan. Unter einer sogenannten *open source pledge* wurden 29 neue Pflanzensorten der Öffentlichkeit unter der Bedingung zur Verfügung gestellt, dass niemand auf diese Sorten oder auf Grundlage dieser Sorten neu geschaffene Sorten mit geistigen Eigentumsrechten belegt. Die Sorten und ihre Eigenschaften sollen frei zugänglich bleiben.[29] Sicherlich bewusst haben die WissenschaftlerInnen um den Soziologen Jack Kloppenburg den 17. April für ihren Schritt ausgewählt. An diesem *Internationalen Tag der Landlosen* wird schon seit vielen Jahren gegen den Strukturwandel und die Industrialisierung der Landwirtschaft protestiert und die Bedeutung des freien Zugangs zu Saatgut hervorgehoben.

29 Vgl. Plant Readers Release First 'Open Source Seeds', im Internet: http://www.npr.org/blogs/thesalt/2014/04/17/303772556/plant-breeders-release-first-open-source-seeds (26.8.2014) sowie GID 226: 23-25.

Nationale Saatgutfonds

An anderer Stelle[30] habe ich bereits die Gründung eines gemeinnützigen Vereins und den Aufbau neuer Strukturen vorgeschlagen, um die Pflanzenzüchtung auf eine breitere Basis zu stellen und um individuellen geistigen Eigentumsrechten in diesem Kontext etwas entgegen zu stellen. Ähnlich einer im *Bundesverband deutscher Pflanzenzüchter* bereits existenten Gesellschaft sollte die Pflanzenzüchtung als gesamtgesellschaftliche Aufgabe gesehen und verantwortet werden – im Sinne der von Elinor Ostrom genannten acht Gemeingüter orientierten Kriterien.[31] Neben der Stärkung partizipatorischer bäuerlicher Pflanzenzüchtung sollte diese *Gesellschaft zur Förderung der Pflanzenzüchtung in Deutschland* die Pflanzenzüchtung und die Züchtungsforschung in Deutschland koordinieren und die benötigten Mittel verwalten. Die Vertretung aller gesellschaftlichen Gruppen in dieser Organisation müsste gewährleistet sein. Gemeinsam ließen sich Forschungsprioritäten festlegen, gleichgelagerte Fragestellungen identifizieren und in gemeinsamen Projekten bearbeiten. Um die von Ostrom geforderte Polyzentralität zu verwirklichen ließen sich für verschiedene Regionen Deutschlands und/oder spezifische Nutzpflanzengruppen (Gemüse, Getreide, Ölfrüchte, etc.) Unterabteilungen der Gesellschaft bilden, so dass an Sorten dezentraler und basisnäher gearbeitet werden könnte. Diese Gesellschaft, die ja in einem öffentlichen Interesse Forschung koordiniert und forciert, wäre von ihrem Grundsatz her gemeinnützig und könnte somit auch Halter von Sortenschutzrechten werden. Eine Monopolbildung durch einzelne Unter-

30 Kaiser 2012, Kotschi/Kaiser 2012.

31 Elinor Ostrom hat aus ihren umfangreichen Fallstudien acht Kriterien entwickelt, die für ein erfolgreiches Management von Gemeingütern unerlässlich sind (vgl.: Ostrom 1990/2011): Es existieren akzeptierte Grenzen zwischen NutzerInnen und NichtnutzerInnen; Es gibt eine Grenze zwischen der spezifischen Ressource und dem sozioökologischen System; Es ist eine Kohärenz mit den lokalen Gegebenheiten vorhanden; Entscheidungen werden gemeinschaftlich getroffen; Es findet ein Monitoring statt und Sanktionen können verhängt werden; Es existieren Konfliktlösungsmechanismen; Die NutzerInnen von Ressourcen haben das anerkannte Recht, in gewissem Maße eigene Regeln zu bestimmen; Entscheidungen zur Steuerung von Vorgängen oder über Maßnahmen finden nicht zentral sondern vor Ort statt (polyzentrische *Governance*).

nehmen und Aneignung einzelner Forschungsergebnisse wäre somit auf nationaler Ebene ausgeschlossen. Darüber hinaus bestünde aber die Möglichkeit, sich – ähnlich wie bei den *Creative Commons* Lizenzen – eigene, neue Lizenzmodelle anzueignen und die viralen Effekte solcher Lizenzen zu nutzen und über die Jahre einen immer breiteren Pool an *Open Source genetic resources* zu schaffen. Das oben beschriebene *pledge* aus Wisconcin geht in diese Richtung.

Basisinitiativen

Eine ganze Reihe von Basisinitiativen arbeitet mit einem anderen Verständnis in der Sortenentwicklung als die traditionellen Züchtungsunternehmen oder die Agrarchemiekonzerne. Für sie ist nicht nur kooperatives Arbeiten eine Selbstverständlichkeit, sondern auch die Entwicklung samenfester Sorten, die nachgebaut werden können und eine hohe Diversität aufweisen. Bei diesen Basisinitiativen handelt es sich z.B. um die französische Kokopelli, den deutschen Kultursaat e.V. oder die philippinische MASIPAG. Hierbei handelt es sich um ein philippinisches Netzwerk, das sich bereits 1985 gründete. Es wird von BäuerInnen, WissenschaftlerInnen und NGOs getragen und arbeitet in 45 von 79 Provinzen des Landes. Neben der Förderung des ökologischen Landbaus engagiert sich MASIPAG im Bereich Saatgut, vor allem für die Kulturpflanzen Reis und Mais. Landsorten werden identifiziert, beschrieben und auf Versuchsfarmen angebaut und erhaltungszüchterisch bearbeitet. Bisher gelang es, ca. 1100 Reissorten zu erhalten und 500 neue »Landsorten« zu entwickeln, die den jeweiligen standortspezifischen Gegebenheiten Rechnung tragen. Bei den Neuentwicklungen, die oft bereits nach wenigen Jahren freigegeben werden, spricht MASIPAG nicht von Sorten, sondern bewusst von *Selektionen*, um den sortenschutzrechtlichen Bestimmungen zu entgehen. Diese Selektionen werden im Netzwerk und darüber hinaus informell verbreitet, vermehrt und erfolgreich angebaut – jenseits von Saatgutgesetzgebung und Sortenschutz.[32]

32 Vgl. Helfrich 2012.

Sorten als Commons. Ein Fazit.

Werden Sorten als *Commons* verstanden, so sind auch Züchtungsgang *und* Züchtungsverfahren offenzulegen. (Open-Source-Prinzip/Transparenz). Dies wird zwar auch im Patentrecht verlangt, allerdings gerät die Offenlegung dabei häufig so kryptisch, dass es selbst Fachleuten nicht immer möglich ist, mit den Angaben, die einzelnen Schritte und Ergebnisse nachzuvollziehen. Doch genau darum geht es bei den Commons, denn da ist Kopieren erwünscht.

Auch die engere Zusammenarbeit zwischen ZüchterInnen und LandwirtInnen, die partizipative Züchtung, scheint ein Gebot der Stunde. Sie wird helfen, die Erkenntnisse der Klima- und Biodiversitätsforschung angemessen zu berücksichtigen. Sorten und Saatgut müssen künftig vor allem wieder für lokalen und regionalen Anbau entwickelt werden, um trotz Klimaveränderungen genügend Nahrungsmittel produzieren und den Input von Düngern und Pestiziden reduzieren zu können. Das Beispiel MASIPAG zeigt, dass es durch intensive und vertrauensvolle Zusammenarbeit zwischen ZüchterInnen, WissenschaftlerInnen und BäuerInnen möglich ist, neue Selektionen in kurzen Zeitspannen zu entwickeln, anzubauen und *on-farm* weiter zu entwickeln.

Die Bedeutung des lokalen, bäuerlichen und traditionellen Wissens ist zu erkennen und zu respektieren. Die Gefahren der Abwertung und Entwertung dieser Wissensformen ist in den vergangenen Jahren immer mehr erkannt worden, nicht umsonst beschäftigen sich in WIPO und CBD ständige Arbeitsgruppen mit diesem Thema. Wissen ist ein zentraler Bestandteil der *Commons* und die schnelle Ausbreitung von Wissen, Neuinterpretation, der freie Zugang unter z.B. *Creative Commons* Lizenzen scheint auch in Verbindung mit Sortenzüchtung und -entwicklung eine volkswirtschaftlich sinnvolle Herangehensweise zu sein.

Es geht um das Modell von (Land-)Wirtschaft. Die weltweit größte Kleinbauernvereinigung *Via Campesina* hat dazu eine eindeutige Position:

> »Wir müssen das agro-industrielle System abschaffen. [... und] lernen, wie wir Saatgut unter agrar-ökologischen Bedingungen erhalten können. Das braucht nicht nur Ausbildung und Wissensweitergabe, sondern muss auch mit einer Veränderung gesellschaftlicher Werte und Bewusstseinsbildung einhergehen. Die Konsumenten sollen wahrnehmen und wertschätzen können, wie wichtig das bäuerliche Saatgut ist ...«,

sagt Isabel Álvarez (Spanien).[33]

Literaturverzeichnis:

Aoki, Keith (2008): Seed Wars. Controversies and Cases on Plant Genetic Resources and Intellectual Property.

ETC-Group (2008): Who owns nature?, [Quelle: www.etc-group.org (22.02.2011)].

EvB/ Pro Species Rara (2014): Saatgut – Bedrohte Vielfalt im Spannungsfeld der Interessen. EvB-Dokumentation 2, [Quelle: http://www.evb.ch/fileadmin/files /documents /Saatgut/Doku_Saatgut_D_Web.pdf (01.01.2015)].

Feindt, Peter H./ Beirat für Biodiversität und Genetische Ressourcen beim BMELV (2010): Biopatente – eine Gefährdung für Nutzung und Erhaltung der Agrobiodiversität? Stellungnahme des Beirats für Biodiversität und genetische Ressourcen beim Bundesministerium für Ernährung, Landwirtschaft und Verbraucherschutz, [Quelle: http://www.bmel.de/SharedDocs/Downloads/Landwirtschaft/ Tier/ TierzuchtTierhaltung/Gutachten-Biopatente.pdf?__blob=publicationFile (1.01.2015)].

Flitner, Michael (1995): Räuber, Sammler und Gelehrte. Die politischen Interessen an pflanzengenetischen Ressourcen.

Gelinsky, Eva (2012): Biopatente und Agrarmodernisierung. Studie im Auftrag der Interessengemeinschaft für gentechnikfreie Saatgutarbeit.

GID (2014): Bestandsaufnahme auf dem Teller, 226, 23ff.

Hebenstreit, Michael/Minkmar, Lisa (2013): Sind Biopatente nachhaltig?, in: Friedrich/ Halsband/Minkmar (Hg.), Biodiversität und Gesellschaft, Universitätsdrucke Göttingen, 217 ff.

Heinrich Böll Stiftung/Helfrich, Silke (Hrsg, 2009): Wem gehört die Welt? Zur Wiederentdeckung der Gemeingüter.

33 http://www.eurovia.org/spip.php?article802&lang=fr.

Helfrich, Silke (2012): Vom kleinen Reiskorn zur großen Alternative; in: Gen-Ethischer Informationsdienst 215, 28 ff.

Helfrich, Silke/Kaiser Gregor (2014): Sorten als Commons. Ein Plädoyer. Ein Diskussionsbeitrag anlässlich der Internationalen Konferenz ''EU Seed policy and legislation Challenges for Producers, Consumers and Citizens: Who will own the seeds?", am 22. Januar 2014 in Brüssel.

Howard, Philip H. (2009): Visualizing Concentration in the Global Seed Industry: 1996 - 2008, in: Sustainability, 4, 1266 ff.

IAASTD (2009): Weltagrarbericht. Syntheseberichte,[Quelle] http://www. weltagrarbericht.de/fileadmin/files/weltagrarbericht/IAASTDBerichte/IAASTDSyntheseDeutsch.pdf (27.10.2015).

Kaiser, Gregor (2012): Eigentum und Allmende. Alternativen zu geistigen Eigentumsrechten an genetischen Ressourcen.

Kaiser, Gregor (2013): Alternativen zu geistigen Eigentumsrechten an genetischen Ressourcen, in: Friedrich, Jan/Halsband, Aurelie/Minkmar, Lisa (Hrsg.), Biodiversität und Gesellschaft, 249 ff.

Kay, Lili E. (2005): Das Buch des Lebens. Wer schrieb den Code des Lebens?

Kotschi, Johannes/ Kaiser Gregor (2012) Open Source für Saatgut. Ein Diskussionspapier hg von Agrecol, www.agrecol.de.

Kloppenburg, Jack (1988/2004): First the Seed. The Political Economy of Plant Biotechnology.

Louwaars, Niels/ Hans Dons et al. (2009): Breeding Business. The future of plant breeding in the light of developments in patent rights and plant breeder's rights. Herausgegeben vom: Centre for Genetic Resources Wageningen University Niederlande.

Mammana, Ivan (2014): Concentration of Market Power in the EU Seed Market, (Hrsg): The Greens/EFA Group im Europäischen Parlament, [Quelle: https://www.greens-efa-service.eu/concentration_of_market_power_in_EU_see_market/ (27.10.2015)].

Michaels, T. (1999): General Public License for Plant Germplasm. Paper presented at the BIC Conference, Calgary AB. College of Food, Agricultural and Natural Resources. University of Minnesota. [Quelle: http://horticulture.cfans.umn.edu/Who_sWho/Faculty/TomMichaels/GeneralPublicLicenseforGermplasm/ (30.10.2012)].

Ostrom, Elinor (1999): Die Verfassung der Allmende.

Ostrom, Elinor (2011): Was mehr wird wenn wir teilen. Herausgegeben von Helfrich, Silke

Schaffnit-Chatterjee Claire (2009): Lebensmittel – Eine Welt voll Spannung, iherausgegeben von Deutsche Bank Research.

Tansey, Geoff (2008): Food, Farming and Global Rules, in: Tansey, Geoff./Rajotte, Tasmin. (Hg.): The Future Control of Food, 3 ff.

Tansey, Geoff/ Rajotte, Tasmin (2008): The Future Control of Food.
Wullweber, Joscha (2004): Das grüne Gold der Gene

Warum wir keine Änderung der Biopatentrichtlinie in Europa brauchen

Andreas Popp[1]

»For every complex problem
there is an answer that is clear, simple, and
wrong«

H.L. Mencken (1880 – 1956)

Die Biotechnologie spielt eine immer bedeutendere Rolle in einem breitgefächerten Spektrum an Industriezweigen und der Schutz biotechnologischer Erfindungen ist mit Sicherheit von fundamentaler Bedeutung für die industrielle Entwicklung in der Europäischen Union.[2] Biotechnologische Forschung und Entwicklung benötigen feste Regeln zum Schutz von geistigem Eigentum. Kürzlich äußerten sich einige Pflanzenzüchter, sowie einige Europäische Staaten besorgt im Hinblick auf Patente zu bestimmten mit Pflanzen in Zusammenhang stehenden Erfindungen und plädierten für eine Überarbeitung der Richtlinie 98/44 über den rechtlichen Schutz biotechnologischer Erfindungen. Deutsche Parteien wie die *Piraten* Partei forderten auf Wahlplakaten »Keine Patente auf Pflanzen und Tiere!«. Solche disruptiven Ansätze sind zutiefst im menschlichen Verhalten angelegt, führen aber im Allgemeinen zu nicht intendierten und katastrophalen Veränderungen.[3] In den folgenden Ausführungen werden verschiedene Aspekte einer Änderung der Europäischen Biotechnologiegesetze be-

1 Die hier geäußerten Auffassungen entsprechen im Wesentlichen einem Positionspapier von EuropaBio, dem Europäischen Verband für Biotechnologie. Der Autor hat das Positionspapier als Chair der IP Working Group erarbeitet.

2 Erwägungsgrund (1) der Richtlinie 98/44/EG des Europäischen Parlaments und des Rates vom 6. Juli 1998 über den rechtlichen Schutz biotechnologischer Erfindungen.

3 Roth 2015.

leuchtet. Es werden nicht-disruptive Alternativen zu einer Überarbeitung der Richtlinie 98/44/EG diskutiert, die Bedenken der Pflanzenzüchter zu zerstreuen. Es scheint überdies politisch und rechtlich unmöglich, eine maßgeschneiderte Überarbeitung der Richtlinie durchzuführen, ohne Investitionen und Wachstum für den gesamten Industriezweig einschließlich der Biotechnologie im Gesundheitswesen und in der Industrie aufs Spiel zu setzen.

1. Eine Öffnung der Biopatent-Richtlinie wird einen wichtigen Sektor in Europa untergraben

Die Biopatent-Richtlinie (Richtlinie 98/44/EG über den rechtlichen Schutz biotechnologischer Erfindungen, »die Richtlinie«)

- ist ein entscheidendes Werkzeug zur Förderung von Forschung und Innovation und hat den Technologietransfer in der Europäischen Union sehr stark verbessert;
- bietet einen stabilen und berechenbaren Patentrahmen, der für die Unterstützung und Gewährleistung von Technologietransfer und den Austausch wissenschaftlicher Entdeckungen in der Europäischen Union entscheidend ist;
- stellt einen effizienten und harmonisierten Satz von Regeln zum Schutz biotechnologischer Erfindungen sicher und macht es möglich, dass Europa, gegenüber der übrigen Welt wettbewerbsfähig bleibt.
- Mit 22 Millionen Arbeitsplätzen in der EU, die durch die Biowirtschaft ermöglicht wurden, 3593 Biotechfirmen im Jahr 2011 und 6.328,99 Millionen EUR, die 2011 für Forschung und Entwicklung ausgegeben wurden, ist der sozio-ökonomische Nutzen aus biotechnologischen Erfindungen unverkennbar, was insgesamt zu Einnahmen von fast 2 Billionen EUR und 8% EU-Wachstum im Jahr 2012 geführt hat. Dies wäre ohne einen wirksamen und ausgewogenen Patentrahmen in Europa nicht möglich gewesen.[4]

---

4 EuropaBio 2015.

Die Richtlinie wurde zwar 1998 verabschiedet, aber ihre Umsetzung auf der Ebene der Mitgliedstaaten wurde erst 2007 erreicht. Im Juli 2015 schlug das niederländische Wirtschaftsministerium eine Änderung der Richtlinie aus Gründen in Zusammenhang mit der Pflanzenzüchtung vor.[5] Eine mögliche Öffnung der Richtlinie zu diesen Zwecken ist verfehlt und unnötig.

Wie bei allen forschungsintensiven Hochtechnologiesektoren, sind auch die auf dem Gebiet der Biotechnologie tätigen Unternehmen (einschließlich Start-ups sowie kleiner und mittlerer Unternehmen (SME) und Investoren) von einer stabilen Umgebung für den Schutz geistigen Eigentums abhängig, damit sie von einer kalkulierbaren Rendite ihrer Investitionen in F&E ausgehen können. Sogar eine kurze Periode der Unklarheit hinsichtlich der Zukunft des rechtlichen Schutzes biotechnologischer Erfindungen in Europa, wie sie eine mögliche Öffnung der Richtlinie herbeiführen würde, wird sich negativ auf die Rechtssicherheit auswirken und die Stabilität gleichermaßen für Investoren wie für Unternehmen nicht nur im landwirtschaftlichen Industriezweig, sondern auch im Gesundheitswesen und in der industriellen Biotechnologie aushöhlen. Dies verringert Europas Attraktivität für Investoren und wäre für europäische Forscher und Unternehmen im Vergleich zu ihren Kollegen weltweit von Nachteil. Überdies wird eine wesentliche Reduktion des Patentumfangs für mit Pflanzen in Zusammenhang stehenden Erfindungen dazu führen, dass mehr und mehr Innovationen als Geschäftsgeheimnisse behandelt werden, wodurch der Sozialvertrag, auf den sich das Patentsystem stützt, unterminiert werden wird und Forscher an der Teilhabe an neuen wissenschaftlichen Entwicklungen gehindert werden. Für kleine und mittlere europäische Unternehmen wäre dies besonders schädlich.

2. Warum sind Patente für mit Pflanzen in Zusammenhang stehende Erfindungen wichtig?

Einige der erfolgreichsten Anwendungen der Biotechnologie haben eine Revolution in der Pflanzenzüchtung ermöglicht: Für die Entwicklung pro-

5 Council of the European Union 2015.

duktiverer, effizienterer und umweltfreundlicherer Pflanzensorten für den Anbau in Europa, mit denen der rasch zunehmenden Nachfrage einer wachsenden Weltbevölkerung und den Herausforderungen eines sich stetig ändernden Klimas begegnet werden sollen, ist die moderne Pflanzenzüchtung zum größten Teil auf die Biotechnologie angewiesen. Mit einem Patentschutz ist die Technologieverbreitung durch mit Pflanzen in Zusammenhang stehende Erfindungen entlang der Wertschöpfungskette nach unten möglich, was die Verfügbarkeit qualitativ hochwertiger Innovationen sicherstellt, die den Bedürfnissen der Landwirte und Endverbraucher entgegenkommen.

Sortenschutzrechte stellen einen Schutz geistigen Eigentums nur für einzelne Pflanzensorten bereit. Sie schützen jedoch nicht mit Pflanzen in Zusammenhang stehende Erfindungen, die dafür gedacht sind, in vielen Pflanzensorten oder Anbaukulturen angewendet zu werden.

Patente machen eine Amortisierung von Investitionen in Forschung und Entwicklung möglich, vorausgesetzt das erhaltene Produkt ist kommerziell erfolgreich. Zum Beispiel zeigt eine neuere Studie, in der die sozioökonomischen Auswirkungen der Rechte auf geistiges Eigentum für eine Mitte der 1990er Jahre vom französischen *Institut National De La Recherche Agronomique* (INRA) entwickelte und als *Ogura* bezeichnete Hybrid-Raps-Technologie[6] untersucht wurden, dass Rechte auf geistiges Eigentum eine wichtige Rolle bei der Ermöglichung von Innovationen auf dem Landwirtschaftssektor spielen. Die Studie wurde 2015 ausgeweitet, um den Nutzen der Technologie für die Verbraucher zu untersuchen. Sie zeigt, dass *Ogura* über seine gesamte Patentlaufzeit geschätzte 1,2 Milliarden EUR erwirtschaftete, von denen etwa 80% oder rund 1 Milliarde EUR an Landwirte, nachgeschaltete Verarbeiter und Verbraucher ging.[7] Der überwiegende Teil dieses Nutzens wäre ohne Patentschutz eher unwahrscheinlich. Der Anteil für die Verbraucher wächst bereits während der Laufzeit des Schutzes der Technologie.

6 Redqueen 2014.
7 Jewell 2015.

3. Transparenz ist entscheidend, damit mit Pflanzen in Zusammenhang stehende Patente funktionieren können

Beim Europäischen Patentamt (EPA) werden Erfindungen in Übereinstimmung mit dem Europäischen Patentübereinkommen (EPÜ) geprüft, das für mit Pflanzen in Zusammenhang stehende Erfindungen die einschlägigen Bestimmungen der Richtlinie umfasst. Ein Patent für seine Erfindung zu erhalten ist nicht so einfach. Tatsächlich liegt die Erteilungsrate für mit Pflanzen in Zusammenhang stehende Erfindungen bei unter 30% im Gegensatz zu mehr als 40% in den anderen Technikfeldern.[8] Zwischen 1995 und 2013 erteilte das EPA nur 71 europäische Patente mit einem Anspruch, der sich auf Pflanzen erstreckte, die durch ein im Wesentlichen biologisches Pflanzenproduktionsverfahren erhalten worden waren.[9]

Erfinder, die Patente anmelden, müssen die Erfindung und sämtliche relevanten technischen Informationen in der Patentanmeldung auf reproduzierbare Weise offenlegen. Dies stellt offensichtlich bereits eine ergiebige Quelle von Informationen für Pflanzenzüchter und andere bereit. Damit Pflanzenzüchter prüfen können, welche Merkmale patentiert sind, soweit es ihre eigenen Zuchtprogramme betrifft, hat die *European Seed Association* (ESA) die Transparenz durch ihre *Patent Information and Transparency Online-Datenbank* (PINTO) noch weiter erhöht. Durch PINTO können Züchter sachkundigere Entscheidungen darüber treffen, welche Sorten in einem Zuchtprogramm verwendet werden sollen. Es ist zu erwarten, dass die Datenbank noch größer wird, da immer mehr Firmen ihre Daten eingeben, und dass sie sich zu der vollständigsten, umfassendsten und verlässlichsten Datenbank für alle mit Patenten in Zusammenhang stehenden Informationen über Pflanzensorten entwickeln wird. Als solche könnte sie vom Europäischen Patentamt verwendet werden.

Eine Zusammenarbeit des EPAs und des Gemeinschaftlichen Sortenamts (*Community Plant Variety Office*, CPVO) wäre zu begrüßen, so dass

---

8 EPA-Jahresbericht 2014.

9 Im September 2013 entschied der EPA-Präsident, keine Patentanmeldungen zu bearbeiten, die von dem Ergebnis der endgültigen Entscheidung der Großen Beschwerdekammer des EPA zu G 2/12 und G 2/13 Tomaten II Fall: G2/12 und Brokkoli II Fall G2/13 betroffen sein könnten.

das EPA von den Fachkenntnissen des CPVO bei der Prüfung von mit Pflanzen in Zusammenhang stehenden Erfindungen profitieren könnte.

In PINTO lassen sich einige interessante Punkte finden (siehe folgende Tabelle):

- Die Patente der größten Patentinhaber (d.h. die Patente, die die meisten Sorten abdecken) sind in mehr als der Hälfte der aufgeführten Sorten enthalten.
- Die beiden größten Patentinhaber sind niederländische Pflanzenzüchtungsfirmen, was angesichts der Tatsache interessant ist, dass die niederländische Pflanzenzüchtungsgemeinschaft die Gruppe ist, die sich am heftigsten gegen einen Patentschutz für mit Pflanzen in Zusammenhang stehende Erfindungen ausgesprochen hat. Allerdings laufen die entscheiden Patente dieser Anmelder bald ab, so dass eine Einschränkung der Patentierbarkeit diese Unternehmen nicht wesentlich trifft.
- Bei dem dritten Patentinhaber handelt es sich um eine französische öffentliche Forschungsinstitution.
- Der größte »multinationale« Patentinhaber steht an 4. Stelle und seine Patente sind verglichen mit denjenigen des größten Patentinhabers nur in einem kleinen Teil der Pflanzensorten enthalten.

Patentinhaber	Titel des Patents	Spezies	**Sorten**
Rijk Zwaan (niederländische Pflanzenzüchtungsfirma)	Aphid resistance in composites	Salat	439
	Multileaf Lettuce	Salat	26
	Peronospora resistance in Spinacia oleracea	Spinat	7
Enza Zaaden (niederländische Pflanzenzüchtungsfirma)	Method for obtaining a plant with a long lasting resistance to a pathogen	Salat	158
INRA (französisches öffentliches Forschungsinstitut)	Cytoplasmic male sterility system producing canola hybrids	Raps	27
	Cytoplasmic male sterility system producing canola hybrids	Raps	24
	Mutant gene of the GRAS	Raps	3

	family and plants with reduced development containing said mutant gene		
	Method of Producing Double Low Restorer Lines of Brassica Napus Having a Good Agronomic Value	Raps	1
Syngenta (Schweizer Agrochemikalien- und Saatgutproduzent)	Clubroot Resistant Brassica Oleracea Plants	Rosenkohl Blumenkohl Weißkohl	3 5 9
	Flower Pigmentation In Pelargonium Hortorum	Geranium	1
	F. Oxysporum F.SP. Melonis Race 1,2 Resistant Melons	Melone	5
	Novel cucurbita Plants	Kürbis	9
	Maize Plants characterized by quantitative trait Loci (QTL)	Mais	25
Andere im Mai 2014 aufgeführte Patentinhaber: Bejo Zaden (niederländische Pflanzenzüchtungsfirma), Goldsmith Seeds (Blumensaatgut, Tochterunternehmen von Syngenta), Limagrain Europa (französische Pflanzenzüchtungsfirma), Nickerson Zwaan (niederländische Pflanzenzüchtungsfirma), Semillas Fito (spanische Pflanzenzüchtungsfirma)			26
Gesamtanzahl der Sorten			768

Tabelle: Liste der in Europa erteilten Patente auf mit Pflanzen in Zusammenhang stehende Erfindungen und Anzahl der betroffenen Pflanzensorten (die fünf Patentinhaber, deren Patente die meisten Sorten betreffen)[10]:

10 Eigene Zusammenstallung nach Then/Tippe 2014, 34.

4. *Ein bereits ausgewogener Patentschutz für mit Pflanzen in Zusammenhang stehende Erfindungen*

Das Patentschutzsystem für mit Pflanzen in Zusammenhang stehende Erfindungen enthält wechselseitige Kontrollen.

Es gibt keine europäischen Patente, in denen einzelne Pflanzensorten beansprucht werden. In der Tat sind Pflanzensorten sowie im Wesentlichen biologische Verfahren zur Produktion von Pflanzen, wie Kreuzung und Selektion, in der EU von der Patentierbarkeit ausgenommen[11] und zwar ungeachtet der Art und Weise, wie sie erhalten werden.[12] Ansprüche auf Pflanzen sind jedoch voll zulässig, wenn sie Pflanzensorten mit einschließen (solange keine speziellen Pflanzensorten einzeln beansprucht werden).[13] Dieses Fallrecht galt schon lange vor der Biopatent-Richtlinie und wurde vor kurzem von der Großen Beschwerdekammer bestätigt.

Außerdem entschied der Gerichtshof der Europäischen Union[14], dass der durch Patente gewährte Schutz nicht ohne Beschränkungen auf die nachgeschaltete Wertschöpfungskette ausgeweitet werden kann. Es ist zu erwarten, dass weitere Fallentscheidungen des Europäischen Patentamts und des Gerichtshofes der Europäischen Union weitere Punkte klären werden, die auf dem Gebiet des rechtlichen Schutzes von mit Pflanzen in Zusammenhang stehenden Erfindungen strittig sind. In jedem Fall würde eine erhebliche Einschränkung oder Verhinderung des Patentschutzes für mit Pflanzen in Zusammenhang stehende Erfindungen zu einem Erliegen der biotechnologischen Innovationen in der Landwirtschaft führen, von denen europäische Verbraucher und Unternehmen profitieren.

---

11 Artikel 53(b) EPC.

12 Entscheidung G1/98: Die Ausnahme von der Patentierbarkeit in Artikel 53(b), erster Halbsatz EPÜ gilt für Pflanzensorten unabhängig davon, auf welche Weise sie erzeugt wurden. Daher sind Pflanzensorten, in denen Gene vorhanden sind, die mittels der rekombinanten Gentechnik in eine Elternpflanze eingebracht wurden, vom Patentschutz ausgeschlossen.

13 G1/98.

14 Urteil des Gerichtshofes (Große Kammer) vom 6. Juli 2010 im Verfahren C-428/08. Monsanto Technology LLC gegen Cefetra BV und andere.

5. Soll der Patentschutz für mit Pflanzen in Zusammenhang stehende Erfindungen beendet werden?

Abgesehen davon, dass durch den Einschluss einer umfassenden Befreiung von Züchtern die Biotechnologie-Innovation in der Landwirtschaft massiv untergraben würde, hätte eine Beendigung des Patentschutzes für mit Pflanzen in Zusammenhang stehende Erfindungen einen Verstoß gegen die internationalen Verpflichtungen der EU zur Folge.

Das Übereinkommen über handelsbezogene Aspekte der Rechte des geistigen Eigentums (TRIPS-Abkommen), in dem die minimalen Standards für den Schutz geistigen Eigentums bei den Mitgliedern der WTO festgeschrieben sind, legt[15] die Mindeststandards für die Patentierfähigkeit fest, die auf eine nicht diskriminierende Weise auf Produkte und Verfahren aus allen Technologiefeldern anzuwenden sind.

Das TRIPS-Abkommen verbietet es der EU und deren Mitgliedstaaten in ihrer Eigenschaft als WTO-Mitglieder, die durch ein Patent verliehenen ausschließlichen Rechte einzuschränken, was, falls dies nicht eingeschränkt wäre, unangemessen im Widerspruch zur normalen Verwertung des Patents stünde und die berechtigten Interessen des Inhabers des Patents unangemessen beeinträchtigte, wobei auch die berechtigten Interessen Dritter zu berücksichtigen sind.[16] Eine umfassende Befreiung für Züchter wäre ein eindeutiger Bruch aller drei Bedingungen, die in Artikel 30 des TRIPS-Abkommens festgelegt sind. Zunächst ist eine solche umfassende Befreiung für Züchter im Sinne dieses Artikels nicht »eingeschränkt«. Das WTO-Gremium hat klar ausgesagt, dass es sich bei einer eingeschränkten Befreiung um »eine kleine Ausnahme« handeln müsse, welche »die in Frage stehenden Rechte nur wenig beeinträchtigt«.[17] Eine umfassende Befreiung für Züchter ist weit davon entfernt, eingeschränkt zu sein, da sie im Wesentlichen eine Aufhebung sämtlicher in Artikel 28 Abs. 1 des TRIPS-Abkommens vorgesehenen Rechte zur Folge hätte. Zweitens erschwert eine umfassende Befreiung für Züchter eine normale Nutzung des Patents in unangemessener Weise. Das WTO-Gremium hat hierzu deutlich gemacht, dass Patentrechte einen sorgfältig definierten

15 Artikel 1 (1) und Artikel 28 des TRIPS-Abkommens.

16 Artikel 30 des TRIPS-Abkommens.

17 Canada – Pharmaceutical Patents (2000), WT/DS114/R, (7.30).

Zeitraum der »Marktexklusivität« als »eine Veranlassung zu Innovationen« gewähren und dass die Politik dieser Rechte »nicht erreicht werden kann, wenn man es den Patentinhabern nicht gestattet, aus dieser Veranlassung einen effektiven Nutzen zu ziehen«, nachdem sie einmal festgelegt wurde[18]. Bei einer umfassenden Befreiung für Züchter könnten Dritte während der Schutzfrist des Patents neu entwickelte Pflanzensorten kommerziell nutzen, die in den Schutzumfang dieses Patents fallen. Dadurch würde die normale Nutzung eines Patents verhindert und das Gewinnpotenzial vollständig untergraben, so dass der Innovationsanreiz wegfiele. Dadurch wird sich die Wahrscheinlichkeit, dass man über innovative Produkte und Verfahren verfügt, erheblich verringern. Dies hätte wiederum eine unmittelbare negative Auswirkung auf den sozio-ökonomischen Gewinn von Landwirten und Verbrauchern aufgrund solcher Innovationen. Drittens wäre eine umfassende Befreiung für Züchter auch eine Verletzung der legitimen Interessen der Patentinhaber, wobei auch die berechtigten Interessen Dritter zu berücksichtigen sind. Das WTO-Gremium hat deutlich gemacht, dass legitime Interessen Dritter so interpretiert werden sollte, dass damit ein normativer Anspruch auf Schutz von Interessen, die in dem Sinne »gerechtfertigt« sind, dass sie von entsprechenden Politikbereichen unterstützt werden (…)[19], gemeint sei. Das legitime Interesse des Patentinhabers besteht darin, dass er die Früchte seiner Erfindung und deren Offenbarung ernten möchte, indem er die für einen beschränkten Zeitraum gewährten ausschließlichen Rechte genießt. Dies fällt mit einem legitimen öffentlichen Interesse an einem starken Patentsystem zusammen: Indem die Offenbarung der Erfindung belohnt wird, regt das Patentsystem zu einer weiteren Verbreitung wertvoller Informationen an und ermöglicht die freie Nutzung der Erfindung, nachdem das Patent ausgelaufen ist. Indem man es Dritten nicht nur erlaubt, mit Material, das patentierte Technologie enthält, zu züchten, sondern auch das Ergebnis der Züchtung kommerziell zu nutzen, verletzt eine umfassende Befreiung für Züchter unwiderruflich die legitimen Interessen der Patentinhaber und auch das öffentliche Interesse, weil es nicht mehr zu neuen Innovationen kommt oder

---

18 Id. (7.54) – (7.55)

19 Id. (7.55) Das WTO-Gremium bezog sich damit auch auf die Rechtfertigung von Ausnahmen zur experimentellen Verwendung in Patentrechten.

diese zumindest nicht mehr veröffentlicht werden, weil sie nur noch als Firmengeheimnisse geschützt werden können. Die Niederlande haben auf einen Bedarf an einem »*uneingeschränkten Zugang zu biologischem Material für die Pflanzenzüchtung*« verwiesen. Es wird darauf hingewiesen, dass ein solcher uneingeschränkter Zugang bereits durch eine beschränkte Befreiung für Züchter erreicht wird.

Zusätzlich zu einer Verletzung von Artikel 30 des TRIPS-Abkommens sähe man eine Verringerung des Umfangs beim Patentschutz für mit Pflanzen in Zusammenhang stehende Erfindungen als eine diskriminierende Vorgehensweise gegenüber einem bestimmten Technologiegebiet, was daher als eine eindeutige Verletzung von Artikel 27 Abs. 1 des TRIPS-Abkommens zu betrachten wäre. Die Diskriminierung ergibt sich direkt aus der ausdrücklich unterschiedlichen Behandlung von mit Pflanzen in Zusammenhang stehenden Erfindungen, was eine direkte Diskriminierung aus Gründen der Technologie darstellt. Laut dem WTO-Gremium stellt eine umfassende Befreiung für Züchter »eine diskriminierende Ausnahme, welche die Ausübung eines Patentrechts verhindert«, dar.

Alle Mitgliedstaaten der EU sind auch Unterzeichner des Europäischen Patentübereinkommens (EPÜ) des EPA, das einen Patentschutz für mit Pflanzen in Zusammenhang stehende Erfindungen gewährt. Im Jahr 1999 entschieden die EPÜ-Vertragsstaaten, die Richtlinie 98/44/EG als abgeleitete Rechtsvorschriften in die Umsetzungsbestimmungen des EPÜ mit aufzunehmen. Daher erfordert jegliche Änderung an den einschlägigen Bestimmungen der Richtlinie 98/44/EG auch eine Überarbeitung des EPÜ, welches das Ergebnis der einvernehmlichen Vereinbarung seiner 38 Unterzeichner darstellt.

6. Die Rechte von Züchtern werden bereits respektiert

Pflanzenzüchter und andere Institutionen sind oft daran interessiert, ihre eigenen Forschungs- und Pflanzenzüchtungsprogramme unter Verwendung der von ihren Wettbewerbern entwickelten Merkmale durchzuführen. Das können sie auch tun:

- Mit Pflanzen in Zusammenhang stehende Erfindungen sind nur patentierbar, wenn sie rigoros die Patentfähigkeitskriterien Neuheit, erfinderische Tätigkeit, Reproduzierbarkeit und industrielle Anwendbarkeit erfüllen. In dieser Hinsicht muss eine Erfindung eine technische Lösung für ein technisches Problem beinhalten (z. B. ein Gen oder Merkmal in einer Pflanze, das eine Resistenz gegen eine Krankheit verleiht). Eine reine Entdeckung wird daher nicht als Erfindung angesehen.

- Außerdem können Patente nur dazu verwendet werden, eine nicht genehmigte kommerzielle Nutzung der Pflanzen, die durch spezielle Eigenschaften gekennzeichnet sind, oder von patentierten Verfahren (oder den dadurch erhaltenen Produkten) zu verhindern.
- Überdies kann eine Sorte, die sich durch die Forschung eines Pflanzenzüchters oder anderer ergibt und die das patentierte Merkmal nicht enthält, ohne Zustimmung des Patentinhabers vermarktet werden.
- Der einzige Fall, in dem die Zustimmung des Patentinhabers eingeholt werden muss, ist, wenn ein Pflanzenzüchter ein Produkt kommerzialisiert, welches das patentierte Merkmal enthält.

Überdies haben einige wenige Mitgliedstaaten eine eingeschränkte Befreiung für Züchter in ihre nationale Patentgesetzgebung eingeführt, um zu ermöglichen, dass auf nationaler Ebene patentiertes Pflanzenmaterial für Züchtungszwecke eingesetzt werden kann, ohne dass eine Genehmigung durch den Patentinhaber benötigt wird. Dies erfolgte zum Beispiel durch die Niederlande 2014, durch Frankreich 2004 und durch Deutschland 2004. Ein Gleichgewicht zwischen den Rechten des Züchters und denjenigen des Patentinhabers wird dadurch gewahrt, dass eine Erlaubnis des Patentinhabers für die Vermarktung einzuholen ist. (Wie vorstehend erwähnt, wird die Überprüfung für das Erfordernis einer solchen Erlaubnis durch die Transparenz, welche die Veröffentlichung von Patentanmeldungen und Patenten schafft, und durch die PINTO-Datenbank ermöglicht). Das Übereinkommen über ein Einheitliches Patentgericht (EPG) wird eine Befreiung für Züchter in das neue einheitliche Patentsystem[20] einführen,

20 Artikel 27 Ziffer c zu Beschränkungen der Wirkungen eines Patents des Übereinkommens über ein Einheitliches Patentgericht (EPGÜ): »Die Rechte aus einem Patent erstrecken sich nicht auf: [...] (c) die Verwendung biologischen Materials zum Zwecke der Züchtung, Entdeckung oder Entwicklung anderer Pflanzensorten.«

mit der Folge, dass dies für alle zukünftigen europäischen Patente und Patente mit einheitlicher Wirkung mit Gültigkeit in allen 25 Mitgliedstaaten[21], die das Übereinkommen über ein Einheitliches Patentgericht unterzeichnet haben, gelten wird, nachdem es 2016 ratifiziert worden ist. Somit besteht nicht die Notwendigkeit einer Öffnung der Richtlinie, die zudem die Gefahr einer Untergrabung des wirksamen Schutzes aller Biotech-Erfindungen in der EU und einer Untergrabung der erheblichen sozioökonomischen Vorteile, die von den Biotechnologiesektoren geschaffen werden, birgt, wie vorstehend bereits ausgeführt wurde.

7. Gewährleisten des Zugangs von Züchtern zu geschützten mit Pflanzen in Zusammenhang stehenden Erfindungen

Ein freiwilliges, transparentes und funktionierendes System für die Lizensierung von einschlägigen Patenten dient sowohl den Pflanzenerfindern als auch den Pflanzenzüchtern. Die Pflanzenbiotechnologieindustrie ist an einer Reihe von Lizensierungssystemen beteiligt, sowohl über bilaterale Lizensierung als auch multilaterale Lizensierungsplattformen.

Beispielsweise haben einige Unternehmen elektronische Lizensierungsplattformen gegründet, die einen schnellen und einfachen Zugang zu den von Pflanzenerfindern patentierten nativen Merkmalen und grundlegenden Technologien bieten.

Ein weiteres Beispiel für einen erleichterten Zugang zu patentierten Technologien ist die in den Niederlanden gegründete *International Licensing Platform* (ILP), die das Ziel verfolgt, den globalen Zugang zu und die Verwendung von Pflanzenzüchtungsmerkmalen für Gemüse zu verbessern. Diese Lizensierungsplattform bietet eine offene Mitgliedschaft für alle interessierten Parteien an, ungeachtet dessen, ob sie Patente besitzen oder nicht, und liefert einfache und transparente Lösungen für gegenseitige Lizenzen.[22]

---

21 Ohne Polen, Spanien und Kroatien.

22 Im Fall des ILP gilt, dass, falls ein Mitglied einer Lizenzierungsplattform sich um eine Lizenz für die Verwendung einer patentierten Erfindung eines anderen Mitglieds bewirbt, die beiden in bilaterale Verhandlungen eintreten. Wenn innerhalb von drei Monaten keine Einigung erzielt wird, wird der Fall an ein Schiedsgericht

Die Erleichterung des Lizensierungsprozesses ermöglicht Pflanzenzüchtern, Unternehmen (insbesondere kleinen und mittleren Unternehmen) und öffentlichen Forschungsinstituten einen Zugang zu vielen der wichtigsten mit Pflanzen in Zusammenhang stehenden Erfindungen auf der Grundlage fairer, vernünftiger und diskriminierungsfreier (*Fair, Reasonable and Non-Discriminatory*, FRAND) Bedingungen, eindeutiger finanzieller Absprachen und einer fairen Aufteilung des Nutzens zwischen Patentinhaber, Anbauer und Lizenznehmer. Gleichzeitig können Innovatoren ihre Erfindungen schützen und ihre Investitionen amortisieren, was wiederum zu erheblichem gesellschaftlichem Nutzen führt, wie der vorstehend beschriebene Fall der Hybrid-Raps-Technologie mit der Bezeichnung *Ogura* zeigt.[23]

---

durch unabhängige Experten verwiesen. Der innovative Aspekt des Systems besteht in dem Schiedsverfahren. Es verwendet ein Baseball-Schiedsverfahrensmodell, bei dem beide Parteien ihren Vorschlag für die Lizenzgebühr bei den unabhängigen Schiedsrichtern einreichen, die dann den vernünftigsten Vorschlag auswählen. Dadurch sind beide Parteien gezwungen, von Beginn an vernünftige Positionen zu beziehen, weil eine unvernünftige Position zugunsten eines konkurrierenden vernünftigeren Vorschlags verworfen werden wird. Nachdem die Schiedsrichter eine Lizenzgebühr festgesetzt haben, wird diese allen anderen Parteien mitgeteilt, um die Transparenz zu steigern.

23 Vgl. Anm. 5.

Literaturverzeichnis

Council of the European Union (2015): Plant Breeders Rights and the European Patent Office's decision - information from the Netherlands delegation. 10505/15.

EuropaBio (2015): Biotechnology Industry 2014 – 2019 Manifesto.

Europäisches Patentamt (2014): Jahresbericht.

Jewell, Catherine (2015): Who benefits from IP rights in agricultural innovation? WIPO Magazine 4/15.

Redqueen, Steward (2014): Who Benefits from IP Rights for Agricultural Innovation: The Case of Ogura Oilseed Rape in France, Report Commissioned by: Crop Life International & EuropaBio.

Roth, Gerhard (2015): Persönlichkeit, Entscheidung und Verhalten.

Then, Christoph/Tippe, Ruth (2014): European patents on plants and animals – is the patent industry taking control of our food? Report published by »No Patents on Seeds«

Verzeichnis der Autorinnen und Autoren

Hélène Louise Berlincourt, Dr. iur., Junior Associate bei Meyerlustenberger Lachenal Rechtsanwälte, Dr. iur. Universität Basel zum Thema »Chancen und Risiken von Pflanzeninnovationen im Recht« am Lehrstuhl für Life-Sciences Recht und Immaterialgüterrecht Prof. Dr. iur. Dipl.-Biol. Herbet Zech mit Forschungsstipendium von der Syngenta AG, Forschungsschwerpunkte: IP-Recht, Zulassungsrecht, Haftungsrecht, neue Technologien im Recht.

Barbara Brandl, Dipl. Soz., studierte Soziologie, VWL und Politikwissenschaften in München und Maastricht NL. Seit 2014 im Promotionsprogram »Umwelt und Gesellschaft« am Rachel Carson Center der LMU gefördert durch ein Stipendium des Cusanuswerks, Forschungsschwerpunkte: Politische Ökonomie, Wirtschafts- und Techniksoziologie.

Eva Gelinsky, Dr. agrar, Studium der Geographie an der Universität Göttingen; Doktorarbeit an der TU München-Weihenstephan (Prof. Ludwig Trepl), seit 2006 wissenschaftliche Mitarbeiterin bei der Schweizer Stiftung ProSpecieRara, seit 2013 Koordinierungsleiterin der Interessengemeinschaft für gentechnikfreie Saatgutarbeit (IG Saatgut), seit 2014 auch selbstständig tätig (semnar / Saatgutpolitik & Wissenschaft), seit 2001 Mitglied der Eidgenössischen Ethikkommission für die Biotechnologie im Ausserhumanbereich (EKAH).

Maria K. Gerullis, M.Sc. Agr., wissenschaftliche Mitarbeiterin am Lehrstuhl für Produktions- und Ressourcenökonomie landwirtschaftlicher Betriebe, Studium der Agrarökonomik und Wirtschaftswissenschaften in Bonn, Erlangen-Nürnberg und Mount Pleasant, Michigan, USA. Stipendiatin des VDAC für ein Jahr an der Central Michigan University und Mitglied im Promotionskolleg Agrarökonomik, momentan aktiv im AWECOS-Projekt (»Assessment of wheat cropping systems from an economical, ecological and the society's perspective – the case of plant disease resistance breeding«) Forschungsschwerpunkte: Agenten-basiertes Modellieren Sozial-ökologischer Systeme, Ökonometrische Auswirkungsanalysen, Weizenzuchtsysteme.

Christine Godt, Prof. Dr., seit 2010 Professorin für Europäisches und Internationales Wirtschaftsrecht an der Carl von Ossietzky Universität Oldenburg, inkl. Hanse Law School, 1995 Promotion am Graduiertenkolleg »Risikoregulierung und Privatrechtssystem« (Universität Bremen) zum Thema »Ökologische Schäden«, 1997-2007 Wissenschaftliche Mitarbeiterin am Zentrum für Europäische Rechtspolitik an der Universität Bremen, 2005 Habilitation an der Universität Bremen 2005 zum Thema »Eigentum an Information«, Forschungsschwerpunkte: Geistiges Eigentum, Comparative Property Law, Europaforschung, Welthandelsrecht, zivilrechtliches Umweltrecht und Theorie der Regulierung.

Rafael Häcki, lic. iur. RA, Studium der Rechtswissenschaften in Freiburg i. Üe. und Brüssel, Anwaltspatent in Luzern, wissenschaftlicher Mitarbeiter des Bundesamtes für Gesundheit, Abteilung Recht und Lehrbeauftragter sowie Doktorand an der Universität Bern, Arbeits- und Forschungsschwerpunkte: Gesundheitsrecht bzw. Staatsrecht, Rechtsphilosophie und Verfassungsgeschichte.

Gregor Kaiser, Dr. rer pol., Studium der Sozialwissenschaften und Biologie in Bonn und Jyväskylä, Promotion an der Universität Kassel und am Wuppertal Institut, Stipendiat der Heinrich Böll Stiftung 2005-2009, Leitung des Forstbetriebs Vielfalt Wald, Forschungsschwerpunkte: Biopatente, Biopiraterie, Landwirtschaft.

Hansjörg Küster, Prof. Dr., seit 1998 Professor für Pflanzenökologie am Institut für Geobotanik der Leibniz Universität Hannover, 1985 Promotion an der Universität Stuttgart-Hohenheim, 1992 Habilitation für Geobotanik an der Forstwissenschaftlichen Fakultät der LMU München, Präsident des Niedersächsischen Heimatbundes sowie Vorsitzender des Vorstandes der Stiftung Naturschutzgeschichte in Königswinter am Rhein, Forschungsschwerpunkte: Grundlagen der Ökologie, Vegetations- und Landschaftsgeschichte, Kulturpflanzengeschichte.

Bettina Müller, Dr. sc. agrar, Studium der Bioinformatik und Agrarwissenschaften in Weihenstephan und Göttingen. Promotion an der Universität Hohenheim, Fachbereich Pflanzenbau, Bioinformatik, Zuckerrübenzüchterin und Bioinformatikerin bei Strube Research, Forschungsschwerpunkte: Zuckerrübenzüchtung und Datenanalyse- und verwaltung.

Sebastian Pfeilmeier, MA, studierte Molekulare Biotechnologie (MSc) und Wissenschaft- und Technikphilosophie (MA) an der Technischen

Universität München, derzeit arbeitet er an seiner Promotion im Bereich Biowissenschaften am Sainsbury Laboratory und John Innes Centre in Norwich, UK, seine Forschungsinteresse gilt der Interaktion zwischen Pflanzen und schädlichen sowie nützlichen Mikroorganismen.

Andreas Popp, Dr. rer.nat, Patentanwalt, European Patent Attorney, Studium der Chemie in München, Stipendiat der Alexander von Humboldt Stiftung in Tucson, Arizona, Fernstudium Recht für Patentanwälte, FU Hagen, seit 1995 im gewerblichen Rechtsschutz tätig, ab 2005 verantwortlich für das geistige Eigentum der BASF Gruppe in der Biotechnologie.

Birger P. Priddat, Prof. Dr., seit 2013 Inhaber des Lehrstuhls für Volkswirtschaft und Philosophie an der Fakultät für Wirtschaftswissenschaft der Universität Witten/Herdecke, 1986 Promotion (Dr. rer. pol.) an der Fakultät für Wirtschaftswissenschaften der Universität Hamburg, von 1991 bis 2003 Lehrstuhl für Volkswirtschaft und Philosophie an der Universität Witten/Herdecke, 2003–2007 Lehrstuhl für Politische Ökonomie an der Zeppelin University, Friedrichshafen, 2004–2007 Dean of the department of public management and governance, 2007–2008 Präsident der Universität Witten/Herdecke, Forschungsschwerpunkte: Institutional economics, Theoriegeschichte der Ökonomie, Politische Ökonomie, Philosophie der Politik, cultural economics, Wirtschaftsethik und -philosophie, Methodologie der Ökonomie.

Viola Prifti, Dr., Studium der Rechtswissenschaften in Pisa, Italien, mit Spezialisierung auf Internationales und Europäisches Recht, von 2008 bis 2010 Magisterstudium in Pisa, von 2011 bis 2013 Doktorandin an der Universität Hamburg, Graduiertenkolleg »Ökonomik der Internationalisierung des Rechts«, seit 2014 Stipendiatin am Max Planck Institut für Innovation und Wettbewerb in München, Forschungsschwerpunkte: Geistiger Schutz von Pflanzenzüchtungen und genetischen Ressourcen, Internationales und Europäisches Recht, Innovationsökonomik. Viola Prifti hat in mehreren Rechtsgebieten interniert.

Katrin Reuter, Dr. Magisterstudium Philosophie, Biologie und Deutsch als Fremdsprache an der Universität Leipzig und der NTNU Trondheim, Promotion im interdisziplinären Programm «Biodiversität und Gesellschaft« an der Georg-August-Universität Göttingen, nach Tätigkeit als wissenschaftliche Mitarbeiterin im Bereich transdisziplinäre Biodiversitätsforschung am Institut für sozial-ökologische Forschung (ISOE) in

Frankfurt/Main derzeit wissenschaftliche Mitarbeiterin beim Netzwerkforum zur Biodiversitätsforschung Deutschland (NeFo) am Museum für Naturkunde Berlin, Arbeitsschwerpunkte: Biodiversität und Gesellschaft, transdisziplinäre Biodiversitätsforschung, Umweltethik.

Zoë Robaey, MA, studierte European Studies on Science, Society and Technology in Maastricht und Berlin und ist derzeit Doktorandin an der Delft University of Technology und 3TU Center for Ethics and Technology, Forschungsschwerpunkte: moralische Verantwortung, Risiko, Eigentum, Biotechnologie

Stephan Schleissing, Dr. theol., seit Beauftragter für Naturwissenschaft und Technik der Evangelisch-Lutherischen Kirche in Bayern und Geschäftsführer des Instituts Technik-Theologie-Naturwissenschaften an der Ludwig-Maximilians-Universität München, 2002-2009 Wissenschaftlicher Mitarbeiter am Lehrstuhl für Ethik der Theologischen Fakultät der Georg-August-Universität Göttingen, 1995-2001 Studienleiter der Evangelischen Akademie Tutzing.

Axel Siegemund, Dr., Studium der Siedlungs- und Industriewasserwirtschaft, der Ev. Theologie und Mittelalterlichen Geschichte in Dresden und Delhi; ab 2007 wissenschaftlicher Mitarbeiter an der PH Weingarten und Freiburg/Br.; bis 2011 Referent des Landesbischofs in Dresden; ab 2011 Theologischer Referent für Indien bei der Ev. Kirche in Norddeutschland.

Michael Stephan, Prof. Dr., seit 2007 Inhaber des Lehrstuhls für Technologie- und Innovations-management sowie Leiter der Forschungsstelle Strategie, Innovation und Wettbewerb der Philipps-Universität Marburg, 2003 Promotion (Dr. oec.) an Fakultät für Wirtschafts- und Sozialwissenschaften der Universität Hohenheim zum Thema »Technologische Diversifikation von Unternehmen«, 1997-2006 Wissenschaftlicher Mitarbeiter am Lehrstuhl für Internationales Management und Innovation, seit 2003 Arbeit an der Habilitation zum Thema »Wachstum und Unternehmenserfolg«, Forschungsschwerpunkte: Wachstumsstrategien und empirische Analysen zu Expansionsformen von MNU, Corporate Development und Instrumente der Diversifikationsplanung in Konzernen, Kompetenzverteilung in systemisch geprägten Industrien und Einfluss der Produktarchitektur auf die Arbeitsteilung.

Cristian Timmermann, PhD, Angewandte Philosophie der Wageningen University, M.A., Philosophie und Politikwissenschaften der Ludwig-

Maximilians-Universität München, von 2009 bis 2013 wissenschaftlicher Mitarbeiter an der Wageningen University, von 2013 bis 2014 post-doctoral research fellow an der Ben-Gurion University of the Negev, und seit 2014 post-doctoral research fellow am Institut für philosophische Forschung der Universidad Nacional Autónoma de México, Forschungsschwerpunkte: Politische Philosophie, Bioethik (Agrikultur, Umwelt und Medizin), Wissenschaftspolitik, Philosophie der Arbeit und Eigentumstheorien.

Kolibri 360 GmbH
Ferdinand-Jühlke-Straße 7
99095 Erfurt, Deutschland
produktsicherheit@kolibri360.de